重点大学计算机教材

数据库技术与应用

杨金民 荣辉桂 蒋洪波 编著
湖南大学

图书在版编目（CIP）数据

数据库技术与应用 / 杨金民，荣辉桂，蒋洪波编著．—北京：机械工业出版社，2021.1（2022.1 重印）

（重点大学计算机教材）

ISBN 978-7-111-67243-2

I. 数… II. ① 杨… ② 荣… ③ 蒋… III. 关系数据库系统 - 高等学校 - 教材 IV. TP311.138

中国版本图书馆 CIP 数据核字（2021）第 001852 号

本书从分析数据库系统的结构特性以及数据在数据库中的组织特性入手，提炼出数据管理要解决的 5 个核心问题——数据正确性问题、数据处理性能问题、数据操作简单性问题、数据安全问题、数据完整性问题，并围绕这 5 个问题探讨解决思路，得出解决方案，使读者形成对数据库的完整认识。本书还对数据库技术的发展轨迹进行了梳理，探讨主流技术的来龙去脉，揭示它们的本质与特性。

本书适合作为高校数据库相关课程的教材，也可供对数据库技术感兴趣的读者阅读。

出版发行：机械工业出版社（北京市西城区百万庄大街 22 号　邮政编码：100037）

责任编辑：朱秀英	责任校对：殷　虹
印　　刷：北京捷迅佳彩印刷有限公司	版　　次：2022 年 1 月第 1 版第 2 次印刷
开　　本：185mm × 260mm　1/16	印　　张：16.75
书　　号：ISBN 978-7-111-67243-2	定　　价：49.00 元

客服电话：（010）88361066　88379833　68326294　　投稿热线：（010）88379604

华章网站：www.hzbook.com　　读者信箱：hzjsj@hzbook.com

前　　言

在信息时代，信息的存储和管理、检索和挖掘、获取和发布是计算机应用的核心内容。本书根据现代数据库应用的网络化、邦联化、大众化特征，通过案例分析和知识论述，讲解具有基础性、代表性的主流数据库技术，使读者对数据库技术中的基本问题、求解思路、体系结构、特征与特性、关键技术建立初步的感性认识，并能综合运用数据库知识合理解决实际工程问题。

本书是作者20多年来在教学和科研实践中所思、所想、所悟的总结，力求以通俗易懂的方式、简洁轻快的笔调和全新的视角将数据库技术的框架勾勒出来，降低数据库知识的学习门槛，使任何对数据库知识感兴趣的读者都能通过阅读本书抓住数据库技术的主线，具备信息系统规划和建设的初步能力。

本书围绕数据管理中的正确性、高效性、简单性、安全性、完整性这5个核心问题，重点对数据库系统的结构特征、数据模型、SQL、数据安全、事务处理与故障恢复、处理性能提升、数据库设计、系统架构这8个方面的内容展开分析和论述，以揭示数据库技术的内涵。同时，对数据库技术的发展轨迹进行审视，探讨主流技术的来龙去脉，挖掘它们的本质与特性。此外，重点剖析各种数据模型之间的关系、分布式数据库的本质与特性、NoSQL的来龙去脉、大数据处理平台Hadoop与Spark的前因后果。

本书共有10章，每章都包括知识论述、实例印证、问题思考三部分内容，引导读者实现从接触知识到理解知识，从学习知识到使用知识的提升。本书从工程问题入手，通过分析与总结，强调理论的实用性、知识的来龙去脉以及解决方案的可行性，力求使读者明白每个知识点及其实际作用，理解解决工程问题的基本思路和方法，最终实现超越和创新。

本书在讲解时既强调基础性，也注重前瞻性。通过追踪业界新技术及其发展趋势，帮助读者与时俱进，灵活应对IT技术发展与变迁所带来的挑战。

本书采用从实践到理论，再从理论到实践的方式由浅入深地讲授，各章主要内容如下。

第1章“数据库技术概述” 重点剖析数据库系统的结构特性以及数据在数据库中的组织特性。结构特性主要是指数据库管理系统与数据库应用程序之间的邦联性，以及数据库的三级模式特性。数据的组织特性是指数据在数据库中严格按类分表存储的特性。之后，引出数据管理中要解决的5个关键问题：数据正确性问题、数据处理性能问题、数据操作简单性问题、数据安全问题、数据完整性问题。

第2章“关系数据模型” 在数据管理中，用户的业务数据表不能按原样存储在数据库中。数据必须严格按类分表存储，才能解决好数据正确性问题。数据在数据库中按类分表存储，引发了用户的业务表与数据库中的表不一致的问题。不一致问题要用关系代数来解决，进而归纳出关系数据模型的本质特征：数据库中只需要存储规整化后的基础数据。每个用户所需的业务表都能通过关系代数运算实时衍生出来。

第3章“SQL中的数据操作” 数据严格按类分表存储于数据库中后，数据库中通常只有几张业务表用于存放基础性数据。尽管用户业务所需的数据表各式各样，但都能用数据库中的表作为输入，通过关系代数等运算实时衍生出来。这正是关系型数据库的强大之处，也是其被广泛应用的根本原因。本章梳理出了一个清晰的用户业务数据表与数据库表之间的映射方法。

第4章“SQL中的数据模式定义” 本章回答了2个问题：1）数据完整性的具体含义是什么，数据库中数据的完整性是以何种方式获得的；2）如何简化用户对数据库的访问操作，使得人人都能访问数据库。本章阐释了表模式、触发器、视图、存储过程等概念的来龙去脉。

第5章“数据安全管理” 数据安全管理有三道防线。第一道防线设在数据库的“大门口”，即检查用户的登录过程，只有合法用户才能登录。第二道防线是检查用户提交的每一个SQL语句，判断其是否合规，只有授权的操作请求才会被DBMS受理。第三道防线是审计，即对用户的一举一动进行跟踪记录，当发现有安全问题时，便可调阅审计记录，弄清事实真相。

第6章“事务处理与故障恢复” 数据库服务器发生故障时，会导致数据丢失或残损，破坏数据的正确性。为此，提出了事务管理概念，并采取故障恢复策略来保障数据的正确性。故障恢复采用冗余策略：在无故障运行时，用户的数据更新操作除了作用在数据库上，还记录在日志里。更新操作有了冗余记载之后，当数据库中的数据因故障受到破坏时，就可使用日志对其进行恢复，以保障数据正确性。日志被依次存储在不同的存储器中，以便对不同类别的故障进行恢复处理。

第7章“数据处理性能提升技术” 数据库系统的重要特性是：所有用户的数据都存放在数据库中，其中的数据是海量的；所有用户的数据操作都要交由数据库服务器来完成，因此服务器成为负载中心。DBMS的处理性能问题非常突出。提升数据处理性能就是基于计算机的硬件特性、数据本身的特性以及访问特性，合理组织数据的存储，采取与之相适应的技术方案，减少磁头在磁盘空间中的移动路程和数据在不同存储器之间的运输次数，避免数据在内存与磁盘之间以及内存与CPU之间的无效运输，降低CPU所做的无效处理。

第8章“数据库设计” 在数据库服务器无故障运行时，也存在数据的正确性问题，表现为数据冗余、更新异常、数据不一致。这三个问题的根源在于数据的组织不合理，要通过数据库设计来解决。数据库设计有两个要求：对企业业务管理具备全覆盖性，包括人、事、物，以及过程与环节，从而全面支持业务的开展，服务所有相关人员；保证数据库中的数据不会出现冗余和更新异常问题，从而保证数据的正确性。

第9章“数据库应用程序的开发” 应用程序的开发追求的是一次开发，到处使用。

数据库访问编程接口国际标准 ODBC/JDBC、数据操作国际标准 SQL 以及数据库的外模式概念为这一目标的达成铺平了道路。对于应用程序，除了功能完备和界面友好之外，还应该做到响应速度快、安全可靠。提升应用程序响应速度的途径有：访问数据库采用连接池技术；数据操作尽量采用批量处理；尽量发挥数据库中索引的功效；应用端缓存。在安全方面，要防御 SQL 注入攻击和 HTML 注入攻击。另外，要使用安全的 HTTP 协议做好用户对网站的认证以及网站对用户的认证工作。

第 10 章“数据库技术的发展” 对于数据库技术的发展，要从历史的角度来审视，才能厘清其脉络，抓住其本质。从数据模型发展来看，有网状模型、层次模型、关系模型和对象模型，这些模型并不是各立门户，而是兼收并蓄、相互促进。从系统规模来看，从单机系统到分布式系统，再到现在的云计算和大数据环境，其演进是紧紧围绕规模和群体效应来展开的，以此实现高性能、高可靠、低成本。从为用户提供服务这一角度来看，则是化复杂为简单，以功能齐全、交互流畅、价廉物美来吸引用户，扩大用户群体。云计算和大数据已成为当今社会的主流技术。

本书在讲授每一个知识点时，都是从实例引出问题，通过特性分析使读者感受到每一个知识点都来源于对工程实际问题的解答，从而体会到数据库知识的重要性，激发学习兴趣。

本书内容新颖、图文并茂、通俗易懂，适合作为高等院校计算机及其相关专业的教材或者工程技术培训的教材。本书也适合科研人员和工程技术人员阅读，他们可以从中感悟数据库技术的内涵，体会其中的艺术性。

对于初学者，要想扎实地掌握数据库专业知识，必须边看书、边练习、边思考，体会知识内涵和彼此间的联系。基于此考虑，本书在各节的重要知识点后，都提供了思考题，引导读者回溯和联想，以便检验学习效果，加深对知识点的认识，训练开拓性思维。每章最后都安排了习题，这些习题经过了精心挑选和编排，既精练又覆盖了知识点。

本书配套资料齐全，包括教学大纲、教学计划、课件、小班讨论题目、课程实验与指导。这些资料对学生和老师都开放。另外还有专供老师参考的习题解答和试题集。这些教辅资源和教材之间不是双轨平行关系，而是相辅相成关系。教材强调以文字语言来讲清楚、讲透彻，而课件强调用图来传达用意、展示关系，以便一目了然，但留有意犹未尽的空间，从而激发兴趣，促使读者去进一步体会教材中的知识点。读者可通过 E-mail（909485030@qq.com）联系作者来获取配套资料，或者访问 http://csee.hnu.edu.cn/people/yangjinmin 获取。书中错误之处在所难免，欢迎读者批评指正。本书的出版得到了湖南大学信息科学与工程学院的支持，特此感谢！

作者

2020 年 5 月

目　　录

前言

第1章　数据库技术概述 ………………… 1

1.1　数据和信息的概念 ………………… 1

1.2　数据库的概念 ……………………… 2

1.3　数据库中的数据组织及其结构 ……… 3

1.4　数据库中的数据操作 ……………… 6

1.5　数据库管理系统和数据库应用程序 … 7

1.6　数据库应用的广泛性 ……………… 10

1.7　数据模型 ………………………… 11

1.8　数据操作语言 …………………… 11

1.9　数据库访问编程接口 ……………… 12

1.10　数据库应用程序的模式 ………… 14

1.11　数据库的三级模式 ……………… 15

1.12　数据库系统的特性 ……………… 17

1.13　数据管理中要解决的基本问题 …… 18

1.14　数据库领域的从业人员 ………… 20

1.15　数据库技术的发展史 …………… 21

1.16　目前流行的数据库产品 ………… 23

1.17　本章小结 ……………………… 24

习题 ………………………………… 25

第2章　关系数据模型 ………………… 26

2.1　关系数据模型及其特性 …………… 26

2.1.1　关系数据模型概述 …………… 26

2.1.2　关系数据模型的特性 ………… 27

2.2　实体完整性约束 ………………… 31

2.3　引用完整性约束 ………………… 34

2.4　域约束和业务规则约束 …………… 37

2.5　关系代数 ………………………… 38

2.6　本章小结 ………………………… 48

习题 ………………………………… 49

第3章　SQL中的数据操作 …………… 51

3.1　SQL概述 ………………………… 52

3.2　数据操作的流程 ………………… 53

3.3　表数据的更新操作 ……………… 53

3.3.1　向一个表中添加数据行 ………… 54

3.3.2　删除一个表中的数据行 ………… 55

3.3.3　修改一个表中的数据行 ………… 57

3.4　查询操作 ………………………… 58

3.5　统计操作 ………………………… 60

3.6　表与表的组合 …………………… 64

3.6.1　同类表的三种运算 …………… 64

3.6.2　自然连接运算 ………………… 65

3.7　SQL语句的嵌套 ………………… 68

3.8　理解 / 编写SQL语句的技法 ……… 73

3.9　本章小结 ………………………… 74

习题 ………………………………… 75

第4章　SQL中的数据模式定义 ……… 77

4.1　企业数据库的创建过程 …………… 77

4.2　数据库和表的模式定义 …………… 78

4.3　业务规则的定义 ………………… 82

4.4　基于触发器的数据完整性维护方法 … 85

4.5　数据操作简单性的实现方法 ……… 89

4.5.1　视图 ………………………… 90

4.5.2　存储过程 …………………… 93

4.6　数据模式定义中的其他内容 ……… 98

4.7　本章小结 ………………………… 99

习题 ………………………………… 100

第5章　数据安全管理 ………………… 101

5.1　用户管理 ………………………… 101

5.2　权限管理 ………………………… 102

5.3 权限管理的简化 …… 107
5.4 权限管理在 DBMS 中的实现 …… 110
5.5 审计追踪 …… 114
5.6 本章小结 …… 115
习题 …… 115
第 6 章 事务处理与故障恢复 …… 117
6.1 事务处理 …… 117
6.2 系统故障及其恢复策略 …… 119
6.3 基于日志的故障恢复 …… 120
6.4 磁盘故障的恢复 …… 125
6.5 灾害故障的恢复 …… 127
6.6 故障检测及恢复的实现 …… 128
6.7 本章小结 …… 129
习题 …… 130
第 7 章 数据处理性能提升技术 …… 131
7.1 行数据在磁盘上的存储方式 …… 132
7.2 磁盘吞吐量的提升策略 …… 133
7.3 基于缓存的数据传输优化 …… 135
7.4 减少无效运输和无效处理 …… 136
7.4.1 顺序索引 …… 137
7.4.2 散列索引 …… 140
7.4.3 索引在数据库设计中的应用 …… 141
7.5 事务的并发执行 …… 144
7.5.1 并发执行与并发控制 …… 144
7.5.2 基于锁的并发控制 …… 145
7.5.3 细粒度的并发控制 …… 148
7.5.4 通过强化冲突判定条件的死锁避免方法 …… 151
7.5.5 基于时间戳的乐观性并发控制 …… 153
7.5.6 基于锁的乐观性并发控制 …… 155
7.6 线程池技术 …… 158
7.7 查询优化 …… 159
7.8 配置专用的日志磁盘 …… 159
7.9 本章小结 …… 160
习题 …… 161
第 8 章 数据库设计 …… 162
8.1 数据库设计概述 …… 162
8.1.1 数据库设计的需求获取 …… 162
8.1.2 数据库设计的过程 …… 164
8.2 数据库设计面临的挑战 …… 168
8.3 关系数据库的特性 …… 171
8.4 实体－联系建模 …… 171
8.4.1 实体－联系建模中的基本概念 …… 171
8.4.2 ER 建模中对联系的认识 …… 174
8.4.3 ER 建模中的技巧 …… 176
8.4.4 在 ER 建模中引入面向对象概念 …… 180
8.4.5 ER 建模方法总结 …… 181
8.5 ER 模型向关系模型的转化 …… 181
8.6 验证设计合理性 …… 186
8.6.1 函数依赖理论及其应用 …… 187
8.6.2 范式及其在关系规范化中的应用 …… 192
8.6.3 函数依赖和范式对 ER 建模的指导意义 …… 200
8.7 物理数据库设计 …… 203
8.8 本章小结 …… 204
习题 …… 205
第 9 章 数据库应用程序的开发 …… 207
9.1 数据库应用程序的通用性 …… 208
9.2 数据库应用程序的快速响应性 …… 213
9.2.1 连接池 …… 214
9.2.2 批处理 …… 215
9.2.3 索引的利用和应用端的缓存 …… 216
9.3 数据库应用程序的安全可靠性 …… 217
9.3.1 注入攻击的防御 …… 217
9.3.2 用户与网站之间的认证 …… 219
9.3.3 其他安全问题的防御 …… 223
9.4 本章小结 …… 224
习题 …… 224
第 10 章 数据库技术的发展 …… 225
10.1 数据模型的演进 …… 225
10.1.1 三种基本数据模型 …… 225

10.1.2 面向对象数据模型 ………… 228
10.1.3 关系－对象模型 …………… 229
10.1.4 对象模型与关系模型的本质差异 ………………………… 233
10.2 分布式数据库技术 ……………… 236
10.2.1 分布式数据库的含义 ……… 236
10.2.2 分布式数据库中的事务处理和故障恢复 …………………… 239
10.2.3 三种并行处理系统之间的联系和差异 ……………………… 242
10.2.4 分布式数据库的演进 ……… 244
10.3 NoSQL 数据库 …………………… 245
10.3.1 数据的存储组织 …………… 245
10.3.2 NoSQL 数据库的特性 ……… 246
10.3.3 典型的 NoSQL 数据库产品 … 248
10.4 大数据处理技术 ………………… 251
10.4.1 数据处理方式的变革 ……… 251
10.4.2 大数据处理中的数据抽象 …… 253
10.5 数据仓库和数据集市 …………… 255
10.6 总结和展望 ……………………… 257
习题 ……………………………………… 258
参考文献 ………………………………… 259

第1章 数据库技术概述

在当今的信息时代，数据、信息、信息系统已成为人们耳熟能详的词汇。信息系统不仅使企业受益，而且给用户带来了实惠，实现了互利双赢。因此，信息系统无处不在，已成为人们生活与工作当中不可缺少的要素。超市购物有收银系统，旅行有订票系统，资金支付有网银系统，校园生活有校务管理系统。信息时代的基本特征是：几乎所有事情都被数据化，然后用计算机来存储和处理，再通过网络延伸到用户，以实现业务的计算机化管理。信息系统的核心部分是数据库。数据库既是企业数据也是用户数据的集中之地。在数据库中，数据不仅有存储组织的问题，还有处理与管理的问题。什么是数据？数据与信息有什么关系？数据库有什么特性？什么叫数据库技术？本章将围绕这些问题展开，刻画出数据库技术的基本轮廓。

1.1 数据和信息的概念

数据（data）是人们生活和工作中不可缺少的东西。每个人都有自己的数据，例如电话号码。每个人都保存着很多电话号码，包括父母的、亲戚的、同学的、朋友的，每条电话号码数据包括姓名、电话号码两项。一般来说数据有下面三个属性：

- **类别属性** 比如，对于个人来说，电话号码是一类数据，工作计划则是另一类数据。对于一个学校，它的数据类别包括学生类数据、教师类数据、课程类数据等。**每类数据都有很多条目，构成一个数据集。**
- **有用性** 例如，电话号码数据在联系别人时必不可少。**从有用性来说，数据就是信息。**
- **语义性** 数据有其特定的含义。例如，电话号码数据中，“13973199999”表示的是一个中国的移动电话号码，它由11个数字构成，其中又包含三个组成部分。前三个数字表示号段，与运营商关联；接下来的四个数字与所属地市相关联；最后四个数字是序号。

不仅个人有数据，企业也有数据，并且企业的数据类别很多。例如，对于一所大学，可能有老师数据、学生数据、课程数据、成绩数据、学费数据、工资数据，等等。同时，在大学中，通常有多个部门，它们分工协作。例如，人事处负责管理老师，学工处负责管理学生，教务处负责管理教学，财务处负责收缴学费、发放工资。相应地，老师数据由人事处负责管理，其他部门的职责也涉及老师，需要老师数据。

信息也称为消息或情报，信息论奠基人香农给出的信息的定义是：信息是用来消除随机不定性的东西。**信息**（information）是对客观世界中各种事物的运动状态和变化，以及相互联系和相互作用的一种符号描述。信息经过加工处理会成为数据，满足用户决策的需要。从物理学的角度看，信息与物质是两个完全不同的概念。信息不是物质，表现为数据。在其有用性的驱动下，数据记载方式和传递方式在不断演化和改进。

挖掘数据的价值，扩大数据的应用，是信息化工作不懈努力的方向。数据越丰富，越全面，蕴含的信息就越多，可发掘空间就越大。正因为如此，数据获取、数据管理、数据应用成为信息化工作的核心内容。

1.2 数据库的概念

数据的分散性带来了很多问题。例如，当一个人更换了电话号码时，就必须通知所有拥有其电话号码的人，告知其新号码。通常的情况下，一个人并不清楚到底哪些人拥有自己的电话号码，结果往往是漏掉了一些人没有通知，造成这些人拥有的数据和实际数据不一致，保存的电话号码变成了无效号码。而且，当更换了电话号码后，要一个一个地通知别人，费时耗力。个人存储电话号码的另一个问题是，当存储电话号码数据的手机突然损坏或者丢失时，数据无法恢复。

针对数据分散性带来的问题，出现了基于数据库的解决方法。其思想就是数据不要分散存储，而是集中存储在数据库中。谁有数据，都保存到数据库中；谁需要数据，都从数据库中读取。有了数据库，上述问题都克服了。例如，当一个人更换了电话号码时，只要修改数据库中自己的电话号码即可，不用再一个一个地通知其他人。给某人打电话时，都从数据库中查找其号码，就不会出现因电话号码过时而联系不上的问题。数据库是一个专门存储数据的地方，其可靠性高，不会存在数据丢失的问题。由此可知，将数据的存储和管理由分散方式改为集中方式，问题都能得以解决。另外，在数据库中，一个数据只有一份，而不是每人都存储一份，因此数据存储和管理的成本也降低了。把数据集中于数据库中进行存储和管理，可提高数据的共享性、真实性，降低数据管理成本，这就是数据库概念的由来。

数据库（database）是一个组织的数据的集合，存储在计算机上，具有共享性。其基本特点是：

- 包含多种类型的数据。例如，大学教务管理数据库中包含学生数据、课程数据、老师数据等。
- 每类数据包含多个条目，构成一个数据集。例如，一所大学有很多学生，在其学生类数据中，每个学生都有一条记录，所有学生的记录构成一个集合。
- 数据之间具有关联性。例如，在大学教务管理中，老师授课，于是老师数据和课程数据之间有联系；学生选课，于是学生数据和课程数据之间有联系。以课程为媒介，老师数据和学生数据也存在关联。
- 数据库中的数据是海量的。组织的数据以及用户的数据都集中存储在数据库中，因此数据库中的数据量非常大。

数据有源头和使用者两个概念，两者之间呈一对多的关系。数据的源头一般呈单一性，并负责发布。例如，一个电话号码归属于某个人，那么拥有者就是源头，通常由其发布给别人。数据的使用者通常称为用户。数据的使用者通常有很多（数据的有用性决定了其使用者很多）。例如，电话号码既可用来联系人，也可用来推送广告信息，因此电话号码的使用者会很多。数据的一个特性是：源头通常明确，而使用者则具有不确定性和不断增加性。当数据采用分散方式进行存储和管理时，源头和使用者之间通常直接交互。当数据量增加时，数据的一致性维护变得繁杂而困难，满足不了需求。采用数据库之后，源头和使用者之间的直接交互变为源头与数据库之间的交互，以及使用者与数据库之间的交互。这种方式带来了数据一致性维护的简易性，以及数据的共享性。

数据库并不是什么新概念。古代的书院和现今的图书馆采用的就是数据库模式，也是为了共享而进行集中管理。凡是想读书的人，都可以到书院或者图书馆去借阅。对于书院或者图书馆来说，它有很多用户，而且用户越多，其图书越能得到充分利用，即使单本借阅的收费很低，但总收益还是很可观。这就是典型的互利双赢。

数据库通常归属于某个企业或组织，由其构建、维护、管理。用户可以对数据库进行访问，包括将数据存放到数据库中以及从数据库中获取数据。于是，在数据库与用户之间存在一个数据传输的问题。现代的网络技术很发达。通过互联网，尤其是移动互联网，数据传输不仅速度很快，而且费用很低。正是因为有网络技术作为支撑，数据库才从 20 世纪 60 年代兴起之后，得到了蓬勃发展。有了互联网，用户与数据库之间就不用再受空间距离的约束。现代的很多数据库，其用户遍布全世界，有的用户数高达几个亿，甚至十几个亿，例如 Google 的网络搜索数据库、腾讯的 QQ 和微信数据库都有海量用户和数据。

1.3 数据库中的数据组织及其结构

在数据库中，数据的组织及其结构非常重要。数据的组织及其结构也被称作**数据模型**（data model）。典型的数据模型有层次模型、网状模型、关系模型。其中关系模型是最为流行、使用最为广泛的一种数据模型。数据库通常按数据模型进行分类。其中采用关系数据模型的数据库称作**关系型数据库**（relational database）。现有的数据库绝大部分都是关系型数据库。在关系型数据库中，数据按照**关系**（relation）来组织。关系是一个数学用语，从数据结构来看，它就是**表**（table）。因此，在关系型数据库中，数据以表结构来存储，表由**行**（row）和**列**（column）组成。

一个关系型数据库包含多个表。例如，大学教务管理数据库中包含一个学院表、一个学生表、一个教师表、一个课程表和一个选课表。这 5 个表如图 1-1 所示。学院表有 5 列：学院编号、学院名称、院长、地址、电话。学院表中的一行记录了一个学院的数据，每个学院在学院表中有且仅有一行数据。学生表有 9 列：学号、姓名、性别、出生日期、民族、所属班级、联系电话、家庭地址、所属学院编号。学生表中的一行记录了一个学生的数据，每个学生在学生表中有且仅有一行数据。

学院表 Department

学院编号	学院名称	院长	地址	电话
17	会计学院	黄丙	逸夫楼	0731-88823333
21	金融学院	杨乙	红叶楼	0731-88822222
33	工商学院	周丁	工商大楼	0731-88824444
43	信息学院	李甲	软件大楼	0731-88821111
44	电气工程学院	张戊	电气大楼	0731-88825555

学生表 Student

学号	姓名	性别	出生日期	民族	所属班级	联系电话	家庭地址	所属学院编号
200843101	周一	男	1990/12/14	汉	0801	13007311111	湖南省…	43
200843214	汪二	男	1991/02/21	汉	0802	13975891111	北京市…	43
200821332	张三	女	1988/07/09	汉	0803	15174121111	河北省…	21
200843315	李四	女	1989/01/29	藏	0803	13587311111	西藏…	43
200817358	王五	男	1988/11/13	回	0802	13107311111	山东省…	17

课程表 Course

课程编号	课程名称	学时	学分	教材	开课学期	开课学院编号
M83100105	C 语言	48	3	C 语言教程，谭浩强	1	43
H61030006	数据结构	64	4	数据结构，严蔚敏	2	43
H61030007	计算机组成原理	48	3	体系结构，龚烨利	3	43
H61030008	数据库系统	48	3	数据库系统，萨师煊	4	43
H61030009	操作系统	48	3	操作系统，王鹏	4	43

教师表 Teacher

工号	姓名	职称	出生日期	工资	Email	电话	所属学院编号
2004222	杨七	副教授	1970/07/07	8900	yang@qq.com	15173139999	43
2001111	丁八	教授	1971/08/08	9680	ding@qq.com	13707312222	21
2005333	周九	讲师	1978/09/09	7690	zhou@qq.com	13487314444	44
1998444	黄十	教授	1959/10/10	9980	huang@qq.com	13074125555	17
2003555	戴甲	副教授	1978/01/01	9100	dai@qq.com	13175816666	43

选课表 Enroll

学号	课程编号	学期	班号	上课老师工号	成绩
200843101	M83100105	2008-2	A	2005333	71
200821332	M83100105	2008-2	A	2005333	86
200843101	H61030008	2010-2	B	2004222	65
200817358	H61030008	2010-2	A	2004222	91
200843101	H61030006	2019-1	C	2003555	79

图 1-1　大学教务管理数据库中的 5 个表

在选课表中，第一列是学号，标识学生，第二列是课程编号，标识课程。该表中的第一行数据表示学号为 '200843101' 的这个学生，在 2008 年的第二个学期选修了课程编号为 'M83100105' 的这门课，被安排在 A 班上课，课程成绩为 71 分。在该表中，每行数据表示一个选课记录，一个选课记录在该表中有且仅有一行数据。表中的**行**也称作**记录**。

关系型数据库中的数据有**类**（class）和类的**实例**（instance）两个概念。类的实例也称作**对象**（object）。在这一点上与面向对象编程思想是完全统一的。例如，在大学教务管理数据库中，数据分为学院类数据、学生类数据、课程类数据、教师类数据、选课类数据等。姓名为周一的学生是学生类的一个实例，也叫作一个学生对象。在关系型数据库中，每个类对应一张表，因此有学院表 Department、学生表 Student、课程表 Course、教师表 Teacher、选课表 Enroll。一个类的一个实例在表中有且仅有一行数据与其对应。例如，在学生表 Student 中，姓名为周一的学生有且仅有一行数据。在关系型数据库中，每个表包含两个部分：表的定义和表中的数据。表的定义表示**类**概念，包括表名以及包含的列。表中的每个列的定义又包括列名和数据类型。表中的数据行表示**类的实例**，表中的一行数据表示一个实例。

在关系型数据库中，数据的组织有两条重要原则：1）数据要严格按类分表存储，不能把多种类型的数据混合存储在一个表中；2）同一类型的数据存储在一个表中，不允许同一类型的数据用多个表来存储。例如，在大学教务管理数据库中，学生类数据就不能与选课类数据混合在一个表中存储。学生类数据只能存储在一个学生表中，不允许出现多个学生表，也不允许学生数据出现在除学生表之外的其他表中。这两条原则是针对数据库中数据的正确性而提出的，第 2 章和第 8 章将讨论数据正确性。

由上述关系型数据库的特点可知，在关系型数据库中，一个表存储一类数据。表同时含有类和类的实例两层概念。表的定义部分表示类概念，表的数据部分表示类的实例概念。表中的一行数据表示类的一个实例。一个类可有多个实例，因此一个表中可有多行数据。通常所说的一个数据，就是指类的一个实例。一个数据，在数据库中仅存一份。落到实处，就是类的一个实例，在表中仅用一行数据来表示。

在关系数据模型中，除了类和实例两个概念之外，还要注意**关系**（relationship）概念。关系体现在类与类之间存在联系，即表与表之间存在联系。以图 1-1 所示的大学教务管理数据库为例，学院表 Department 有一个列，列名为学院编号，它起着标识学院的作用。学院表 Department 中的每行数据表示一个学院，其学院编号列的值具有唯一性。在关系数据模型中，学院编号这个列称作学院表 Department 的**主键**（primary key）。同理，在学生表 Student 中，学号列起着唯一标识学生的作用，它是学生表 Student 的主键。在课程表 Course 中，课程编号列起着唯一标识课程的作用，它是课程表 Course 的主键。在学生表 Student 中，还有一个列，其名称为所属学院编号，表示学生与学院之间存在的一种关系，也称作**联系**。以学生表 Student 中的第一行数据为例，它记录了学号为 '200843101' 的学生的数据。在这行数据中，所属学院编号列的值为 '43'，其含义是学号为 '200843101' 的学生属于信息学院，因为在学院表 Department 中，信息学院的编号为 '43'。在学生表 Student 中，所属学院这个列称作**外键**（foreign key），这个列在学院表 Department 中是主键。外键的作用是指出自哪里，也常被称作**引用**（reference）。

在图1-1所示的大学教务管理数据库中的5个表还有另外4个关系。课程表Course中的开课学院编号这个列是一个外键，引用了学院表Department的主键。教师表Teacher中的所属学院编号这个列是一个外键，引用了学院表Department的主键。选课表Enroll中的学号这个列是一个外键，引用了学生表Student的主键。选课表Enroll中还有一个外键是课程编号列，它引用了课程表Course的主键。因此，学生与学院之间有关系，课程与学院之间有关系，教师与学院之间也有关系。选课表表示学生与课程之间的关系。表与表之间存在关系，它们的实例之间自然也存在关系。

思考题1-1：关系型数据库以表来存储数据，而且只有表一种结构。而磁盘文件系统则以树来存储数据，其中文件为树的叶结点，而目录则为非叶结点。对比一下，它们分别适合存储哪种数据？

1.4 数据库中的数据操作

把数据集中存储在数据库中，会使一个数据库拥有很多用户。每一个用户都要和数据库进行交互，对数据库中的数据进行操作。以大学教务管理数据库为例，新生入学时，在学生表Student中要为每个新生添加一行记录；学生毕业离校后，要在学生表Student中删除其记录；当有学生更换了手机号码时，要在学生表Student中修改其对应行的电话号码列值；当给学生家长邮寄成绩单时，要查找学生记录，得到其家长的地址；学生事务中心在为新生安排宿舍时要统计新生中男生和女生的人数。总结起来，数据操作主要有如下5种形式：

1）添加数据。当有新的数据时，用户把它添加到数据库中。例如，当你注册了一个新的电话号码时，就要把这个新的电话号码连同你的姓名添加到数据库中，使别人知道能够用这个新电话号码与你联系。

2）查找数据。数据库存储的数据来自其所有用户，数据量非常大。用户在使用数据时，只关注他想要的数据，并不需要数据库中的所有数据。数据查找就是基于用户的想法，从大量数据中筛选出符合用户要求的数据，将其提交给用户。例如，从电话号码类数据中查找王峰的手机号码。

3）修改数据。修改数据就是对数据库中已有的数据进行修改。例如，当某个人更换了电话号码时，就要在数据库中修改其对应的行，将电话号码列的值改为新号码。

4）删除数据。当数据库中的数据记录不再需要时，就要将其删除，以便与真实情况一致。例如，当一个人移民到国外，就要在数据库中删除其电话号码记录。

5）统计数据。数据库中存储了所有用户的数据，每一个类别都有很多条目，基于统计能从中得出很多有用的数据。例如，在大学教务管理数据库中，教师数据都存储在教师表Teacher中，从中便可统计某个学院的教师人数，以及他们的平均工资、最高工资、最低工资。

在关系型数据库中，数据操作的单元是指一个表中的一行数据。因此，用户在表示一项数据操作时，要指明针对数据库中的哪一个表，对其中的哪行（或哪些）数据进行哪一种操作。

1.5　数据库管理系统和数据库应用程序

在计算机出现以前，数据通常记录在纸上，以书籍形式保存，采用人工方式进行管理。古代的书院称为书库，其中存储了大量书籍。读书人要读书，就要到书院去借阅。现代的图书馆也是典型的书库。图书馆中存储了很多书，大型图书馆要用几层楼才能容纳所有藏书。从海量的书籍中查找某一本书，如果采取依次比对的方法，查找效率将会非常低下。当查找量很大时，如何来组织、管理，从而实现快速查找，就成为关键问题。在人工方式下，提高数据查找效率的方法总结如下：

- 数据分类。将不同类别的数据存储在不同的地方，从而缩小查找量，提高查找效率。
- 数据排序。典型的例子是英汉字典，它把所有英语单词按照首字母排序，当要查一个英语单词的中文含义时，就能很快地找到结果。
- 数据索引。典型的索引是图书目录。一本厚书的页数很多，当你想知道某个内容在书中的位置时，如果一页一页地翻找，通常需要很长时间。有了目录之后，查找速度大大提高。你只要扫视一下目录，就会知道要找的内容所在的页码，然后直接翻到对应的页码，查找效率大为改进。数据索引的基本原理是由简到繁，设置多个版本，形成梯次。在图书馆，一本书的最简版本就是一张小卡片，只记录了书名、作者、出版社等内容。接下来的版本就是图书目录。最后就是图书本身。查找时，由简到繁，逐级搜索，能显著提高查找效率。

计算机出现后，数据存储在计算机上，由计算机来处理。计算机中存储数据的主要设备是磁盘。磁盘不仅容量大，而且具有可重复擦写的特性。磁盘由磁片和磁头组成，如图 1-2 所示。磁片是数据存储介质，磁头读写磁片数据。磁片被划分成一圈一圈的磁道，每个磁道又均分成多个**块**（block），也称作扇区。每个块存储固定量的比特数据（0 和 1）。磁头能做径向移动，以便读写磁片上不同磁道上的数据，同时磁片绕轴心旋转，以便磁头能读写整个磁道。磁盘以块作为数据存储单元，一个块存储固定量的比特数据。磁盘为每个块设置唯一的地址标识，以供计算机对指定的块进行读写。

操作系统是最基础的系统软件，它的一个重要功能就是管理磁盘上的块数据，将数据以文件形式提供给用户。对于操作系统的用户而言，数据存储在文件中。文件是连续的字节流，有起始位置和结束位置，还有当前位置，如图 1-3 所示。操作系统为用户提供访问文件的编程接口。以 C 语言为例，访问文件的编程接口包含 fopen、fread、fwrite、fseek、fclose 这 5 个常用的函数。用户访问文件的基本过程是先调用 fopen 打开一个磁盘文件，然后调用 fwrite、fread 函数向文件中写入数据，或者从文件中读取数据。完成数据读写之后，调用 fclose 函数向操作系统表明操作完毕。用户调用 fwrite 函数将指定长度的内存数据写入文件的当前位置，也可调用 fread 函数从文件的当前位置开始读取指定长度的数据到内存里。用户还可调用 fseek 函数移动当前位置，实现对文件任意位置的读写。

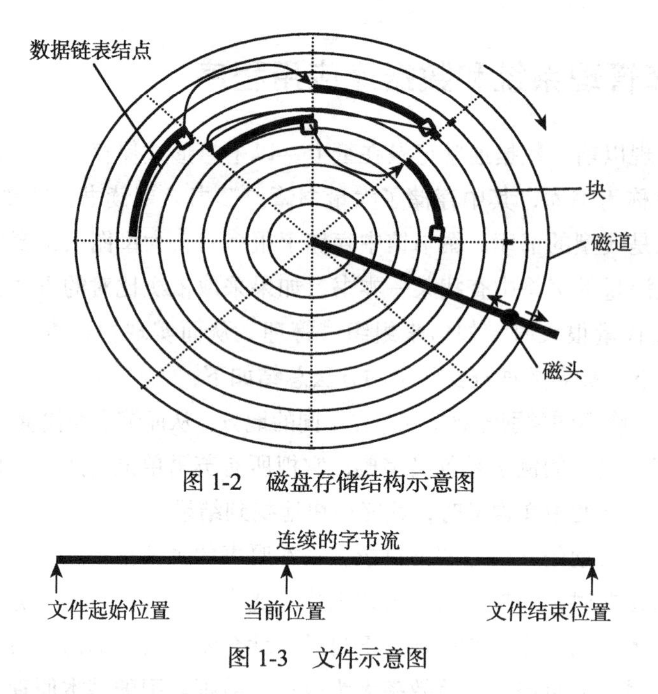

图 1-2 磁盘存储结构示意图

图 1-3 文件示意图

数据库管理系统（DataBase Management System, DBMS）是构建在操作系统之上的系统软件。对于数据库用户而言，数据存储在数据库的表中。DBMS 为用户提供数据操作的编程接口。用户访问数据库的基本过程是先建立一个与 DBMS 的连接，然后发送数据操作请求，等待 DBMS 的执行结果。用户完成数据操作之后，关闭连接，向 DBMS 表明数据操作完毕。

从软件角度来看，DBMS 是一个服务器软件，为用户提供数据操作服务。当 DBMS 启动之后，便运行在一个进程中。它有一个侦听线程，时刻侦听用户的连接请求。DBMS 将数据库以表形式呈现给用户，受理用户的数据操作请求，对数据库进行操作。

用户并不直接和 DBMS 进行交互，而是通过**数据库应用程序**（database application）来完成对数据库的访问。数据库应用程序主要有两个功能。第一个功能是提供直观易懂的人机交互界面，接受用户的输入，将其转化成数据库操作语句，通过调用数据库访问编程接口来完成对数据库的访问，向 DBMS 提交用户的数据操作请求。图 1-4 所示为两个数据库应用程序的人机交互界面。数据库应用程序的第二个功能是显示数据操作的执行结果，将用户从数据库中获取到的数据以业务表单形式展现给用户。业务表单中主要包括业务表单的样式，数据在页面中的布局，数据显示的字体、颜色、大小以及行间距等。图 1-5 所示为一个数据库应用程序的数据操作结果显示界面。

数据库、数据库管理系统、数据库应用程序共同构成**数据库系统**（database system），通常也称作**管理信息系统**（Management Information System, MIS），或者**信息系统**，如图 1-6 所示。

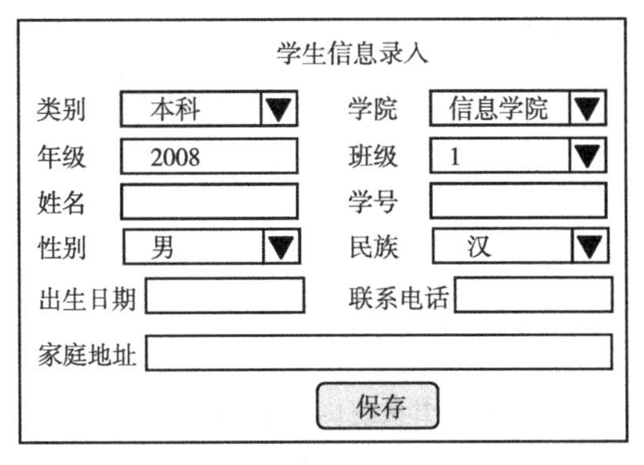

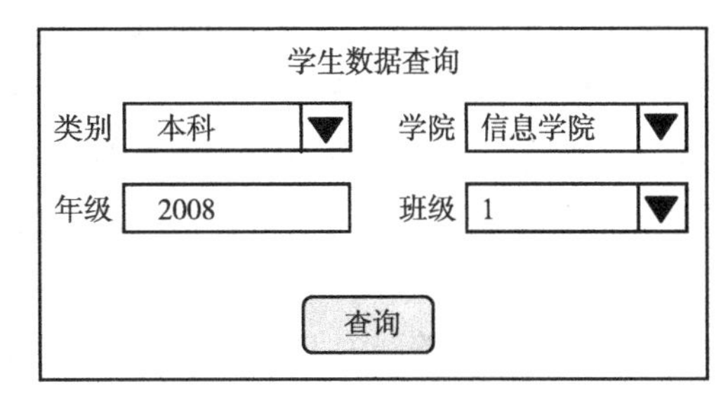

图 1-4　数据库应用程序的人机交互界面示例

信息学院 2008 级本科学生名册

班级	学号	姓名	性别	联系电话
0801	200843101	周一	男	13007311111
0802	200843214	汪二	男	13975891111
0803	200843315	李四	女	13587311111
0802	200843322	赵六	女	13307316666
0802	200843202	沈七	男	13407317777

院长：李甲

图 1-5　数据库应用程序的数据操作结果显示界面示例

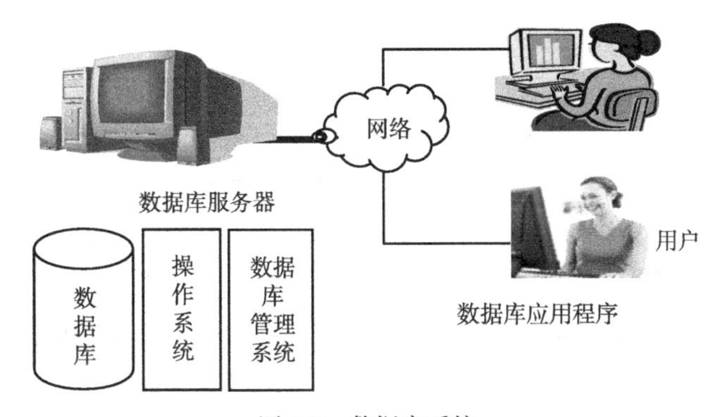

图 1-6　数据库系统

存储数据库并运行数据库管理系统软件的计算机通常称作**数据库服务器**（database server）。从硬件方面来说，服务器是一台高规格的计算机，具有存储容量大、处理能力强、可靠性高等特点。从软件方面来说，服务器是指对外提供某种服务的软件，例如数据库管理系统对外提供数据库访问服务。服务软件一旦启动，就一直在运行，并等待用户的请求。一台计算机上可运行多个服务软件。在网络中，用 IP 地址来标识一台计算机，用端口号（port）来标识运行在一台计算机上的服务软件。用户访问网络上的一个服务软件时，用 IP 地址和端口号来定位服务软件，与之建立起一个连接，然后访问它提供的服务。

一个数据库有很多用户，不同的用户关注不同的数据，每类用户都有自己的数据库应用程序。因此数据库应用程序和DBMS之间通常是多对一的关系。数据的有用性是多方面的，而且是不断扩展的，因此数据库应用程序也会不断增多。

DBMS是构建在操作系统之上的系统软件。操作系统将数据存放在文件中，而DBMS则将数据存放在表中。操作系统提供访问文件的编程接口，DBMS提供访问表的编程接口。磁盘上可存储多个文件，数据库中可以有多个表。文件是对操作系统的用户而言，表是对DBMS的用户而言。文件是连续的字节流，而表是类的实例的集合。DBMS内部要做的一个工作就是把文件塑造成表，正如操作系统内部要将磁盘块塑造成文件一样。一个数据库可存放在一个文件中。在这种方案中，文件被DBMS分成多个段，每个段存放一个表。每个段再分成多个节，每个节存储表中的一行数据。每个节再分成多个片，每个片存储一行数据中的一个列。有的DBMS则是为每个表都创建一个文件。数据在磁盘上的存储组织将在第7章进一步介绍。

1.6　数据库应用的广泛性

当今社会，几乎所有企业都在依托数据库系统完成业务工作，与业务相关的人和事都记录在数据库中。企业使用自己的业务数据库系统有条不紊地开展工作，使得整个企业高效运转。数据库系统已与人们的生活和工作息息相关。例如，超市依托超市管理系统来开展业务，其数据库中记录的数据包括商品、员工、场地、供货商、顾客以及业务活动。当顾客去超市购物，在前台付账时，收银员使用条码仪扫描商品上的条码，前台应用程序使用读取的条码，到后台数据库中的商品表中查询其对应的价格，然后显示给收银员。付账后，前台应用程序再修改后台数据库，将商品表中售出商品的存货数量减去销售数量。当某一商品的存货数量小于规定值时，便通知采购部门进货补充。

去银行新开一个账户时，前台应用程序向后台数据库发送在账户表中添加记录的请求。当客户存入一笔钱时，前台应用程序向后台数据库发送在交易表中添加存钱记录的请求，并修改账户表中客户账户行的余额项。当客户取钱时，前台应用程序首先向后台数据库发送查询账户余额的请求，当账户余额大于取钱数额时，前台应用程序向后台数据库发送在交易表中添加取钱记录的请求，并修改账户表中客户账户行的余额项。

去图书馆借书时，前台应用程序首先基于你想借阅图书的信息到后台数据库的图书表中去查询符合条件的图书，把它们显示在屏幕上。当一本书借出时，前台应用程序修改后台数据库，将图书表中其记录行的状态项修改为“借出”，借阅人项修改为借阅人的标识号，借出时间项修改为当前日期和时间。当一本书归还时，前台应用程序查询后台数据库的图书表，取出其借出时间项，当过期时，计算罚款金额，并向后台数据库发送在罚单表中添加记录的请求，同时修改后台数据库，将图书表中该书记录行的状态项修改为“在库”。

去旅行，要用到飞机订票系统和酒店预订系统。像Google之类的搜索引擎，会使用网络爬虫将互联网上的网页信息摘取出来，存入索引数据库中，供用户搜索。数据库系统已成为企业开展业务以及人们日常工作和生活必不可少的基础设施。

1.7 数据模型

数据模型（data model）是表示数据库中数据以及数据之间关系的基本概念。其中最主要的内容是数据结构。其目的在于建立数据库表述框架，统一认识，便于数据操作以及数据库中数据正确性的维护。目前最为流行的数据模型是**关系数据模型**（relation data model）。关系数据模型已在 1.3 节做了初步介绍。

采用关系数据模型的数据库称为**关系型数据库**（relational database），其数据库管理系统称为**关系型数据库管理系统**（relational DBMS）。现有的数据库大部分是关系型数据库，因此也是学习数据库知识必须掌握的内容。本书后续章节都围绕关系型数据库来展开，探讨其特点、存在的问题以及解决方案。

关系型数据库是表的集合。每一个表有两个内容：表的定义和表的数据。表的定义包括表名及其所有列的定义。表的每一列的定义包括列名、数据类型等。典型的数据类型有字符串类型、日期类型、整数类型、实数类型、布尔类型等。表的数据是指它包含的行。表的定义称为表的**模式**（schema），或者**元数据**（meta-data）。**数据库模式**（database schema）是指数据库中所有表的模式。关系数据模型的详细内容将在第 2 章讲解。

其他的数据模型包括**层次数据模型**、**网状数据模型**、**对象数据模型**等。层次数据模型采用树形结构来组织数据库中的数据。磁盘文件管理系统就是按照树形结构来组织所有文件的，可以说是层次数据模型的典型应用。采用网状数据模型的典型例子是网页。网页中包含链接，有链接关系的网页组合在一起，便形成网状结构。各种数据模型之间的关系将在第 10 章中详细讨论。

1.8 数据操作语言

数据库管理系统是一个软件产品。当企业想要搭建一个数据库时，要先购买一个数据库管理系统产品，将其安装在数据库服务器上，然后通过它来创建数据库、表。随后用户就可访问数据库，进行数据操作。在创建数据库、表以及进行数据操作时，最好有一种语言来描述它。用户用它来表示想要执行的数据操作、编写操作语句，然后将其提交给 DBMS 去执行，DBMS 把执行结果返回给用户。如果这种语言成为国际标准，那么每种数据库管理系统产品自然就会支持这种语言。创建数据库、表以及数据操作这些工作就会变得与产品无关。数据库的用户就只需要掌握这种语言，便能访问任何一种数据库管理系统产品。这就像人与人之间的交流，不同国家的人讲不同的语言，导致交流障碍。为了解决这一问题，大家都学英语，然后以英语进行交流。于是，英语就成为人与人之间交流的国际语言。在数据库领域，SQL（Structured Query Language）语言是针对关系数据模型而提出的数据操作国际标准语言。

SQL 语言的详细内容将在第 3 章和第 4 章讲解。图 1-7 就 5 种数据操作分别给出了一个简单的例子。图中的第一个语句表示的含义是：向图 1-1 所示的学生表 Student 中添加一行数据，这行数据记录了学号为 '200843101' 的学生的基本信息。第二个语句是将学生表 Student 中学号为 '200843315' 的学生的电话号码改为 '13907319696'。第三个语句是删除学生表 Student 中学号以 2007 开头的学生记录行。第四个语句是查询学生表 Student 中民族不为 ' 汉 ' 的学生记录行，即少数民族学生，而且只要求结果包含姓名、民族、联系电话三个列。最后一个语句用于统计学生表 Student 中男生和女生的人数分别是多少。

```
① INSERT INTO student VALUES ('200843101',' 周一 ', ' 男 ',
     '1990/12/14', ' 汉 ', '13007311111', ' 湖南省长沙市 ', '43');
② UPDATE student SET phone = '13907319696' WHERE studentNo =
     '200843315';
③ DELETE FROM student WHERE studentNo LIKE '2007%';
④ SELECT name, nation, phone  FROM student  WHERE nation <> ' 汉 ';
⑤ SELECT sex, COUNT(*)  FROM student GROUP BY sex;
```

图 1-7　以 SQL 语言表示的数据操作

从图 1-7 所示的数据操作语句可知，每一个 SQL 语句都是独立的，能够完整地表示一个数据操作，语句之间没有联系。SQL 语言的这种特性体现了它是一种非过程化语言。在每一个 SQL 语句中，都要指明针对哪个表执行何种操作，还要指明针对表中的哪些行进行操作。另外，SQL 操作语句是基于表的模式来编写，就如面向对象编程中的代码是基于类的定义来编写。只要已知数据库中表的定义，即表的模式，就可编写 SQL 操作语句表示想要执行的操作。

思考题 1-2：*在数据库中，为什么同类数据要放在同一个表里？从数据操作是基于表的模式来表示这一点来思考。*

1.9　数据库访问编程接口

为了开发数据库应用程序，DBMS 会提供数据库访问编程接口，供数据库应用程序开发者调用，以实现对数据库的访问。应用程序访问数据库的过程为：首先建立与数据库的连接，然后把 SQL 语句发送给 DBMS 执行，从 DBMS 得到一个执行结果，执行完数据操作之后关闭连接。这个过程与文件的访问类似。在访问一个文件时，要先打开文件，再执行文件读写操作，读写完之后关闭文件。

应用程序开发商在开发应用程序产品时，希望一次编程到处使用。也就是说，希望应用程序具有通用性，能够适配任何数据库管理产品，访问其数据库。例如，每一所大学都有大学教务管理数据库，业务逻辑相同，但各个大学使用的数据库管理系统产品可能互不相同。对于大学教务管理应用程序开发商而言，希望其产品能在每一所大学都和其数据库对接使用，具有通用性。要达成这个目的，最好的办法是建立数据库访问编程接口的国际标准。ODBC（Open DataBase Connectivity）和JDBC（Java DataBase Connection）就是数据库访问编程接口的国际标准。所有的数据库管理系统产品都支持这一标准，提供ODBC和JDBC驱动程序供数据库应用程序使用。

有了数据操作语言标准SQL，以及数据库访问编程接口标准ODBC和JDBC之后，所有的数据库管理系统产品对于用户以及应用程序开发者而言在功能上就没有差异了。数据库应用程序的开发不需要考虑与其对接使用的数据库管理系统产品，只需要基于业务数据库的逻辑模式，遵循标准来进行。按照标准开发出来的数据库应用程序能与任一个数据库管理系统产品对接使用，访问其中的数据库。

于是，数据库管理系统和数据库应用程序变得既相互独立，又能对接使用，从而构成邦联式系统。这种特性带来了很多益处，不管是数据库管理系统产品，还是数据库应用程序产品，只要产品做得好，就会有客户来选用。客户在选取产品时，也不用担心数据库管理系统与数据库应用程序之间是否匹配的问题了，可专注于产品质量、产品性能以及性价比。

ODBC和JDBC将在第9章详细讲解。图1-8展示了数据库应用程序调用JDBC接口完成数据操作的一个简单例子。图中的第一个语句是调用Java的类管理器将MySQL数据库的JDBC驱动程序加载到进程中，以便随后调用其中的JDBC接口。第二个语句是建立与数据库的连接，其中第一个参数中的jdbc:mysql表示该程序将使用MySQL数据库的JDBC协议与数据库进行通信，192.168.105.100为数据库服务器的IP地址，3306为数据库服务器的端口号，education为要访问的数据库；第二个参数root为登录用户的名称；第三个参数admin为登录用户的密码。第三个语句指明要提交给数据库执行的SQL语句。第四个语句表示将SQL语句发送给数据库执行，并获取数据库返回的执行结果，将其放在resultSet中。因为提交的SQL语句是一个查询操作，返回的执行结果是一个表。第六个语句是对返回的结果逐行扫描，将结果输出在屏幕上。完成数据操作之后，关闭与数据库的连接（见第七个语句）。

```
①Class.forName("com.mysql.jdbc.Driver");
②Connection  connection = DriverManager.getConnection(
      "jdbc:mysql://192.168.105.100:3306/education","root","admin");
③Statement  statement = connection.createStatement(
      "SELECT name, phone FROM student WHERE nation<>'汉'");
④ResultSet  resultSet = statement.executeQuery( );
⑤System.out.println("姓名          电话号码");
⑥while (resultSet.next() )
      System.out.println(resultSet.getString(1) + "    " + resultSet.
          getString(2));
⑦connection.close();
```

图1-8 数据库应用程序访问数据库的过程示例（Java语言）

当把第一个语句和第二个语句中的参数变成应用程序的配置参数时，这段程序就能与任何 DBMS 产品对接使用。也就是说，此时数据库应用程序与数据库管理系统产品无关，只与数据库有关。

由上可知，应用程序对数据库的访问包括 4 个基本步骤：1）与要访问的数据库服务器建立连接，使用用户账号登录 DBMS；2）向数据库发送数据操作 SQL 语句；3）获得数据操作的相应结果；4）关闭与数据库的连接。

SQL 语言涉及数据操作和数据定义两个部分。数据定义主要是指数据库的创建、表的创建、用户的创建等。当在一台计算机上安装一个数据库管理系统软件时，就会创建一个 root（根）用户账号。安装好后，便可启动数据库服务器，使用一个数据库管理工具软件（Facility 或者 Utility Software）访问 DBMS。与 DBMS 建立连接，并使用 root 用户账号登录之后，即可向 DBMS 发送创建数据库的 SQL 语句，再发送创建表的 SQL 语句，随后便可对创建的表执行数据操作。SQL 中有关数据定义的内容将在第 4 章介绍。

注意：从软件开发角度来看，数据库管理工具软件和数据库应用程序没有任何差异，都是调用数据库访问编程接口访问数据库。只是它们面向的用户不同。数据库管理工具软件主要是面向数据库管理人员（Database Administrator，DBA），用于数据库的运维。数据库应用程序则主要面向普通用户，用于数据操作。

1.10　数据库应用程序的模式

传统的数据库应用程序采用 C/S（Client Server，客户端 / 服务器）模式开发。源程序经编译链接后生成一个二进制可执行文件，也称作 APP，要安装在用户的机器上。很多应用程序并不能事先知晓和确定用户。例如，互联网应用中的网上商城，其用户就无法事先知晓和确定，而且在不断变化。因此，应用程序对用户的可达性便成了一个问题。另外，不同用户使用的计算机可能完全不同，有的使用台式机，有的使用笔记本电脑，有的使用 iPad，有的使用手机。用户机器上的操作系统也多种多样，有的是 Windows，有的是 Linux，有的是 MacOS。这样一来，应用程序开发商就要为每种机型和每种操作系统都生成一份可执行的应用程序文件，供用户选择、下载、安装使用。这给应用程序的开发和部署带来了问题。除了成本高、开发周期长、维护困难之外，还会受到用户的质疑：在我的机器上安装一个外来的应用程序，安全吗？

在用户的机器上安装应用程序存在的另外一个问题是版本升级。应用程序会因漏洞修补，或者功能完善和补充而不断升级。当用户正要打开应用程序使用时，应用程序却提示用户要下载新版本，进行升级，导致用户不得不等待程序升级之后再打开使用。程序升级不仅耽误用户时间，而且影响用户正常使用，给用户的使用体验很差。有的应用程序没有新版本自动探测功能和自动升级功能，这种应用程序面临新版本触及不到用户的问题。

为了解决上述问题，数据库应用程序改用 B/S（Browser/Server，浏览器 / 服务器）模式开发。在这种模式下，应用程序分为前端和后端两个部分，安装在 Web 服务器上，而不是用户机器上。用户使用浏览器来访问 Web 服务器上的数据库应用程序。前端负责与用户的交互，后端负责与数据库的交互。用 B/S 模式开发数据库应用程序，不需要在用户的机器上安装任何软件。用户使用浏览器能访问任何一个网站，这就解决了用户对数据库应用程序的可达问题。从安全角度来看，用户使用浏览器访问网站，从服务端接收的内容都被限制在浏览器内，用户机器的安全性能得到保障。当版本升级时，只需要改动 Web 服务器，简单容易。有关数据库应用程序的开发将在第 9 章讲解。

1.11 数据库的三级模式

企业将其业务数据化，存储在数据库中，以实现其业务的计算机化管理。企业数据库系统的用户，通常是指企业的员工和企业的客户。数据库中的数据带有全局性。数据库中的数据与用户想要的数据存在三个差异。第一个差异表现在数据行上。例如，对于大学教务管理数据库，从表的行来看，学生表中存储了整个大学的所有学生数据，每个学生在学生表中都有一行；课程表存储了整个大学的所有课程，每门课程在课程表中都有一行；选课表存储了整个大学的所有选课记录。不过对于每个用户而言，只关心和自己有关的业务数据，他所要的数据行只是数据库中的一小部分。例如，对于一个学生来说，他只关心与自己专业相关的课程和自己的选课记录。对于一个老师而言，他只关心自己开设的课程以及选修了自己所开课程的学生。

第二个差异表现在数据列上。从表的列来看，数据库中的表包含了对应类的所有属性，而对于一个用户来说，他只关心其中的一部分属性。例如，对于大学教务管理数据库，其中的学生表包含的列包括学号、姓名、性别、出生日期、民族、所属班级、联系电话、家庭住址、所属学院编号、专业、年级等在整个教务管理中要用到的属性。(注意，图 1-1 中并未列出学生表的所有属性。) 不过就一个老师而言，对于学生表，他只关心与其业务相关的姓名、学号、所属班级三个列。对于数据库中的课程表，它包含的列包括课程编号、课程名称、课程类别、课时、学分、开课学期、教材、责任老师、开课学院等。对于教材科的教管人员来说，他只关心与其业务相关的课程名称和教材两列。

第三个差异表现在：数据库中的数据要严格按类分表存储，但用户想要的业务数据通常带有综合性。例如，对于大学教务管理数据库，学生、老师、课程、学院、选课这些类别的数据不能混存在一个表中，要放在不同的表中存储，如图 1-1 所示。以选课表为例，包含的列只有学号、课程编号、学期、班号、上课老师工号、成绩。但是对于一个老师而言，他想要的课程成绩表要有学生姓名、学生学号、课程名称、课程编号、学期、成绩这 6 列。在数据库中，并没有课程成绩表，老师想要的课程成绩表要对数据库中的多个表进行组合才能得到。具体来说，就是以选课表为基础，以学号列为纽带，组合上学生表的姓名列，再以课程编号列为纽带组合上课程表的课程名称列。为什么数据库中的数据要严格按类分表存储？这一问题将在第 2 章和第 8 章中讲解。

由此可知，用户想要的数据与数据库中存储的数据并不一致，存在差异。数据库中存储的数据是业务逻辑数据，从模式来说，称作**概念模式**（conceptual schema），或者**逻辑模式**，也简称为**模式**。用户所要数据的模式叫作**外模式**（external schema），也叫**用户模式**。对于关系型数据库，一个数据库由多个表组成，概念模式是指数据库中存储的**表的模式**。外模式也是指表的模式，不过是指用户想要的表，而不是指数据库中存储的表。它们之间的差异体现在三个方面：表的数量、表的模式、表中的数据行。一个数据库的用户可以分成多个类，例如，对于大学教务管理数据库，其用户可分为学生类、老师类、教管人员类。每一类用户关心的业务数据表都有差异。这种差异体现在表的模式上。对于同一类用户来说，他们关心的数据行有差异。例如，对于学生A和B，尽管他们的业务数据表的模式相同，但他们见到的数据行并不相同。以选课表为例，学生A见到的是学生A的选课记录，学生B见到的是学生B的选课记录。

用户见到的业务数据表的模式为外模式。因此，用户执行数据操作也是基于外模式来表示。这就存在一个转换问题，也称为映射。用户基于外模式执行的更新操作（添加、修改、删除）要映射成基于概念模式的更新操作，以便将用户执行的更新落实到数据库中。用户基于外模式执行的查询操作（查询和统计）也要映射成基于概念模式的查询操作，以便从数据库的表中摘取数据，合成符合外模式的数据行。概念模式与外模式的映射是数据操作中的核心问题，将在第3章和第4章中详细阐述。

数据库中的数据除了有概念模式和外模式，还有**内模式**（internal schema）。内模式是描述数据库的物理存储结构，即数据库在文件中的存储结构，或者说在磁盘上的存储结构。例如，每个表分别用一个文件来单独存储，还是整个数据库用一个文件来存储，这就是内模式要考虑的事情。对于一个表，是逐行存储在文件中，还是逐列存储在文件中，这也是属于内模式中的内容。概念模式和内模式之间也存在映射的问题。数据库的三级模式如图1-9所示。

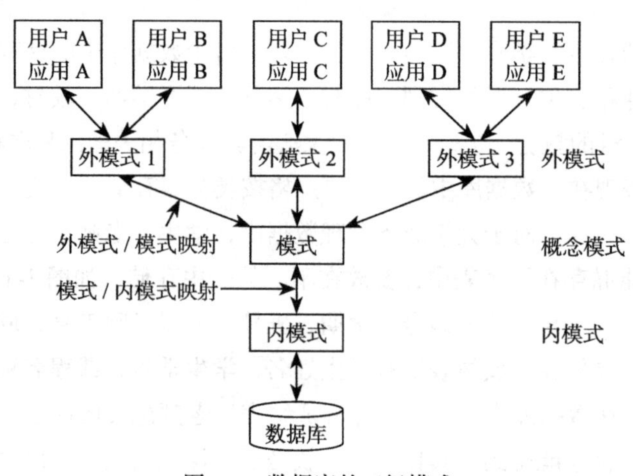

图1-9　数据库的三级模式

数据库的三级模式能使数据库管理系统与数据库应用程序之间真正实现既相互独立，又能组装对接使用。尽管在1.9节提到，有了数据操作的国际标准语言SQL和数据库编程接口国际标准 ODBC/JDBC，数据库应用程序就有了通用性。不过，还有一个前提条件，那就是数据库管理系统要给数据库应用程序提供相同的外模式。因为数据库应用程序是供用户使用的，其中的 SQL 操作语句是基于外模式来构建的。每个企业都建有自己的数据库。对于两个企业，尽管它们的业务逻辑相同，但数据库的概念模式可能不相同，其原因是它们的数据库是各自分别设计的。例如大学 A 和大学 B，它们的教务管理业务在逻辑上尽管相同，但大学教务管理数据库的概念模式存在差异。差异的典型表现就是命名不一样。例如，对于学生表，大学 A 将它命名为 Student，大学 B 将它命名为 Xue_sheng。假定一个大学教务管理应用程序是基于大学 A 的数据库开发的，如果要将它拿到大学 B 去使用，那么就要求大学 B 的数据库管理系统提供一个与大学 A 一样的外模式。有了数据操作的国际标准语言 SQL，这个要求很容易满足，只需要在大学 B 的数据库中基于其概念模式，使用 SQL 定义一个与大学 A 一样的外模式。概念模式与外模式的映射将在第 4 章详细讲解。

数据库的三级模式也使数据库与数据库管理系统之间既具有相互独立性，又具有可组装性。概念模式和外模式的描述已有国际标准 SQL。如果内模式的描述也有国际标准，那么使用数据库管理系统产品 α 构建数据库 B 之后，使用数据库管理系统产品 β 也能访问它。只需要将数据库 B 在数据库管理系统产品 α 中的内模式导出，然后导入数据库管理系统产品 β 中，便能方便地实现数据库的快速迁移以及数据库管理系统产品的快速切换。遗憾的是，内模式的描述目前还没有国际标准。数据库的迁移和数据库管理系统产品的切换是一件费时耗力的事情，需要借助应用程序，使用 SQL 将数据从一个数据库中读出，然后再写入另一个数据库中去。

注意：对于内模式，目前没有形成国际标准，其原因是内模式被视作数据库管理系统内部的事情，其细节与数据库管理系统的性能密切相关，涉及产品核心技术。

1.12 数据库系统的特性

企业构建数据库系统的目的是更好地开展业务，更好地支撑其业务的拓展。采用数据库系统来管理业务数据后，凡是与业务相关的人和事都记录在数据库中，这既有助于企业员工及时和全面地掌握业务动态，协同开展工作，保证业务高效和高质量运转，还能给客户带来良好的服务体验，赢得客户的信任，进而吸引更多的客户。

数据库系统由数据库、数据库管理系统、数据库应用程序三个组件组成。三者既具有相互独立性，又具有可对接组装性，构成邦联式系统。这种特性使数据库系统得到广泛使用，几乎所有企业都构建了自己的业务数据库系统。

数据库系统的组件化和解耦化，使厂商可专注于数据库系统中的某一组件，降低了门槛。正因为如此，出现了很多行业数据库设计商、数据库管理系统开发商以及行业数据库应用程序开发商。例如，大学教务管理系统是每所大学必不可少的。巨大的市场需求吸引了大量的厂商来从事大学教务管理数据库的设计，以及大学教务管理应用程序的开发。组件之间接口的标准化，使得产品开发能实现“一次编程，到处销售”。对于产品提供商来说，这不仅能节省开发费用、缩短开发周期，还能简化安装部署、节省售后服务成本。产品成本的下降意味着销售价格的下降，价格的下降意味着更多的客户能够消费得起。当一个行业领域有利可图时，便会吸引更多的商家加入进来。同类产品之间的竞争，会促成价廉物美局面的出现。

从客户角度来看，产品的选择空间越大，意味着产品的购置风险越小。以大学为例，在构建大学教务管理数据库系统时，就不会出现将自己束缚在某一特定的数据库管理系统产品上，或者某一特定的大学教务管理应用程序产品上的情况。当发现有更适合自己的数据库管理系统产品，或者大学教务管理应用程序产品时，便能以很低的代价实现产品切换。当要切换大学教务管理应用程序产品时，只需要针对新的大学教务管理应用程序产品进行简单的配置，便可与现有的数据库管理系统产品对接使用。当要切换数据库管理系统产品时，只需要将原有的数据库从原系统导入新系统即可。

数据库系统的组件化以及组件接口的标准化有利于营造竞争氛围，促使各数据库管理系统产品厂商以及数据库应用程序产品厂商把产品做得更好，提供更优质的服务。SQL 和 ODBC/JDBC 这两个国际标准的出现使得这一特性变成了现实，引发了数据库系统的广泛使用。

思考题 1-3：系统的组件化以及组件接口的标准化为什么引发了数据库系统的广泛使用？这种理念和逻辑对我们有什么启示？

思考该问题时，不妨联想一下大家熟知的汽车工业领域。正是由于汽车制造采用了组件化以及组件接口的标准化的方式，才使汽车做得越来越好、越来越便宜、销量越来越大，最终使汽车行业发展成为一个庞大的产业。

1.13　数据管理中要解决的基本问题

从企业角度来看，企业的业务数据都存储在数据库中；从数据库的用户角度来看，所有用户的数据都存储在数据库中。因此，数据库中数据的正确性、安全性十分重要。另外，数据库是企业数据、用户数据的集中之地，因此其中的数据量非常大。从海量的数据中查找和定位数据非常耗时费力。另一方面，数据集中存储后，所有用户都要访问数据库，因此数据库服务器成为一个负载中心，数据处理任务非常繁重。用户向数据库发出数据操作请求，希望能得到及时响应。在此情形下，数据处理的性能问题变得异常突出，高性能处理变得十分关键。除此之外，数据管理中还面临数据完整性问题和数据操作的简单性问题。因此数据管理中有五大问题需要解决，即数据正确性问题、数据处理性能问题、数据安全问题、数据操作简单性问题、数据完整性问题。这 5 个问题的解决都依赖于数据库管理系统。围绕这 5 个问题展开研究，所取得的理论和技术成果构成了**数据库技术**。

数据正确性的威胁来自两个方面：数据库服务器在无故障运行情况下，面临因数据冗余而引起的数据更新异常和数据不一致等问题；在数据库服务器（包括软件和硬件）出现故障时，面临数据丢失、数据残缺不全、数据不一致等问题。企业的一项数据可能会被多个部门、多个用户使用，并以迭代方式传播开来。例如，在大学里，学生的学号和姓名到处都要用到：教学中要用到、学费管理中要用到、学籍管理中要用到、学生工作中也要用到。因此在数据库中，如果管理不恰当，学生的学号和姓名会出现在很多表中，当某个学生被开除的时候，可能出现该生数据的删除有遗漏，导致诸如学生人数统计之类的业务数据不正确。恰当组织和管理数据，对于数据正确性非常关键。数据库如何组织和管理数据是数据库设计要考虑的问题。数据库设计理论、方法是本书的核心内容，将在第 8 章中详细讲解。

系统故障会造成数据丢失，数据残缺不全。典型的系统故障是磁盘故障，会导致存储在其上的所有数据全部丢失。在企业中，数据丢失是不允许的，尤其是关键数据，例如银行数据库中的交易数据。但系统故障是难以避免的，如何在出现系统故障的情况下保障数据的正确性？其中涉及的两个重要概念是事务处理和故障恢复。事务处理的具体含义、系统故障的类型及其严重程度、故障恢复方法将在第 6 章详细讲解。

数据处理性能一直是度量数据库管理系统产品优劣的一项关键指标。目前，在很多企业因其数据库服务器对用户请求的响应时间过长，而受到用户的抱怨。因此，提升数据库管理系统的数据处理性能非常重要。在 1.5 节中提到的数据分类、数据排序、数据索引，都是提升数据处理性能的有效方法。提升数据库系统的数据处理性能一直是人们研究的热点课题。提升数据处理性能，需要分析数据特性、计算机硬件特性以及用户访问特性，从中找出影响性能的瓶颈因素，然后探寻解决之道。数据处理性能的度量指标、提升途径、提升策略和具体方法将在第 7 章中详细讲解。

数据库管理中的第三个基本问题是数据安全问题。数据库中的数据并不是完全开放的，而是有安全性要求。例如，对于企业中的职工奖金数据，普通职工只能看到自己的数据，而部门经理则允许看到本部门所有职工的数据。职工的工资数据只允许财务部门的专职人员进行修改。数据的安全管理机制以及安全控制方法将重点在第 5 章中讲解，在第 9 章将进一步展开。

数据库管理中的第四个基本问题是数据操作简单性问题。数据操作必须简单，数据库系统才有可能被大众接受，并广泛使用。如果数据操作复杂，很多用户在执行数据操作时就会感到困难，数据库系统就难以广泛应用。在操作系统一级，数据存储在文件中，这样就屏蔽了数据在磁盘上的存储细节，大大简化了数据的操作。不过文件是连续的线性字节流，用户不仅要关注数据本身，还要关注数据在文件中的位置、长度以及编码等内容，数据操作依然复杂。数据库管理系统将数据进一步结构化为表，不仅屏蔽了数据在文件中的位置、长度和编码，而且使数据更直观易懂。不过，数据库中的表与现实中使用的业务表并不一致，为数据操作的简单性带来了障碍。数据操作的简单性的实现途径和方法将在第 4 章中详细讲解。

数据库管理中的第五个基本问题是数据完整性问题。对于大学教务管理数据库，数据完整性例子有：对学生表中任何一行记录，姓名、学号、性别这三列都不能为空；性别列的赋值只能是“男”或者“女”；对选课表中任何一行记录，成绩列的取值必须在0～100之间。数据完整性约束对保证数据的有用性必不可少。数据完整性的具体内容将在第2章中详细讲解。数据完整性的实现方法则在第4章中展示。

1.14　数据库领域的从业人员

数据库技术是信息系统的基础和核心。对于系统软件提供商，如果没有掌握数据库技术，没有自己的商用数据库管理系统产品，就无法在领域中立足。2009年Sun公司被Oracle公司收购就是一个很好的例证，表明了数据库技术在系统软件行业中的核心地位。Sun公司曾经是IT界的超级巨人，拥有自己的机型和操作系统，还开启了Java技术。但是Sun公司缺少商用数据库管理系统产品。而Oracle公司则是一个只有数据库产品的公司。Oracle公司收购Sun公司，就如同小鱼吃大鱼。对于系统软件提供商来说，不掌握数据库技术就等于失去竞争力，就会面临被淘汰的命运。IT界的IBM公司、Microsoft公司、Oracle公司都拥有数据库产品，是激烈竞争之后留下的最后胜利者。

对于软件行业的技术人员，掌握数据库技术也非常重要。因为90%以上的软件项目和数据库直接相关，90%以上的软件技术人员都在从事数据库系统的设计、开发、运维相关的工作。在数据库领域，从业人员有四类：数据库管理系统开发人员、企业数据库设计人员、数据库管理人员、数据库应用程序开发人员。

数据库管理系统处于数据库系统的上游，技术含量高，属于系统软件范畴，进入门槛高，对从业人员的要求也高。只有那些技术功底扎实的人员才有可能进入大公司，从事数据库管理系统的设计开发工作。数据库设计人员为企业设计数据库。数据库设计中的核心工作就是要从企业的业务、组织、人员、运作方式、外部环境以及历史渊源和发展态势中提炼出企业的数据定义，梳理出数据之间的关系，然后使用数据库设计方法定义出数据库中的表，标识出数据完整性控制的具体规则。数据库设计处于企业信息化工作的上游，至关重要。对于数据库设计人员，不仅要理解企业数据的内涵，而且要对数据库技术有透彻的理解。糟糕的数据库设计将后患无穷，其隐含的问题包括：业务需求不能得到满足；时常发生数据丢失、数据操作被无故拒绝、数据不正确、数据不一致等异常情况；出现新业务或业务变动时，系统适应性差。以往的统计数据表明，能达到预期目标的数据库系统开发项目不到20%，其中数据库设计不合理是最主要的原因之一。

数据库系统管理人员的主要工作是负责企业数据库系统的日常维护，确保数据库的安全、可靠、可用。具体职责包括数据库服务器的安装和配置、用户管理、安全管理、数据库访问审计、系统扩容与升级、数据备份、故障恢复、性能检测与优化等。

数据库应用程序开发人员的主要工作是满足数据库用户的业务需求，为他们设计和开发数据库应用程序。对于数据库应用程序的设计与开发，基本要求有4条：界面设计要布局清晰、层次分明、表达简洁、符合习惯、操作简单方便；程序的布局要遵循模块化和层次化原则；在可靠性和稳定性方面，要检查函数调用是否成功，不成功时要通告用户，并做出恰当处理；在通用性方面，尽量采用标准技术、通用架构，文档和源程序符合标准规范。数据库应用程序的开发将在第 9 章详细讲解。

1.15 数据库技术的发展史

数据库最初产生于 20 世纪 60 年代中期。根据数据模型的演变，数据库的发展可以划分为四代：第一代的网状、层次型数据库系统；第二代的关系型数据库系统；第三代的以面向对象模型为主要特征的数据库系统；第四代的以互联网应用、集群处理、云计算为特征的大数据系统。

20 世纪 60 年代，美国启动了阿波罗载人登月工程。该工程需要处理和管理庞大的数据。在此背景下，通用电气公司采用网状数据模型研制了 IDS（Integrated Data Store）系统；IBM 公司采用层次数据模型研制了 IMS（Information Management System，信息管理系统）。这就是第一代数据库管理系统的代表。层次模型采用树结构组织数据，网状模型对应的是有向图。这两种数据库都采用存取路径来表示数据之间的联系。导航式的数据查询和定位为其基本特征。1973 年，IDS 系统的主要设计者查尔斯 · 巴赫曼（Charles W. Bachman）因在网状数据模型上的突出贡献获得了计算机界的最高奖——图灵奖。

第二代数据库的主要特征是采用关系数据模型。1970 年，关系数据库之父埃德加 · 科特（Edgar F. Codd）在其著名的论文“A Relational Model of Data for Large Shared Data Banks”中提出了关系数据模型，以解决网状、层次型数据库系统中存在的问题。Codd 建议将数据保存在由行和列组成的简单表中，而不是保存在一个层次结构中，这样用户查询数据时，就不需要知道其数据结构。随后，IBM 公司开发了关系型数据库管理系统 System R。该系统证实了 Codd 的关系数据模型的可行性、有效性和优越性，并直接推动了数据操作语言 SQL 的出现。随后，商业关系型数据库系统如雨后春笋般涌现出来，并被广泛使用。典型的关系型数据库管理系统有 Oracle、DB2、Informix、Sybase 等。1983 年，SQL 被美国国家标准局（ANSI）采纳为国际标准，1984 年进一步被国际标准化组织（ISO）采纳为标准。

在数据库系统中，系统故障直接威胁数据库中数据的可靠性。詹姆士 · 格雷（James Gray）提出了事务处理概念，为提升数据库的可靠性做出了重大贡献。关系模型和事务处理是数据库技术的基石，Codd 和 Gray 也因为在这方面的贡献分别在 1981 年和 1998 年获得了图灵奖。

在数据库访问编程接口标准方面，微软公司在 1992 年推出了 ODBC（Open Database Connectivity），Sun 公司在 1994 年为 Java 编程语言推出了 JDBC（Java Database Connectivity）。在 ODBC 推出之前，数据库应用程序和数据库产品是紧耦合的，其原因是开发数据库应用程序时，要使用数据库厂商随数据库产品一同发布的数据库访问接口和支持库。有了

ODBC之后，数据库厂商将数据库访问支持库封装为ODBC驱动程序，数据库应用程序使用ODBC接口访问数据库。于是，数据库应用程序和数据库产品之间变得既具有相互独立性，又具有可对接性。

1976年，Chen提出了基于实体–关系建模的数据库设计方法。Codd等在20世纪70年代提出了验证表设计是否合理的5个范式，同时也提出了基于拆分的表设计合理化方法。实体–关系建模方法、范式理论为解决数据更新操作可能导致的数据丢失、数据错误、操作异常等问题提供了支持和保障。

实践、商业化、人才培养也是推动数据库技术发展和广泛应用的重要因素。在这方面，迈克尔·斯通布雷克（Michael Stonebraker）做出了杰出贡献，并在2014年获得了图灵奖。他以Ingres项目开启了开源数据库的先河。20世纪90年代，知名的商用数据库产品Informix、Sybase和Tandem都是在Ingres的基础上衍生出来的。这三个数据库产品厂家后来分别被IBM、Microsoft和Oracle收购，衍生出了当今广泛使用的DB2、SQL Server、Oracle这三个商用数据库产品。

注意：图灵奖是颁发给在IT业界中做出重要贡献的科学家。自1966年设立以来，原则上每年只授予一人。在数据库领域就有4人获此殊荣，可见数据库给人类带来的深远影响。

关系模型、事务处理、数据库设计方法、SQL、ODBC/JDBC是数据库技术发展中的标志性成果，也是数据库技术中的核心内容。

第三代数据库产生于20世纪80年代。随着科学技术的不断进步，各个行业对数据库技术提出了更多需求。关系型数据库已经不能完全满足需求，于是产生了第三代数据库。第三代数据库保持和继承了第二代数据库系统的技术，支持面向对象的数据模型，并和分布式处理技术、并行计算技术、多媒体技术、人工智能技术等新技术相结合，广泛应用于地理信息服务、电子商务、网络搜索、决策支持等诸多领域。分布式数据库允许用户开发的应用程序把多个物理分开的、通过网络互连的数据库当作一个数据库。并行数据库通过**集群**（cluster）技术把一个大型事务分散到集群中的多个结点上执行，以提高数据库的吞吐量和容错性。多媒体数据库结合面向对象技术和多媒体技术，能更好地对多媒体数据进行存储、管理、查询。

互联网（尤其是移动互联网）的兴起和普及，使得各行各业发生了深刻变革。数据管理也不例外。一方面，企业的业务不断扩展，用户不断增多，数据量快速增长。另一方面，用户和企业对信息服务质量的要求越来越高。从用户角度来看，信息系统必须做到服务不间断、交互流畅、功能完备。从企业来看，信息系统必须做到低成本搭建、低成本运维，而且能保证服务质量。这就要求数据管理系统具有良好的可扩展性，具备大数据处理能力，能够自动监测并自动做出调整，并在满足服务质量要求的前提下尽量降低成本。在此背景下，出现了NoSQL数据库以及Hadoop等大数据处理平台。数据库技术的发展将在第10章中详细讲解。

1.16 目前流行的数据库产品

在国际上，目前具有代表性并且广泛使用的关系型数据库管理系统产品有4个：Oracle公司的Oracle、微软公司的SQL Server、IBM公司的DB2，以及源代码开放的MySQL和PostgreSQL。

Oracle是一款大型数据库管理系统产品，一般应用于商业、政府部门。Oracle运行稳定、性能优越、吞吐量大，能够处理大批量的数据，同时具有良好的数据安全性与数据完整性控制。但其价格比较高。

SQL Server主要运行在Windows平台上，是一种大众化的数据库管理系统，一般应用于中小型企业。SQL Server有强大的事务处理功能和数据导出/导入功能。数据库维护界面友好，操作简单，功能也非常齐全。SQL Server有多种版本，可以适配各种应用、各类用户的需求。

DB2是一种高端数据库管理系统，价格昂贵，一般应用于银行、保险等可靠性要求很高的行业和领域。DB2拥有良好的查询优化功能，支持多任务并行执行，可同时激活上千个活动线程，对大型分布式应用可提供良好的支持。

MySQL和PostgreSQL都是开放源代码的数据库管理系统。MySQL最初由瑞典的MySQL AB公司开发。该公司于2008年被Sun收购，2009年Sun又被Oracle收购，因此MySQL现为Oracle旗下的开源免费使用产品。PostgreSQL是一款关系－对象型数据库系统，起源于美国伯克利大学的Ingres项目，是一款由社区推动的开源数据库产品。

MySQL由于体积小、性能高、可靠性好、成本低，已经成为流行的开源数据库，被广泛地应用于Internet上的中小型网站中。与Oracle、DB2、SQL Server相比，MySQL尽管有规模小、功能有限等不足，但是这丝毫没有降低它受欢迎的程度。对于中小型信息系统来说，MySQL提供的功能已经绰绰有余。随着MySQL的不断成熟，它也逐渐用于更多大规模的网站和应用。目前Internet上流行的Web网站架构是LAMP，即以Linux作为操作系统、Apache作为Web服务器、MySQL作为数据库、PHP作为服务器端脚本解释器。由于这4个软件都是开放源代码软件，因此使用这种方式，可以用很低的成本创建一个稳定、免费的网站系统。

NoSQL数据库产品面向互联网应用，强调数据库的高可扩展性、高可用性、高性能。当前流行的NoSQL产品包括列存储型的HBase、文档型的MongoDB、键值对型的Redis，以及图形型的Neo4j。

在国内，借助开源数据库，已涌现出很多数据库厂商和产品。基于产学研合作形式发展起来的三家国内知名数据库厂商，其产品已在国内广泛使用。天津南大通用数据技术股份有限公司研发的GBase数据库已在金融、电信等10多个领域拥有上万家用户。武汉达梦数据库有限公司研发的DM数据库已在10多个行业使用，销售量超过10万套。北京人大金仓信息技术股份有限公司研发的KingbaseES数据库在质监、审计等行业中已取得了重要地位。其他有影响力的数据库产品还有神通数据库、SequoiaDB数据库、Hubble数据库等。

另外，国内各大互联网公司也致力于数据库研发，以支撑其业务的拓展。腾讯基于MySQL研发出了TDSQL时序数据库；华为基于PostgreSQL研发出了GaussDB数据库；阿里巴巴研发出了OceanBase数据库支撑支付宝业务，还研发了PolarDB数据库支撑淘宝电商业务。

1.17 本章小结

采用数据库方式集中存储和管理数据能发挥集约效应，提高数据的共享性、真实性、可靠性，降低数据维护和管理成本。企业将其业务数据存储在数据库中，以此提高业务管理水平，提升自身竞争力，取得更好的经济和社会效益。

数据库管理系统是一个运行在操作系统之上的系统软件，负责管理数据库，对外提供数据定义和数据操作服务。用户使用数据库应用程序和数据库管理系统交互，完成数据操作。数据操作的类别有：添加数据、修改数据、删除数据、查询数据、统计数据。数据库、数据库管理系统、数据库应用程序三者共同构成数据库系统。数据库服务器有两层含义，在硬件上是指计算机，在软件上是指对外提供数据服务的DBMS软件。

数据库应用程序和数据库管理系统之间既具有相互独立性，又具有可对接性。获得这一特性并不容易。首先要有明确和统一的数据模型。在此基础上，对数据操作表述建立国际标准，再形成统一的数据库访问编程接口。此外，还要有数据模式的分级和映射。理解关系数据模型、SQL语言、ODBC/JDBC、数据的外模式与概念模式以及它们之间的映射对掌握数据库系统的结构特性至关重要。这一结构特性是数据库系统得到广泛应用的根本原因。

数据库系统的基本特征：数据集中存储于数据库中，由DBMS管理，所有用户通过DBMS访问数据库。用户和数据库之间形成多对一的关系。数据库建立之后，在数据有用性的驱动下，其用户和应用会不断增加。数据管理中要解决的5个基本问题是：数据正确性问题、数据处理性能问题、数据操作简单性问题、数据安全问题、数据完整性问题。

数据模型是数据库中的基本概念，用于表示数据库中数据以及数据之间的关系。其中最主要的内容是数据结构。其目的在于建立数据库表述框架，统一认识，便于数据操作和数据库中数据正确性的维护。目前流行的数据模型是关系数据模型。关系数据模型将数据保存在由行和列组成的表中，其好处是：用户查询数据时，不需要知道其存储结构，数据操作简单容易。

在关系型数据库中，数据的组织至关重要。数据有类别概念，一个类别对应数据库中的一张表。类的实例对应表中的行。一个类的一个实例在表中有且仅有一行。数据的组织有两条重要原则：1）数据要严格按类分表存储，不能把多种类型的数据混合存储在一个表中；2）同一类型数据存储在一个表中，不允许出现同一类型的数据用多个表来存储的情况。设置这两条原则的目的是避免数据库中出现数据冗余，以保证数据正确。一个表中的一行数据是数据操作的基本单元，对应为一个类的一个实例，在数据库中仅存一份。

关系模型、事务处理、数据库设计方法、SQL、ODBC/JDBC是数据库技术发展中的标志性成果，也是数据库技术的核心内容。

数据库应用领域的从业人员有4类：数据库管理系统开发人员、数据库设计人员、数据库系统管理人员、数据库应用程序开发人员。数据库管理系统位于数据库系统的上游，起着引领性作用。数据库设计处于企业信息化工作的上游，至关重要。

习题

1. QQ聊天功能大致如下：用户注册一个账号，随后登录，登录之后可添加好友、创建群、向群中添加成员。之后可和好友单独聊天，也可在群中聊天；可查询与某个好友的聊天历史记录，或者是某个群中的聊天历史记录。得到的聊天记录是以时间顺序排列。基于这些常用业务功能，按照1.3节所述的关系型数据库中数据的组织原则，写出QQ数据库中应该有哪几个表？每个表应该取什么名字？每个表有哪些列？每个表分别给出3行数据，分析每个表的主键、外键。对照QQ应用程序的上述功能，分析每项功能中用户要对数据库中的哪个表执行何种数据操作？
2. 在数据库系统中，数据库应用程序与数据库管理系统之间具有邦联特性，也就是说，它们之间的交互接口已有国际标准。从数据库管理系统厂家、数据库应用程序开发商以及用户（即要购买数据库管理系统和数据库应用程序的一方）的角度来看，这能带来什么好处？是否有不利之处？在此基础上，分析邦联性（指独立性和可对接组装性）为什么能在全世界被广泛接受？

第2章　关系数据模型

对于数据管理，数据模型是最基础的概念。数据模型是有关数据表示和组织的概念，其目的在于建立数据库的数据结构，统一认识，便于数据操作，便于数据库中数据正确性的维护。早期的数据库采用层次数据模型或者网状数据模型。层次数据模型的典型例子是文件系统，网状数据模型的典型例子是网页。在文件系统中，文件的标识使用磁盘存储路径，例如“ c:/document/student.txt”。网页的标识使用URI。URI其实也是存储路径，不过是跨计算机的，因此在前面加上了计算机的标识——IP地址，例如“202.100.1.95/document/student.txt”。这种标识属于物理标识，借鉴了人的标识。在过去，人的标识是住址。在科技不发达、人的活动范围很小、很少变动住址的情况下，用住址来标识人很方便，它既含有地理概念，又含有行政区域概念，直观易懂，简单直接。到了现在，还用住址来标识人就完全不合时宜了，因为一个人变动住址是常见的事情。用住址标识人带来的优势不复存在，导致的问题日益突出。

人的标识现在不再用物理概念了，而是用抽象概念，例如身份证号码、微信号码等。同样，用存储路径这样的物理概念来标识数据也不合时宜了。为了克服层次数据模型和网状数据模型使用物理概念来标识数据存在的弊端，20世纪70年代提出了关系数据模型。关系数据模型使用抽象概念来标识数据，而且使用面向对象概念来将数据与现实对应起来，从而将抽象与直观完美地统一，被人们普遍认可和接受。于是，关系数据模型成了数据库技术的基石。

关系数据模型不仅简单，而且还对数据的正确性问题、数据的完整性问题、数据操作的简单性问题给出了精巧的解决方案。这三个问题是数据管理中必须处理好的问题。更为重要的是：关系数据模型的数据衍生能力很强。数据库中只需存储原始性的基础数据，每个用户需要的业务数据表都能通过运算实时衍生出来。2.1节从案例入手，展示数据组织合理的重要性，从而引出关系模型中的基本概念，揭示关系数据模型的本质特征。随后在2.2～2.4节讲解关系数据模型中的数据完整性概念，以及数据正确性问题与完整性问题的解决方案。在2.5节讲解关系代数运算，展示关系数据模型的数据衍生能力。

2.1　关系数据模型及其特性

2.1.1　关系数据模型概述

数据模型要刻画数据的内涵，给定数据的结构，表示数据的含义。在上一章中提到，在关系数据模型中，数据结构只有一种，那就是表。在日常生活与工作中，业务数据表很常见，例如在大学教务管理业务中，就有课程表、学生名单表、课程成绩表、学生成绩单等。关系型数据库采用关系数据模型，数据库由表构成，数据存储在表中。表包括模式和数据两个部分。模式表示的是概念和逻辑，而数据表示的是具体事物。用面向对象概念来描述，表的模式表示的是类，而表中一行数据表示的是类的一个实例。一个表中的所有数据行构成同类实例的一个集合。

企业在构建自己的业务数据库时，要定义数据库中的表，然后将业务数据存入表中。表的定义就是表的模式的定义。表的模式包括表名以及表中的列。在一个数据库中，表用表名来标识；在一个表中，列用列名来标识。列除了列名之外，还有数据类型的概念。

在关系数据模型中，除了有模式和数据这两个概念之外，还有联系的概念。在1.3节已讲到，数据要严格按类分表存储。现实中，类与类之间存在联系。这一特性在关系数据模型上表现为表与表之间存在联系。以1.3节所述的大学教务管理数据库为例，学生表Student与学院表Department存在联系。这种联系体现在学生表Student中有一个列名为“所属学院编号”的列，它是一个外键，在学院表Department中为主键。数据为什么要严格按类分表存储？联系的具体含义是什么？接下来通过案例展示其来龙去脉，从而揭示出关系数据模型的特性。

注意：关系数据模型的提出，比面向对象编程概念的提出要早。对关系数据模型的描述，还是沿用了原有的命名和表述，例如模式和数据。用面向对象概念来描述关系数据模型，那么模式就是类，一行数据就是类的一个实例，即对象。表中数据就是同类对象的集合。联系就是引用。显然，用面向对象来描述会更加通俗易懂，使人更加容易领悟其本质。因此，对待任何事情，历史传承性和社会进步性这两方面都要兼顾。

2.1.2 关系数据模型的特性

在定义数据库中的表时，不能将日常工作和生活中用到的业务表原样搬入数据库中。也就是说，数据表不能依照业务表来对应地构建。企业的数据在数据库中必须严格按类分表存储。只有遵循了这一原则，数据库中数据的正确性才有保障。数据库中的表含有类的概念。一个表对应一个类，同类数据存储于同一个表中。不同类的数据不能混合存储在一个表中，否则，就会带来数据的正确性问题。例如，在大学教务管理数据库中，常用到的学生名单业务表如图2-1所示。该业务表包含8项内容，如果将其原样存储于数据库中，其对应的表如图2-2所示。

学院学生名单表

学院名称：信息学院　学院编号：43
地址：软件大楼

姓名	学号	性别	出生日期
周一	200843101	男	1990/12/14
汪二	200843214	男	1991/02/21
李四	200843315	女	1989/01/29
赵六	200843322	女	1990/03/22
沈七	200843202	男	1990/04/11

院长：李甲

图2-1　学生名单业务表

name	studentNo	sex	birthday	deptName	deptNo	deptDean	address
周一	200843101	男	1990/12/14	信息学院	43	李甲	软件大楼
汪二	200843214	男	1991/02/21	信息学院	43	李甲	软件大楼
张三	200821332	女	1988/07/09	金融学院	21	杨乙	红叶楼
李四	200843315	女	1989/01/29	信息学院	43	李甲	软件大楼
王五	200817358	男	1988/11/13	会计学院	17	黄丙	逸夫楼
赵六	200843322	女	1990/03/22	信息学院	43	李甲	软件大楼
沈七	200843202	男	1990/04/11	信息学院	43	李甲	软件大楼
陈八	200817331	女	1990/07/23	会计学院	17	黄丙	逸夫楼

图 2-2 学生名单表 Student-Department

这样设计的表，存在如下三个问题：数据冗余、删除异常、修改异常。在图 2-2 所示的表 Student-Department 中，信息学院的数据出现了 5 次（第 1、2、4、6、7 行），重复存储。重复存储不仅浪费存储空间，还会带来数据不正确的问题。删除异常的一个例子是：当会计学院被撤销，并入金融学院时，就要删除有关会计学院的数据。在关系型数据库中，删除数据是以一个表中的行为单元来处理的。删除会计学院的数据，就是要删除表 Student-Department 中的第 5 行和第 8 行。这个删除操作附带把王五和陈八这两个学生的数据也一并删除了。而这两个学生的数据不应该被删除。再来看一个修改异常的例子。假设信息学院的院长换人了，换成了张丁。于是要对表中有关信息学院的数据进行修改。理想和期望的修改是修改 1 处，即修改表中的某一行。而现在因为出现了数据冗余问题，有 5 处要进行修改。当某处的修改出现遗漏时，该处的数据就会变得不正确。

将数据严格按类分表存储，就可解决上述的三个问题。将图 2-2 所示的表 Student-Department 拆分成学生表 Student 和学院表 Department，上述的三个问题就不存在了。拆分后的表如图 2-3 所示。学生表对应学生类，学院表对应学院类。类概念体现在表的模式上。表中的数据行对应于类的实例，也叫对象。也就是说，表中的一行数据表示该类的一个实例。例如，学生表中的第一行数据表示的是周一这个学生，而学院表中的第一行数据表示的是信息学院。表中数据由行构成，表示的是同类对象的集合。因此，数据严格按类分表存储是数据库的一个显著特征。

学生表 Student

name	studentNo	sex	birthday	deptNo
周一	200843101	男	1990/12/14	43
汪二	200843214	男	1991/02/21	43
张三	200821332	女	1988/07/09	21
李四	200843315	女	1989/01/29	43
王五	200817358	男	1988/11/13	17
赵六	200843322	女	1990/03/22	43
沈七	200843202	男	1990/04/11	43
陈八	200817331	女	1990/07/23	17

学院表 Department

name	deptNo	dean	address
信息学院	43	李甲	软件大楼
金融学院	21	杨乙	红叶楼
会计学院	17	黄丙	逸夫楼

图 2-3 基于严格按类分表存储原则设计出来的表

数据严格按类分表存储后，数据库的第二个显著特征是：表与表之间存在联系。例如，在图 2-3 所示的学生表 Student 与学院表 Department 之间就有联系。学生表中有一个列 deptNo，存储学生所属学院的编号。这个列在学院表中也存在，起着标识学院的作用。学生表 Student 中的第一行数据表示的是周一这个学生，其 deptNo 列的取值为 '43'。再从学院表 Department 可看到，deptNo 列值为 '43' 的行表示的是信息学院。凭着这种联系，就能知道周一为信息学院的学生。因此，尽管数据库中并没有存储业务所需的 Student-Department 表，但能够基于数据库中的学生表 Student 与学院表 Department 之间的联系，通过数据运算来实时生成。使用关系数据模型中的关系代数运算，能使数据库中的表实时产生用户所需的业务表。关系代数将在 2.5 节讲解。

为了进一步领会表的类特性，下面以大学教务管理数据库为例，观察它包含了哪些类的数据。大学教务管理数据库中包含了学院表、教师表、课程表、学生表、选课表。这 5 个表如图 2-4 所示。每个表给出了 5 行样例数据。

1. 学院表 Department

deptNo	name	dean	address	phone
17	会计学院	黄丙	逸夫楼	0731-88823333
21	金融学院	杨乙	红叶楼	0731-88822222
33	工商学院	周丁	工商大楼	0731-88824444
43	信息学院	李甲	软件大楼	0731-88821111
44	电气工程学院	张戊	电气大楼	0731-88825555

2. 学生表 Student

studentNo	name	sex	birthday	nation	classNo	phone	familyAddr	deptNo
200843101	周一	男	1990/12/14	汉	0801	13007311111	湖南省…	43
200843214	汪二	男	1991/02/21	汉	0802	13975891111	北京市…	43
200821332	张三	女	1988/07/09	汉	0803	15174121111	河北省…	21
200843315	李四	女	1989/01/29	藏	0803	13587311111	西藏…	43
200817358	王五	男	1988/11/13	回	0802	13107311111	山东省…	17

3. 课程表 Course

courseNo	name	hours	credit	book	semester	deptNo
M83100105	C 语言	48	3	C 语言教程，谭浩强	1	43
H61030006	数据结构	64	4	数据结构，严蔚敏	2	43
H61030007	计算机组成原理	48	3	体系结构，龚烨利	3	43
H61030008	数据库系统	48	3	数据库系统，萨师煊	4	43
H61030009	操作系统	48	3	操作系统，王鹏	4	43

4. 教师表 Teacher

teacherNo	name	rank	birthday	salary	email	phone	deptNo
2004222	杨七	副教授	1970/07/07	8900	yang@qq.com	15173139999	43
2001111	丁八	教授	1971/08/08	9680	ding@qq.com	13707312222	21
2005333	周九	讲师	1978/09/09	7690	zhou@qq.com	13487314444	44
1998444	黄十	教授	1959/10/10	9980	huang@qq.com	13074125555	17
2003555	戴甲	副教授	1978/01/01	9100	dai@qq.com	13175816666	43

图 2-4　大学教务管理数据库中基于类构建的 5 个表

5. 选课表 Enroll

studentNo	courseNo	semester	classNo	teacherNo	score
200843101	M83100105	2008-2	A	2005333	71
200821332	M83100105	2008-2	A	2005333	86
200843101	H61030008	2010-2	B	2004222	65
200817358	H61030008	2010-2	A	2004222	91
200843101	H61030006	2019-1	C	2003555	79

图 2-4 （续）

从这 5 个表可知，每个表包括模式和数据两个部分。模式表示的是概念和逻辑，而数据表示的是具体事物。两者之间是类和实例的关系。表的模式包括表的名字以及包含的列，其中的每一个列又有名字、数据类型、取值范围三个概念。例如对于学生表，它的名字叫 Student，包含了 studentNo、name、sex、birthday、nation、classNo、phone、familyAddr、deptNo 6 个列。其中 sex 列的数据类型是字符型，取值范围是 {'男','女'}。在一个表中，包含的列不能同名，因为列是用列名来标识的。在一个数据库中，包含的表不能同名，因为表是用表名来标识的。

表的模式相当于面向对象编程语言中的类，是一种经归纳后提炼出来的抽象概念。数据在表中以行的形式存储。表中的行相当于面向对象编程语言中类的实例，也称作对象。一个类可以有多个实例。同样，在数据库中，一个模式可以有多个实例，即多行数据。例如，学院表 Department 中的一行数据表示一个具体学院，学生表 Student 中的一行数据表示一个具体学生。反过来也如此，一个学院在学院表 Department 中，有且仅有一行数据来表示；一个学生在学生表 Student 中，有且仅有一行数据来表示。

对于数据库中的表，其中的行就如集合中的元素一样，无先后顺序关系，具有对等性。表中的列也是如此。但用户所需的业务表，其行和列却通常要求有先后顺序。用户所需的业务表，要使用数据库中的表作为输入，通过关系代数运算来实时生成。合成之后，还要根据业务需求，对运算结果中的行和列做出位置调整，使其列的排列顺序和行的排列顺序符合业务需求。

关系型数据库中的同一个概念，通常会有多种命名术语。其原因是：在数据库技术研究的早期，没有成规的东西，大家都是各抒己见，每人都在根据自己的理解使用自己认为恰当的词来表示概念。不同背景的人会用不同的术语来表示和描述数据模型，这些术语在不同的人群中使用。同义术语如图 2-5 所示。**表**（table）是一种通俗的叫法，其数学术语为**关系**（relation）。**列**（column）的数学术语为**属性**（attribute），另一种通俗的叫法为**字段**（field）。**行**（row）的数学术语为**元组**（tuple），另一种通俗的叫法为**记录**（record）。在 2.5 节讲解关系代数时，统一使用数学术语。

根据表具有类的特性，一个表对应一个类。图 2-4 所示的大学教务管理数据库中的 5 个表对应的类分别为学院类、学生类、课程类、教师类、选课类。

数学术语	同义术语 1	同义术语 2	同义术语 3
关系（relation）	表（table）	文件（file）	
元组（tuple）	行（row）	记录（record）	实例（instance），对象（object）
属性（attribute）	列（column）	字段（field）	成员属性（member attribute）
模式（schema）	元数据（meta-data）		类（class）

图 2-5　关系数据模型中的同义术语

关系型数据库的第三个显著特征是：一个数据在数据库只存一份，不能重复存储。在这里，一个数据是指某个类的某个实例。例如在学生表 Student 中，对于 '周一' 这个学生，就只能有一行数据来记录，绝对不允许出现两行或者多行记录。也就是说，学生表中的一行对应一个学生，反之亦然，一个学生对应一行。

数据库的第四个显著特征是：一个类只对应一个表，同类数据都存储在同一个表中。不允许出现同一类型的数据用多个表来存储。举例来说，在大学教务管理数据库中，学生类数据只能存储在学生表中，不允许出现多个学生表，也不允许学生数据出现在除学生表之外的其他表中。所有教师数据都存储在教师表中，所有选课数据都存储在选课表中。

数据库中的表可分为两类：实体表和事件 / 活动表。实体是指客观存在的事物，用名词来给其冠名。而事件 / 活动是指发生的事情、举办的活动，用动词来冠名。例如，在上述大学教务管理数据库中，实体表有 4 个：学院表、学生表、课程表、教师表。事件 / 活动表有 1 个：选课表。实体之间通常有联系，例如每个学生都会归属于某个学院，因此学生与学院之间有联系。正因为如此，在学生表中，有一个所属学院的列 deptNo，以此来表示学生与学院之间的联系。对于事件 / 活动，是指发生在实体上的事情，或者是与实体相关的活动，它必定与一类实体或者多类实体联系在一起。例如选课事件涉及学生类实体、课程类实体、教师类实体。一个选课事件的实例是指某个学生选修某门课，这门课又是由某个教师来上。当然，除此之外还有其他内容，比如选课发生的时间，修完课后教师给定的成绩。试想一下，如果选课表 Enroll 中某行数据的学号列的值在学生表中不存在，那么这行数据就毫无意义了，因为对于这样一个选课事件，没有一个存在的学生来与其关联。

思考题 2-1：*在图 2-4 所示的大学教务管理数据库中，学生与学院之间有联系，一个学生只能归属于某个学院。反过来看，一个学院会有多个学生。表示这种联系时，是在学生表 Student 中有一个所属学院的列 deptNo。反过来可以吗？也就是说，表示这种联系时，在学院表 Department 中加一个列 studentNo，其含义为拥有的学生，这样可以吗？*

思考题 2-2：*上面讲到了关系数据模型的 6 个特征，除了明显点出的 4 个之外，其实还提到了 2 个，请归纳总结一下这 6 个特征。*

2.2　实体完整性约束

数据库中的数据由数据库管理系统来管理。数据不能重复存储在数据库中。重复存储带来的问题已在上一节中阐释。除此之外，还会带来数据操作的结果不正确的问题。例如，在图2-6所示的学生表Student中，其中李一这个学生的数据出现重复，在表中有两行记录。当用户要统计学生人数时，数据库管理系统给出的结果是3个学生，而实际只有2个学生，统计结果不正确。另外，当李一这个学生从一班转到了二班时，就要对数据库中的数据做相应的修改。理想和期望的数据修改，就是只修改一个地方，即修改表中的一行。数据库管理系统在查找数据时，发现第一行记录是李一，符合要求，因此就把该记录的classNo字段的值修改为'0802'。随后要通知一班的学生开会，就要把classNo字段值等于'0801'的学生查找出来。第三行记录符合查询条件，于是得到的结果也包括李一，查询结果错误。

studentNo	name	sex	birthday	nation	classNo	phone	familyAddr	deptNo
200843111	李一	男	1990/12/14	汉	0801	13007310000	湖南省…	43
200843102	厉二	男	1991/03/18	汉	0801	13975899999	北京市…	43
200843111	李一	男	1990/12/14	汉	0801	13007310000	湖南省…	43

图2-6　学生表Student

如何实现数据库中的数据不重复存储，即一个数据只存一份这个目标呢？就此问题，在关系数据模型中引入了主键概念。一个数据只存一份，其中包含了两个问题需要回答：1）如何定义一个数据？2）如何判定数据重复？对于关系数据模型，从上一节可知，表的模式有类的概念，表中的一行数据对应类的一个实例。因此，表中的一行数据就是一个数据单元，它既有类含义，又有实例含义。判定数据重复，就是要判定在一个表中是否存在两行数据指向同一个实例对象。例如，在上述的学生表Student中，如果李一这名学生（对象）有两行记录，那么就说李一这名学生的数据在学生表Student中出现了重复。接下来的问题是：如何判定一个表中的两行数据指向同一个实例对象？在图2-6的学生表Student中，第一行数据和第三行数据是指同一个学生吗？再对比来看，在图2-7所示的学生表中，第一行数据和第三行数据是指同一个学生吗？

studentNo	name	sex	birthday	nation	classNo	phone	familyAddr	deptNo
200843111	李一	男	1990/12/14	汉	0801	13007310000	湖南省…	43
200843102	厉二	男	1991/03/18	汉	0801	13975899999	北京市…	43
200843113	李一	男	1990/12/14	汉	0801	15174128888	湖南省…	43

图2-7　学生表Student中无数据重复的情形

在图2-6的学生表中，第一行数据和第三行数据是指同一个学生，出现了数据重复；而在图2-7的学生表中，第一行数据和第三行数据不是指同一个学生，没有出现数据重复。其原因是：在学校，学生是通过学号来标识的。图2-6中的第一行数据和第三行数据的学号字段值相同，因此是指同一个学生。而在图2-7中，第一行数据和第三行数据的学号字段值不相同，因此并不是指同一个学生，尽管这两个学生有相同的名字、性别、出生日期，又在同一个学院的同一个班。在学生表中，学号这个字段可用来标识其中的任意两行数据是否指向同一对象。也就是说，学号是学生表的主键。

主键：一个表中，用来标识其实例（即行数据）的一个列（字段）或者多个列（字段），称作这个表的**主键**。

主键是表的模式中的概念，而不是表的数据中的概念。在一个数据库中，当定义一个表的模式时，就要从逻辑概念上思考，指明该表的主键，数据库管理系统以它来判定一个表中是否存在两行数据指向同一个对象，或者说，一个表中是否存在重复的行。

注意：一个表中的任何一行数据，其主键字段的值不能为 NULL。NULL 是空的意思，表示目前还未确定。

数据库管理系统要确保一个表中不出现重复数据。其实现方案如下：对数据库中的某个表，当用户请求向其添加一行数据或者修改其中的某行数据时，数据库管理系统都要基于指定的主键进行检查，看用户的数据操作请求是否会导致数据重复。如果会导致数据重复，那么就拒绝受理用户的请求，以维护数据库中数据的完整性。例如，在图 2-7 所示的学生表 Student 中，已经指明学号这一列是该表的主键，当前已有 3 行数据。现有一用户请求添加一行数据，其中学号为 '200843207'，姓名为 ' 王十 '。数据库管理系统在收到该请求后，先检查这个表中现有的数据，看是否存在学号字段值为 '200843207' 的行。如果存在，就拒绝该请求，并告诉用户，学号为 '200843207' 的学生数据已经存在，不能再添加。如果不存在，就受理该请求，向学生表中添加一行数据。

当有用户请求在学生表中将学号字段值 '200843207' 修改为 '200843322' 时，数据库管理系统先检查这个表中现有的数据，看是否存在学号字段值为 '200843207' 的行。如果存在，则进一步检查是否存在学号字段值为 '200843322' 的行。如果存在，就拒绝该请求，因为不允许两个学生有相同的学号。如果不存在学号为 '200843322' 的行，那么就受理该请求，将学号字段值 '200843207' 修改为 '200843322'。

对数据库中的每个表，都必须为其指明主键，不允许出现没有指明主键的表。对于一个表，如果不指明主键，那么数据库管理系统就无法判定该表中的数据是否存在重复行的问题。数据重复带来的问题已在前面指出。表有类的概念，类也被称为实体，因此**主键约束**也被称为**实体完整性约束**。主键是用来标识实体的实例。数据库管理系统实施实体完整性约束，确保数据库中对一个实例不会出现重复存储。

主键的确定由表的设计者来完成。表的设计者在定义一个表的模式时，就要为其指明主键。**主键的确定一定要精准，其包含的列不能多，也不能少**。例如，对于图 2-7 中的学生表 Student，主键是学号 studentNo，不能是（studentNo，name）。如果指定（studentNo，name）为主键，就会引发数据不完整的问题。在图 2-8 所示的学生表中，第一行数据的主键值为 <200843111，李一>，第三行数据的主键值为 <200843111，刘三>。这两行数据的主键值不相同，因此不算重复数据。但实际上是重复数据，因为学号相同。

再来看一个主键包含的字段不能少的例子。对于图 2-4 中的选课表 Enroll，精准的主键应该是（studentNo，courseNo，semester），包含三个字段。如果将（studentNo， courseNo）作为主键，只含两个字段，那么就不能处理学生重修课程这个业务功能。举例来说，学号为 '200843214' 的学生在学期 '2010-1' 选修了课程编号为 'H61030006' 的课程。该学生因为成绩不及格，在 '2011-1' 学期想重修这门课，于是需要向选课表 Enroll 中添加一行数据：学号 studentNo 为 '200843214'，课程编号 courseNo 为 'H61030006'，学期 semester 为 '2011-1'。但是该添加请求会被数据库管理系统拒绝受理。原因是该请求违背了主键约束。添加行的主键取值 <200843214，H61030006> 已经在表中存在，不能再添加。如果主键为（studentNo, courseNo, semester），那么该添加请求就不会被拒绝，重修课程就可成功处理。

studentNo	name	sex	birthday	nation	classNo	phone	familyAddr	deptNo
200843111	李一	男	1990/12/14	汉	0801	13007310000	湖南省…	43
200843102	厉二	男	1991/03/18	汉	0801	13975899999	北京市…	43
200843111	刘三	男	1990/12/14	汉	0801	13007310000	湖南省…	43

图 2-8　因主键指定不合理而导致的数据不完整问题

在确定一个表的主键时，一定要站在表的业务含义上来思考，千万不能从字段取值是否具有唯一性的角度来选定。例如微信数据库中的账号表，其主键就不能是电话号码，也不能是身份证号码。原因是微信号表示的是一个虚拟人。一个真人完全可以扮演成多个虚拟人。在表的模式定义中，主键的确定非常重要，需要仔细掂量和琢磨。不合理的主键指定会导致某些业务功能不能处理或者数据不正确等问题。在第 8 章的数据库设计中，将进一步探讨表的主键确定问题。

从上面选课表 Enroll 的主键讨论，可以归纳出如下的结论。事件 / 活动表用于描述实体与实体之间的联系。例如，学生选课描述了学生实体与课程实体之间的联系。对于实例，则是某个学生与某门课程之间的联系。这种联系可以是一次性事件，也可以是多次性事件。例如，在考虑学生选课时，有重修这一业务需求，因此要将学生选课当作多次性事件。多次性事件一般以时间来度量。因此，选课表中的主键除了联系的当事方（学生，课程）之外，还要加上选修学期。如何认定联系是一次性事件还是多次性事件？这要根据业务需求来界定。

思考题 2-3：腾讯公司的 QQ 数据库中，有 QQ 账号表 Account、好友表 Friendship、群表 Community、群成员表 Membership、聊天记录表 Chat。根据关系数据模型的 6 个特征，写出这些表应包含哪些字段。每个表的主键应该由哪个（或哪些）字段构成？

2.3　引用完整性约束

从 2.1 节可知，数据库中的表可分为实体表和事件 / 活动表两类。实体之间有联系。另外，事件 / 活动不能脱离实体而存在，必定与一类实体或者多类实体联系在一起。为了表示表与表之间的联系，引入外键的概念。

外键：表 A 的一个外键是指该表的一个字段或者多个字段，在另外一个表（表 B）

中是主键。例如在学生表 Student 中，所属学院 deptNo 这个字段就是一个外键，它在学院表 Department 中是主键。外键表示表与表之间的联系，换种说法，即类与类之间的联系，或者说实体与实体之间的联系。

一个表可能包含多个外键。例如，选课表 Enroll 就包含三个外键。在选课表 Enroll 中，学号 studentNo 是一个外键，它在学生表 Student 中是主键；课程编号 courseNo 是另一个外键，它在课程表 Course 中是主键；教师工号 teacherNo 也是一个外键，它在教师表 Teacher 中是主键。

引用完整性约束，也称作**外键约束**。表 A 的一个外键在表 B 中是主键，也可说成表 A 引用了表 B。它是数据完整性保障的一个重要措施。和主键一样，外键也是表的模式中的概念。在一个数据库中，**当定义一个表的模式时，如果包含外键，就一定要指明，不能遗漏**。在指明一个外键时，还要指明它是引用了哪个表中的主键，数据库管理系统以此来保障数据的完整性。

在数据库中，设表 A 有一个外键 α，引用表 B 的主键，**引用完整性约束**的具体含义包含如下四点：

1）用户向 DBMS 请求在表 A 中添加一行数据，假设要添加行的外键 α 的字段值为 α_0。DBMS 要到表 B 中去检查，看是否存在某行数据的主键值为 α_0。如果不存在，那么 DBMS 就拒绝受理该添加请求，因为在表 A 中添加的这行数据引用了一个在表 B 中不存在的对象，违背了引用完整性约束。如果存在，那么 DBMS 就受理该添加请求。

2）用户向 DBMS 请求修改表 A 中某行数据的外键 α 值，假设要将外键 α 的字段值修改为 α_0。DBMS 要到表 B 中去检查，看是否存在某行数据的主键值为 α_0。如果不存在，那么 DBMS 就拒绝受理该修改请求，因为该修改违背了引用完整性约束。如果存在，那么 DBMS 就受理该修改请求。

3）用户向 DBMS 请求修改表 B 中某行数据的主键值，假设要修改行的主键字段值原为 α_0，修改成 α_1。DBMS 先要做表 B 的实体完整性检查。在通过实体完整性检查之后，先执行用户的修改请求，然后再进行引用完整性维护。引用完整性维护的含义是：到表 A 中去检查，看是否存在外键 α 值为 α_0 的行。如果存在，就要做连带修改，将这些行的外键 α 值修改为 α_1，以维持表 B 中引用完整性的一致性。

4）用户向 DBMS 请求删除表 B 中的某行数据，假设要删除行的主键字段值为 α_0。DBMS 先要到表 A 中去检查，看是否存在外键 α 值为 α_0 的行。如果存在，就说明执行该删除操作之后，表 A 中那些外键 α 值为 α_0 的行，引用了在表 A 中不存在的对象。这自然违背了引用完整性约束。面对这种情况，DBMS 有三种选择：拒绝受理该删除请求；将表 A 中那些外键 α 值为 α_0 的行连带删除；对表 A 中那些外键 α 值为 α_0 的行，将其外键 α 值修改为 NULL。这三种选择都能维护数据的完整性约束。这三种选择将在第 4 章进一步讲解。

下面举三个例子来说明数据引用完整性的含义。

例 2-1 在图 2-4 的学生表 Student 中，所属学院编号字段 deptNo 是一个外键，它引用了学院表 Department 的主键。现有一用户向 DBMS 请求在学生表 Student 中添加一行数据，其中学号为 '200843207'，姓名为 ' 王十 '，所属学院编号为 '43'。DBMS 在收到该请求后，先检查学院表 Department 中已有的数据行，看是否存在学院编号 deptNo 为 '43' 的行。如果不存在，就拒绝该请求，并告诉用户该请求违背了数据引用完整性约束。

例 2-2　假定有一用户向 DBMS 请求对学院表 Department 中学院编号 deptNo 的字段值为 '43' 的行进行修改，将 deptNo 字段值修改为 '41'。假定这个修改通过了实体完整性检查，那么 DBMS 执行完这个操作之后，要分别检查学生表 Student、课程表 Course、教师表 Teacher，因为这些表中都有外键引用了学院表 Department 的主键。如果这些表中存在外键字段 deptNo 值为 '43' 的行，DBMS 要将其外键字段 deptNo 的值修改为 '41'，以维持引用完整性的一致性。

例 2-3　有一学生被学校开除了，其学号为 '200843111'，于是要从学生表 Student 中删除该学生的记录。在学生表 Student 中，当学号为 '200843111' 的行删除后，在选课表 Enroll 中，该学生的选课记录也就失去了意义，也应该连带删除。DBMS 在收到该删除请求后，扫描数据库中的表，看有哪些表存在外键，引用了学生表 Student 的主键。例如选课表 Enroll 就有一个外键 studentNo，引用了学生表的主键。于是 DBMS 也将连带把选课表 Enroll 中学号字段 studentNo 取值为 '200843111' 的行一起删除。

从上面可知，实体与实体之间有联系。联系可以分为强联系与弱联系。例如，在如图 2-4 所示的大学教务管理数据库中，学生表 Student 与学院表 Department 之间有联系。学生表 Student 中有一个外键 deptNo，引用了学院表 Department 中的主键。该联系刻画了学生与学院之间的归属关系。这种联系为弱联系。其原因是学生实例的存在并不必然依赖于学院实例的存在。在图 2-9 所示的学生表 Student 中，第一行记录为 ' 李一 ' 这个学生。这行数据的外键 deptNo 的值为 NULL，其含义是学校还没有将李一这个学生分派给某个学院。第二行数据的外键 deptNo 值为 '43'，表示学校已把厉二这个学生分派到了信息学院。

studentNo	name	sex	birthday	nation	classNo	phone	familyAddr	deptNo
200843111	李一	男	1990/12/14	汉	0801	13007310000	湖南省…	NULL
200843102	厉二	男	1991/03/18	汉	0801	13975899999	北京市…	43

图 2-9　学生表 Student 中的数据行示例

再来看选课表 Enroll，它表示学生与课程之间的联系。在选课表 Enroll 中，学号字段 studentNo 是一个外键，引用了学生表 Student 的主键。在选课表 Enroll 中的一行数据，其 studentNo 字段的取值就不能为 NULL。如果为 NULL，那么这行数据就毫无意义了。其原因是选课事件的实例不能脱离学生实例而存在。因此在选课表 Enroll 中，外键 studentNo 所表示的联系为强联系。选课表 Enroll 中还有另一个外键 teacherNo，引用了教师表 Teacher 的主键。它表示学生选课后，这个课最终是由哪个教师来教。该联系属于弱联系。其原因是一个选课事件实例的发生并不依赖于教师实例存在与否。因此选课表 Enroll 中的一行数据，其外键 teacherNo 的值可以为 NULL。在学生选课之后，学校再给被学生选中的课安排开课教师。安排好之后，外键 teacherNo 的值才确定。

思考题 2-4：腾讯公司的 QQ 数据库中，有 QQ 账号表 Account、好友表 Friendship、群表 Community、群成员表 Membership、聊天记录表 Chat。请根据关系数据模型的 6 个特征，想想哪些表有外键。如果有外键，有几个外键？它们分别引用哪个表的主键？

2.4 域约束和业务规则约束

数据库中的每个表都有类的含义，记录一类事物或者一类事件 / 活动。表的列表示类的属性，也常称为字段。因此表中的字段都有特定的含义。例如学生表 Student 用于记录学生数据，学生表的性别字段 sex 表示学生的性别属性，它的数据类型为字符串型，取值范围为 {' 男 ', ' 女 '}，这个字段的数据取值长度固定为 2 字节。对表中的数据行，每个字段都有一个取值。对于表中的每个字段，都有数据类型、取值范围、取值最大长度这些概念，另外还有取值是否可以为 NULL、是否要求唯一性（UNIQUE)、默认取值（DEFAULT）等约束，这些统称为**域约束**。对于一个表，其中的每个字段都有域约束的要求。再举一个域约束的例子，图 2-4 中所示的选课表 Enroll 有一个成绩字段 score，它的数据类型为整型，取值范围为 0 ～ 100，取值允许为 NULL，无默认值。整型数据在计算机中有固定的长度，在定义域约束时不需要为其指定长度。其他的常见数据类型还有日期型、数值型、布尔型。

对于一个企业的数据库，其中存储的数据必须满足企业的业务规则，否则存储的数据就会失去意义。因此，数据的完整性除了主键约束、外键约束、域约束之外，还有业务规则约束。例如，对于大学教务管理数据库，可能的业务规则例子有：一个学生在一个学期选课的总学分不能超过 25；挂科的总学分达到 20 时，不能再选新课；一个开课班的最大选修人数不能超过 100；一个教师在一个学期中的授课不能超过 3 个课程班。

与主键约束和外键约束一样，域约束和业务规则约束都是模式中的内容。因此在定义表的模式时，就要明确。数据库管理系统负责维护数据的完整性。当有用户请求向某个表中添加行，或者修改某个表中已有的行，或者删除某个表中已有的行时，数据库管理系统首先检查用户的数据操作请求是否满足模式中定义的数据完整性约束规则。如果满足，就受理用户的请求，否则就拒绝受理用户的请求。因此，数据完整性约束是保证数据库中数据完整、正确的策略和方法，自然是数据库设计的重要内容。

每一个数据库管理系统产品都为数据库设计人员或者运维人员提供了数据完整性约束的表示方法。表的模式定义已有国际标准，即 SQL。例如，对于图 2-4 中的选课表 Enroll 的模式定义，其 SQL 语句为：

```
CREATE TABLE Enroll  (
    studentNo  CHAR(10)  NOT NULL,
    courseNo  CHAR(8)  NOT NULL,
```

```
        semester  CHAR(7)  NOT NULL,
        teacherNo  CHAR(8) ,
        classNo  CHAR(2) ,
        score  SMALLINT
        PRIMARY KEY (studentNo, courseNo, semester)
        FOREIGN KEY (studentNo) REFERENCES student(studentNo)
        FOREIGN KEY (courseNo) REFERENCES course(courseNo)
        FOREIGN KEY (teacherNo) REFERENCES teacher(teacherNo)
    );
```

这个定义给定了表名，给定了表中包含的字段，给定了每个字段的字段名和域约束。这个定义还给定了表的主键以及外键。从这个定义可知，Enroll表包含三个外键。

业务规则约束可用触发器来表示和定义。触发器是SQL标准中的概念。例如，对于大学教务管理数据库，其中的一条业务规则是：一个学生在一个学期选课的总学分不能超过25。其含义是：当有用户向数据库管理系统提交请求，要向选课表Enroll中添加一行记录时，DBMS就要基于此业务规则，判断是应该受理该请求，还是要拒绝该请求。用户请求向选课表Enroll中添加一行记录，自然给定了这行数据的学号字段studentNo、课程编号字段courseNo以及学期字段semester的值，也就表明了是哪个学生在哪一个学期要选修哪一门课程。此时，DBMS应该去检查Enroll表中已有的记录，看这个学生在这个学期已经选修了哪些课，这些课的累计学分为多少。如果已选修的课的累计学分，再加上要选的这门课的学分，超过了25，那么DBMS就应该拒绝受理该请求。该业务规则使用触发器来表示的SQL语句为：

```
CREATE TRIGGER insert_enroll
    BEFORE INSERT ON enroll
    REFERENCING NEW ROW AS new_row
    FOR EACH ROW
        credit integer
        SELECT SUM(credit) INTO credit FROM course WHERE courseNo IN (SELECT
            courseNo FROM enroll WHERE studentNo = @new_row.studentNo AND
            semester =@new_row.semester) OR courseNo = @new_row.courseNo;
        WHEN ( credit > 25 )
            raise_application_error(20000, @new_row.studentNo || '在' @
                new_row.semster || '学期选修的学分超过了25学分' );
```

触发器的含义以及业务规则约束的表示将在第4章中详细介绍。

思考题2-5：针对大学教务管理数据库，上面提到了4个业务规则约束。试想一想，业务规则约束与主键约束、外键约束、域约束有什么差异？

思考题2-6：大家都很熟悉微信支付。微信支付数据库中会有微信支付账号表Account以及支付记录表Payment。微信支付有业务规则约束吗？如果有，请举两个例子。

2.5 关系代数

数据库中的表与用户所需的业务表存在不一致性。不一致性体现在两个方面。首先，数据库中的数据是全局性的，而用户所需的业务表是局部性的。数据库中的表，其全局性体现在行和列上面。表的列是全局性的，涵盖了一个类在企业中要用到的所有属性；表的行是全局性的，涵盖了一个类在企业中的所有实例。例如，对于大学教务管理数据库，其学生表中的列，既包括姓名、学号、班级、专业，也包括性别、民族、籍贯、出生日期，还包括电话号码、住址、家长姓名、家长联系方式等。这些属性来自教务业务需求的各个不同方面。另外，全校所有学生的数据都存放在学生表中。

对于某个用户，其所需的业务表是局部性的。局部性是指它只是数据库中的表的部分行和部分列。例如，对于大学教务管理数据库，学生表包含了要用到的所有学生属性，以及该大学所有的学生记录，图 2-10a 给出了一个示例。（注意：这个数据示例不是全部，只是一个示例样本，既没有列出所有列，也没有列出所有行。）对于在 2010-1 学期教操作系统这门课的教师来说，用于上课点名考勤业务所需的学生名单表，从列来看，只需要学号、姓名、班级这三列，从行来看，只需要在 2010-1 学期选修了这门课的学生。图 2-10b 给出了一个示例，即图 2-10a 的数据行中只有三个学生选修了操作系统。对比可知，一个用户所需的业务表只是数据库中表的部分行和部分列。

studentNo	name	sex	birthday	nation	classNo	phone	familyAddr	deptNo
200843101	周一	男	1990/12/14	汉	0801	13007311111	湖南省…	43
200843102	厉二	男	1991/03/18	汉	0801	13975899999	北京市…	43
200843103	梁三	男	1990/11/12	回	0801	13055162345	湖南省…	43
200843104	罗四	男	1990/09/09	汉	0801	13066162345	上海市…	43
200843105	马五	男	1991/01/12	苗	0802	13077162345	湖南省…	43
200843106	聂六	男	1990/10/10	汉	0802	13088162345	湖南省…	43
200843107	王七	男	1990/05/05	汉	0802	13099162345	上海市…	43
200843108	赵八	女	1990/04/04	汉	0802	13815162345	北京市…	43

a）数据库中的学生表 Student

studentNo	s_name	classNo
200843103	梁三	0801
200843105	马五	0802
200843107	王七	0802

b）某个用户所需的学生表 student_on

图 2-10 数据库中的表与用户所需业务表的不一致性

不一致性的另一个体现是：数据库中的数据要严格按类分表存储，而用户的业务表通常带有综合性，其包含的列来自多个表。例如，在图 2-4 所示的大学教务管理数据库中，包含了学院表、学生表、课程表、教师表、选课表。对于在 '2010-1' 学期教操作系统这门课的教师，其业务所需的学生成绩表如图 2-11 所示。观察可知，这个业务表和数据库中的选课表 Enroll 对应，是其中的部分行和部分列，不过还把学生表 Student 中的学生姓名字段加进来了，也把课程表 Course 中的课程名称字段加进来了。在数据库中，并不存

学号	姓名	课程名称	成绩
200843103	梁三	操作系统	56
200843105	马五	操作系统	90
200843107	王七	操作系统	77

图 2-11 用户所需的业务表

储用户所需的业务表。用户所需的业务表要通过对数据库中的表做运算来实时生成。以图 2-11 所示的学生成绩表为例，就是先要对选课表 Enroll 执行查询操作，把那些学期字段 semester 值为 '2010-1'，并且课程编号字段 courseNo 值为 'H61030009'（操作系统）的行抽取出来，再根据每行的学号字段 studentNo 值到学生表 Student 中查找出这个学生的姓名来，根据每行的课程编号字段 courseNo 值到课程表 Course 中查找出这门课程的名称来。通过这些操作，才可生成用户所需的学生成绩表。

关系型数据库有 4 个特性：1）数据严格按类分表存储，一个表对应一个类，一个类对应一个表；2）表与表之间存在联系；3）表中的一行数据对应为类的一个实例；4）同类数据都存储在一张表中。

为了强化对关系型数据库上述特性的认识，再举一个房产中介业务数据库的例子。一个房产中介公司在全国各地开了很多营业点，从事房产中介服务。每个营业点有房东部、客户部、业务部。房东部负责联系和接待有房子要出租的房东，客户部负责接待要租房子的客户。客户租房一旦成交，即由业务部负责租房成交合同的签订，以及随后诸如租金收付之类的事项。客户部对每个客户都指定专人负责联系和接待，带客户去看房，记录下客户的评议。按照数据的严格按类分表存储原则，该公司的业务数据自然有营业点类、员工类、房东类、房产类、客户类、看房类、合同类。因此房产中介数据库中包含 7 个表，如图 2-12 所示。图中的每个表只给出了 3 行样例数据。

1. 营业点表 Branch

branchNo	name	address	phone	managerNo
B01	下河街营业点	B 市沿江大道 11#	0731-7777777	2004001
B02	南门口营业点	A 市五一路 22#	0714-8888888	1996035
B03	岳麓山营业点	A 市枫林路 33#	0715-9999999	2001017

2. 员工表 Staff

name	staffNo	email	phone	identityId	salary	branchNo
张一	2004001	zhang@hnu.cn	13007316666	42010477120	2400	B01
王二	2001017	wang@qq.com	13807317777	42010477199	3600	B01
李三	1996035	li@163.com	13907318888	42010477155	4200	B03

3. 房东表 Host

ownerNo	name	address	city	phone
H040	张甲	潇湘路 44#	A 市	0731-5555555
H042	李乙	航空路 55#	C 市	0714-4444444
H047	吴丙	中山路 66#	B 市	0730-3333333

4. 房产表 PropertyForRent

propertyNo	address	city	postcode	type	rooms	rent	ownerNo
P014	黄兴路 1#	A 市	410082	别墅	6	950	H040
P094	清水塘路 1#	B 市	420009	公寓	3	600	H047
P056	韶山路 1#	C 市	430045	公寓	2	400	H042

图 2-12　房产中介数据库中包含的 7 个表

5. 客户表 Client

clientNo	name	address	phone	prefType	maxRent	dutyClerk
C044	李壹	广电路 33#	13707319999	公寓	425	2004001
C056	赵贰	蔡锷路 44#	18673118888	公寓	650	2001017
C074	林叁	友谊路 55#	13003927777	别墅	1050	1996035

6. 看房表 Viewing

propertyNo	clientNo	viewDate	comments
P014	C044	2017-06-09	很好
P094	C056	2016-08-21	不错
P056	C074	2016-07-15	太贵了

7. 合同表 Lease

leaseNo	propertyNo	clientNo	rent	deposit	fromDate	toDate
L17024	P014	C044	980	1300	2017-06-09	2019-06-09
L17075	P094	C074	600	800	2017-08-21	2018-08-21
L17012	P056	C056	500	1200	2017-07-15	2020-07-15

图 2-12 （续）

对房产中介数据库中的 7 个表，要分别标识其主键和外键。营业点表 Branch 的主键为营业点编号字段 branchNo。每个营业点有一个经理，因此营业点表 Branch 有一个字段 managerNo，记录经理的工号。经理是公司的员工，因此字段 managerNo 是一个外键，引用了员工表 Staff 的主键。员工表 Staff 的主键为员工工号字段 staffNo，其有一个外键，为所属营业点字段 branchNo，引用了营业点表 Branch 的主键。房东表 Host 的主键为房东编号字段 ownerNo，没有外键。房产表 PropertyForRent 的主键为房产编号字段 propertyNo，其有一个外键，为房东编号字段 ownerNo，引用了房东表 Host 的主键。客户表 Client 的主键为客户编号字段 clientNo。公司给每个客户都安排一个员工来负责接待和处理其事项，因此客户表 Client 有一个字段 dutyClerk，记录接待客户的员工。dutyClerk 字段是一个外键，引用了员工表 Staff 的主键。看房表 Viewing 的主键由两个字段构成，即（propertyNo，clientNo）。其有两个外键，一个外键为房产编号字段 propertyNo，引用了房产表 PropertyForRent 的主键；另一个外键为客户编号字段 clientNo，引用了客户表 Client 的主键。合同表 Lease 的主键为合同编号字段 leaseNo，其有两个外键，一个外键为房产编号字段 propertyNo，引用了房产表 PropertyForRent 的主键；另一个外键为客户编号字段 clientNo，引用了客户表 Client 的主键。

关系代数要解决的问题是：已知数据库中的表，如何得到用户想要的业务表？

对于代数，大家都很熟悉。$2 + 3 = 5$ 和 $9^{1/2} = 3$ 都是代数式。在 $2 + 3 = 5$ 这个代数式中，2 和 3 是操作数，即运算的输入，+ 是运算符，5 是运算结果，即运算的输出。加法运算有两个输入、一个输出，因此叫二元运算，其特点是输入为整数，输出也为整数。而 $9^{1/2} = 3$ 这个代数式只有一个输入、一个输出，因此叫一元运算。与此类似，关系代数的特点是：输入（操作数）为关系，输出也为关系。关系就是表。在这里使用的是数学用语，因为代数属于数学范畴。

关系代数中的基本运算有5种：**选择**（selection）运算，运算符为σ；**投影**（projection）运算，运算符为Π；**笛卡儿乘积**（Cartesian product）运算，运算符为 ×；**并**（union）运算，运算符为∪；**差**（difference）运算，运算符为 −。其中前两种运算为一元运算，即输入只有一个操作数，后三种运算为二元运算，即输入有两个操作数。

选择运算和投影运算都是对输入的关系求子集。选择运算是从行角度来求子集，而投影运算是从列角度来求子集。选择运算 σ 是对输入的关系逐行检查其中的数据，凡是满足指定条件的行，都放在输出结果中，而不满足指定条件的行则被过滤掉，其数学表达式为：

$\sigma_F(R) = \{t \mid t \in R \text{ and } F(t) \text{ is true}\}$，其中 R 为输入，t 为 R 中的元组，F 是逻辑判别式

对图2-12中所示的房产表PropertyForRent，假定其中的数据行如图2-13所示。选择运算 $\sigma_{type='别墅'}$（PropertyForRent）的含义是对房产表PropertyForRent，选择房产类型字段type的取值为'别墅'的那些行，作为输出结果。输出结果还是一个表，如图2-14所示。对于如图2-13所示的房产表PropertyForRent，选择运算 $\sigma_{type='公寓' \text{ AND } rent \leqq 400}$（PropertyForRent）的输出结果如图2-15所示。

propertyNo	address	city	postcode	type	rooms	rent	ownerNo
P014	黄兴路1#	A市	410082	别墅	6	950	H040
P094	清水塘路1#	B市	420009	公寓	3	600	H047
P056	韶山路1#	C市	430045	公寓	2	400	H042
P021	航空路99#	B市	430012	别墅	5	890	H040
P027	蔡锷路88#	A市	410036	公寓	2	390	H047
P034	麓山南路77#	A市	410025	公寓	1	250	H042

图2-13 关系代数运算的输入（房产表PropertyForRent）

propertyNo	address	city	postcode	type	rooms	rent	ownerNo
P014	黄兴路1#	A市	410082	别墅	6	950	H040
P021	航空路99#	B市	430012	别墅	5	890	H040

图2-14 选择运算 $\sigma_{type='别墅'}$（PropertyForRent）的输出结果

propertyNo	address	city	postcode	type	rooms	rent	ownerNo
P056	韶山路1#	C市	430045	公寓	2	400	H042
P027	蔡锷路88#	A市	410036	公寓	2	390	H047
P034	麓山南路77#	A市	410025	公寓	1	250	H042

图2-15 选择运算 $\sigma_{type='公寓' \text{ AND } rent \leqq 400}$（PropertyForRent）的输出结果

投影运算Π是对输入的关系抽取指定的列，未指定的列都被过滤掉。其数学表达式为：

$\Pi_{A_1,\cdots,A_m}(R) = \{\, t[A_1,\cdots,A_m] \mid t \in R \,\}$，其中 R 为输入，A_i 为 R 的属性

对如图 2-13 所示的房产表 PropertyForRent，投影运算 $\Pi_{\text{propertyNo, ownerNo}}$(PropertyForRent) 的输出结果如图 2-16 所示。

propertyNo	ownerNo
P014	H040
P094	H047
P056	H042
P021	H040
P027	H047
P034	H042

图 2-16 投影运算 $\Pi_{\text{propertyNo, ownerNo}}$(PropertyForRent) 的输出结果

选择运算的输出结果还是一个关系，因此也可作为投影运算的输入，反之亦然。综合使用选择和投影运算，可以对一张表先筛选行，再筛选列，从而求得用户想要的子集，以满足业务需求。例如，对如图 2-13 所示的房产表 PropertyForRent，关系代数式 $\Pi_{\text{propertyNo, ownerNo}}$($\sigma_{\text{type='公寓' AND rent} \leq 400}$(PropertyForRent)) 的输出结果如图 2-17 所示。

propertyNo	ownerNo
P056	H042
P027	H047
P034	H042

图 2-17 关系代数式 $\Pi_{\text{propertyNo, ownerNo}}$($\sigma_{\text{type='公寓' AND rent} \leq 400}$(PropertyForRent)) 的输出结果

笛卡儿乘积运算是将两个输入的关系的属性（即字段）横向组合起来，构成输出关系的属性。对于两个输入关系的元组（即行），也是横向组合起来，而且把所有可能的横向组合体现在输出结果中。下面通过例子来说明笛卡儿乘积运算的具体含义。先对图 2-12 中的房东表 Host 做投影运算，即 $\Pi_{\text{ownerNo, name, phone}}$(Host)，得到的输出结果如图 2-18a 所示。再对房产表 PropertyForRent 做投影运算，即 $\Pi_{\text{propertyNo, address, type, ownerNo}}$(PropertyForRent)，得到的输出结果如图 2-18b 所示。对这两个输出结果，还是取名为 Host 和 PropertyForRent。

ownerNo	name	phone
H040	张甲	0731-5555555
H042	李乙	0714-4444444
H047	吴丙	0730-3333333

a）房东表 Host

propertyNo	address	type	ownerNo
P014	黄兴路 1#	别墅	H040
P094	清水塘路 1#	公寓	H047
P056	韶山路 1#	公寓	H042

b）房产表 PropertyForRent

图 2-18 两个投影运算的输出结果表

现在对图 2-18 所示的两个表做笛卡儿乘积运算，即 PropertyForRent × Host，得到的输出结果如图 2-19 所示。观察可知，两个输入表的列数分别为 4 和 3，输出结果的列数为 7。由于两个输入表中有一个同名字段 ownerNo，为了区分，在输出结果中，表 PropertyForRent 中的字段 ownerNo 重取名为 p.ownerNo，Host 中的字段 ownerNo 重取名为 h.ownerNo。两个输入表的数据行数都为 3，输出结果的数据行数为 9。输出结果的第一行为输入表 PropertyForRent 的第一行和输入表 Host 的第一行组合后的结果；输出结果的第二行为输入表 PropertyForRent 的第二行和输入表 Host 的第一行组合后的结果；输出结果的第三行为输入表 PropertyForRent 的第三行和输入表 Host 的第一行组合后的结果，以此类推。

由此可见，笛卡儿乘积将两个输入关系的数据行视作两个集合，然后从两个集合中

分别任意选取一个元素进行横向组合，将所有可能的组合情形作为输出结果的数据行。因此，笛卡儿乘积的物理含义是：对两个集合中的元素，穷举出它们所有可能的搭配情形。

propertyNo	address	type	p.ownerNo	h.ownerNo	name	phone
P014	黄兴路 1#	别墅	H040	H040	张甲	0731-5555555
P094	清水塘路 1#	公寓	H047	H040	张甲	0731-5555555
P056	韶山路 1#	公寓	H042	H040	张甲	0731-5555555
P014	黄兴路 1#	别墅	H040	H042	李乙	0714-4444444
P094	清水塘路 1#	公寓	H047	H042	李乙	0714-4444444
P056	韶山路 1#	公寓	H042	H042	李乙	0714-4444444
P014	黄兴路 1#	别墅	H040	H047	吴丙	0730-3333333
P094	清水塘路 1#	公寓	H047	H047	吴丙	0730-3333333
P056	韶山路 1#	公寓	H042	H047	吴丙	0730-3333333

图 2-19 PropertyForRent × Host 的输出结果表

进一步对图 2-19 的笛卡儿乘积结果观察可知，每行数据都表示一个房产实例与一个房东实例的搭配。这个输出结果表把所有可能的搭配情形都穷举出来了。9 行数据中，只有第 1 行、第 6 行和第 8 行数据的 p.ownerNo 字段值等于 h.ownerNo 字段值，表明房产和其房东搭配组合在一行中。其他的 6 行没有意义，因为它们的 h.ownerNo 字段值不等于 p.ownerNo 字段值，表明房产和其房东不搭配。现实中，只有房产和房东搭配正确的行，即第 1 行、第 6 行、第 8 行才有意义。要把有意义的行选择出来，可以对笛卡儿乘积的输出结果再做选择运算，即 $\sigma_{p.ownerNo=h.ownerNo}$（PropertyForRent × Host），其输出结果如图 2-20 所示。

propertyNo	address	type	p.ownerNo	h.ownerNo	name	phone
P014	黄兴路 1#	别墅	H040	H040	张甲	0731-5555555
P056	韶山路 1#	公寓	H042	H042	李乙	0714-4444444
P094	清水塘路 1#	公寓	H047	H047	吴丙	0730-3333333

图 2-20 $\sigma_{p.ownerNo=h.ownerNo}$（PropertyForRent × Host）的输出结果表

图 2-20 所示的输出结果中，它的 p.ownerNo 和 h.ownerNo 完全相同。重复没有必要，完全可以去掉其中一列。因此再对图 2-20 所示的输出结果执行投影运算，即 $\Pi_{propertyNo, address, type, p.ownerNo, name, phone}$（$\sigma_{h.ownerNo=p.ownerNo}$（PropertyForRent × Host）），其输出结果如图 2-21 所示。这才是用户所期望的业务表。

propertyNo	address	type	ownerNo	name	phone
P014	黄兴路 1#	别墅	H040	张甲	0731-5555555
P056	韶山路 1#	公寓	H042	李乙	0714-4444444
P094	清水塘路 1#	公寓	H047	吴丙	0730-3333333

图 2-21 自然连接运算的输出结果表

图 2-21 所示的结果其实是对表 PropertyForRent 中的外键列 ownerNo 进行扩展，添加上房东表 Host 中的两列，即房东的姓名 name 列和电话 phone 列。于是，通过关系代数运算就能由表 PropertyForRent 和 Host 得出完整的房产信息，这正是用户所需的业务表内容。

把 $\Pi_{\text{propertyNo, address, type, p.ownerNo, name, phone}}(\sigma_{\text{h.ownerNo=p.ownerNo}}(\text{PropertyForRent} \times \text{Host}))$ 这个关系代数式称作 PropertyForRent ⋈ Host，即两个关系的自然连接运算。自然连接运算符为⋈。自然连接运算可看作一个组合运算，即先做笛卡儿乘积运算，然后做选择运算，再做投影运算。

自然连接运算要求输入的两个表有公共字段，而且这个公共字段在一个表中是外键，而在另外一个表中则为主键。其目的是对含外键的那个表，针对外键引用的表将其列增加进来，以满足业务需求。其中的数据又如何来横向组合呢？那当然是要有联系的数据行才能横向连接起来。假定表 α 中的外键 A 引用了表 β 的主键，对 $\alpha \bowtie \beta$，它是在做笛卡儿乘积运算后，再做选择运算：$\sigma_{\alpha.A=\beta.A}(\alpha \times \beta)$。表 α 中外键 A 的值为 NULL 的行，肯定不会出现在该选择运算的输出结果中，因为在表 β 中 A 为主键，所有行的 A 值都不会为 NULL。因此，自然连接的输出结果中的数据行数不会多于表 α 中的数据行数。表 α 中那些 A 值为 NULL 的行，不会出现在自然连接运算的输出结果中。

总结：如果表 α 中的外键 A 引用了表 β 的主键，那么对于 $\alpha \bowtie \beta$，其物理含义是将表 β 中的列添加到表 α 中，对表 α 的列进行扩增，以满足业务需求。表 α 中那些 A 值为 NULL 的行，不会出现在自然连接的输出结果中。

对于图 2-12 所示的房产中介数据库，其中的合同表 Lease 与客户表 Client 有公共字段 clientNo，而且它在合同表 Lease 中为外键，在客户表 Client 中为主键，因此可通过自然连接运算对 Lease 表中的 clientNo 列进行细化，把客户的其他属性添加进来。组合后的输出结果表与房产表 PropertyForRent 有公共字段 propertyNo，而且它在合同表 Lease 表中为外键，在房产表 PropertyForRent 中为主键，因此又可通过自然连接运算对 Lease 表中的 propertyNo 这一列进行细化，把房产的其他属性添加进来。以此类推，可将房产中介数据库中的 7 个表组合成一个大表。这个大表包含了 7 个表的所有字段。再通过投影运算和选择运算，能够得到各式各样的业务表。因此，有了关系代数运算，数据库就具备了强大的数据衍生能力。不管什么样的业务表，都能通过关系代数运算实时合成出来。这正是关系型数据库的强大之处，也是被人们普遍采用的一个根本原因。

并运算和差运算是从行的角度对两个输入的关系进行运算。也就是说，将两个模式相同的表作为输入，将输入表视作行的集合，然后进行集合运算。这两种运算要求输入的两个关系模式相同，即有相同的属性集。下面通过应用举例来阐释这两种关系代数运算。

对图 2-12 所示的房产中介数据库，假定房产表 PropertyForRent、看房表 Viewing 和合同表 Lease 这三个表中存储的数据行如图 2-22 所示。现在想要列出那些已有客户去看过但是还没有出租出去的房子，对这些房子列出它们的地址、类型、出租价格。对于该问题，从数据库中存储的表可知，客户看过的房子记录在看房表 Viewing 中，已成交的房子记录在合同表 Lease 中。有客户去看过但还没有出租出去的房子，就是两者之差。用关系代数表示就是 $\Pi_{\text{propertyNo}}(\text{Viewing}) - \Pi_{\text{propertyNo}}(\text{Lease})$，输出结果如图 2-23 所示。现要求出这些房子的地址、类型、出租价格三项，这三项信息都在房产表 PropertyForRent 中，因此要再做自然连接运算。做自然连接运算，把 PropertyForRent 中的所有列都扩增进来了，但实际上只需要地址 address、类型 type、出租价格 rent 这三列，因此还要做投影运算。最终的关系代数表达式为 $\Pi_{\text{address, type, rent}}((\Pi_{\text{propertyNo}}(\text{Viewing}) - \Pi_{\text{propertyNo}}(\text{Lease})) \bowtie \text{PropertyForRent})$。其结果如图 2-24 所示。当执行投影运算时，输出结果中可能包含重复的行。从图 2-23 的输出结果可知，前两行是指同一个房子，出现了数据重复。如果想要消除重复，要做另外的处理，这将在第 3 章中详细讲解。

房产表 PropertyForRent

propertyNo	address	city	postcode	type	rooms	rent	ownerNo
P014	黄兴路 1#	A 市	410082	别墅	6	950	H040
P094	清水塘路 1#	B 市	420009	公寓	3	600	H047
P056	韶山路 1#	C 市	430045	公寓	2	400	H042
P021	航空路 99#	B 市	430012	别墅	5	890	H040
P027	银河路 88#	A 市	410036	公寓	2	390	H047
P034	凤凰路 77#	A 市	410025	公寓	1	250	H042

看房表 Viewing

propertyNo	clientNo	viewDate	comments
P014	C044	2017-06-09	很好
P094	C056	2016-08-21	不错
P056	C074	2016-07-15	太贵了
P056	C056	2017-07-15	有点贵
P021	C044	2017-07-19	实惠

合同表 Lease

leaseNo	propertyNo	clientNo	rent	deposit	fromDate	toDate
L17024	P014	C044	980	1300	2017-06-09	2019-06-09
L17075	P094	C074	600	800	2017-08-21	2018-08-21
L17012	P027	C059	500	1200	2017-07-15	2020-07-15

图 2-22 房产中介数据库的三个表中的数据行

propertyNo
P056
P056
P021

图 2-23 看过但未租出的房子

address	type	rent
韶山路 1#	公寓	400
韶山路 1#	公寓	400
航空路 99#	别墅	890

图 2-24 最终结果

下面再讲一个关系代数应用的例子。对房产中介数据库，用户想要一个成交业务表，由房产地址、房子类型、房东姓名、房东电话、租客姓名、租客电话 6 个字段构成，包含已成功出租的业务数据。请用关系代数式来生成该业务表。对于该问题，从数据库中存储的表可知，成交的房子都记录在合同表 Lease 中，由房产编号列 propertyNo 标识，它是一个外键，引用了房产表 PropertyForRent。在房产表 PropertyForRent 中，有房产地址 address、房子类型 type、房东编号 ownerNo 信息，其中房东编号 ownerNo 是外键，引用了房东表 Host。在房东表 Host 中，有房东姓名 name、房东电话 phone 信息。另外，合同表 Lease 中，有客户编号 clientNo 字段，它是一个外键，引用了客户表 Client。在客户表 Client 中，有姓名 name 和电话 phone 信息。因此生成该业务表的关系代数式为

$$\Pi_{\text{p.address, type, h.name, h.phone, c.name, c.phone}}(\text{Lease} \bowtie \text{PropertyForRent} \bowtie \text{Host} \bowtie \text{Client})$$

注意：连接运算的顺序关系非常重要，不能随意调整。上述的自然连接顺序不能改变为 Lease ⋈ Host ⋈ PropertyForRent ⋈ Client，因为这个自然连接顺序的输出结果没有数据行，不是想要的正确结果。其原因是：表 Lease 和 Host 并没有公共字段，它们之间没有直接的联系，因此不能做自然连接运算。Lease ⋈ Host 的输出结果为空，没有数据行。另外，对自然连接运算的两个输入表，如果它们有同名的字段，那么在输出结果中要有所区分。在输出结果中，DBMS 会对同名字段在其前面加上表名前缀来进行区分。

与其他数学运算一样，关系代数运算也有优先级的问题。一元运算的优先级高于二元运算的优先级。二元运算中横向扩展运算的优先级高于纵向扩展运算的优先级，即 × 和⋈的优先级高于 ∪ 和 − 的优先级。括号能改变优先级，括号中的运算具有优先性。于是，5 种基本关系代数运算的优先级从高到低的顺序是：σ、Π、×、∪、−。这与算术运算一致。

关系代数运算的输入是关系，输出结果也是一个关系。对关系代数运算的输出结果可以重命名，重命名的内容包括关系名称及其列名称。重命名的符号为←。例如：

$$\text{Transaction(propertyAddress, type, hostName, hostPhone, clientName, ClientPhone)} \leftarrow \Pi_{\text{p.address, type, h.name, h.phone, c.name, c.phone}}(\text{Lease} \bowtie \text{PropertyForRent} \bowtie \text{Host} \bowtie \text{Client})$$

关系代数中，基本关系代数运算只有 5 种，即 σ、Π、×、∪、−。衍生的二元关系代数运算还有交运算（∩）、自然连接运算（⋈），以及除运算（÷）。在集合中，交（∩）的含义是求两个集合的交集。关系是数据行的集合，因此交运算（∩）的含义不言自明，$R_1 \cap R_2 = R_1 - (R_1 - R_2)$。自然连接运算（⋈）的含义在上面已讲解。除运算（÷）是一个二元运算，与自然连接运算（⋈）一样，是针对存在联系的两个关系。在 A(b,c) ÷ B(b) 这个运算式中，表 A 是一个事件表，其主键由两个字段构成，即 (b,c)。另外，表 A 有两个外键：b 和 c。b 引用实体表 B 的主键 b，c 引用实体表 C 的主键 c。也就是说，表 A 中的数据行记录了实体 A 的实例与实体 C 的实例之间的联系。对于这样一种情形，就当前表 A 和表 B 中包含的实例（即数据行）而言，是否存在实体 C 的实例，它和 B 中的所有实例都有联系？ A ÷ B 的含义就是求出这样的 C 实例。

下面以一个应用案例来展示除（÷）运算的含义。在图2-12的房产中介数据库中，现有一个业务问题：对位于A市且类型为别墅的所有房子，哪些客户去看过了？对这样一个业务需求，对应的关系代数式为：

$$(\Pi_{\text{propertyNo, clientNo}}(\text{Viewing})) \div (\Pi_{\text{propertyNo}}(\sigma_{\text{city='A 市' and type='别墅'}}(\text{propertyForRent})))$$

在这个例子中，看房表Viewing表示客户与房子之间的多对多关系，即一个客户可以看多个房子，一个房子可被多个客户来看。在这个例子中，表A为$\Pi_{\text{propertyNo, clientNo}}(\text{Viewing})$，含两个字段propertyNo和clientNo；表B为$\Pi_{\text{propertyNo}}(\sigma_{\text{city='A 市' and type='别墅'}}(\text{propertyForRent}))$，含一个字段propertyNo。输出结果自然只含一个字段clientNo。这个除运算的一个实例如图2-25所示。在这个例子中，只有客户C044对B中的三个房子都看过了。

propertyNo	clientNo
P014	C044
P094	C056
P056	C074
P014	C074
P094	C044
P056	C056
P056	C044

÷

propertyNo
P014
P094
P056

=

clientNo
C044

图2-25　除运算的例子

思考题2-7：针对图2-4所示的大学教务管理数据库中的5个表，请分别举一个投影运算、选择运算、连接运算、差运算、并运算、交运算、除运算的应用例子。

2.6　本章小结

数据模型除了刻画数据的内涵、数据的结构之外，还要刻画数据间的联系、数据的完整性、数据的运算。数据模型包括三部分内容：数据结构、数据完整性约束、数据运算。关系数据模型中的数据结构只有一种，那就是表，简单易懂。表包括模式和数据两个部分。模式表示的是概念和逻辑，而数据表示的是具体事物。

关系型数据库使用关系数据模型。在关系数据模型中，表是存储数据的唯一结构，具有简单直观性。数据库由表构成。用户的业务表不能原样存储在数据库中。在数据库中，数据必须严格按类分表存储，才能解决好数据正确性问题。数据在数据库中按类分表存储，引发了用户的业务表与数据库中的表不一致的问题。不一致问题用关系代数来解决。使用关系代数，对数据库中的表进行运算，能实时衍生出用户想要的业务表。

数据只是按类分表存储，不能完全解决数据正确性问题，还要求进一步做到一个数据在数据库中只存一份。一个数据只存一份，其中有两个问题要回答：1）如何定义一个数据；2）如何判定数据重复。数据按类分表存储，表明数据具有类的概念，表中的一行数据对应类的一个实例（也叫对象），表示一个客观存在的事物或者事件 / 活动。因此，一个数据就是指表中的一行数据。判定数据重复，就是要判定在一个表中是否存在两行数据指向同一个实例（对象）。这就引出了对象的标识问题。表的主键就是用来标识对象的。对于一个表中的两行数据，如果它们的主键值相同，就说数据出现了重复。

事物之间彼此有联系。用户的业务表的一个重要特征就是要把有联系的数据整合在一起。表的外键就用来标识表与表之间的联系。表 A 引用了表 B，是指表 A 中有字段为外键，引用了表 B 的主键。两个对象（实例）之间存在联系，体现在一个对象的外键值与另一个对象的主键值相同上。

数据完整性是指要存入数据库的数据必须满足给定的约束条件。数据完整性约束条件包括实体完整性约束（也叫主键约束）、引用完整性约束（也叫外键约束）、域约束、业务规则约束。数据完整性约束是表的模式的组成部分，属于抽象概念，或者说逻辑概念的范畴，因此也是数据库设计的重要内容。表的主键标识必须精准，表的外键标识不能出现遗漏。数据库的设计者必须明确指明数据完整性约束，并以 SQL 语言表示出来，传达给数据库管理系统。数据库管理系统对用户的数据操作请求，先检查其是否违背了数据完整性约束。如果违背，就拒绝受理，以此保证数据库中数据的完整性。

关系型数据库有 4 个特性：1）数据严格按类分表存储，一个表只对应一个类，一个类只对应一个表；2）表与表之间存在联系；3）表中的一行数据对应类的一个实例；4）同类数据都存储在一个表中。数据库中的表具有全局性，体现在表的行和列上面。表的列涵盖了一个类在企业中要用到的所有属性；表的行涵盖了一个类在企业中的所有实例。用户所需的业务表具有局部性、综合性、多样性。

关系代数的特点是输入为关系，输出结果也为关系。其中的选择运算是将输入关系视作行的集合，进行逐行检查，把满足约束条件的行放入输出结果中。投影运算是将输入关系视作列的集合，将指定的列抽取出来构成输出结果。并运算（差运算）是将模式相同的两个关系分别视作行的集合，输出结果为两个集合的并（差）集。笛卡儿乘积运算是将两个关系横向组合起来，输出结果中的行穷举了两个输入表中的行所有可能的组合情形。自然连接运算是对笛卡儿乘积运算的输出结果再做选择运算和投影运算，其物理含义是对含外键的表进行字段扩增，使得有联系的数据整合在一起，出现在输出结果中。有了关系代数运算，数据库中就只需要存储原始性的基础数据。每个用户所需的业务表都能通过关系代数运算实时衍生出来。这就是关系数据模型的本质特征。

习题

1. 对图 2-4 所示的大学教务管理数据库中的 5 个表，补充教师开课表、教室表和排课表。现列出这 8 个表的表名及其包含的字段名（即其模式）如下：

   学院表：Department(deptNo，name，dean，address，phone)

   学生表：Student(studentNo, name, sex, birthday, nation, classNo, phone, familyAddr, deptNo)

   课程表：Course(courseNo, name, hours, credit, book, semester, deptNo)

教师表：Teacher(teacherNo, name, rank, birthday, salary, email, phone, deptNo)

教师开课表：Teach(courseNo, semester, classNo, teacherNo)

学生选课表：Enroll(studentNo, courseNo, semester, classNo, teacherNo, score)

教室表：Classroom(classroomNo, type, seat_num)

排课表：Dispatch(courseNo, semester, classNo, period, weekday, turns, interval, classroomNo)

其中教师开课表的含义是：每门课可能有多个教学班，教学班的字段名为 classNo，每个教学班要安排一位教师负责上课。教室表很好理解，classroomNo 是教室的号码，type 是教室的类型，seat_num 是座位数。对于排课表，其数据示例如下：

courseNo	semester	classNo	period	weekday	turns	interval	classroomNo
H61030009	2011-1	A	1-16 周	Tuesday	1-2 节	单周	中楼 117
H61030008	2011-1	A	1-16 周	Thursday	5-6 节	每周	中楼 117
H61030009	2011-1	B	1-16 周	Monday	1-2 节	单周	复临舍 304
H61030008	2011-1	B	1-16 周	Tuesday	3-4 节	双周	复临舍 307
H61030009	2011-1	C	1-16 周	Thursday	5-6 节	单周	复临舍 404

回答下列问题：

1）标识出每个表的主键；分析外键，如果有，则标识出来，指明它引用了哪个表的主键。

2）课程表中的 semester 是指在第几个学期选修。本科 4 年，共有 8 个学期。字段 credit 是学分，字段 hours 是学时。请对课程表中的 credit 字段以及教师表中的 rank、salary 这两个字段，给出其域约束（数据类型，取值范围）。

3）使用关系代数写出表达式，用来生成如下用户所需业务数据：

a）列出所有在 2000 年出生的女生，输出项包括学号、姓名、出生日期。

b）学生张珊，其学号为 '200843407'，请列出其已经选修的课程，输出项包括课程编号、课程名称、选修时间、学分、成绩。

c）求出在 '2011-1' 学期选修了操作系统这门课（课程编号为 H61030009）的学生名单，输出项包括学号、姓名、性别。

2. 某酒店集团公司在全国各城市开有酒店。每个酒店都有客房，客户可在网上先登录，然后预订，也可入店时现场预订。其住宿业务数据库中有如下 4 个表：

Hotel(hotelNo, name, city, address, phone)

Room(roomNo, hotelNo, type, price)

Booking (hotelNo, roomNo，guestNo, dateFrom, dateTo)

Guest(guestNo，password, name, email，phone)

其中房间的类型有单人间、双人间、商务间、豪华间。

1）标识出 4 个表的主键。对有外键的，标识出它的外键。

2）基于酒店住宿业务常识，写出两个企业业务规则约束。

3）使用关系代数写出表达式，为用户生成如下所需的业务数据：

a）对价格大于 1500 元的房间，列出房间类型、其酒店名称及其所在城市。

b）某个客户现在想在位于长沙这个城市的酒店预订一个 ' 单人间 ' 房，住宿期为 '2019-09-27' 一天，请列出当前可预订房间的酒店名称、房间号、价格。

第3章　SQL中的数据操作

企业构建数据库系统的目的是更好地开展其业务，更好地支撑其业务的拓展。采用数据库系统来管理业务数据后，凡是与业务相关的人和事都记录在数据库中。前面两章提到关系型数据库有4个特性：1）数据严格按类分表存储，一个表只对应一个类，一个类只对应一个表；2）表与表之间存在联系；3）表中的一行数据对应为类的一个实例；4）同类数据都存储在一个表中。这种规定和约束是为了实现一份数据在数据库中只存一份，以此来保障数据的正确性。

数据库中的表具有全局性。全局性既体现在表的行上，也体现在表的列上。表的列涵盖了一个类在企业中要用到的所有属性；表的行涵盖了一个类在企业中的所有实例。另一方面，用户所需的业务表具有局部性、综合性、多样性。每个用户只关心自己的业务所涉及的数据。这些数据通常只是表中的部分行和部分列。

数据库中的数据表与用户所需的业务表存在不一致性。这种不一致性首先体现在数据库中的数据表带有全局性，用户所需的业务表具有局部性。其次数据库中的数据必须严格按类分表存储，一个类对应一个表，不同类的数据不能混合存储在一个表中；而用户所需的业务数据表却具有混合性，通常由存在联系的不同类数据组合而成。

用户所需的业务表在数据库中并不直接存在。为了满足用户的业务需求，处理办法是使用数据库中的表作为输入，进行关系代数运算，通过抽取、组合或者运算实时生成用户所需的业务表。有了关系代数运算，每个用户的业务需求都能够得到满足。

在理论上，要得出用户所需的业务表，就要基于数据库中的表构造关系代数表达式。要完成这一工作，既要对关系数据模型有透彻的理解，还要掌握关系代数。关系代数表达式不直观，不利于交流。另外，关系代数还只是数学理论，并不涵盖工程问题的处理，例如数据统计、数据排序、数据消重等。

将关系代数表达式用语言来表示，可以使其通俗易懂，方便用户从数据库中获取其想要的数据。正是出于这一考虑，提出了数据库定义和数据操作的国际标准语言，即SQL语言。数据操作中有查询、添加、删除、修改、统计5种，但查询是该语言最核心的问题，也是最关键的问题。

有了国际标准，访问数据库管理系统就变得简单容易。我们知道，全世界的语言五花八门，讲不同语言的人要沟通交流，就面临语言障碍。解决该问题的最好办法是确定一门全世界通用的语言。英语已成为事实上的全世界通用语言。数据库用户对数据库的访问也一样，只要掌握了SQL语言，就能访问和操作世界上的任何一个数据库。有了数据访问的国际标准语言，数据库管理系统产品厂家与用户就彼此既具有相互独立性，又具有可沟通交流性，正符合人们的期望。

3.1 SQL 概述

SQL 语言包括数据操作语言 DML 和数据定义语言 DDL。DML 是 Data Manipulation Language 的缩写，而 DDL 是 Data Definition Language 的缩写。DML 是有关 5 种数据操作的表示语言。DDL 是有关表模式定义、数据完整性定义以及其他一些概念的表示和定义的语言。作为一种国际标准，随着数据库技术的不断进步，SQL 也在不断完善和丰富，每隔一段时间就会有新版本推出。因此，在使用数据库管理系统产品时，要注意它支持的 SQL 版本号。本章讲解数据操作语言 DML，下一章讲解数据定义语言 DDL。

SQL 语言和编程语言既有相似的地方，也有不同点。和 C、Java 这些编程语言相比，相似的地方是：1）每个语句都以分号结尾；2）该出现空格的地方，可以是一个空格，也可以是多个空格；3）都有保留字；4）命名规则一致，必须以字母开头，只能包含字母、数字、下划线。SQL 是一种对英文字母不区分大小写的语言。不同的地方是：SQL 中的每个语句都是独立的，表示一个操作。语句与语句之间不存在相关性。因此 SQL 语言为非过程化语言，只表示要做什么，没有分支概念。

数据操作有查询、添加、删除、修改、统计 5 种。用户使用 SQL 语言表示这 5 种操作。用户在使用 SQL 语言表示想要执行的数据操作时，先要知道数据库的模式。也就是说，要知道数据库中有哪些表，每个表有哪些字段，每个字段的数据类型，以及表的主键、表的外键。本章的所有举例都是针对大学教务管理数据库。在大学教务管理数据库中有 5 个表，其模式分别为：

- 学院表 Department（deptNo, name, dean, address, phone）。主键为学院编号字段 deptNo；外键有院长工号字段 dean，引用教师表 Teacher 的主键，理由是院长也是教师。所有字段为字符串类型。
- 学生表 Student（studentNo, name, sex, birthday, nation, classNo, phone, familyAddr, deptNo）。主键为学号字段 studentNo；外键有所属学院的编号字段 deptNo，引用学院表 Department 的主键。出生日期字段 birthday 为日期类型，其他字段为字符串类型。
- 课程表 Course（courseNo, name, hours, credit, book, semester, deptNo）。主键为课程编号字段 courseNo；外键有课程开设学院的编号字段 deptNo，引用学院表 Department 的主键。学时字段 hours 和学分字段 credit 为整型类型，其他字段为字符串类型。
- 教师表 Teacher（teacherNo, name, rank, birthday, salary, email, phone, deptNo）。主键为教师工号字段 teacherNo；外键有所属学院的编号字段 deptNo，引用学院表 Department 的主键。工资字段 salary 为带两位小数的数值类型，出生日期字段 birthday 为日期类型，其他字段为字符串类型。
- 选课表 Enroll（studentNo, courseNo, semester, classNo, teacherNo, score）。主键包含

三个字段：学生学号字段 studentNo，课程编号字段 courseNo，学期字段 semester。共有三个外键：外键 1 为学生学号字段 studentNo，引用学生表 Student 的主键。外键 2 为课程编号字段 courseNo，引用课程表 Course 的主键。外键 3 为教师工号字段 teacherNo，引用教师表 Teacher 的主键。成绩字段 score 为整型，取值范围为 0 ～ 100，其他字段为字符串类型。

对于这 5 个表，其中的数据行示例见图 2-4。

3.2 数据操作的流程

数据库用户使用数据库访问工具软件或者数据库应用程序访问数据库。用户既要将数据存储到数据库的表中，还要从数据库的表中获取想要的数据。用户对数据库的表执行的操作共有 5 类：添加、删除、修改、查询、统计。这些工作统称为数据操作。数据操作是以表中的行为单元来执行。表中的行具有集合特性，每一行都被视作集合中的一个元素，每一行都通过它的主键值来标识其唯一性，行与行之间没有先后次序关系。在数据操作时，用户要在其 SQL 语句中表明对哪个表执行何种操作，并表示操作的详情。

访问数据库有 4 个步骤：1）先建立与数据库服务器的连接，用户用账号（用户名，密码）登录数据库服务器；2）指定要访问的数据库；3）将要执行的数据操作使用 SQL 表示出来，形成 SQL 语句，并将其发送给 DBMS 去执行，DBMS 执行完后，将执行结果返回给用户；4）用户操作完毕之后关闭与数据库服务器的连接。建立与数据库服务器的连接，需要提供的参数包括数据库服务器的 IP 地址、侦听用户请求的网络端口号。一个数据库服务器可以管理多个数据库，因此在建立了连接并登录之后，还需要指定访问其中的哪一个数据库。指定数据库的 SQL 语句是：USE　数据库名字。在 SQL 语言中，每个 SQL 语句后面要跟一个分号来表示语句的结尾。

注意：在 C、C++、Java 编程语言中，每个语句也是以分号来表示结尾。

对用户发来的 SQL 语句，DBMS 先进行语法检查，然后做可行性检查。可行性检查包括两个方面：1）SQL 语句中所指的表和字段要在数据库中存在；2）SQL 语句所指的操作，用户要有对应的访问权限。检查如果没有通过，DBMS 就直接将检查不通过的结果返回给用户。如果通过，则执行它，把执行的结果返回给用户。DBMS 执行一个 SQL 语句，可能成功，也可能不成功。比如，当 SQL 语句所表示的操作违背了数据完整性约束时，就不会成功。因此 DBMS 在处理用户发来的 SQL 语句时，给用户返回的结果包括两个部分。首先是成功与否。如果成功，另一部分自然就是执行 SQL 语句产生的结果。如果不成功，另一部分就是不成功的原因。

3.3 表数据的更新操作

表数据的更新操作包括：向一个表中添加数据行；删除一个表中的数据行；修改一个表中的数据行。

3.3.1　向一个表中添加数据行

SQL中，向一个表中添加一行数据的语法为：

INSERT INTO 表名（字段名1，字段名2，…，字段名 *n*）VALUES（字段名1的值，字段名2的值，…，字段名 *n* 的值）;

在上述操作语句中，INSERT、INTO、VALUES都是SQL语言中的关键字，就如C语言中的if、else、for一样。尽管在SQL语言中不区分大小写，但通常把关键字写成大写，而把表名和字段名写成小写，这样的SQL语句就更具有可读性，看起来一目了然。

例3-1　在大学教务管理数据库中，向学生表中添加一个学生的数据，SQL语句（注意，这个语句并没有给所有字段赋值）为：

```
INSERT INTO student(studentNo, name, sex, birthday, classNo, deptNo)
    VALUES('201743139', '杨一', '男', date('1998/12/01'), '1701' , '43');
```

（语句3-1）

例3-2　学生选课时，就是要向选课表中添加一行记录，SQL语句（注意，这个语句并没有给所有字段赋值）为：

```
INSERT INTO enroll(studentNo, courseNo, semester, teacherNo, score)
    VALUES('201743219', 'H61030009', '2019-1', '2004222',  85);
```

（语句3-2）

向一个表中添加一行数据时，要在表名后的括号中指明给哪些字段赋值，随后的VALUES后的括号中的值要与前面给出的字段一一对应。表中的每一个字段都有数据类型的概念。在SQL语言中，对某行数据的某个字段赋值时，类型必须匹配。在（语句3-1）中，birthday字段的数据类型为日期型。在（语句3-2）中，score字段的数据类型为数值型，其他字段的数据类型为字符串型。因此在VALUES中，对其赋的值要相匹配。对字符型数据，用单引号括起来；对数值型数据，直接写，不需要单引号；对其他类型的数据，则都需要使用系统提供的函数来实现想要的类型转换。在（语句3-1）中，向学生表Student中添加一行数据，其中birthday的数据类型为日期型，要得到一个日期型数据，则要使用数据库管理系统提供的函数date( ), 将一个字符串型数据转换成日期型数据。

用户使用SQL语句向一个表中添加一行数据时，可只对自己关心的字段赋值。对于未赋值的字段，DBMS会将它的值设为表模式定义时指定的默认值。如果模式定义时未指定默认值，那么默认值为NULL。例如，学生选修一门课时，就要向选课表Enroll中添加一行数据，只给三个字段赋值，其SQL语句为：

```
INSERT INTO enroll(studentNo, courseNo, semester) VALUES('201843109',
    'H61030008', '2019-1');
```

对于添加到选课表Enroll中的这行数据，DBMS会为剩下未赋值的三个字段classNo、teacherNo、score的值设置为NULL。

用户使用SQL语句向一个表中添加一行数据，必须为主键字段赋值。主键字段不能为NULL。也必须给表模式定义时指定不能为空的字段赋值，否则就违背了数据完整性约束，变得无效，被 DBMS 拒绝，不被受理。

向一个表中添加一行数据，当给所有字段赋值时，SQL 语法规定：可以省略表名后的字段名清单。例如，（语句 3-1）和（语句 3-2）可写为：

```
INSERT INTO student VALUES('201743139', '杨一', '男', date('1998/12/01'),
    '汉', '1701' , '13907311111', '山东省……', '43');
INSERT INTO enroll VALUES ('201743219', 'H61030009', '2019-1', 'A',
    '2004222', 85);
```

不过在开发应用程序时，千万不要省略表名后的字段名清单。省略会带来严重的隐患。其原因是：数据库中的表模式并不是一成不变的。随着时间的推移，业务情况的变化，可能要给某个表添加字段。例如，在大学中，过去国际学生很少，而现在有很多。于是在学生表 Student 中可能要添加一个国籍 country 字段。修改学生表 Student 的模式后，上述语句出现了不匹配：数据库中的表模式要求 10 个字段，而 SQL 语句只给了 9 个字段的值。于是，当应用程序将这个 SQL 语句发送给 DBMS 去执行时，不会成功。也就是说，因为修改学生表 Student 的模式，会导致原有的应用程序报错和失效。与之相对应，（语句 3-1）和（语句 3-2）有很好的鲁棒性，即使数据库中的表增加了字段，但还是能正确执行。

3.3.2 删除一个表中的数据行

当想要把一个表中的某行或者某些行删除时，SQL 语法为：

DELETE FROM *表名* WHERE *条件*；

例 3-3 大学教务管理数据库中，学生周一退学，于是要在学生表中删除其记录，SQL 语句为：

```
DELETE FROM student WHERE studentNo = '200843101';          （语句 3-3）
```

注意：该操作语句不能写为

```
DELETE FROM student WHERE name = '周一';                     （语句 3-4）
```

其原因是：姓名为周一的学生，在数据库中可能不止一人。（语句 3-4）会把学生表 Student 中 name 字段取值为 '周一' 的行都删除。因此，要删除一个表中的某行记录，条件表达式中一定要指定主键字段的值，而不能指定非主键字段的值。（语句 3-3）中的 WHERE 后的条件式中就是用的学生表主键 studentNo 字段。

再举一个删除多行记录的例子：2012 级的学生已经毕业，删除学生表 Student 中 2012 级的学生记录。其 SQL 语句为：

```
DELETE FROM student WHERE studentNo LIKE '2012%';
```

在这个语句中，条件表达式中的 % 是有特殊含义的字符，叫作通配符，它通配任意长度的任何一个字符串。该条件表达式的含义为：学生表 Student 中的任何一行，只要其 studentNo 字段的取值是以 2012 开头的字符串，就满足选择条件。下划线（ _ ）是另一个通配符，它通配任意一个字符。如果要把通配符（% 和 _）当作一个普通字符，就要做转义标识。处理办法是在其前面加一个转义字符 #。例如，删除教师表 Teacher 中 email 字段的取值是以 'rj_' 开头，并以 '@hnu.edu.cn' 结尾的行，SQL 语句为：

```
DELETE FROM teacher WHERE email LIKE 'rj#_%@hnu.edu.cn' ESCAPE #;
```

该语句中的 ESCAPE 是 SQL 语言中的关键字，其中文含义是逃离。它可以是及物动词，含义是使谁逃离。在这里，其意思是使跟在它后面的 # 这个字符逃离原有含义。# 这个字符的原有含义就是一个普通字符，没有什么特殊含义。但在这里，要让它逃离原有含义，变成一个特殊含义的字符。在中文中，就叫作转义字符，即 # 为转义字符。在 'rj#_%@hnu.edu.cn' 这个字符串中，因为 # 已经被指明是转义字符，因此它不再是指普通字符 '#'，而是指跟在它后面的字符 '_' 不再是通配符了，就为普通字符 '_'。注意，在此例中，'%' 还是通配符，因为它前面没有转义字符 #。

注意：使用通配符时，比较运算符不能使用 '='，而要使用 'LIKE'。例如，WHERE studentNo = '2012%'，是一个错误的条件表达式。

WHERE 后面接逻辑判别式，表示关系代数中的选择运算。其含义是：对输入表中的数据逐行扫描，对每行数据，都去测定 WHERE 后面的逻辑判别式。如果判定结果为 TRUE，那么该行数据就被选中。每个逻辑判别式的左边是字段名，右边是条件值，中间是判定符。条件值要为已知量。逻辑判定可分为 4 种类型：

1）条件值为一个已知数据。行数据中的字段值与其进行比较运算。比较运算类型有：等于（=），不等于（<>），小于（<），大于（>），小于等于（<=），大于等于（>=）。例如：

```
DELETE FROM student WHERE studentNo = '200843101';
```

2）条件值为一个集合。行数据中的字段值被视作集合元素，判定符有属于（IN）和不属于（NOT IN）。例如：

```
DELETE FROM teacher WHERE rank IN ('教授', '副教授', '助理教授');
```

3）条件值为一个带通配符的字符串。判定符只有 LIKE 和 NOT LIKE。例如：

```
DELETE FROM student WHERE studentNo LIKE '2012%';
```

4）条件值为 NULL，判定符有 IS 和 IS NOT。例如：

```
DELETE FROM student WHERE deptNo IS NULL;
DELETE FROM enroll WHERE teacherNo IS NOT NULL;
```

WHERE 后面的逻辑判别式也可由多个逻辑判别子式组合而成。逻辑判别子式间的逻辑运算符有：AND、OR。AND 的优先级高于 OR。如果想要让 OR 先于 AND 执行，就用括号把 OR 运算括起来，以改变处理顺序。例如：

```
DELETE FROM enroll WHERE (teacherNo IS NULL OR classNo IS NULL) AND
    semester LIKE '2017%';
```

当要把学生表 Student 中的所有数据行都删除，则把条件部分省去，其 SQL 语句为：

```
DELETE FROM student;
```

省去 WHERE 部分，意思是对每行数据进行判定时，逻辑判定的结果都为 TRUE。

3.3.3 修改一个表中的数据行

当要对一个表中的某行或者某些行进行修改时，SQL 语法为：

UPDATE *表名* SET *字段名* 1 = *取值* 1, *字段名* 2 = *取值* 2, …, *字段名* *n* = *取值* *n* WHERE *条件*;

例 3-4 大学教务管理数据库中，人文学院（其学院编号为 '50'）搬到了新建的逸夫楼，电话改成 0731-88826666，完成对学院表中人文学院行修改的 SQL 语句为：

```
UPDATE  department  SET address =' 逸夫楼 ', phone ='0731-88826666'  WHERE
    deptNo ='50';
```

与删除操作同理，当要修改一个表中的某行记录时，WHERE 条件中一定要指定主键的值，而不能指定非主键字段的值。

再举一个修改多行记录的例子：对 1980 年及以后出生的教师，其工资上调 10%：

```
UPDATE teacher SET salary = salary * 1.1 WHERE birthday >=
    DATE('1980/01/01');
```

分析：因为出生日期字段 birthday 的数据类型为日期型。为了匹配，条件值也要是日期型。使用系统函数 DATE() 将一个字串符型数据转换为日期型数据。另外，在这个 SQL 语句中，等号左边的 salary 是指要赋值的字段，而右边的 salary 是指字段 salary 原有的值。为了理解这一点，必须弄清楚更新的过程。更新操作首先是执行选择运算，得到需要更新的行。然后对这些行逐一选取出来，分别执行更新操作。每取一行，其原有的数据可以用来计算，以得到一个新值，然后赋给某个字段，作为该字段的新值。这个要赋值的字段出现在赋值符（=）的左边，原有的字段值则出现在赋值符（=）的右边。

如果将所有教师的工资都上调 10%，则 SQL 语句为：

```
UPDATE  teacher  SET salary = salary * 1.1;
```

思考题 3-1：添加操作是指向某个表中添加一行数据，为什么必须给主键字段赋值？删除或者修改某个表中的某一行数据时，在条件语句 WHERE 中要指明目标行的主键字段的值，为什么？

思考题 3-2：添加、删除、修改这三种操作都会使数据库中的数据发生变化。因此即使 SQL 语句没有语法错误，当将其提交给数据库管理系统去执行时，可能会因为违背数据完整性约束，而被拒绝受理。对添加、删除、修改这三种操作，分别举一个违背主键约束、违背外键约束、违背域约束、违背业务规则约束的例子。

3.4 查询操作

查询是数据操作中最为核心，也最为关键的问题。查询是最常见的一种数据操作。SQL 语法为：

SELECT 字段名 1, 字段名 2, …, 字段名 *n* FROM 表名 WHERE 选择法则；

这个语句综合了关系代数中的笛卡儿乘积、选择、投影三种基本运算。代数运算的输入出现在 FROM 后面。选择条件出现在 WHERE 后面，投影中要输出的字段出现在 SELECT 后面。当输入只有一个表时，是一元运算。如果有两个或者多个表，那么 DBMS 就先要让输入表做笛卡儿乘积运算。在这一节中，只考虑一元运算。笛卡儿乘积运算放在 3.6.2 节讲解。

例 3-5　找出学生周一的电话，其 SQL 语句为：

```
SELECT phone  FROM student  WHERE studentNo = '200843101';
```

与删除和修改同理，当要查找一个表中特定的某行记录时，条件表达中一定要指定主键的值，而不能指定非主键的值。

例 3-6　输出信息学院（学院编号为 '43'）的学生清单，输出项包括姓名、学号、班级三列，其 SQL 语句为：

```
SELECT name, studentNo, classNo FROM student WHERE deptNo = '43';
```

查询操作综合了选择和投影两种关系代数运算。正如上一章中的关系代数所述，查询操作的输入是一个表，输出结果也是一个表。查询结果自然也是数据行的集合。

对查询 SQL 语句的构建，先要确定输入表，放在 FROM 后面；再看选择运算的法则，将其放在 WHERE 后面；最后确定投影运算的内容，将其放在 SELECT 后面。根据关系数据模型，表中的行没有先后顺序关系。但是业务需求中，往往要求见到的结果是排好顺序的。

对关系代数运算的输出结果，再由 DBMS 对其进行排序，以得到用户想要的最终结果。这一用户要求是通过 ORDER BY 来指明。上述查询，如果要求对结果中的行先按照班级，再按照学号进行排序，其 SQL 语句为：

```
SELECT name, studentNo, classNo FROM student WHERE deptNo = '43' ORDER BY
    classNo, studentNo;
```

排序还可进一步指定是升序，还是降序。升序则在后面补充 ASC（单词 Ascend 的缩写），降序则在后面补充 DES（单词 Descend 的缩写）。默认情况下，即不指定时，默认为升序。

例 3-7　查询输出在 '2017-1' 学期选修了数据库系统这门课程（课程编号为 'H61030008'）的学生的学号和成绩清单，要求输出的行按照成绩由高到低降序排列。其 SQL 语句为：

```
SELECT studentNo, score FROM enroll WHERE courseNo = 'H61030008' AND
```

```
    semester = '2017-1' ORDER BY score DES;
```

对查询操作中的投影运算，当输出字段中不包含主键时，输出结果中可能出现完全相同的行，例如：

```
SELECT sex, birthday FROM student WHERE deptNo = '43';
```

该查询操作的结果为信息学院每个学生的性别和出生日期。对于两个甚至多个学生，其性别和出生日期都相同是完全有可能的。因此上述查询的输出结果中可能会出现两行甚至多行完全相同。如果要让输出结果中不出现完全相同的行，就要加上 DISTINCT 标记，如下所示：

```
SELECT DISTINCT sex, birthday FROM student WHERE deptNo = '43';
```

在输出字段清单的前面加上 DISTINCT，那么 DBMS 对关系代数运算后得到的输出结果再进行一次加工处理，确保最终给用户的输出结果中，不会出现完全相同的两行。当查询结果中有两行甚至多行完全相同时，在输出结果中就会只留下一行，随后重复的行被过滤掉，不放入输出结果中。DISTINCT 这个形容词的中文含义为"唯一的"，因此这个标记很好理解。

注意：关系代数运算输出的结果中，两行数据相同，是指它俩的任意一个字段的值都相同。因此 DISTINCT 修饰的是接在 SELECT 后面的整个输出字段清单，而不是接在它后面的那个字段。也就是说，唯一性是针对行来说的，不允许出现两行数据一模一样的情况。

例 3-8　输出所有学院的清单，包括学院编号、名称、地址、院长，其 SQL 语句为：

```
SELECT deptNo, name, address, dean FROM department;
```

上述 SQL 语句中，既不要做选择运算，也不要做投影运算，把输入原封不动地作为输出。因此无选择条件限定。当查询一个表时，如果是要输出其所有字段，SQL 语法规定：可以用星号（*）来表示一个表的所有字段。例如，上述语句可写为：

```
SELECT * FROM department;
```

不过在开发应用程序时，千万不要用星号（*）来表示要输出的字段名清单。其带来的隐患和添加数据行操作中省略字段名清单带来的隐患一样。其缘由请看 3.3.1 节。

例 3-9　输出信息学院（已知其学院编号 deptNo='43'）的老师，输出字段包括姓名、年龄，并且按照年龄从大到小排列，其 SQL 语句为：

```
SELECT name, Year(Now()) - Year(birthday) AS age FROM teacher WHERE
    deptNo='43' ORDER BY age DES;
```

在这个例子中，要输出老师的年龄，但是教师表 Teacher 中并没有这个字段。不过有出生日期字段 birthday，于是可以算出年龄来。在这个例子中，用到了两个 DBMS 提供的系统函数：Year( ) 和 Now( )。Now( ) 求当前时刻的日期和时间，返回值的类型为时间戳。Year( ) 对一个日期类型的数值或者时间戳类型的数值，求其年份。在这个例子中，输出结果的第二列为一个数学表达式的运算结果，使用AS将这一列的字段名重命名为age。

对数据操作，按照面向对象的思维来表示SQL语句中的WHERE部分，能减少差错。一个表表示一个类，表中的一行数据表示类的一个实例，即对象。对象有标识问题，自然使用主键来标识。因此，对数据操作SQL语句的表示，先要想到是哪一个表，然后想到主键。

思考题3-3：查询输出学生周一（其学号为'200843101'）在'2017-1'学期的选课情况，输出课程编号、成绩两个字段。对这样一个查询，在输出结果中可能会出现重复的行吗？在对某个表执行查询操作时，在什么情形下，即使不指明DISTINCT，也能保证输出结果不会出现重复的行？

3.5 统计操作

统计是另外一种数据操作。它是在选择和投影运算的基础上，即在关系代数运算得到的查询结果基础上，进一步由DBMS以行为单元来执行统计。统计的类型有两个：1）统计查询结果的行数；2）统计某个字段的最大值、最小值、平均值、累加值。统计以**聚集函数**（aggregation function）来表示，求行数的聚集函数为COUNT( ), 求字段的最大值、最小值、平均值、累加值的聚集函数分别是MAX（字段名）、MIN（字段名）、AVG（字段名）、SUM（字段名）。

例3-10 求'2017-1'学期选修了数据库系统（课程编号为'H61030008'）这门课程的学生中的最高分数、最低分数、平均分数，其SQL语句为：

```
SELECT MAX(score), MIN(score), AVG(score) FROM enroll WHERE courseNo =
    'H61030008' AND semester = '2017-1' ;
```

该语句本是一个查询语句，SELECT、FROM、WHERE这三个查询语句的要素都具备。只因为在投影字段清单中出现了聚集函数，因此DBMS的执行过程是：先执行查询操作，然后再对查询的输出结果执行统计操作，再把统计结果作为最终结果返回给用户。该例子中，包含了三个独立的统计。三个统计都是对查询输出结果先执行投影运算，得到score列，然后再对投影结果进行统计，分别得到最高分数、最低分数、平均分数。第四步是对第三步的投影运算结果执行统计。该语句的输出结果是一个表，有三列，一行数据。

对比查询与统计，可以发现统计是对查询（包括选择和投影）的结果再来执行统计。需要注意的地方是：在统计中，选择运算后的投影输出字段不是直接放在SELECT后面，而是放在统计函数中。在查询中，SELECT后面接的是投影输出字段，查询结果中通常有多行数据。而在统计中，SELECT后面接的是统计函数，也叫聚集函数，输出的是统计结果，自然只有一行数据。统计之前，在关系代数运算中，先是做选择运算，然后做投影运算。投影输出字段放在哪里呢？放在聚集函数里面。

例 3-11 对于大学教务管理数据库，求全校有多少个教师，给全校教师发一个月工资总共需要多少钱，其操作语句为：

```
SELECT COUNT(*) , SUM(salary) FROM teacher ;
```

这个语句其实是将如下两个统计语句合二为一：

```
SELECT COUNT(*)  FROM teacher ;
SELECT SUM(salary) FROM teacher ;
```

在该统计中，没有 WHERE 部分，即无选择运算条件，也就是输入表的所有行都被选中。第一个统计，聚集函数 COUNT 中放的是 *。其含义是投影输出字段为所有字段。然后再对查询结果统计行数，其含义自然就是老师的人数。原因是：在关系型数据库中，一个类对应一个表，类的一个实例对应表中的一行数据，一个实例在表中有且仅有一行数据，一个类的所有实例都放在一个表中。就该例子而言，一个老师在表 Teacher 中有且仅有一行数据，一行数据就表示一个老师，所有老师数据都放在 Teacher 表中。因此行数就是老师人数。

第二个统计中，统计函数中放的是字段 salary。其意思是投影输出字段只有 salary。然后对投影输出结果逐行累加求和。

注意：统计操作的输出结果只有一行数据。SELECT 后面只能接统计函数，不能接输出字段。例如，SELECT teacherNo，SUM(salary) FROM teacher 就是一个语义错误的 SQL 语句。

统计的最终输出结果还是一个表，只不过这个表只有一行数据而已。在上述例子中，最终输出的结果有一行数据，两个字段。这两个字段的名字是 COUNT(*) 和 SUM(salary)。为了更加直观易懂，可以对统计结果输出表的字段进行重新命名。例如：

```
SELECT COUNT(*) AS person_num, SUM(salary) AS salary_sum FROM teacher ;
```

在这个例子中，最终输出结果表的第一个字段的名字被重命名为 person_num，第二个字段的名字被重命名为 salary_sum。

上述统计是将查询的输出结果作为一个整体来执行统计。统计结果自然只有一行数据。统计还可以细化，先分组，然后分组统计。分组统计先要指定分组字段，分组字段可以是一个字段，也可以是多个字段。分组统计时，先对查询输出结果中的行进行位置调整，让分组字段取值相同的行聚到一起，构成一个分组。于是，查询输出结果表变成了由一个或者多个分组构成。然后分别对每个分组执行统计，输出一行统计数据。因此分组统计时，有多少个分组，就会有多少行输出。分组字段用 GROUP BY 标记。

例 3-12 求信息学院的学生中，男女学生人数分别为多少，其 SQL 语句为：

```
SELECT sex, COUNT(*)  FROM student  WHERE deptNo = '43' GROUP BY sex;
```

该语句中，分组字段为性别 sex。首先是输入表 Student 执行选择运算（WHERE deptNo = '43'），把属于信息学院的学生找出来。此时选择运算的结果放在内存中，

DBMS 对其中的行按照分组字段 sex 的值调整它们的位置，使得 sex 字段值相同的行被挪动到一起，构成一个分组。也就是说，字段 sex 取值为 '男' 的行被调整到一起，构成一个分组，字段 sex 取值为 '女' 的行被调整到一起，构成另一个分组。再接下来，对每个分组中的行，基于聚集函数中的投影字段，做投影运算。在这个例子中，聚集函数中的字段是 *，意思是所有字段。投影之后，再执行统计。在这里是统计行数，也就是人数。对每一个分组，统计完后，输出一行统计结果，因为输出中包含了分组字段 sex，因此输出结果包含两列，一列是分组字段 sex 的值，一列是统计结果。在这个例子中，就是对字段 sex 取值为 '男' 的分组执行行数统计，输出一行统计结果，然后对字段 sex 取值为 '女' 的分组执行行数统计，输出一行统计结果。因此最终结果有两行，比如最终输出结果示例如图 3-1 所示。

注意 1：分组字段也要是输出字段。如果不把分组字段作为输出字段，那么图 3-1 所示的输出结果就只有一列，即第 2 列。这时就看不出 271 是男生数，还是女生数。

sex	Count(*)
男	271
女	229

图 3-1　分组统计结果示例

注意 2：统计的输出也是一个表。对于分组统计的输出结果，还可进一步做选择运算，用 HAVING 来标记。

例 3-13　统计在 '2017-1' 学期选修人数不到 12 人的课程，列出这些课程的课程编号及其选修的学生人数，其 SQL 语句为：

```
SELECT courseNo, COUNT(*) AS enroll_num FROM enroll WHERE semester =
    '2017-1' GROUP BY courseNo HAVING enroll_num < 12 ;
```

该语句中，输入是选课表 Enroll，放在 FROM 后面，选择运算的条件放在 WHERE 后面，即首先是从选课表中把 '2017-1' 学期的选课记录行查询出来。然后是第二步操作：对查询结果中的行以课程编号字段 courseNo 进行分组，即把 courseNo 字段值相同的行调整到一起构成一个分组。接下来是第三步操作：对每一分组执行统计。该例子中，统计函数是 COUNT(*)。其含义是投影输出字段为所有字段，投影后，统计行数，也就是选课人数，得到统计结果。统计之后，执行第四步操作：对统计结果再进行选择运算，从统计结果中选择第 2 列（即选课人数字段 enroll_num）的值小于 12 的行作为最终输出结果。分组统计的结果示例如图 3-2a 所示。对统计结果再执行选择运算（enroll_num < 12）后，得到的最终结果如图 3-2b 所示。

courseNo	enroll_num
H61030006	54
H61030007	36
H61030008	67
H61030009	10

a）分组统计结果

courseNo	enroll_num
H61030009	10

b）对分组统计结果再执行选择运算后的结果

图 3-2　分组统计及随后的选择运算

注意：上述语句中，使用 AS 标记，将统计结果表的第二个字段（选修人数）重命名为 enroll_num。因此随后对统计结果执行选择运算（HAVING）时，自然可以使用这个字段名。WHERE 和 HAVING 都是对表执行选择运算的标记，它们的差异在于：WHERE 是对输入表执行选择运算，而 HAVING 是对统计结果表再执行选择运算。它们有前后之分。

分组统计的最终输出结果是一个表，还可对其进行排序输出。排序用 ORDER BY 来标记。例如，对例 3-13 的输出结果按照选课人数字段 enroll_num 降序输出，其 SQL 语句为：

```
SELECT courseNo, COUNT(*) AS enroll_num FROM enroll WHERE semester =
    '2017-1' GROUP BY courseNo HAVING enroll_num < 12 ORDER BY enroll_num
    DES;
```

enroll_num 为统计结果表的第二个字段（选修人数）的名字，因此在最后的排序操作中自然可以使用它。

分组和排序既有联系，也有差异。分组是对输入表中的行调整位置，让分组字段取值相同的行聚到一起，构成一个分组。于是，输入表变成了由一个或者多个分组构成，分组之间没有顺序关系。分组是统计中的概念。排序也是对输入表中的行基于排序字段的值调整位置，使得输出表中的行基于排序字段取值的大小依次排列。排序后，排序字段取值相同的行自然会聚到一起。

统计行数有几种形式。下面分别举例来说明。

例 3-14　对信息学院的学生，统计其人数，共分成多少个班，一年中有多少天是生日天。回答这个问题的 SQL 语句为：

```
SELECT COUNT(*), COUNT(DISTINCT classNo), COUNT(DISTINCT Month(birthday),
    Day(birthday)) FROM student WHERE deptNo='43';
```

该语句其实是三个统计语句的合一写法。其含义是：先对输入表 Student 做选择运算，得到一个查询结果，也就是 deptNo 为 '43'（即信息学院）的学生。然后再对这个查询结果分别执行三个独立的统计。第一个统计是 COUNT(*)，其中 * 表示投影输出字段为所有字段。该统计的含义为信息学院的学生人数。第二个统计是 COUNT（DISTINCT classNo），其意思是投影输出字段仅为所在班的班号字段 classNo。由于投影输出字段中没有包含主键，因此投影运算的结果中就有可能出现重复的行。多个学生组成一个班，因此投影后，肯定有很多重复的行。DISTINCT 的意思是对投影结果中的行进行消重处理。然后再来统计行数。因此，其含义是求信息学院的学生共分成多少个班。

第三个统计是 COUNT（DISTINCT Month（birthday），Day（birthday）），其含义是投影输出字段有两个，一个是 Month（birthday），另一个是 Day（birthday）。在这里，不是对输入表中的字段原样输出，而是进行了函数处理，分别求 birthday 中的月和日。Month( ) 和 Day( ) 这两个函数都是 DBMS 提供的系统函数。投影运算后，DISTINCT 表示再对结果中的行做消重处理，然后才统计行数。统计结果的含义是：信息学院的学生的生日分布在一年中的多少天中，或者说，一年中会有多少天是信息学院学生的生日天。

该语句的输出结果是一个一行三列的表。

对 SELECT 语句进行归纳总结。SELECT 语句有如图 3-3 所示的处理环节，其中粗线框可以是最终的输出结果。

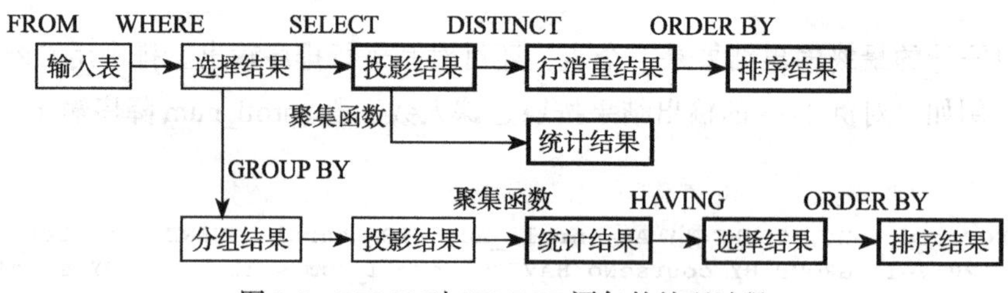

图 3-3 DBMS 对 SELECT 语句的处理过程

思考题 3-4：对于在 '2019-1' 这个学期，选修了课程编号为 'H61030008' 的这门课的学生，能否输出每个成绩段的人数？成绩段是指：100；90-99；80-89；70-79……提示：成绩的数据类型为整数，取值范围为 0 ～ 100。显然不能直接按照成绩来分组，问题是如何来按照成绩的十位数来分组。

3.6 表与表的组合

表与表的组合有纵向组合与横向组合两种。纵向组合是指模式相同的两个表，其行集之间的并 / 差 / 交运算。横向组合是指有联系的两个表，做自然连接运算，将它们的列组合起来，实现列的扩展。具体来说，就是对含外键的表 A，针对其外键进行列的扩充。外键在另外一个表 B 中为主键，标识着一个类。因此对于表 A 中的一行数据，其外键的值标识了 B 中的一个实例。于是可把表 B 的属性横接到表 A 中，实现两个表的横向组合。横向组合后，再做投影运算，就能得到用户所需的业务数据表。

3.6.1 同类表的三种运算

关系代数中的并、差、交运算，在 SQL 中分别用 UNION、EXCEPT、INTERSECT 标识。

例 3-15 输出在 '2017-1' 学期，没有课的老师的工号清单，其 SQL 语句为：

```
SELECT teacherNo FROM teacher
EXCEPT
SELECT DISTINCT teacherNo FROM enroll WHERE semester ='2017-1' ;
```

该语句的思路是：从教师表 Teacher 中求出全体老师的工号表（记作表 1），再从选课表中求出 '2017-1' 学期承担了课程的老师的工号表（记作表 2），然后用表 1 减去表 2 就为 '2017-1' 学期没课的老师的工号表（记作表 3），作为输出结果。注意，语句中的 DISTINCT 不可缺少，因为在选课表 Enroll 中，teacherNo 不是主键。也就是说，一个老师可能在一个学期上了多门课，于是查询结果中可能会有重复的行，需要做唯一化处理。

例 3-16 输出在 '2017-1' 学期和 '2017-2' 学期都有课的老师的工号清单，其 SQL 语句为：

```
SELECT DISTINCT teacherNo FROM enroll WHERE semester ='2017-1'
INTERSECT
SELECT DISTINCT teacherNo FROM enroll WHERE semester ='2017-2';
```

例 3-17 输出在 '2017-1' 学期和 '2017-2' 学期两个学期中，只有一个学期有课的老师的工号。其 SQL 语句为：

```
SELECT DISTINCT teacherNo INTO tb1 FROM enroll WHERE semester ='2017-1' ;
SELECT DISTINCT teacherNo INTO tb2 FROM enroll WHERE semester ='2017-2';
tb1 UNION tb2 EXCEPT (tb1 INTERSECT tb2);
```

在这个例子中，共有三个 SQL 语句。在第一个 SQL 语句求出在 '2017-1' 学期有课的老师，并把其输出结果放在临时表 tb1 中。在第二个 SQL 语句求出在 '2017-2' 学期有课的老师，并把输出结果放在临时表 tb2 中。tb1 INTERSECT tb2 为两个学期都有课的老师。tb1 UNION tb2 为至少在一个学期有课的老师。tb1 UNION tb2 EXCEPT（tb1 INTERSECT tb2）便为只有在一个学期中有课的老师。

3.6.2 自然连接运算

根据关系代数中自然连接运算的定义，两个有联系的表可做自然连接运算。假设有两个输入表：表 1 和表 2，其中表 1 的一个外键，在表 2 中为主键，那么可使用表 2 中的字段对表 1 进行横向扩展，其 SQL 语法为：

SELECT *表 1 的字段列表*，*表 2 的字段列表* FROM *表 1*, *表 2* WHERE *表 1. 外键* = *表 2. 主键*;

例 3-18 求全校的学生名单，要求输出表由学院名称、学生姓名、学号三个字段构成，其 SQL 语句为：

```
SELECT d.name, s.name, s.studentNo AS studentNo FROM student AS s,
    department AS d WHERE s.deptNo = d.deptNo;
```

分析：学生名单数据自然在学生表 Student 中。学生表中有一个外键 deptNo，即学生归属的学院的编号。它在学院表 Department 中为主键。因此它们存在联系。学生表中的一行数据表示一个学生。该行的 deptNo 字段的值标识了一个学院。它在学院表中自然有一行，用来表示该学院。因此可以通过学生表 Student 与学院表 Department 做自然连接运算，来将学院表的字段扩展到学生表上。再做投影运算，输出学院名称、学生姓名、学号三列，便得到所需的结果。

该语句中，FROM 后面接笛卡儿乘积运算的两个输入表。在这里，分别为学生表 Student 和学院表 Department。AS 将其分别重命名为 s 和 d。WHERE 后面接选择运算的法则。自然连接运算是对笛卡儿乘积运算的结果再执行选择运算，选择法则为：s.deptNo = d.deptNo。

自然连接运算的含义是：对 Student 表中的行逐行扫描，设当前行为 s_row, 然后拿 Department 表中每一行都来和 s_row 搭配，设此时 Department 表中的当前行为 d_row，如果 s_row.deptNo = d_row.deptNo，那么就将 d_row 接在 s_row 的右侧，即横向连接起来构成一行，放入输出结果中去。自然连接的过程可用图 3-4 所示代码表示。

```
s_row= student.FirstRow();
while (s_row)
    d_row= department.FirstRow();
    while (d_row)
        if (s_row.deptNo == d_row.deptNo)
            output_result.AddRow(s_row, d_row);
        d_row= department.NextRow();
    s_row= student.NextRow();
```

图 3-4　自然连接的过程代码

自然连接的一个重要特征是：对于 Student 表中的某行，设其为 s_row，当 s_row.deptNo 不为 NULL 时，在 Department 表中有只有一行数据来和它搭配，理由是 deptNo 在 Department 表中为主键。对于 s_row.deptNo 这个值，在 Department 表中只允许出现一行，它的 deptNo 字段值等于 s_row.deptNo。因此，对于做自然连接运算，Student 中的一行在输出结果中还是只有一行。如果 s_row.deptNo 的值为 NULL，那么在 Department 表中就没有任何一行来和它搭配，因为 deptNo 在 Department 表中为主键，任何一行数据的 deptNo 字段值都不会为 NULL。于是，如果 s_row.deptNo 为 NULL，那么 s_row 就不会出现在自然连接的输出结果中。即对 s_row 所指的这个学生，还没有与某个学院发生联系。因此，Student 表和 Department 表做自然连接的输出结果就是 Student 表中外键 deptNo 字段值不为 NULL 的那些行，不过把 Department 的所有字段添加进来了而已。输出结果的类别还是 student 类。输出结果中，一个学生只有一行。

上述例子中，SELECT 后面接投影输出的字段列表，也就是 d.name、s.name、s.studentNo。做自然连接后，Student 表中有 name 字段和 deptNo 字段，Department 表中也有 name 字段和 deptNo 字段。为了区分，在字段名前加上表名前缀。

注意：学生表 Student 中，对于那些所属学院编号字段 deptNo 取值为 NULL 的行，意味着这些学生还处于待分配状态，不属于任何一个学院。它的学院名称肯定为 NULL。这些行不会出现在自然连接的结果中。

对于学生表 Student 中的某行数据，如果在学院表 Department 中找不到与其联系的行，那么就说这行数据是孤立的，没有关联对象，自然就不会出现在自然连接的输出结果中。

例 3-19　求全校所有学生的名单，要求输出表由学院名称、学生姓名、学号三个字段构成，其 SQL 语句为：

```
SELECT d.name, s.name AS name, s.studentNo AS studentNo FROM student AS s,
    department AS d WHERE s.deptNo = d.deptNo
UNION
```

```
SELECT NULL, name, studentNo FROM student WHERE deptNo IS NULL;
```

在这里，前一部分是指那些已经分派到学院的学生，后一部分是指那些还未分派到学院的学生。对后一部分学生，所属学院这个字段的值自然只能是 NULL。因此对后一部分学生，在做投影运算时，设置第一列为常数列，其值为 NULL。

表 1 和表 2 做笛卡儿乘积运算的 SQL 语句为：

SELECT 表 1.*, 表 2.* FROM 表 1, 表 2;

自然连接运算要求有两个表作为输入。查询 / 统计操作的输出结果为一个表。因此把查询 / 统计操作的输出结果作为自然连接的一个输入自然是可行的。反过来，把自然连接的输出结果作为查询 / 统计操作的输入也是可行的。于是，自然连接、查询 / 统计可合到一个 SQL 语句中。

例 3-20 求 '2017-1' 学期的修课情况清单，要求输出表包含学生姓名、学号、课程名称、成绩 4 项，其 SQL 语句为：

```
SELECT s.name, s.studentNo, c.name, e.score FROM enroll AS e, student AS
    s, course AS c WHERE  e.semester='2017-1' AND e.studentNo = s.studentNo
    AND e.courseNo = c.courseNo;
```

分析：修课情况清单，自然是在 Enroll 表中。但在 Enroll 表中，只有学号，没有学生姓名字段。因此在 Enroll 表中，学号 studentNo 自然是一个外键，它在学生表 Student 中是主键。于是 Enroll 表和 Student 表做自然连接运算，就把学生表的字段扩充到了 Enroll 表中，其中自然包括学生姓名字段。注意：这种扩充是针对自然连接运算的输出结果，而不是针对输入表 Enroll 本身。同样，选课表 Enroll 也可和课程表 Course 做自然连接运算，把 Course 表的字段扩充进来，其中自然包含课程名称字段。

因此该查询涉及三个表：选课表 Enroll，学生表 Student，课程表 Course。选课表 Enroll 与学生表 Student 有联系，选课表 Enroll 与课程表 Course 也有联系。于是三者可做连接运算：Enroll ⋈ Student ⋈ Course。语句中，WHERE 后面的 e.semester='2017-1' 表示对选课表 Enroll 做选择运算；e.studentNo = s.studentNo 表示选课表 Enroll 和学生表 Student 做自然连接运算；e.coursetNo = s.courseNo 表示选课表 Enroll 和课程表 Course 做自然连接运算。自然连接之后，再做投影运算，只输出学生姓名、学号、课程名称、成绩 4 个字段。从而得到想要的输出结果。

例 3-21 对 '2017-1' 学期的修课情况做统计，得出每门课的选修人数，要求输出结果表包含课程名称、课程编号、选修人数、最高分、最低分、平均分 6 项，其 SQL 语句为：

```
SELECT courseNo, count(*) AS enroll_num, MAX(score) AS max_score, MIN(score)
    AS min_score, AVG(score) AS avg_score INTO tbl FROM enroll WHERE
    e.semester='2017-1'  GROUP BY courseNo;
SELECT c.name, c.courseNo, enroll_num, max_score, min_score, avg_score
    FROM tbl AS t, course AS c WHERE t.courseNo = c.courseNo;
```

分析：修课情况在选课表 Enroll 中。求 '2017-1' 学期，每门课的选修人数、最高分、最低分、平均分，就要对Enroll表先进行选择运算，然后进行分组统计。分组字段为课程编号courseNo。分组统计的输出结果中，包含了分组字段courseNo以及4个统计值字段。现在要求最终输出结果中包含课程名称，因此要把分组统计的输出结果，再和课程表Course做自然连接运算。自然连接后，再做投影运算，只输出课程名称、课程编号以及4个统计值。

在上述语句中，使用INTO，把分组统计的输出结果存储在一个临时表tb1中，然后在下一个SQL语句中使用。

注意：用户对DBMS的一次操作请求可以包含一个或多个SQL语句。在一次请求中，前一SQL语句创建的临时表，可以作为后面SQL语句的输入表。当DBMS把一次请求中的所有SQL语句都执行完毕后，便把临时表释放掉，就如同函数执行完毕后，将其所有局部变量都释放掉一样。

上述两个SQL语句也可合成一个SQL语句：

```
SELECT c.name, e.courseNo, count(*) AS enroll_num, MAX(score) AS max_
    score, MIN(score)  AS min_score, AVG(score) AS avg_score FROM enroll
    AS e, course AS c WHERE  e.semester='2017-1' AND e.courseNo = c.courseNo
    GROUP BY c.name, e.courseNo;
```

思考题3-5：在上述例子的基础上，对于'2017-1'学期，求每门课的最高分分别是哪个（或哪些）同学。要求输出的列包括：课程编号、课程名称、最高分、学号、学生姓名。注意：一门课的最高分，可能不止一个同学，有可能出现并列最高分。要求按照课程编号排序。

3.7　SQL语句的嵌套

一个查询/统计SQL语句的输出结果是一个表，可以视作已知量，既可用于另一SQL语句的输入表，也可用于另一SQL语句的选取法则中。于是SQL查询语句可嵌套使用。

例3-22　求出信息学院2017级的学生名单，要求输出表的字段为学号、姓名、班级，其SQL语句为：

```
SELECT studentNo, name, classNo FROM student WHERE deptNo = (SELECT deptNo
    FROM department WHERE name = '信息学院') AND studentNo LIKE '2017%';
```

分析：所要求的数据都在学生表Student中。已知的是学院名称，需要的是学院编号，然后到学生表Student中查询所要的数据。信息学院的学院编号可以从学院表Department中查知。在学院表Department中，学院名称具有唯一性，不会出现同名学院。因此，以学院名称去查其编号，输出结果肯定只有一行数据。**当能够肯定查询结果只有一行一列时，就可将其视作一个已知量（也称作标量）**，用于另一查询操作的选取法则中。在这个例子中，里层的SQL语句：SELECT deptNo FROM department WHERE name = '信息学院'，叫作**标量子查询**，它被嵌入另外一个查询中。

注意：里层的 SQL 查询语句要用括号括起来，再放到外层的 SQL 语句中。

例 3-23 找出在 '2017-1' 学期选修过信息学院（学院编号为 '43'）开设的课程的学生，输出其学号清单，其 SQL 语句为：

```
SELECT DISTINCT studentNo FROM enroll WHERE semester='2017-1' AND courseNo
    IN (SELECT courseNo FROM course WHERE deptNo = '43');
```

分析：信息学院开设的课程，其课程编号清单能够从课程表中查出。选课信息在选课表 Enroll 中。对于选课表 Enroll 中的某行数据，如果其学期字段的值为 '2017-1', 并且课程编号字段 courseNo 的值在信息学院所开设的课程清单当中，那么该行数据的学号字段 studentNo 的值所指的学生就为选修了信息学院课程的学生。题意要求就是从选课表 Enroll 中找出符合上述约束的行，只输出学号字段 studentNo 即可。**当一个查询语句的输出结果有多行记录，但只有一列时，可以将其视作一个已知量的集合**。一个学生在一个学期可以选修多门信息学院开设的课。因此在数据库中会有多行该学生的数据，当对选择运算后的结果再执行投影运算时，输出结果中会出现重复的行，因此要加上 DISTINCT 标记来剔除重复的行。

例 3-24 对于信息学院（学院编号为 '43'）2015 级的学生，数据库系统（课程编号为 'H61030008'）这门课在 '2017-1' 学期为必修课，请为信息学院 2015 级的每个学生在选课表 Enroll 中自动添加一行选修该课的记录，其 SQL 语句为：

```
INSERT INTO enroll(studentNo, courseNo, semester) (SELECT studentNo,
    'H61030008', '2017-1' FROM student WHERE deptNo ='43' AND studentNo LIKE
    '2015%');
```

分析：对查询结果，可以通过添加行操作，将其添加到数据库中的另一个表中。这种添加操作添加的行数有可能不止一行，而是查询结果中有多少行，就会添加多少行。该语句中，向选课表 Enroll 添加行，主键字段 studentNo、courseNo、semester 都必须赋值。因此被嵌套的查询语句，其输出结果必须有三列。为此，给查询结果添加了两个常量列：'H61030008' 和 '2017-1'，这样就满足了添加操作的要求。被嵌套的查询语句，其输出结果有三列，而且每行的第二列的值都为 'H61030008'，第三列的值都为 '2017-1'。

例 3-25 学生选修一门课程，如果成绩低于 60 分，就认为修课不达标。如果一个学生不达标课程的学分累加起来达到 30 学分，就要将其开除，即从 Student 表中删除其记录。请写出将这样的学生从 Student 表中删除的 SQL 语句。满足该需求的 SQL 语句为：

```
WITH fail_enroll(studentNo, courseNo) AS SELECT DISTINCT studentNo,
    courseNo FROM enroll WHERE score < 60 EXCEPT SELECT DISTINCT studentNo,
    courseNo FROM enroll WHERE score >= 60;
SELECT studentNo, SUM(credit) AS sum_fail_credit INTO tb0 FROM fail_enroll
    AS e, course AS c WHERE e. courseNo = c.courseNo GROUP BY studentNo
    HAVING sum_fail_credit >= 30;
DELETE FTOM student WHERE studentNo IN (SELECT studentNo FROM tb0);
```

分析：一个学生选修了一门课程，不达标，随后可能又重修了，而且达标了。对于这样的课程，不能算为不达标课程。对于一个学生，要计算出他的真正不达标课程的集合，就要用出现了不达标的课程集合，减去已达标的课程集合。第一个 SQL 语句就是求取真正不达标课程的集合，将它放在临时表 fail_enroll 中。这个结果中，只有课程编号，没有学分，因此要将 Course 表的字段扩展进来。于是要和课程表 Course 做自然连接运算。接下来就是进行分组统计，求出每个学生不达标课程的累加学分。分组统计之后，进行筛选，留下累加学分大于或等于 30 学分的记录。这个操作见第二个 SQL 语句。分组统计的输出有两列：学号 studentNo 和累加学分。只需要学号这一列，因此还要做投影运算。最后就是删除操作，从 Student 表删除这些学生的记录。

在这里，第一个语句中的 WITH 的含义是将一个查询的输出结果放到一个临时表 fail_enroll 中，以便后面语句使用。这个临时表包含两个字段：学号 studentNo 和课程编号 courseNo。随后在第二个语句中把临时表 fail_enroll 作为输入。第二个语句中的 INTO 是将输出结果存入临时表 tb0 中，以便后面语句用作输入。WITH 和 INTO 是异曲同工。

例 3-26 对 2019 年每个学院最勤奋的教师进行奖励，将其工资上提 5%。一个学院里最勤奋的教师就是指全年站讲台上课课时最多的教师。请写出完成该业务的 SQL 语句。满足该需求的 SQL 语句为：

```
SELECT DISTINCT courseNo, classNo, teacherNo INTO tb0 FROM enroll WHERE
    semester LIKE '2019%';
SELECT deptNo, e.teacherNo AS teacherNo, SUM(hours) AS sum_hours INTO tb1
    FROM tb0 AS e, course AS c, teacher AS t WHERE e. courseNo = c.courseNo
    AND e.teacherNo = t.teacherNo GROUP BY deptNo, e.teacherNo;
SELECT deptNo, MAX(sum_hours) AS dept_max INTO tb2 FROM tb1 GROUP BY
    deptNo;
SELECT teacherNo INTO tb3 FROM tb1, tb2 WHERE tb1.deptNo =tb2.deptNo AND
    sum_hours = dept_max;
UPDATE teacher SET salary = salary*1.05 WHERE teacherNo IN tb3;
```

分析：老师上课信息记录在选课表 Enroll 中。对于一门课程，可能因选修人数多被分成多个课程班。每个课程班由一位老师来上课。一位老师也可能上多个课程班的课。选课表 Enroll 中记录了一个学生选修一门课后，被分在哪一个课程班（classNo 字段），这个课程班由哪一个教师来教（teacherNo 字段）。因此，第一步是把 2019 年全年的课程班找出来，见第一个 SQL 语句，得到临时表 tb0，包含有三列。课程的课时在课程表 Course 中，教师所属的学院在教师表 Teacher 中。第二个 SQL 语句就是对每个学院的每个教师，分别统计其年教学工作量。接下来的第三个 SQL 语句是求每个学院的年教学工作量的最大值。第四个 SQL 语句是求哪些教师的年教学工作量等于他所在学院的年教学工作量的最大值。一个学院有可能不止一个老师，因为有可能出现并列第一现象。第五个 SQL 语句是对这些教师，将其工资上调 5%。

例 3-27 求信息学院（学院编号为 '43'）所有教师在 2019 年全年站讲台上课课时教学工作量，列出工号、姓名、工作量三项。对于没有上课的教师，教学工作量记为 0。满足该业务需求的 SQL 语句为：

```
SELECT teacherNo INTO tb0 FROM teacher WHERE deptNo = '43';
SELECT DISTINCT courseNo, classNo, teacherNo INTO tb1 FROM enroll WHERE
    semester LIKE '2019%' AND teacherNo IN tb0;
SELECT e.teacherNo AS teacherNo, t.name AS name, SUM(hours) AS sum_hours
    INTO tb1 FROM tb0 AS e, course AS c, teacher AS t WHERE e. courseNo =
    c.courseNo AND e.teacherNo = t.teacherNo GROUP BY e.teacherNo, t.name
UNION
SELECT teacherNo, name, 0 FROM teacher WHERE deptNo = '43' AND teacherNo
    NOT IN ( SELECT DISTINCT teacherNo FROM tb1);
```

分析：第一个语句是求出信息学院的所有教师，第二个语句是求出在 2019 年由信息学院教师承担的课程班。教师包括两个部分：上了课的教师和没有上课的教师。第三个语句首先是对第二个语句的结果进行分组统计，求每个上了课的教师的累计教学工作量。因为课程的课时在课程表 Course 中，教师的姓名在教师表 Teacher 中。因此要三个表做自然连接运算。接下来求信息学院全年没有上课的老师。没上课的老师就是所有教师减去上了课的教师。没上课的教师的工作量为 0。

例 3-28　列出在 '2017-1' 学期和 '2017-2' 学期都有课的老师的工号清单，其 SQL 语句可写为：

```
SELECT DISTINCT teacherNo FROM enroll AS e1 WHERE semester = '2017-1' AND
    EXISTS (SELECT DISTINCT teacherNo FROM enroll AS e2 WHERE semester =
    '2017-2' AND e2.teacherNo = e1.teacherNo);
```

分析：这个嵌套查询语句的执行过程是，从外层查询的输入表中逐行取数据。对当前被取的这一行，其教师工号字段的值被用来作为里层子查询的条件值。于是，接下来执行里层的查询，其结果再用来判断外层查询的当前行是否应该被选中。因此，外层的输入表中有多少行数据，那么里层的子查询就要执行多少次。 EXISTS 是一个只用于相关嵌套查询中的集合判定符，如果里层查询的输出结果至少有一行数据，即不为空集合，那么判定结果为 TRUE。

相关嵌套查询的执行效率很低。其原因是：对外层查询输入表中的每行数据，都要执行一次里层的子查询。另外，相关嵌套查询深奥难懂，不直观。因此尽量不要使用相关嵌套查询。其功效完全可以通过关系代数中的并运算、交运算、差运算，或者自然连接运算来等价实现。上述相关嵌套查询的等价实现为：

```
SELECT DISTINCT teacherNo FROM enroll  WHERE semester = '2017-1'
INTERSECT
SELECT DISTINCT teacherNo FROM enroll  WHERE semester = '2017-2';
```

这个 SQL 语句的含义直观明了，执行效率要高很多。

如果要输出这些老师的姓名和所属的学院名称，那就让上述 SQL 语句的输出结果作为另一个查询的输入即可，其 SQL 语句为：

```
SELECT t.name, t.teacherNo, d.name FROM teacher AS t, department AS d WHERE
    t.deptNo = d.deptNo AND t.teacherNo IN (SELECT DISTINCT teacherNo FROM
    enroll WHERE semester = '2017-1' INTERSECT SELECT DISTINCT teacherNo
    FROM enroll WHERE semester = '2017-2');
```

分析：老师的姓名在教师表 Teacher 中，所属的学院名称在学院表 Department 中。因此要两个表做自然连接运算。

这个语句太长，显得累赘，也可把一个查询的输出结果放到一个临时表中，提高 SQL 语句的简洁性：

```
WITH teacher2(teacherNo) AS (SELECT DISTINCT teacherNo FROM enroll AS e1
    WHERE semester = '2017-1' INTERSECT SELECT DISTINCT teacherNo FROM
    enroll AS e2 WHERE semester = '2017-2');
SELECT t.name, t.teacherNo, d.name FROM teacher AS t, department AS
    d, teacher2 AS t2 WHERE t.deptNo = d.deptNo AND t.teacherNo =
    t2.teacherNo;
```

在这里，WITH 的含义是将一个查询的输出结果放到一个临时表 teacher2 中，这个表只一个字段 teacherNo。随后在下一个语句中把临时表 teacher2 作为输入。

例 3-29　求出同名的老师，列出他们的姓名、工号、所属的学院的名称。其 SQL 语句为：

```
WITH same_name_teacher(teacherNo, name, deptNo) AS SELECT DISTINCT
    t1.teacherNo, t1.name, t1.deptNo FROM teacher AS t1, teacher AS t2
    WHERE t2.name = t1.name AND t2.teacherNo ≠ t1.teacherNo;
SELECT t.name, teacherNo, d.name FROM same_name_teacher AS t, department
    AS d WHERE t.deptNo = d.deptNo;
```

分析：我们将教师表 Teacher 用作两个输入表 t1 和 t2。同名的含义是：t1 表中的一行（记作老师 A），在 t2 表中能找到一行（记作老师 B），他俩的姓名 name 相同，但是工号 teacherNo 不相同，那么老师 A 就是一个同名老师。注意：在上述条件表达中，t2.teacherNo ≠ t1.teacherNo 这个条件必不可少。原因是老师 A 也在 t2 表中存在。只有条件 t2.teacherNo ≠ t1.teacherNo 才能保证老师 A 和老师 B 不是同一个老师。上述语句是先做笛卡儿乘积运算，再做选择运算，然后做投影运算，最后做行消重处理。行消重是必需的。原因是当三个老师同名时，在做选择运算后，这三个老师中的每一个都会在选择输出结果中有两行数据。t1 和 t2 做笛卡儿乘积和选择运算的过程用程序代码来描述，如图 3-5 所示。

```
teacher2 =  teacher;
s_row= teacher.FirstRow();
while (s_row)
    d_row=  teacher2.FirstRow();
    while (d_row)
        if (s_row.name == d_row.name AND s_row.teacherNo ≠ d_row. teacherNo)
            output_result.AddRow(s_row, d_row);
        d_row= teacher2.NextRow();
    s_row= teacher.NextRow();
```

图 3-5　笛卡儿乘积和选择运算的过程

思考题 3-6：如果是 i 个老师同名时，在做笛卡儿乘积和选择运算后，这 i 个老师中的每一个都会在选择结果中有 $i-1$ 行数据，为什么？

从上述这些例子可知，用户业务所需求的数据是各式各样的。数据库中存储的是规整化后的数据，即基础性数据。规整化体现在数据是严格按类分表存储。数据库中尽管只有有限的几个表，用户所需求的业务数据表都能通过对数据库中的表做运算实时生成。这正是关系型数据库的强大之处，也是它被广泛应用的根本原因。

3.8 理解 / 编写 SQL 语句的技法

在读别人写的查询 / 统计 SQL 语句时，要理解其含义，可按三段论来思考：1）找到输入部分，它放在 FROM 后面；2）找选择运算的法则，它放在 WHERE 后面；3）找投影输出字段，它放在 SELECT 后面。如果是统计，则先思考查询部分，因为统计是针对查询结果而言的，再找出分组字段，它在 GROUP BY 后面。如果有 HAVING，则它是对统计结果再进行选择运算。

在自己构建 SQL 查询 / 统计语句时，首先解决主干问题，然后再解决枝干问题。主干问题按三段论来思考：

1）根据需求，先确定核心输入表，然后检查已知条件和输出内容，判断出它们分别是在哪些表中，以便确定外围输入表。找出了输入表之后，再检查它们是否是联通的。如果没有联通，那就还要添加中介表，来使得它们联通。最终确定好了输入表，将其放在 FROM 后面。

2）确定选择运算法则。选取法则包含两部分内容：已知条件的表示；输入表的自然连接的表示。把这两部分弄好之后，将其放在 WHERE 后面；

3）确定输出部分。根据要求，确定输出字段。如果输入表有同名字段，则要在字段前加表名前缀，以此明确区分到底是指哪个表的字段。确定好之后，将其放在 SELECT 后面。

枝干问题包括：

1）判断输出结果中是否会有可能出现重复的行，是否需要行消重。要判断是否有可能出现行重复，就要检查核心输入表，看其主键是否在输出字段中。如果是，输出结果中就不会出现行重复。如果不是，就有可能出现行重复。如果可能有行重复，而且需要行消重，就要在 SELECT 后面添加 DISTINCT。

2）对于统计，确定是否要分组。确定好分组字段后，就将其放在 GROUP BY 后面，同时也要记得将其放到 SELECT 后面。另外，统计中的输出字段只能是分组字段和聚集函数，不能有其他任何字段。

3）对于分组统计，统计之后是否还要对统计结果执行选择运算。如果是，就将其放在 HAVING 后面。

4）输出结果的排序问题。如果需要排序，就将排序字段放在 ORDER BY 后面。

自然连接的一个重要特征是：如果表 A 含外键，这个外键引用表 B 的主键，那么当表 A 与表 B 做自然连接运算时，其含义是对表 A 中外键字段值不为 NULL 的行，即与表B中的行有联系的行，将外键字段进行展开。也就是说，把表B中的字段全部放到表A中去。当然，对表A中那些外键值为NULL的行，它们与表B中的行还没有联系，因此就不会进入自然连接的输出结果中。

3.9　本章小结

企业的数据和所有用户的数据都存储在数据库的表中。数据操作是指用户与数据库的交互。其中包括更新和读取两种操作。更新操作包括向一个表中添加行，对现有的行进行修改，删除现有的行。读取包括查询和统计。查询是指从数据库中获取想要的数据。统计是指对查询的输出结果再进行统计。对数据操作，用户使用SQL语言（国际标准）来表示，编写出SQL语句，然后使用数据库访问软件，将其提交给数据库服务器去执行。数据操作中，最核心也是最为关键的问题是查询。

关系型数据库中的表具有专一性、全局性、联系性。专一性体现在数据要严格按类分表存储，一个表只对应一个类，一个类只对应一个表，表中的一行数据对应为类的一个实例，同类数据都存储在一个表中，不同类型的数据不能混合存储在一个表中。数据库中的表具有全局性。全局性既体现在行上，也体现在列上。从列来看，表的列涵盖了一个类在企业中要用到的所有属性。从行来看，一个表的行涵盖了一个类在企业中的所有实例。数据库中表与表之间存在联系。联系体现在外键上。

与数据库中数据的专一性、全局性和联系性相映衬，用户的业务数据表则带有局部性、综合性、多样性。局部性是指它只是数据库中表的部分行和部分列。综合性是指它的列分布在数据库中不同的表中。多样性是指用户业务所需的数据表各式各样。

数据库中的表与用户所需的业务表存在不一致性。数据库中存储的是规整化后的基础性数据。规整化体现在严格按类分表存储，类的一个实例对应为表中的一行，以及类之间有联系。这种特性实现了一个数据在数据库中只存一份，为数据的正确性维护提供了保障。与之相对应，每个用户都只关心自己业务范围内的数据。要从数据库中获得用户想要的业务数据，就要对数据库中的表数据进行抽取、组合、运算等处理，实时生成出来。对这种处理，用户先用SQL语言表示出来，然后提交给DBMS去执行。DBMS把执行结果返回给用户。不同的用户关注的数据不同，但都能使用数据库中的表作为输入，通过关系代数运算，恰如其分地实时生成。

用户既要将自己的数据存储到数据库中，又要从数据库中获取数据。用户用SQL语言将自己想要执行的数据操作表示出来，提交给数据库管理系统去执行。掌握好数据操作并不容易。首先要对关系数据模型和关系型数据库的特性有透彻的理解，对关系代数运算有透彻的理解，另外要对数据库的模式有透彻的理解。也就是说，对数据库中每个表的含义，表中每个字段的含义和数据类型，表的主键，表的外键，表与表之间的联系这些内容有透彻的理解。除此之外，还要掌握SQL语法规则。因此，编写SQL操作语句并不简单，需要专业知识。

总之，关系型数据库的一个根本特性是，不能将用户的业务数据原样照搬地存放到数据库中。数据库存储的是规整化后的数据。在数据库中，通常只有有限的几个表存放着基础性数据。数据的有用性决定了用户需求的多样性。尽管用户业务所需的数据表各式各样，但都能以数据库中的表作为输入，通过关系代数等运算来实时衍生出来。这正是关系型数据库的强大之处，也是它被广泛应用的根本原因。

习题

某酒店集团公司在全国各城市开有酒店。每个酒店都有客房，客户可在网上先登录，然后预订，也可入店时现场预订。其住宿业务数据库中有如下 4 个表：

Hotel（hotelNo, name, city, address, phone）

Room（roomNo, hotelNo, type, price）

Booking（hotelNo, roomNo, guestNo, dateFrom, dateTo）

Guest（guestNo, password, name, city, email, phone, discount, creditNo）

其中 Room 表中房间类型 type 字段的取值有单人间、双人间、商务间、豪华间；price 是指住宿一天的房价。客户表 Guest 中，city 字段是指客户的户籍地；discount 是客户能享受的折扣，即优惠；creditNo 是信用卡号，用于住宿后收取房费。

用 SQL 表示如下 22 个数据操作：

1）列出位于 '长沙' 这个城市的所有酒店的基本情况，包括酒店名称、房间类型、房间数量，按酒店名称排序。

2）列出 2019-09-29 这天，住在位于长沙的该酒店的所有客人的姓名、所住房间号，按姓名排序。

3）列出位于长沙的酒店，房价在 140 元以下的所有双人间，按酒店名称、价格升序排序。

4）2019 年 8 月，有多少不同的客人订房？

5）列出 dateTo 字段值为 NULL（即还没有确定）的预订记录。

6）集团公司共有多少酒店？

7）以城市分组，求出其酒店的房间平均价格是多少。

8）列出该酒店在不同城市，其包含的房间类型及其平均价格。输出所在城市名称、房间类型、平均价格。

9）列出在 2019-09-29 这天，户籍地为北京的住客情况，包含酒店所在城市、酒店名称、房间号、姓名、客户编号。

10）对于位于长沙的该酒店，假定它的所有房间都住满了，那么它一天的总收入是多少？不考虑客户的折扣。

11）昨天（2019-09-29）位于长沙的该酒店，因房间有客户入住了，其实际总收入是多少？不考虑客户的折扣。

12）昨天（2019-09-29）位于长沙的该酒店，哪些房间空闲无人住？

13）昨天（2019-09-29），每个酒店的房间入住率是多少？输出字段为城市名称、酒店名称、入住率。

14）今天（2019-09-30），一客户想在 2019-10-01 至 2019-10-03 入住位于长沙的该酒店，他想预订一个双人间，请为其列出所有可预订的双人间的房间号、价格。

15）昨天（2019-09-29），对位于长沙的酒店，最常订的房间分别是哪种类型？（是指入住的房间中，哪种类型的房间数最多。）

16）请列出2019年8月，预订酒店次数大于5次的客户，包括姓名、身份证号、户籍地。

17）向每个表中插入一行数据。

18）将所有房间的价格提高5%。

19）创建与表Booking具有相同结构的表archival_booking，用于保存历史记录。用INSERT语句，将表Booking中2019年1月1日前的预订数据转入表archival_booking中，在表Booking中不再保留。

20）对在2019年预订酒店次数大于等于12次的客户，进行优惠，将其折扣调为原来折扣的90%。

21）对自2017年以来，没有预订过酒店的客户，将其从客户表中删除。

22）求出在2019年，对位于长沙的每个酒店都有过预订的客户，列出其姓名、身份证号、户籍地。

第 4 章　SQL 中的数据模式定义

在第 3 章中详述了数据操作，数据库的用户使用 SQL 表示数据操作的前提就是数据库中的表已经存在，数据库的模式已在数据库中定义。数据库的模式主要是指数据库中有哪些表。每个表都有模式，包括表名、包含的字段以及主键和外键等。每个字段又有字段名、数据类型等概念。数据库的设计者要定义数据库的模式以及数据的完整性规则。数据库的创建者要使用 SQL 表示数据库模式和数据完整性规则，形成 SQL 语句，提交给数据库管理系统执行，从而创建出数据库、创建出数据库中的表、定义出数据完整性规则。数据库构建之后，用户便可执行数据操作，将自己的业务数据存入数据库中，从数据库中获取想要的业务数据。用户向数据库管理系统提交的数据更新（添加、修改、删除）请求，必须满足数据库中已定义的数据完整性要求，否则就会被数据库管理系统拒绝受理。此措施也就保证了数据库中存储的数据完整、正确。本章的 4.2 节将详细介绍 SQL 中有关数据库的创建，表的模式定义。数据完整性的定义与实现方法将在 4.3 节和 4.4 节详细介绍。

从第 3 章可知，使用 SQL 语言编写数据操作语句需要具备专业知识。现在的情形是，用户要访问数据库，执行数据操作，但又无法自己编写出复杂的 SQL 操作语句。因此，必须在数据库中的表之上再构建出一层数据视图，开放给用户。使得用户见到的数据表都是自己的业务数据表。这样也就将数据库中的表隐藏起来了，使其对用户不可见。关系代数有个良好的特性，那就是输入是表，输出也是表。查询 / 统计 SQL 操作语句的执行结果也是一个表，而且正是用户所需的业务数据表。基于这一特性，在数据库中引入**视图**（view）的概念和**存储过程**（procedure）的概念，就如在编程语言中引入函数概念一样。对于用户来说，函数表达了功能。功能的实现细节都隐藏在函数内部。同样，数据库中的视图对于用户来说，就是自己所需的业务数据表。视图的实现细节隐藏在视图内部。用户不再基于数据库中的表执行数据操作，而是基于视图来执行数据操作。于是，数据操作对于用户而言，就变得简单容易了。4.5 节将详细介绍数据操作的简单性实现策略和方法。

4.1　企业数据库的创建过程

要创建企业数据库，先要有一台用作数据库服务器的计算机，在其上安装一个 DBMS 软件。安装过程中，安装程序会显示出服务器的侦听端口号，安装者可对其修改，也可默认。随后便会创建一个数据库管理员根账号（即 root 账号），提示安装者输入账号名和密码。安装好 DBMS 软件，并启动 DBMS 服务器之后，便可打开一个数据库访问软件，使用数据库服务器的IP地址和侦听端口号连接DBMS服务器。建立连接之后，便可使用root账号（账号名和密码）登录DBMS服务器。登录上DBMS服务器之后，便可使用DDL语言，编写创建数据库的SQL语句，发送给DBMS服务器去执行。创建好一个数据库之后，便可用SQL语句指明要使用的数据库。一个DBMS可以管理多个数据库。数据库由表构成。接下来就可使用DDL编写创建表的SQL语句，发送给DBMS去执行。表被创建好之后，便可进行数据操作了。

注意：通过网络来访问服务器，IP地址用来标识计算机，而侦听端口号用来标识服务器。一台计算机上可运行多个服务器程序。服务器是指一个已启动，并处于运行状态的程序，即计算机上的一个进程。当计算机从网上收到一个用户的连接请求时，就看该请求的端口号，来决定将该请求交由哪个服务器来处理。

除了创建数据库和表之外，还可向DBMS发送创建用户账号的SQL语句，为用户创建登录账号，还可发送访问权限设置SQL语句，为用户设定访问权限。然后将创建的账号告诉给相关用户。于是，拥有账号的用户便可使用数据库应用程序或者数据库访问工具软件登录DBMS服务器，在其权限范围内，执行数据操作。

4.2 数据库和表的模式定义

SQL中的数据定义DDL部分，给出了DBMS内部对象的创建、修改、删除语法。DBMS内部对象包括数据库、数据库中的表、用户账号等。数据库管理员使用数据库管理工具软件连接并登录DBMS之后，便可编写创建数据库的SQL语句，发送给DBMS去执行，以此在DBMS中创建数据库。创建数据库的SQL语法为：

CREATE DATABASE 数据库名;

例4-1 创建一个大学教务管理数据库，将其取名为education，其SQL语句为：

```
CREATE DATABASE education;
```

注意：DBMS服务器可管理多个数据库。在DBMS中，数据库是一类对象，它的类名为DATABASE。用户每创建一个数据库，就等于在DBMS中添加了一个DATABASE类的实例。DATABASE类的实例用名称来标识。因此DBMS中的数据库不能同名。

表是数据库中的内容。当用户要创建表或者执行数据操作时，是针对**当前数据库**而言。因此，用户在创建表或者执行数据操作之前，先要指明当前数据库是哪一个数据库，其SQL语法为：

USE 数据库名;

例4-2 将大学教务管理数据库education设为当前数据库，其SQL语句为：

```
USE  education;
```

在当前数据库中创建一个表，SQL语法为：

```
CREATE TABLE 表名(
```

```
    字段定义列表
    PRIMARY KEY ( 主键字段名列表 )
    外键
);
```

在当前数据库中创建一个表，就是定义一个表的模式。该语法包含四个部分：表名、表包含的字段、主键、外键。前三个部分必不可少。如果表中不含外键，那么就没有外键部分。如果有外键，就千万不要遗漏。该语句涉及两个列表：字段定义列表；主键字段名列表。列表包含至少一个元素，元素之间用逗号分开，最后一个元素后面无逗号。一个表可能没有外键，也可能不止一个外键，因此有多个外键时，逐个定义外键，彼此之间无逗号。

例 4-3 在当前数据库中，创建学生表 student，其 SQL 语句为：

```
CREATE TABLE student (
    studentNo  CHAR(12) NOT NULL,
    name  VARCHAR (18) NOT NULL,
    sex  CHAR(2) CHECK (VALUE IN ('男', '女')) NOT NULL,
    nation  VARCHAR(8) NOT NULL,
    birthday  DATE,
    classNo  CHAR(10),
    deptNo  CHAR(3)
    PRIMARY KEY(studentNo)
    FOREIGN KEY(deptNo) REFERENCES department(deptNo) ON DELETE SET NULL
);
```

在这个例子中，表名为 student，表中包含有 7 个字段，表的主键为 studentNo 字段。外键有一个，为 deptNo 字段，引用学院表 department 的主键。

例 4-4 在当前数据库中，创建选课表 enroll，其 SQL 语句为：

```
CREATE TABLE enroll (
    studentNo  CHAR(12),
    courseNo  CHAR (9),
    semester  CHAR(2),
    classNo  CHAR(2),
    teacherNo  CHAR(7),
    score  SAMLLINT CHECK(VALUE BETWEEN 0 TO 100)
    PRIMARY KEY(studentNo, courseNo, semester)
    FOREIGN KEY(studentNo) REFERENCES student(studentNo) ON DELETE CASCADE
    FOREIGN KEY(courseNo) REFERENCES course(courseNo) ON DELETE NO ACTION
    FOREIGN KEY(teacherNo) REFERENCES teacher(teacherNo) ON DELETE SET NULL
);
```

在这个例子中，表名为 enroll，表中包含有 6 个字段，表的主键由 3 个字段构成：(studentNo, courseNo, semester)。有 3 个外键，分别是学生学号字段 studentNo，课程编号字段 courseNo，老师工号字段 teacherNo。注意：外键之间没有逗号。

表是数据库中的一类对象。每创建一个表就等于添加该类的一个实例。在一个数据库中，每个表的名字要唯一，不允许出现同名。因为在一个数据库中，表是通过其名字来标识的。在一个表中，每个字段的名字要唯一，不允许出现同名。因为在一个表中，字段是通过其名字来标识的。另外，表名和字段名都要用英文来命名，不要用中文来命名。其理由是：全世界有很多种语言，不同国家的人使用不同的语言系统，但它们都兼容英文。因此用英文来命名，就可避免不兼容问题。命名规则和编程语言一样，名字由英文字母、数字、下划线构成，以英文字母开头。

学生表 student 中的外键为所属学院编号字段 deptNo，引用了学院表 department 的主键。假定有用户要将学院表 department 中主键 deptNo 值等于 '34' 的行进行修改，将主键 deptNo 值改为 '35'。那么对于学生表 student 中外键 deptNo 值等于 '34' 的行，也应该连带修改才对。即跟着将外键 deptNo 值修改成 '35' 才对，这样才维系住了学生与学院之间的联系。这种连带更新的工作由 DBMS 自动完成，无须用户的参与，被称作 ON UPDATE CASCADE。这是外键的本意。

对于学生表 student 中的外键 deptNo，ON DELETE 的含义是当学院表 department 中的某行数据被用户删除时，那么对学生表 student 中与之存在联系的行，DBMS 该做怎样的处理。共有三种处理方法。第一种方法是 SET NULL，意思是告诉 DBMS，对学生表 student 中与之存在联系的行，将它们的外键 deptNo 值都修改为 NULL。举例来说，因为学院合并原因，要将学院编号为 '34' 的学院撤销，于是要删除学院表 department 中主键 deptNo 值为 '34' 的行。对于学生表 student 中，那些外键 deptNo 值等于 '34' 的行，即原属于 '34' 学院的学生，现在该怎么办呢？ SET NULL 就是告诉 DBMS，在删除学院表 department 中主键 deptNo 值为 '34' 的行时，要连带把学生表 student 中那些外键 deptNo 值等于 '34' 的行，将其外键 deptNo 值改为 NULL。意思是说，当一个学院被删除之后，属于该学院的学生，其所属学院字段 deptNo 的值就全变为 NULL，成了有待重新指派学院的状态。

ON DELETE 的另外两种处理办法是 CASCADE 和 NO ACTION。在例 4-4 的选课表 enroll 定义中，对于外键 studentNo，就是设成了 ON DELETE CASCADE。其含义是：当学生表 student 中的某行数据被用户删除时，那么对选课表 enroll 中与之存在联系的行，要求 DBMS 将其连带一起删除。意思是说，选课记录是依赖学生而存在的。现在学生都不存在了，它拥有的选课记录也自然失去了存在的意义，因此要连带一起删除。

NO ACTION 的含义通过举例来说明。在例 4-4 的选课表 enroll 定义中，对于外键 courseNo，就是设成了 ON DELETE NO ACTION。其含义是：当有用户向 DBMS 提出请求，要删除课程表 course 中主键 courseNo 值等于 'H63010008' 的行时，因为选课表 enroll 中存在有外键 courseNo 值等于 'H63010008' 的行，要求 DBMS 拒绝受理用户的删除请求，即 NO ACTION。意思是说，在其他表中，存在有数据行，依赖于课程表 course 中要被删除的行。因此，该删除请求不合时宜，DBMS 理应拒绝受理它。

那么什么时候才可删除课程表 course 中主键 courseNo 值等于 'H63010008' 的行呢？只有在选课表 enroll 中不存在外键 courseNo 值等于 'H63010008' 的行时，课程表 course 中主键 courseNo 值等于 'H63010008' 的行才可删除。换句话说，要删除课程表 course 中主键 courseNo 等于 'H63010008' 的行，必须先删除其他表中依赖于该行的行，否则删除就不会成功。也就是说，要先删除选课表 enroll 中外键 courseNo 值等于 'H63010008' 的行，才可去删除课程表 course 中主键 courseNo 值等于 'H63010008' 的行。

对于一个外键，如果没有指定 ON DELETE 的处理办法，那么 DBMS 就默认为 NO ACTION。这个默认处理办法带有保守性质，但有助于防止意外删除。有关 ON DELETE 的处理办法，在设计表时，要基于业务认真考虑，不能随意。设置不恰当，会造成数据的连带被删除，或者用户的操作请求被 DBMS 拒绝受理。

字段定义包括字段名和域约束。域约束包括类型和长度、默认值（DEFAULT）、取值范围、是否允许为空（NULL）、是否唯一（UNIQUE）等内容。在一个表中，字段以其名字来标识。因此在一个表中，字段名要有唯一性，不能出现同名现象。字段的类型必不可少。类型分为基本类型和自定义类型。基本类型如图 4-1 所示。每一种类型的数据在存储时，DBMS 为其分配的字节数被称为类型的长度。从图 4-1 可知，基本类型中，只有 VARCHAR 类型的长度是不固定的，但有最大长度限定。对于两种 LARGE OBJECT 类型，字段值的长度自然是不固定的。不过，对于这两种类型的字段，表中的行数据通常存储的是引用指针，就如同外键一样。它的值另外存储，由专门的存储管理器（比如文件系统）负责管理。指针类型的长度是固定的。因此，就表中行数据而言，这两种类型的长度是固定的。自定义类型，就如 C 语言的结构体类型一样，用户先在数据库中定义，然后使用。自定义类型的创建将在第 10 章中介绍。

如果某个字段的类型为 VARCHAR，那么当用户向表中添加一行数据时，DBMS 就不能事先知晓该行数据的长度。这不利于取得表中行数据的高效管理。如何处理 VARCHAR 类型数据的存储？ VARCHAR 类型有什么特性？这一问题将在第 7 章中详解。

思考题 4-1：当一个字段是字符串类型，它是变长的，但最大长度比较小。比如中国的姓名，最少 2 个汉字，最长 9 个汉字，是把它定义成 VARCHAR(18)，还是定义成 CHAR(18)？注意：一个汉字通常是用 2 字节来存储。

类型	解释说明
BOOLEAN	取值只有 TRUE 或 FALSE。长度固定
CHAR	固定长度的字符串。例如 CHAR(10)，表示长度为 10 字节。如果字段值的长度不足 10 字节时，则以空格填补
VARCHAR	变长字符串。例如 VARCHAR(50)，表示最长为 50 字节
NUMERIC 或 DECIMAL	数值型。例如 NUMERIC(7,2)，表示最长为 7 位的数，其中小数位固定为 2 位，于是整数部分最长为 4 位。长度固定
INTEGER	整数。长度固定，32 位机上为 4 字节；64 位机上为 8 字节
SMALLINT	小整数。长度固定，32 位机上为 2 字节
FLOAT 或 REAL	近似值数。长度固定
DATE	日期型，存储 YEAR、MONTH、DAY。长度固定
TIME	时间型，存储 HOUR、MINUTE、SECOND。长度固定
TIMESTAMP	date + time。长度固定
BINARY LARGE OBJECT	二进制型大对象。例如视频、音频、图像等二进制文件
CHARACTER LARGE OBJECT	字符型大对象

图 4-1　数据库中的基本数据类型

创建一个表，就是定义该表的模式。一个字段的默认值，其含义是：当用户向表中添加一行数据时，如果没有对该字段赋值，那么在添加的这一行数据中，DBMS会根据表的模式将该字段的值设为默认值。在表的定义中，对一个字段，如果没有为其设置默认值，那么DBMS就默认它的默认值为NULL。对于字段的取值范围，可以设置，也可不设置。不设置时，就为类型的取值范围。对于表中的行数据，某些字段的值可能不允许为空。例如，在例4-3中学生表student的性别字段sex、民族字段nation，通常不允许为空。对于主键中包含的字段，其值肯定不允许为NULL。在字段定义时，对主键中包含的字段，不将其设置成NOT NULL也没有关系，因为DBMS会自动将其设置成NOT NULL。

在例4-3中学生表student的性别字段sex，以及例4-4中选课表enroll的成绩字段score，都用CHECK设置了取值范围。CHECK是SQL中定义的一种实施数据完整性的概念。有的DBMS产品对CHECK没有提供支持。当不支持时，就要查阅DBMS产品的技术文档，检查数据完整性的表示方法。

对数据库中的表，也可将其删除，SQL语法为：

DROP TABLE *表名*；

从这个语法可知，表是用其名字来标识的。

对DBMS中的数据库，也可将其删除，SQL语法为：

DROP DATABASE *数据库名*；

从这个语法可知，数据库是用其名字来标识的。

对数据库中的表，还可修改其定义，例如添加字段，其语法是：

ALTER TABLE *表名*……；

这里不展开讲了，有兴趣的读者自己在网上查阅其语法。

思考题4-2：*对表的模式，有添加、修改、删除三种操作。对表中的数据，也有添加、修改、删除三种操作。数据依赖于模式而存在，这句话对吗？对表的模式的操作与对表中数据的操作有何差异？*

4.3 业务规则的定义

第2章中已讲到关系数据模型中的数据完整性包括4个方面的内容，分别是实体完整性约束（即主键约束）、引用完整性约束（即外键约束）、域约束和业务规则约束。在4.2节的表定义中，已包含了主键约束、外键约束、域约束的定义。在这一节介绍业务规则的定义。

业务规则约束是数据完整性的重要组成部分。例如，大学教务管理中，学生修完一门课后，老师要将其成绩登记到选课表enroll中。当一个学生挂科的学分累计达到25学分时，就要通知其家长，这是一条业务规则。该业务规则的实现办法可以是：只要选课表enroll中某行数据的成绩字段score值发生了修改（即老师登记成绩）时，如果是不及格，就统计该行数据所指学生的累积挂科学分。如果达到了 25 学分，就向表 fail_warn (studentNo, fail_credit, audit_date, deal_state) 中添加一行数据。应用程序周期性地去查询表 fail_warn，当有新记录时，就通知家长。

用户可在数据库中创建另一类对象，称作**触发器**（trigger），用来定义业务规则。对上述业务规则，用户可在数据库中创建一个触发器，SQL 语句为：

```
①CREATE TRIGGER fail_score
②AFTER UPDATE OF score ON enroll
③REFERENCING OLD ROW AS old_row  NEW ROW AS new_row
④FOR EACH ROW
⑤IF ((old_row.score is NULL OR old_row.score >= 60) AND new_row.score <
     60)  THEN
⑥    credit INTEGER
⑦    SELECT SUM(credit) INTO credit FROM course WHERE courseNo IN (SELECT
         courseNo FROM enroll WHERE studentNo = @new_row.studentNo AND
         score < 60) ;
⑧    IF (credit >= 25) THEN
⑨        IF (EXISTS (SELECT * FROM fail_warn WHERE studentNo = @new_row.
             studentNo)) THEN
⑩            UPDATE fail_warn SET fail_credit = @credit, audit_date =
                 Date(now()) WHERE studentNo = @new_row.studentNo;
⑪        ELSE
⑫            INSERT INTO fail_warn( studentNo, fail_credit, audit_date)
                 VALUES (@new_row.studentNo,  @credit,  date(now()));
⑬        END IF
⑭    END IF
⑮END IF
```

该触发器的名字是 fail_score。一个触发器跟数据库中的某个表关联，还跟更新操作的类别（INSERT、DELETE、UPDATE）关联。在这个例子中，fail_score 触发器跟选课表 enroll 关联，跟 UPDATE 操作关联。具体来说，是跟 score 字段值的 UPDATE 关联。这种关联体现在第 2 行的 AFTER UPDATE OF score ON enroll 中。这句话的含义是：该触发器的类型为 AFTER，当有用户向 DBMS 发送一个 UPDATE 操作请求时，如果该请求是对选课表 enroll 中的一行或者多行进行修改，而且修改的字段包括 score 时，那么 DBMS 在成功执行完用户的 UPDATE 操作后，对被修改了的行，紧接着会来执行这个触发器中的代码。

触发器中的第 4 行 FOR EACH ROW，可看作一个循环语句。循环的内容是被成功修改了的行。也就是说，对被成功修改了的每行数据，都执行一遍循环体中的代码，即第 5 ～ 15 行的代码。每次循环，对当前行都有两个值可供使用，一个是修改前的值，放在 old_row 变量中；另一个是修改后的值，放在 new_row 变量中。old_row 和 new_row 变量在第 3 行的 REFERENCING OLD ROW AS old_row NEW ROW AS new_row 中进行了声明。old_row 和 new_row 变量的类型是 enroll 表中的行。

再来看从第 5 行开始的代码。在第 5 行中，当前行在修改前的 score 字段值如果为 NULL，那就说明本次的 UPDATE 是第一次登记成绩；如果大于等于 60，说明是对原有及格的成绩进行修改。修改后的 score 字段值小于 60，说明课程考核不及格，得不到相应的学分。接下来的第6行是定义了一个局部变量。第7行是对当前行所指的学生，统计其挂科的总学分数，并将它存放在局部变量中。因为统计结果只有一行一列，将它存放在一个局部变量中没有问题。第9行是对当前行所指的学生，检查fail_score表中是否已经有了他的记录。如果有，就更新；如果没有，就添加一行新记录。

注意：如果在SQL语句中要用到一个变量的值，就要在变量前添加一个特意符@，以此告诉DBMS中的编译器，@后面的标识符不是SQL语句本身的文本内容，而是一个变量。另外，在SQL语句中，变量所在位置处，其实是需要一个常量值。这个值就是变量的值。因此，变量的类型要与它在SQL语句中所在位置处所需常量值的类型相匹配。

触发器针对的用户操作事件可以是UPDATE、DELETE、INSERT。这些操作都将导致数据库中的数据发生变化。触发器可在操作执行之后被触发，用AFTER标识，也可在操作执行之前被触发，用BEFORE标识。对DELETE操作，只有形参old_row；对INSERT操作，只有一个形参new_row。触发器的定义语法尽管已有SQL标准，但有些DBMS产品并没有完全遵循，具体创建时要参考产品说明书。

例4-5　大学教务管理中，规定一个学生在一个学期选课不得超过25学分。要维护这一数据完整性，使用触发器来实现，其SQL语句为：

```
①CREATE TRIGGER trigger_insertEnroll
②    BEFORE INSERT ON enroll
③    REFERENCING NEW ROW AS new_row
④    FOR EACH ROW
⑤    BEGIN
⑥        credit INTEGER
⑦        SELECT SUM(credit) INTO credit FROM course WHERE courseNo IN
         (SELECT courseNo FROM enroll WHERE studentNo = @new_row.
             studentNo AND semester
         =@new_row.semester) OR courseNo = @new_row.courseNo;
⑧        WHEN ( credit > 25 )
⑨            raise_application_error(20000, '这个学期已经选修学分' + @
                credit);
⑩     END;
```

从该语句的第1行可知，该触发器的名字被取名为trigger_insertEnroll。从第2行可知，当有用户向DBMS发送数据操作请求，要向选课表enroll中添加（INSERT）数据行时，DBMS在执行该用户请求的操作之前，先将该触发器中的代码当作一个函数来调用。而且是对要添加的每行数据都调用一次（见第4行FOR EACH ROW）。调用时，传递进来的参数就是用户要添加的当前行数据，放在new_row这个形式参数中（见第3行）。

函数中的代码是5～10行。用户要向选课表enroll中添加（INSERT）行表示一个学生的一个选课事件。该学生在该学期已经选修了的每门课都已在选课表enroll中有一行记录。因此第7行是求该学生在该学期已经选修了的课的学分，加上该学生本次要选修的课的学分。如果累积学分超过了25学分，就调用raise_application_error这个DBMS提供的系统函数触发一个异常（见第8行和第9行）。由异常机理可知，触发异常之后，随后的程序代码便都被跳过。因为是 BEFORE 类触发器，用户的添加操作肯定在其后，被跳过。于是，数据完整性得到了维护。

业务规则约束，从简单到复杂，可以分为如下三类：

1）对一个表中的当前行，不同字段的取值彼此之间存在关联约束。例如，老师表中的工资与职称和入职时间之间的约束。

2）对一个表中的当前行，它受该表中已有行的约束。例如，一个学生在一个学期选课不得超过 25 学分。主键约束属于这一类情形：当表 A 中的数据行的主键值发生改变时，就要检查修改后的值是否与表 A 中其他已有行的主键值相同。

3）对一个表中的当前行，它受其他表中已有行的约束。例如，一个老师申请开课，要求已选修其课的学生人数要在 12 人以上。外键约束属于这一类情形：当表 A 的外键引用表 B 的主键时，那么当表 B 中的数据行的主键值发生改变时，表 A 中与之有联系的行也要连带改变。

思考题 4-3：*域约束与业务规则约束怎么区分？*

对数据库中的触发器，将其删除，SQL 语法为：

DROP TRIGGER *触发器名*；

从这个语法可知，触发器是用其名字来标识的。

思考题 4-4：*数据完整性是指当用户向 DBMS 提交了数据更新（包括添加、修改、删除）操作请求，假定 DBMS 受理用户提交的更新操作请求，那么受理之后，数据库中的数据还满足完整性约束条件吗？如果不满足，那么就不受理用户提交的更新操作请求。这句话对吗？*

关系数据模型中的数据完整性包括实体完整性约束（即主键约束）、引用完整性约束（即外键约束）、域约束和业务规则约束。这些约束，在 DBMS 内部，都可用触发器来表示和实现。为了透彻地理解基于触发器的数据完整性实现技术，在接下来的 4.4 节以主键和外键约束为例来进一步揭示触发器的本质含义。

4.4 基于触发器的数据完整性维护方法

约束的含义是：当 DBMS 收到一个用户的数据操作请求时，如果请求的数据操作是更新操作，那么在执行用户的更新操作请求之前，先检查它是否违背了完整性约束规则。如果是，就拒绝执行用户请求的更新操作，这样就维护了数据库中现有数据的完整性。例如，当有用户请求向学生表 student 中新增一条学生记录时，如果该记录的主键字段值（假设 studentNo ='200843317'）在 student 表的现有记录中已经存在，那么该 INSERT 操作就违背了主键约束，就会被 DBMS 拒绝受理。

主键约束的含义体现在两个方面。首先是向表中添加一行数据时，不允许出现添加行的主键的值与表中现有的任何一行的主键值相同。其次是修改表中某行数据的主键字段值时，修改后的值不能与表中现有的其他任何一行的主键值相同。这种完整性维护的实现，其实就是在数据库中创建如图 4-2 所示的两个触发器。

```
①CREATE TRIGGER insert_row_on_student
②    BEFORE INSERT ON student
③    REFERENCING NEW ROW AS new_row
④    FOR EACH ROW
⑤    WHEN (EXIST SELECT * FROM student WHERE studentNo=@new_row.studentNo)
⑥        raise_application_error(20000, @new_row.studentNo || '在学生表
             中已经存在' );

①CREATE TRIGGER update_primary_key_on_student
②    BEFORE UPDATE OF studentNo ON student
③    REFERENCING NEW ROW AS new_row OLD ROW AS old_row
④    FOR EACH ROW
⑤    WHEN (EXIST SELECT * FROM student WHERE studentNo = @new_row.
        studentNo)
⑥        raise_application_error(20000, @new_row.studentNo || '在学生表
             中已经存在');
```

图 4-2　基于触发器的主键约束实现方法

注意： 这两个触发器是 BEFORE 类型，意思是用户给 DBMS 提交了操作请求，要向 student 中添加行或者修改现有行的主键值，DBMS 在执行用户请求的操作之前，触发器被触发执行。在第一个触发器中，第 5 行和第 6 行的意思是当违背了主键约束时，就调用 DBMS 系统函数 raise_application_error 来触发一个异常。这个异常会导致随后的代码被跳过。向 student 表中添加这行数据是在随后的代码中，自然不会被 DBMS 执行了。在第二个触发器中的第 5 行和第 6 行，也是如此。

对于外键约束，以如下的例子来展示。在大学教务管理数据库中，对于学生表 student 中的外键 deptNo，它引用了学院表 department 的主键。当用户删除学院表 department 中的行时，要对学生表 student 中与之有联系的行进行处理，防止不一致情况的出现。共有三种处理办法。第一种是 SET NULL。这种一致性维护的实现，其实就是创建如图 4-3 所示的触发器。

```
①CREATE TRIGGER delete_department_on_student_set_null
②    AFTER DELETE ON department
③    REFERENCING OLD ROW AS old_row
④    FOR EACH ROW
⑤        UPDATE student SET deptNo = NULL  WHERE deptNo = @old_
            row.deptNo;
```

图 4-3　ON DELETE SET NULL 对应的触发器

第二种处理办法是 CASCADE。这种一致性维护的实现，其实就是创建如图 4-4 所示的触发器。

第三种处理办法是 NO ACTION。这种一致性维护的实现，其实就是创建如图 4-5 所示的触发器。

```
①CREATE TRIGGER delete_department_on_student_cascade
②    AFTER DELETE ON department
③    REFERENCING OLD ROW AS old_row
④    FOR EACH ROW
⑤       DELETE FROM student WHERE deptNo = @old_row.deptNo;
```

图 4-4 ON DELETE CASCADE 对应的触发器

```
①CREATE TRIGGER delete_department_on_studentNo_action
②    BEFORE DELETE ON department
③    REFERENCING OLD ROW AS old_row
④    FOR EACH ROW
⑤    WHEN (EXIST SELECT * FROM student WHERE deptNo = @old_row.deptNo)
⑥        raise_application_error(20000, @old_row.deptNo || '在学生表中存
            在有联系的行');
```

图 4-5 ON DELETE NO ACTION 对应的触发器

注意：前两种处理办法中定义的触发器是 AFTER 类型，意思是在 DBMS 对学院表 department 中的行删除之后，紧接着再执行触发器中的代码。而第三种处理办法中定义的触发器是 BEFORE 类型，意思是 DBMS 在删除学院表 department 中的行之前，先执行触发器中的代码。在这个触发器中，第 5 行和第 6 行的意思是：当 student 表中存在与之有联系的行时，通过调用 raise_application_error 系统函数来触发一个异常。这个异常会导致随后的代码被跳过。将学院表 department 中这行数据删除是在随后的代码中，自然不会被 DBMS 执行了。

对于学生表 student 中的外键 deptNo，它引用了学院表 department 的主键。当用户修改 department 表中行的主键 deptNo 值时，要对 student 表中与之相关联的行进行相应修改，以维持数据的一致性。或者称之为 ON UPDATE CASCADE。这是外键的本质含义。这种一致性维护的实现，其实就是创建如图 4-6 所示的触发器。

```
①CREATE TRIGGER update_pk_of_department_on_student_cascade
②    AFTER UPDATE OF deptNo ON department
③    REFERENCING OLD ROW AS old_row NEW ROW AS new_row
④    FOR EACH ROW
⑤        UPDATE student SET deptNo = @new_row.deptNo WHERE deptNo
             = @old_row.deptNo;
```

图 4-6 ON UPDATE CASCADE 对应的触发器

对于域约束，使用触发器来实现，自然很简单。比如，选课表 enroll 中的 score 字段的取值范围为 0 ～ 100，就是要创建一个 BEFORE 类型的触发器。请读者自己写一个触发器，来实现这一域约束。

对于基于触发器的数据完整性表示，前面已经通过举例展示出来了。此时，读者肯定还有很多疑问。比如，针对 UPDATE 操作的触发器，当被触发执行时，要对被修改的

每行，都执行一遍 FOR EACH ROW 行后面的代码。那么 new_row 和 old_row 这两个形式参数的值又是怎么来的呢？

用户提交给 DBMS 的更新操作有 UPDATE、DELETE、INSERT 三种。更新操作会导致数据库中的数据发生变化。DBMS 执行 UPDATE 操作的过程包括三个步骤：1）从表中把要更新的行读取出来，称作 old_rows；2）生成更新后的行，称作 new_rows；3）将 new_rows 写入表中去。BEFORE 触发器的执行时刻是在第二步之后，第三步之前。此时 old_rows 和 new_rows 都已形成。DBMS 对其遍历一次，对每行都执行一次触发器中 FOR EACH ROW 循环体中的代码。而 AFTER 触发器的执行时刻是在第三步之后。此时，old_rows 和 new_rows 依然还在内存中。

DBMS 执行 DELETE 操作的过程只有两步：1）从表中把要删掉的行读取出来，称作 old_rows；2）把要删掉的行从表中删除。BEFORE 触发器的执行时刻是在第一步之后，第二步之前。AFTER 触发器的执行时刻是在第二步之后。

DBMS 执行 INSERT 操作的过程也只有两步：1）生成要添加的行，称作 new_rows；2）把要添加的行添加到表中。BEFORE 触发器的执行时刻是在第一步之后，第二步之前。AFTER 触发器的执行时刻是在第二步之后。

最后一个问题是：当 DBMS 要执行一个 SQL 语句时，如何知道数据库中的哪些触发器与之相关？要回答这个问题，首先来看触发器在数据库中是怎么存储的。触发器是数据库中的一类对象。DBMS 将其存储在内部使用的 trigger 表中。trigger 表中的一行数据就是一个触发器。用户每执行 CREATE TRIGGER 来创建一个触发器时，就会在 trigger 表中添加一行记录。每调用 DROP TRIGGER 来删除一个触发器时，就把 trigger 表中对应行删除。trigger 表如图 4-7 所示，它共有 6 个字段。

name	obj_table	operation	type	updated_fields	code
trigger1	student	INSERT	BEFORE	NULL	...
trigger2	student	UPDATE	BEFORE	deptNo	...
trigger3	department	DELETE	AFTER	NULL	...
trigger4	department	UPDATE	AFTER	deptNo	...
trigger5	cs_student	INSERT	INSTEAD OF	NULL	...

图 4-7　DBMS 内部的 trigger 表

当 DBMS 执行一个 SQL 更新操作语句时，先对它进行解析，得出用户要执行何种操作，用变量 operation 存储；是对哪个表 / 视图进行操作，用变量 obj_table 存储。如果是 UPDATE 操作，进一步解析出要更新的字段，用变量 updated_fields 存储。然后用下列 SQL 语句从 trigger 表中查询出与其相关的触发器：

```
SELECT * FROM trigger WHERE operation = @operation AND obj_table = @obj_
    table ORDER BY type;
```

与其相关的触发器又分三类：BEFORE、AFTER、INSTEAD OF。其中 BEFORE 和 AFTER 这两类触发器的执行时刻已在前面讲过了。AFTER 类型触发器主要用来做连带更新，而 BEFORE 类型触发器主要用来检查用户的更新操作是否违背完整性约束。INSTEAD OF 类型的触发器将在 4.5 节讲解。

用户创建触发器，以此实施数据完整性约束。需要注意的一个地方是：触发器中的代码也可能包含更新操作 SQL 语句。当触发器内的更新操作 SQL 语句针对的表上也定义有触发器时，便会出现连锁触发的情形。因此整个处理过程是一个嵌套的处理过程。

触发器除了用于数据完整性维护之外，还有其他的用途，在接下来的 4.5.1 节和第 5 章中还会进一步讲解其应用。

思考题 4-5：对大学教务管理数据库，假定教师用户用自己的工号来登录，学生用户用自己的学号来登录。当有人对 Enroll 表中某行数据的成绩列 score 执行 UPDATE 操作时，如果操作的请求者（即登录用户名）不等于该行的 teacherNo 列值时，就要拒绝受理该请求。请为该业务需求定义一个触发器。提示：请求者的登录用户名用函数 login_user() 获取。

4.5 数据操作简单性的实现方法

在第 3 章中介绍了查询和统计的 SQL 语法。从中可知，数据库中的表与用户的业务表并不一致。业务表的生成通常要对数据库中的多个表执行自然连接、选择、投影等一系列运算。编写查询 / 统计 SQL 语句不是一件简单容易的事情，需要专业知识，不仅要对关系型数据库的本质与特征有透彻的理解，还要掌握关系代数，熟悉 SQL 语法。这些复杂的事情最好对用户透明。用户最好见到的就是业务表。为此，提出了视图这一概念。对于用户而言，视图就是表，而且是自己的业务表。在视图上进行数据操作，只需要掌握简单的 SQL 语法。为了进一步简化数据操作，让 SQL 语法对用户完全透明，又提出了存储过程的概念。视图和存储过程大大简化了用户对数据库的访问。

用计算机来存储和处理数据，为了用户操作的简单性，采取了逐级隐藏实现细节的策略。操作系统呈现出来的数据是文件，即连续的字节流，隐藏了数据在磁盘上的分块存储细节。DBMS 构建在操作系统之上，呈现出来的数据是表。在表上进行数据操作比在文件上进行数据操作要直观简单得多。不过问题并未就此而止。从第 3 章可知，数据库中的表与用户的业务表并不一致。业务表的生成通常要对数据库中的多个表执行笛卡儿乘积、选择、投影等一系列运算。为了替用户屏蔽这些繁杂的关系代数知识和 SQL 语法，在 SQL 语言中引入了视图的概念。视图的功效是：让用户看到的数据库是一个自己的业务数据表的集合，而不是数据库中的表的集合。

当然，在视图一级，还是要求用户掌握简单的数据操作语言。为了进一步简化，又引入了存储过程的概念。存储过程封装了数据操作语句，以函数调用方式来实现对数据库的访问。在存储过程这一级，对数据库的访问，并不要求用户具备任何数据库知识，只要求具备函数调用知识，就能完成自己想做的数据操作。数据库应用程序更进一步，把对数据库的访问变成了观看屏幕、点击鼠标和敲击键盘。总之，通过数据库管理系统、视图、存储过程、应用程序四级简化，数据库系统变得人人都能操作使用。

注意： 视图、存储过程都是数据库中的概念，也是数据库中的对象。视图和存储过程的定义是属于数据库模式中的内容。对于数据库用户来说，并没有视图的概念，视图就是表。数据库用户调用数据库中的存储过程来完成数据操作。

4.5.1 视图

从第3章数据查询与统计例子可看到，要满足用户想要的业务数据需求，就要编写SQL查询/统计语句，从数据库的表中提取数据，然后加以组合和处理。编写SQL查询/统计语句有相当难度。要让数据库的用户直接面对数据库中的表，通过编写SQL查询/统计语句来获取其想要的业务数据，不太现实。

数据库中的表可看作数据的概念视图，或者说逻辑视图，其模式被称作概念模式，简称为模式。用户的业务数据需求可看作数据的用户视图，其模式被称作外模式。概念模式和外模式在第1章的数据库三级模式中已加以介绍。数据的概念视图和用户视图在数据构成上具有完全不同的形貌特征。在数据的概念视图中，一个表仅存一类数据，表的属性是全局的，表中的数据是全体的。而用户视图则具有局部性和综合性，其属性只与某个特定业务相关，其数据是某个特定用户的数据。不过它们也有共同点，那就是都以二维表形式出现。SQL查询/统计语句执行的输出结果也是二维表。如果能为其取一个表名，每列有一个字段名，那么数据的概念视图和用户视图就具有了统一性。视图概念因此而生。视图是用户所需的业务数据表。不过视图是虚的，只是一个查询/统计SQL语句的输出结果而已，它自身并不存储数据，其数据要从数据库的表中去实时提取。

为了简化用户对数据库的访问，需要汇总用户的业务数据需求，然后由数据库管理人员在数据库中创建大量的视图，供用户访问。这一策略显著地降低了用户使用数据库的门槛。用户看到的数据库是由视图组成。数据库中的表对用户不再可见。对用户而言，视图仍然叫作表。

例如，对于大学教务管理，教管人员需要'2017-1'学期的修课情况清单，输出表包含学生姓名、学号、课程名称、成绩4项。对这样一个业务数据需求，数据库管理人员可将其定义为一个视图，存放到数据库中，供用户访问。定义该视图的SQL语句如下：

```
CREATE  VIEW  enroll_2017_01(student_name, studentNo, course_name, score)  AS
SELECT s.name, s.studentNo, c.name, e.score FROM enroll AS e, student
    AS s, course AS c WHERE   e.studentNo = s.studentNo AND e.courseNo =
    c.courseNo AND semester='2017-1';
```

定义了这个视图之后，告诉用户数据库中有一个表enroll_2017_01，它的4个字段分别是student_name、studentNo、course_name、score。用户随后要获取'2017-1'学期的修课情况数据，就只需要编写如下的SQL语句：

```
SELECT * FROM enroll_2017_01;
```

由此可见，有了视图，用户对数据库的访问就变得简单容易了。有了视图，用户见到的数据库就是一个自己业务数据表的集合。

再举一例，用户所需的一个业务数据表是选课情况统计表。它由课程名称、课程编号、开课学院编号、学期、选修人数 5 个字段构成。在数据库中，就可定义如下的一个视图：

```
CREATE  VIEW  enroll_statistics(course_name, courseNo, dept_no, term,
    enroll_num)  AS
SELECT c.name, c.courseNo, c.deptNo, e.semester, count(*) FROM enroll AS e,
    course AS c WHERE  e.courseNo = c.courseNo GROUP BY c.name, c.courseNo,
    c.deptNo, e.semester;
```

定义了这个视图之后，告诉用户数据库中有一个表 enroll_statistics，它的 5 个字段分别是 course_name、courseNo、dept_no、term、enroll_num。当用户要获取 '2017-1' 学期的选课情况统计表数据，得出选课人数超过 12 人的课程，就只需要编写如下的 SQL 语句：

```
SELECT * FROM enroll_statistics WHERE term ='2017-1' AND enroll_num > 12;
```

由此可知，通过在数据库中创建视图，能够使用户见到的数据库与用户的业务需求完全一致。于是，数据库对用户而言，通俗易懂，访问简单容易。视图使用户从深奥复杂的 SQL 语句编写中解脱，为用户屏蔽了业务数据在数据库中的分散性。视图是由数据库设计人员设计，并在数据库中创建的一种用户可见的对象。对数据库专业人员来说，它是数据库中有别于表的一种对象。对数据库用户来说，它就是表。

视图除了具有上述用途之外，在数据安全方面也能发挥很大的作用。视图是用户访问数据库的窗口。不同的用户，为其设置的数据窗口不同。窗口之外的数据对用户都不可见，以此实现数据的安全性。例如，通过创建一个如下的视图，使得每个学生只能看到自己的选课记录：

```
CREATE  VIEW  enroll_self  AS
SELECT * FROM enroll WHERE studentNo = get_login_name();
```

这个视图的名字为 enroll_self，定义中没有给出它的字段名，那么它的字段名就为查询输出结果的字段名，即选课表 enroll 的字段名。对于这个视图，假定学生用户访问数据库的账号名为自己的学号。在视图中，通过调用 DBMS 提供的系统函数 get_login_name() 获得用户登录的账号名。在数据库中定义好这个视图之后，将其告诉给每个学生用户，但不要将选课表 enroll 告诉用户。利用视图来实现数据的安全将在第 5 章进一步介绍。

注意：视图名不要和数据库中的表名重复。如果重复，那么当 DBMS 服务器收到用户的请求，要执行用户发来的 SQL 语句时，就无法区分它指的是数据库中的表，还是视图。

视图只是数据库中的概念。对用户来说，没有视图这个概念，只有表的概念，视图就是表。因此用户可能对视图执行更新操作，包括添加行、删除行、修改行。视图是虚的，里面是一个查询语句，它里面的数据只是用户访问它时才实时生成，因此通常不能对其执行更新操作。为了解决用户对视图执行更新操作的问题，触发器可再次派上用场。触发器的类型除了 BEFORE 和 AFTER 之外，还有另一种类型，叫作 INSTEAD OF。它的含义是叫 DBMS 不要去执行用户发来的 SQL 语句，只执行触发器中的代码即可。这一特性刚好可用来解决用户对视图执行更新操作的问题。

通过在数据库中定义 INSTEAD OF 类型的触发器，用户便可以对视图执行添加、删除、修改操作。在触发器里面，用户对视图执行的更新操作被转化成对数据库中的表执行更新操作。例如，在大学教务管理数据库中，创建有如下的视图：

```
CREATE VIEW cs_student(dept_name, studentNo, student_name, sex, class_
    name) AS
SELECT d.name, studentNo, s.name, sex, classNo FROM student AS s,
    department AS d
WHERE s.deptNo = d.deptNo  AND d.name = '信息学院'  ORDER BY classNo;
```

这个视图 cs_student(dept_name, studentNo, student_name, sex, class_name) 是信息学院的学生视图。

针对这个视图，再在数据库中创建如下的触发器：

```
① CREATE TRIGGER trigger_insert_cs_student
②    INSTEAD OF INSERT ON cs_student
③    REFERENCING NEW ROW AS new_row
④    FOR EACH ROW
⑤    WHEN (new_row.dept_name == '信息学院')
⑥    BEGIN
⑦        String deptNo;
⑧        SELECT deptNo INTO deptNo FROM department
         WHERE name = @new.dept_name;
⑨        INSERT INTO student(studentNo, name, sex, birthday, classNo)
             VALUES
         (@new_row.studentNo, @new_row.student_name,@new_row.sex, NULL,
         @deptNo);
⑩    END;
```

在数据库中创建了此触发器后，当有用户给 DBMS 服务器提交如下的 SQL 语句时，能将一个学生的数据添加到数据库中的 student 表中。

```
INSERT INTO cs_student VALUES ('信息学院', '201943301', '张丽清', '女',
    '1903');
```

这个 SQL 语句是向视图 cs_student 中添加一行记录。对该用户请求，DBMS 的处理过程如下。首先去检查数据库中现有的触发器，看在 cs_student 这个对象上，对 INSERT 操作，是否定义有触发器。如果没有，就执行用户请求的 SQL 语句。如果有，则按触发器的类型依次处理。首先检查是否有类型为 BEFORE 的触发器。如果有，就先执行 BEFORE 类型的触发器。在成功处理完 BEFORE 类型的触发器后，再处理 INSTEAD OF 类型的触发器。如果有 INSTEAD OF 类型的触发器，就依次执行它们。成功处理完 INSTEAD OF 类型的触发器之后，就不再执行用户请求的 INSERT 语句了。

至此，DBMS 对用户的操作请求处理完毕。

如果没有 INSTEAD OF 类型的触发器，就执行用户请求的 INSERT 语句。成功处理完用户请求的 INSERT 语句后，再处理 AFTER 类型的触发器。如果数据库中定义有 AFTER 类型的触发器，就依次执行它们。至此，DBMS 对用户的操作请求处理完毕。

有了 INSTEAD OF 类型的触发器，就为用户对视图进行添加行、删除行、修改行这三种更新操作提供了一种实现方法。

要明白基于触发器的数据完整性维护策略和方法，先要弄清楚 DBMS 对用户操作请求的处理框架。DBMS 利用了异常机制来处理用户的操作请求，其处理框架如图 4-8 所示。对用户请求的处理都放在异常处理结构体的 try 语句中。因此，只要遇到执行 raise_application_error 这个 DBMS 提供的系统函数，便触发了一个异常，导致随后的代码，即异常触发处至第 22 行的代码，都被跳过。直接跳到了第 23 行的代码。因此，在 BEFORE 触发器的代码中，当执行 raise_application_error 这个函数时，随后的用户请求操作也就被跳过去了。对 INSTEAD OF 类型的触发器，看第 14 ～ 17 行，它与用户的操作请求，两者只能选其一来执行。

```
①try {
②    if (SQL 语句有语法错误)
③        raise_application_error( 语法错误代码 , 详细说明 );
④    if (SQL 语句中表名和字段名在数据库中不存在)
⑤        raise_application_error( 对象不存在错误代码 , 详细说明 );
⑥    if (SQL 语句的权限检查不通过)
⑦        raise_application_error( 无权限错误代码 , 详细说明 );
⑧    if (SQL 语句是更新操作) {
⑨        if (SQL 语句是 UPDATE 或者 DELETE 操作)
⑩            执行相应的查询操作 , 获取要修改的数据行 , 或者要删除的数据行 ;
⑪        SELECT * FROM trigger INTO bind_trigger WHERE operation
            = @operation_type AND obj_table = @obj_table ORDER
            BY type;
⑫        if (bind_trigger 中有 BEFORE 类型触发器)
⑬            依次执行 bind_trigger 中的每个 BEFORE 类型触发器中的代码 ;
⑭        if (bind_trigger 中有 INSTEAD OF 类型触发器)
⑮            依次执行 bind_trigger 中的每个 INSTEAD OF 类型触发器中的代码 ;
⑯        else
⑰            执行用户请求的 SQL 语句 ;
⑱        if (bind_trigger 中有 AFTER 类型触发器)
⑲            依次执行 bind_trigger 中的每个 AFTER 类型触发器中的代码 ;
⑳    }
㉑    else
㉒        执行用户请求的 SQL 语句 ;          //SELECT 语句
㉓}  catch exception(e)   {  .....  }
```

图 4-8　基于异常机制的数据完整性维护方法

4.5.2　存储过程

基于用户的业务需求，使用 SQL 语句对数据库中的表数据进行抽取和组合，形成用户所需的业务数据表，然后以视图的形式呈现给用户，不仅简化了用户对数据库的访问，而且能为数据库提供安全保护。但是视图也有它的局限性。对用户而言，视图还是表，用户对其访问还是要通过 SQL 指令来完成。因此还是要求用户学会基本的 SQL 语法。另外，视图缺乏灵活性。举例来说，杨七老师（工号为 '2004222'）在 2017-1 学期开设了数据库系统这门课程（课程编号为 'H61030008'），需要一个选修了该课的学生名单，用于上课时点名考勤。于是要在数据库中创建一个视图。该视图的定义如下：

```
CREATE  VIEW  enroll_student (student_name, studentNo, classNo)  AS
SELECT s.name AS name, s.studentNo AS studentNo, s.classNo AS classNo FROM
    enroll AS e, student AS s WHERE  e.semester='2017-1' AND e.teacherNo =
    '2004222' AND e.courseNo = 'H61030008' AND e.studentNo = s.studentNo
    ORDER BY s.classNo, s.studentNo;
```

这个视图没有灵活性和通用性，不能用于其他老师，不能用于其他课程，不能用于其他学期。存储过程能够克服视图的上述两个问题。使用如下的 SQL 语句在数据库中创建存储过程 enroll_student。

```
CREATE PROCEDURE enroll_student(semesterV IN VARCHAR, courseV IN VARCHAR,
    teacherV IN VARCHAR) AS
BEGIN
    SELECT s.name AS name, s.studentNo AS studentNo, s.classNo AS classNo
        FROM student AS s, enroll AS e WHERE e.semester = @semesterV AND
        e.teacherNo = @teacherV AND e.courseNo = @courseV AND e.studentNo
        = s.studentNo ORDER BY classNo, studentNo;
END;
```

上述存储过程带有三个函数变量：semesterV IN VARCHAR、courseV IN VARCHAR、teacherV IN VARCHAR。其中 IN 标识该变量在调用时是要传入值的变量，VARCHAR 是变量的数据类型。这三个形参能够在存储过程的函数体中使用，也能在 SQL 语句中使用。函数体以 BEGIN 开始，以 END 结束。

对于数据库中的存储过程，用户能够调用。调用上述存储过程的 SQL 语句，例如：

```
CALL enroll_student('2017-1', 'H61030008' , '2004222');
CALL enroll_student('2017-2', 'H61030006' , '2001111');
```

其中的第一个语句是针对工号为 '2004222' 的这个老师，在 '2017-1' 这个学期，课程编号为 'H61030008'，获取其学生名单。第二个语句是针对工号为 '2001111' 的这个老师，在 '2017-2' 这个学期，课程编号为 'H61030006'，获取其学生名单。每次调用该存储过程都要传递三个变量值。

存储过程通过引入变量实现了通用性。任何一个老师都可调用上述存储过程来获得自己想要的学生名单，满足上课考勤业务需求。

对用户而言，调用存储过程比访问视图要简单容易。有了存储过程，用户就完全不用学 SQL 语言了。有了存储过程，用户从数据库中得到的数据就是用户想要的数据，不多也不少，恰到好处。有了存储过程，数据库中的表就可不再暴露给用户了，数据安全就有保障了。

用户对数据库的访问，都可通过调用存储过程来完成。于是，存储过程成为用户访问数据库的接口。存储过程不仅带来了数据操作的简单性，而且有助于实现数据的安全性。

视图和存储过程是数据库外模式的实现方式，是数据的用户视图。同时视图和存储过程也实现了概念模式与外模式的映射。

用视图和存储过程来作为用户与数据库中表的中介，带来的另一个好处是：数据库中表的概念模式的改变，不会影响原有用户和原有应用程序对数据库的访问。例如，为A大学开发的教务管理应用程序，是通过调用上面所述的存储过程 enroll_student 来获得上课时点名的学生名单。现在要把该应用程序搬到B大学去和其数据库对接使用。但是B大学已有的数据库模式与A大学的并不相同。例如，在B大学的数据库中，学生表的模式是：xue_sheng(xing_ming, xue_hao, ban_ji, xue_yuan)，选课表的模式是：xuan_ke(xue_hao, ke_cheng_hao, xue_qi, lao_shi_hao, cheng_ji)。其表的命名以及字段的命名都是使用汉语拼音。应用程序搬到B大学去和其数据库对接使用，可将其视作数据库的表的概念模式发生了改变。要使其对接成功，只需要在B大学的数据库中创建一个存储过程 enroll_student。其 SQL 语句为：

```
CREATE PROCEDURE enroll_student(semesterV IN VARCHAR, courseV IN VARCHAR,
    teacherV IN VARCHAR) AS
BEGIN
    SELECT xing_ming AS name, xue_hao AS studentNo, ban_ji AS classNo FROM
        xue_sheng AS s, xuan_ke AS e WHERE  e. xue_qi = @semesterV AND e.
        lao_shi_hao = @teacherV  AND e. ke_cheng_hao =@courseV  AND e.
        xue_hao = s. xue_hao ORDER BY classNo, studentNo;
END;
```

从用户和应用程序的角度来看，在B大学数据库中的存储过程 enroll_student，与A大学数据库中的存储过程 enroll_student 有完全相同的外模式。也可以说，B大学数据库也提供有完全相同的存储过程 enroll_student。因此应用程序不需要做任何修改，就能搬到B大学，与其数据库对接使用。

B大学数据库中的存储过程 enroll_student，与A大学数据库中的存储过程 enroll_student 有完全相同的外观，表现在它们呈现出来的数据表有完全相同的模式，准确地说，是外模式。但是它们内部的 SQL 语句是不一样的。在数据库中创建或者修改一个存储过程很简单。因此，有了存储过程和视图作为表和应用程序的中介，数据库和应用程序就实现了解耦。数据库的改变，并不要求对应用程序做相应的修改，只要修改存储过程和视图定义中内部包含的 SQL 语句。

修改数据库中的存储过程和视图，比修改数据库应用程序具有相当大的优势。企业的数据库应用程序通常是请人开发的，甚至没有源代码，因此修改非常困难。另外，修改之后要重新编译、打包、发布、部署安装，不仅耗时费力，而且成本大。修改数据库中的存储过程则要简单得多。只需要对一处（即数据库服务器上）的内容做修改。修改时，也只需要对存储过程体中包含的 SQL 语句进行修改。

除此之外，存储过程还能用来实现数据的完整性。具体来说，就是业务规则约束的表示可放在存储过程中。数据完整性控制是指：当用户请求对数据库中的某个表执行数据更新操作（包括添加、删除、修改）时，其请求内容要满足数据完整性约束条件，否则就会被DBMS服务器拒绝受理，不予执行。用户执行数据操作都是通过调用存储过程来完成。因此，用户的请求内容是否满足业务规则约束，可放在存储过程中来判定。在存储过程函数体中，可以有局部变量，可以有分支语句，可以包含多个SQL语句。因此在存储过程实施数据完整性控制，也非常方便、简单。

例如，一个学生在一个学期中选课的总学分不能超过25学分，这是一条业务规则约束。当用户要选修一门课时，就要调用数据库中的存储过程add_enroll，请求向选课表enroll添加一行数据。该存储过程的SQL语句如下：

```
CREATE PROCEDURE add_enroll(studentNo IN VARCHAR, courseNo IN VARCHAR,
    semester IN VARCHAR)  AS
BEGIN
    credit INTEGER
    SELECT SUM(credit) INTO credit FROM course WHERE courseNo IN (SELECT
        courseNo  FROM enroll WHERE studentNo = @studentNo AND semester =@
        semester) OR courseNo = @courseNo;
    WHEN ( credit <= 25 )
        INSERT INTO enroll(studentNo, semester, courseNo) VALUES ( @
            studentNo, @semester, @courseNo);
END;
```

在该存储过程中，首先判定用户要添加的这行数据是否满足业务规则约束。要添加的这行数据中，学号字段studentNo、课程编号字段courseNo、学期字段semester的值分别是@studentNo、@courseNo、@semester。这三个字段是主键，其值在用户调用时肯定会给定。要判断此请求是否满足该业务规则，就要统计@studentNo这个学生，在@semester这个学期，已经选修了多少学分，再加上要选修的@courseNo这门课程的学分数，看是否小于等于25学分。如果是，就说此请求满足该业务规则要求，否则就说违背了该业务规则约束。当违背时，就不执行添加操作。

在存储过程中可定义局部变量。在此存储过程中，因为要对总学分先进行统计，然后进行比较判断，因此就定义了一个局部变量credit, 用来存储统计结果。要将查询/统计结果存储到本地变量中，需在输出字段后加一个INTO关键字标记，其后面接变量。在这里，因为能够肯定统计结果只有一行一列，因此可将其输出结果存储到一个整型变量credit中。

在存储过程中可有分支控制语句。上述例子中，WHEN就是一个分支控制语句，如同C语言中的IF。在存储过程中还可以调用DBMS中提供的系统函数。

当查询/统计的输出结果为一个多行或者多列的表时，在存储过程中要获取结果中的数据，就要用到游标CURSOR，用它实现对查询/统计的输出结果进行逐行逐列的遍历。对游标的使用，感兴趣的读者自己查阅资料。

对于数据完整性中的业务规则约束，是用触发器来实现，还是用存储过程来实现呢？设计中，使用触发器来定义数据的完整性比较合理。存储过程针对的是业务功能，实现特定业务的逻辑处理，是面向用户的。存储过程和函数的调用有权限概念。用户要调用一个存储过程，必须获得对其调用的授权。只有相应权限的用户才可调用。触发器是系统级的，主要针对数据完整性，由 DBMS 来调用，不存在权限概念，与业务功能和用户没有多大的关联性。

对存储过程，可将其看作数据库专业人员在数据库中创建的一种自定义函数。尽管存储过程和视图都是 SQL 标准中的内容，但是数据库管理系统产品厂家都有自己定义的语法规则，并不完全与 SQL 标准一致。也可以说是对 SQL 标准并不完全支持。因此，具体创建时要参考产品的说明书。尽管存储过程的创建语法与产品有关，但是用户调用存储过程的 SQL 语法与产品无关。对用户来说，只要掌握 SQL 标准中存储过程的调用方法，就能访问任何数据库。

存储过程与函数的差异是：存储过程只表示操作，没有返回值，与 SQL 操作语句完全一致。存储过程被执行的结果就是其中的 SQL 语句被执行的结果。函数则有数据类型，有返回值。在数据库中也可创建函数供用户调用。创建表时能为字段指定的数据类型，也可用于函数的类型。除此之外，函数的数据类型也可以是表，即函数的返回值为一个表。例如：

```
CREATE FUNCTION enroll_student(semesterV IN VARCHAR, courseV IN VARCHAR,
    @teacherV IN VARCHAR) RETURN TABLE (name VARCHAR(12), studentNo
    VARCHAR(12), classNo VARCHAR(8)) AS
BEGIN
    RETURN  (SELECT s.name AS name, s.studentNo AS studentNo, s.classNo
        AS classNo FROM student AS s, enroll AS e WHERE  e.semester = @
        semesterV AND e.teacherNo = @teacherV AND e.courseNo = @courseV
        AND e.studentNo = s.studentNo ORDER BY classNo, ideptNo);
END
```

函数既可在 SQL 语句、视图、存储过程、函数中调用，也可由用户直接调用。用户调用函数的语法与调用存储过程的语法一样。对于函数的定义，很多 DBMS 产品对 SQL 标准并不完全支持。因此，具体创建时要参考产品的说明书。

SQL 标准分成多个部分，其中有关存储过程和函数及其语法规则和标识符号，例如条件判断 if 和 else、循环 while 等，位于持久存储模块（Persistent Storage Module，PSM）部分。

对数据库中的视图、存储过程，要将其删除，SQL 语法为：

DROP VIEW *视图名*；

DROP PROCEDURE *存储过程名*；

从这个语法可知，视图是用其名字来标识的，存储过程也是用其名字来标识的。

思考题 4-6：*在 1.11 节中讲到数据库有三级模式。概念模式就是指数据库中的表的模式，用户模式就是视图和存储过程。概念模式与用户模式的映射就是指视图和存储过程的定义。这么讲，对吗？存储过程可理解为带参数的视图。这句话准确吗？*

4.6 数据模式定义中的其他内容

数据模式包括4个方面的内容：数据结构、数据标识、数据间的联系、数据完整性。数据模式集中体现在表上。表的结构是指其中包含的列。在数据标识上有主键概念。在数据间的联系上有外键概念。数据的完整性约束包括实体完整性约束、引用完整性约束、域约束、业务规则约束。

数据库中的对象，有类的概念，其类型的名称包括：数据库（DATABASE）、表（TABLE）、触发器（TRIGGER）、视图（VIEW）、存储过程（PROCEDURE）、函数（FUNCTION）、用户（USER）、角色（ROLE）、索引（INDEX）、自定义数据类型（TYPE）。用户、角色这两种对象将在第5章中介绍。索引将在第7章中介绍。自定义数据类型将在第10章中介绍。数据库中的对象是通过其名字来标识，因此同一类对象不能同名。在数据库中创建、修改、删除、替换对象的SQL语法分别是：

创建对象　CREATE 类名 对象名……；

修改对象　ALTER 类名 对象名 修改内容；

删除对象　DROP 类名 对象名；

替换对象　REPLACE 类名 对象名。

替换的含义就是先删除，再添加。

数据库中的对象，因为有类型的概念，因此也是存储在表中。例如，每创建一个触发器对象，就是在DBMS内部的trigger表中添加一行数据。trigger表中有name字段，存储触发器对象的名字，为主键。因此就要求触发器对象不能同名。

数据库中的对象存储在DBMS内部的表中。例如，触发器对象存储在DBMS内部的trigger表中，存储过程对象存储在DBMS内部的procedure表中。用户的数据，或者说企业的数据存储在表中。用户对表中数据执行的更新操作有三种：添加、修改、删除。要注意对数据库中对象的操作与对数据库中数据的操作，两者之间的不同。向表中添加一行数据，SQL语法是以INSERT INTO这个关键字开头。删除表中的一行数据，SQL语法是以DELETE FROM这个关键字开头。

表有两重含义。从数据库用户的角度来看，数据库中有数据表，数据存储在表中，数据表有模式和数据两个部分，数据表的模式表示类概念，数据表中的一行数据表示该类的一个实例。从数据库管理系统的角度来看，表是一个类，一个数据表是该类的一个实例。因此在数据库管理系统的内部，有一个名字为table的表，用户每用CREATE TABLE语句来创建一个数据表，就是在向table这个表中添加一行数据。

思考题4-7：DDL语句其实就是对DBMS内部的表进行添加、修改、删除操作。这句话对吗？举例来说，CREATE VIEW语句，就是向DBMS内部的view这个表中添加一行记录。DROP VIEW语句就是删除DBMS内部的view表中的某行数据。因此，DBMS其实是在用表来管理表，具有迭代性质。这句话对吗？

4.7 本章小结

企业要将数据存入数据库中，先要构建数据库，创建其中包含的表。然后数据库的用户才可进行数据操作，将自己的业务数据存储到数据库中，并从数据库中获取业务数据。创建表就是要定义数据模式。数据模式包括 4 个方面的内容：数据结构、数据标识、数据间的联系、数据完整性。数据模式集中体现在表上。表的结构是指其中包含的列。数据标识通过定义主键来完成。数据间的联系用外键表示。数据的完整性约束包括实体完整性约束、引用完整性约束、域约束、业务规则约束。触发器是用来定义并实现数据完整性的重要概念。

用户的业务数据表并不是原样照搬地存储在数据库中。要生成用户的业务表，就得编写 SQL 查询 / 统计语句，从数据库的表中摘取数据，然后加以组合和处理。编写 SQL 查询 / 统计语句并不简单，需要专业知识。除了透彻理解关系数据模型的本质和特征之外，还需要熟知每个表的模式（包括每个字段及其含义，主键和外键），掌握关系代数知识，以及 SQL 语法知识。因此，让数据库的用户直接面对数据库中的表，通过自己编写 SQL 查询 / 统计语句来获取其想要的业务数据，并不可行。

数据库专业人员的一项重要工作就是从用户业务数据的特例入手，替用户编写 SQL 查询 / 统计语句，然后将其延伸，上升到一般化和通用化的高度，定义成视图和存储过程，存放在数据库中。用户对数据库的访问，就不再是面对表，而是面对视图和存储过程。用户通过调用存储过程来完成对数据库的访问。存储过程的特点是通俗易懂，调用简单容易。

从理论高度来看，数据库模式（即表模式的集合）是数据的概念模式，也称作逻辑模式。表是数据的逻辑 / 概念视图。用户业务表的模式是数据的外模式，也称作用户模式。用户业务表是数据的用户视图。使用存储过程、视图、触发器能实现逻辑 / 概念视图与用户视图的映射，即相互转化。

视图和存储过程是位于用户与表之间的一个中介，是用户访问数据库的接口。建立中介带来的好处包括：

1）使得数据操作变得通俗易懂，简单容易；

2）使得用户从数据库中得到的数据就是用户想要的数据，不多也不少，恰到好处；

3）使得数据库中的表不再暴露给用户，增强数据的安全性；

4）使得数据库的变化对用户透明，也就是说，当数据库中表模式发生改变时，只需修改存储过程和视图中的 SQL 语句，就能保持原有用户视图的恒久不变；

5）使得业务规则约束得以贯彻执行，增强数据的完整性。

SQL 语言是访问数据库的国际标准语言。DDL 是 SQL 中有关创建、修改、删除、替换数据库中对象的语法规则。数据库中的对象，其类型包括：数据库、表、触发器、视图、存储过程、函数、用户、角色、索引、自定义数据类型。数据库中的对象是通过其名字来标识的，因此同一类对象不能同名。

习题

1. 某酒店集团公司在全国各城市开有酒店。每个酒店都有客房，客户可在网上先登录，然后预订，也可入店时现场预订。其住宿业务数据库中有如下4个表：

   Hotel(hotelNo, name, city, address, phone)

   Room(roomNo, hotelNo, type, price)

   Booking (hotelNo, roomNo, guestNo, dateFrom, dateTo)

   Guest(guestNo, password, name, city, email, phone, discount, creditNo)

   其中房间类型type字段的取值有单人间、双人间、商务间、豪华间。price是指住宿一天的房价。

   1）写出创建Room表和Booking表的SQL语句。

   2）创建一个视图，列出在2019-09-30这天，入住在编号为'H0001'的酒店的客人情况表，输出字段包括客人名字、房间号、房间类型、价格。

   3）创建一个存储过程，以起始日期、结束日期、酒店号为输入参数，求出所指的住宿期间，这个酒店可供预定的房间列表，包括房间号、类型、价格。按价格升序排列。

   4）有业务规则：不允许发生一个客户在两个不同的酒店有起始日期相同的预订。请创建一个触发器，表示该业务规则。

2. 数据库中的对象，例如表，其模式是存储在DBMS内部的表中。假设表对象的模式存储在DBMS内部的tableSchema表中，请写出tableSchema表的模式。并用SQL写出tableSchema表的模式的定义语句。注意：要存储表对象的模式，在DBMS内部光有tableSchema表还不够，还要有辅助表才行。基于严格按类分表存储原则，以及类与类之间有联系，还要求写出辅助表的定义。

第5章　数据安全管理

企业和用户的一切信息、活动、财富都以数据来记载和体现。企业的数据，也可以说是所有用户的数据，都存储在数据库的表中。数据要有安全性，就必须对每个访问数据库的用户标识其身份，明确其能访问的数据。对其能访问的数据，还要进一步明确能执行什么样的操作。只有这样，数据安全性才有保障。安全保障机制必须简单明了而且完备，这样安全管理才不会出现漏洞，才会切实可靠。

数据安全性知识相对易于理解。其保障机制与常见的公共安全机制完全一致。在一些公共场所，例如故宫，所有进入的人员都要出示门票或证件。与此相类似，要访问数据库，所有用户登录数据库服务器时都要出示用户名和密码。进入故宫后，对一般游客，有的地方不允许进入，有的文物只允许观看，不允许拍照。也就是说，每件文物对不同的人设有不同的访问权限，例如，贵宾有拍照、触摸的权限，工作人员有养护的权限，领导有外借的权限。

数据库中的数据也是如此，DBMS为数据安全设置了三道防线。第一道防线设在门口，每一个用户要建立一个与数据库的连接，要对数据库进行访问，必须先凭用户账号（用户名和密码）登录。也就是说，只有数据库颁发了账号的合法用户才能进数据库的大门。第二道防线设在用户的行为动作上。用户进入数据库后，当要对数据库中的数据进行操作时，还有权限要求。没有被授权的用户，不能执行数据操作。第三道防线是审计。审计就如在公共场所安装摄像机一样，对登录到数据库的用户的一举一动都进行记录。一旦发现有安全问题，便可调阅审计记录，查清事实真相，为案件侦破提供线索和证据。

5.1节和5.2节分别介绍用户管理和权限管理，5.3节介绍权限管理的简化策略，5.4节介绍权限管理的实现方法，5.5节介绍审计追踪，5.6节是本章小结。

5.1　用户管理

用户要访问数据库，就要先**登录**（login），出示用户账号信息。在数据库中，用户和其账号具有一体性，**用户**（user）通过用户名来标识，账号则包括用户名和密码两个部分，两者缺一不可。在数据库中，用户管理采用逐级授权模式。在数据库中创建用户是一种权限，拥有这种权限的用户便能创建用户。授权是另一种权限。假设用户A拥有创建用户的权限，那么用户A就能创建用户B。此时的用户B只拥有登录的权限，没有创建用户的权限。如果用户A同时拥有将创建用户这一权限授予别人的权限，那么用户A就能给用户B授予创建用户的权限。当用户B被授予了创建用户的权限后，用户B

就能创建用户C。但用户B不能将创建用户这一权限授予用户C。如果用户B需要有这样一种能力，还需要用户A的进一步授权。按照这样一种传递方式，用户管理便形成树状结构，逐层展开。

在安装数据库管理系统时，会提示创建一个root用户，要求安装者输入该用户的账号信息（用户名和密码）。这个root用户就是根用户，拥有创建用户、创建数据库、创建表、创建视图、创建存储过程、创建触发器、创建角色等所有权限，是权限管理层次树的根。在后面的权限管理讲解中，假定这个根用户的用户名为edu_root。在数据库管理系统安装完毕之后，便可启动运行。用户以edu_root账号登录数据库后，可创建用户。每创建一个用户，就产生一个登录账号，可用来登录数据库管理系统。

创建用户及其账号的SQL语句为：

```
CREATE USER 用户名 IDENTIFIED BY 密码 ;
```

例 5-1

```
CREATE USER student_a IDENTIFIED BY '123456';
```

该语句的含义是在数据库中创建一个用户账号，该账号的用户名为student_a，密码为'123456'。注意：用户登录时的账号是用户名加上密码，两者缺一不可。

能创建用户，自然也能删除数据库中已有的用户。删除用户的SQL语句为：

```
DROP USER 用户名 ;
```

例 5-2

```
DROP USER student_a;
```

该语句的含义是在数据库中删除用户student_a。

由此可知，在数据库中，用户是通过用户名来标识的。每个用户的用户名要唯一。

思考题 5-1：*用户登录数据库服务器时，登录账号除了用户名之外，密码必不可少，为什么？*

5.2　权限管理

在数据库中，用户要访问的对象主要是指表中的数据。用户使用账号登录数据库后，便建立起一个与数据库的连接。用户通过连接向数据库提交数据操作请求。数据操作使用SQL语句来表示。当数据库收到一个用户的操作请求后，便检查该用户是否拥有相应的操作权限。如果用户拥有相应的操作权限，则受理用户的请求，执行请求中的SQL语句，并把执行的结果返回给用户。如果用户不拥有相应的操作权限，则拒绝受理用户的请求，给用户返回一个无操作权限的不成功结果。

用户拥有的操作权限，是别的用户授予的。授权可用一个五元组<授予者，对象，权限，被授予者，授权标志>来表示和描述。例如，授权五元组记录<'A', Course,

SELECT, 'B', RELAY> 的含义是：用户 A 将拥有的对课程表 Course 执行 SELECT 操作的权限授予用户 B。RELAY 表明用户 A 允许用户 B 把该权限再授予其他用户。当用户 B 拥有了对课程表 Course 执行 SELECT 操作的权限后，他便能对课程表 Course 执行查询和统计操作。

权限与数据操作类型完全对应。SQL 中定义的数据操作权限有 4 种：SELECT、INSERT、UPDATE、DELETE。查询和统计都是从数据库中获取数据，并不改变数据库的数据，都是以 SELECT 关键字开头，从安全角度来看，归成一类，叫 SELECT 权限。

拥有权限是用户执行数据操作的前提。例如，如果用户 A 对选课表 Enroll 拥有 INSERT 权限，那么用户 A 对选课表 Enroll 就能执行 INSERT 操作。否则，用户 A 对选课表 Enroll 执行 INSERT 操作的请求就会被数据库管理系统拒绝受理，因为它违背了数据安全性约束。

SQL 中的权限管理比较简单，只有三条准则。这三条准则是：1）某个对象的创建者拥有对其访问的全部权限；2）一个用户可将其拥有的权限授予其他用户；3）授权者可收回其授予出去的权限，权限的收回具有连带性。权限管理包括三项内容：支撑用户完成授权操作、支撑用户完成收权操作、判断用户是否拥有某种权限。

例 5-3 假定根用户 edu_root 授予用户 A 拥有创建表的权限，然后用户 A 创建了选课表 Enroll(studentNo, courseNo, semester, classNo, teacherNo, score)，那么用户 A 就对选课表 Enroll 拥有 SELECT、INSERT、UPDATE、DELETE 这 4 种数据操作权限。表示该权限的五元组为 <'edu_root', Enroll, ALL_PRIVILEGES, 'A', RELAY>。其中 ALL_PRIVILEGE 代表各种权限，即 SELECT、INSERT、UPDATE、DELETE 这 4 种权限。RELAY 表明用户 A 能将拥有的权限授予别的用户。

授权 SQL 语句为：

```
GRANT 权限 ON 对象 TO 用户 ;
```

例 5-4 用户 A 执行如下的授权操作：

```
GRANT INSERT(studentNo, courseNo, semester) ON enroll TO student_1;
GRANT UPDATE(classNo, teacherNo) ON enroll TO assistant_1;
GRANT UPDATE(score) ON enroll TO teacher_1;
GRANT SELECT ON enroll TO student_1, assistant_1, teacher_1;
GRANT DELETE ON enroll TO student_1, assistant_1;
```

该示例中，第一个语句给用户 student_1 授予对选课表 Enroll 执行 INSERT 操作的权限，即添加行的权限，并进一步规定，添加行时仅能给（studentNo, courseNo, semester）这三个字段赋值，其他字段的值由系统设置成默认值。第二个语句将 Enroll 表中 (classNo, teacherNo) 这两个字段的修改权限授给用户 assistant_1。于是，用户 assistant_1 能对 Enroll 表中的数据行修改其 classNo 和 teacherNo 这两个字段的值，即分班与安排老师。第三个语句将 Enroll 表中 score 这个字段的修改权限授给用户 teacher_1。于是，用户 teacher_1 能对 Enroll 表中的数据行修改其 score 字段的值，即录人成绩。第四个语句将 Enroll 表的 SELECT 权限授给 student_1、assistant_1、teacher_1 这三个用户，使之都能对 Enroll 表执行查询和统计操作。第五个语句将 Enroll 表的 DELETE 权限授给 student_1、assistant_1 这两个用户，使之能删除 Enroll 表中的行，即取消学生已选的课。

将一项权限成功授予别人，要具备三个前提条件：1）授权者自己要拥有该项权限；2）授权者对该项权限还要具有授权的权限；3）被授权者尚未拥有该项权限。此例中，假设用户 A 登录数据库后，提交这 5 个 SQL 授权请求，那么用户 A 就是授权者，他自己必须对选课表 Enroll 拥有 INSERT、UPDATE、DELETE、SELECT 权限，同时还要对这 4 种权限分别拥有授权的权限。为了说明用户 A 能否成功执行上述授权，在这里先假定用户 A 能授权。此示例中，用户 student_1 虽然获得对选课表 Enroll 执行 INSERT 操作的权限，但是并没有获得将此权限再授给别人的权限。也就是说，在这里用户 A 给用户 student_1 授权后，随后用户 student_1 登录数据库，请求 DBMS 执行如下的授权 SQL 语句：

```
GRANT INSERT(studentNo, courseNo, semester) ON enroll TO student_2;
```

DBMS 不会受理这个请求。原因是用户 student_1 虽然拥有了对选课表 Enroll 执行 INSERT 操作的权限，但是不拥有将该权限授予别人的权限。用户 A 给用户 student_1 授权时，只给予了对选课表 Enroll 执行 INSERT 操作的权限，并没有给予将此权限再授给别人的权限。

如果用户 A 想让用户 student_1 获得对选课表 Enroll 执行 INSERT 操作的权限，同时获得将此权限再授给别人的权限，就要在授权时指明，即在后面补充 WITH GRANT OPTION 标记。

例 5-5

```
GRANT INSERT(studentNo, courseNo, semester) ON enroll TO student_1 WITH
    GRANT OPTION;
```

当用户 A 的此请求被 DBMS 成功执行时，用户 student_1 不仅拥有对 Enroll 表执行 INSERT 操作的权限，而且还拥有将此权限再授予出去的权限。在这里，授权者是用户 A，被授权者是用户 student_1，权限类型是 INSERT，作用对象是 Enroll 表。用户 A 能执行上述授权操作，其前提是自己要有授权的权限。对于用户 A，同样也有其授权者。用户 A 能否将拥有的该项权限授予用户 student_1，由用户 A 的授权者决定。依此上推，直至根用户。

需要注意的地方是，权限是属于模式范畴的概念。例如，用户 A 对选课表 Enroll 拥有 SELECT 权限，其含义是：用户 A 请求执行的 SQL 语句只要是以 SELECT 开头，FROM 后面接的是 Enroll，那么该 SQL 语句就会被 DBMS 受理并执行。而实际中，这种表级的授权通常满足不了业务要求。例如，大学教务管理规定：每个学生只允许查看自己的选课记录，不允许查看别人的选课记录。表级的权限管理显然满足不了该业务需求。要将权限细化到数据行一级，必须通过视图或者存储过程来实现。也就是说，以视图或者存储过程作为用户与表之间的接口，使得表对用户不可见，再把安全业务需求实现在接口中。例如，为实现上述业务需求，就要在数据库中创建如下的视图或者存储过程：

```
CREATE VIEW self_enroll(s_id, c_id, semester, t_id, classNo, score) AS
    SELECT studentNo, courseNo, semester, teacherNo, classNo, score FROM
        enroll WHERE studentNo = get_user_id( );
CREATE PROCEDURE get_self_enroll( studentNo IN VARCHAR ) AS
    SELECT studentNo, courseNo, semester, teacherNo, classNo, score FROM
        enroll
    WHERE studentNo = @studentNo;
```

该语句中，get_user_id( )是系统函数，其含义是获取用户登录数据库时的账号名称。这里假定学生登录的账号名就是学生的学号。数据库管理系统只将上述视图 self_enroll 和存储过程 get_self_enroll 开放给用户，让选课表 Enroll 对用户不可见，就实现了行一级的权限控制。这样，每个学生用户只能通过上述视图或存储过程来查到自己的选课记录。系统函数是与产品相关的，具体实现时要参考产品说明书。

数据库中的数据操作权限管理是粗放型的。权限作用的对象是表，没有细化到行一级。要细化到行一级，就要借助视图和存储过程来实现。数据操作权限所关联的对象是表，其中 UPDATE、INSERT 这两种权限可进一步细化到表的列。而 SELECT 和 DELETE 是删除表中的行，自然所关联的对象就是表。不过，在一些数据库产品中，SELECT 权限也可细化到列。

注意： *权限只细化到表一级，而不细化到行一级，有它的道理。在安全上，DBMS 对用户请求的每个 SQL 语句都要进行权限检查，看是否违背了权限设置。从性能角度来看，如果权限细化到行，那么权限检查的开销和代价就会明显增大。另外，从业务角度来看，每个用户只关心自己所需的数据，因此其请求的 SQL 语句，通过存储过程或者视图已附上了选择条件。这个选择条件不仅满足了正常用户的业务需求，也附带实现了安全控制，起到了一箭双雕的功效，在性能上也没有带来任何额外开销。*

用户对表的数据操作只有 SELECT、UPDATE、INSERT、DELETE 四种 SQL 语句，刚好对应四种权限。不管用户是直接请求系统执行 SQL 语句，还是访问视图或者调用存储过程，最终都是对表执行数据操作。因此数据库每执行一个 SQL 语句，都要进行权限检查，看用户是否拥有相应权限。例如，用户 A 调用如下的存储过程来添加一行选课记录：

```
CREATE PROCEDURE add_enroll(@studentNo IN VARCHAR, @courseNo IN VARCHAR, @
    semsester IN VARCHAR, @teacherNo IN VARCHAR)  AS
BEGIN
    credit integer
    SELECT SUM(credit) INTO credit FROM course WHERE courseNo IN (SELECT
        courseNo FROM enroll
    WHERE studentNo = @studentNo AND semester =@semester) OR courseNo = @
        courseNo;
    WHEN ( credit <= 25 )
        INSERT INTO enroll(studentNo, semester, courseNo, teacherNo)
            VALUES ( @studentNo, @semester, @courseNo, @teacherNo);
END;
```

在该存储过程中有三个 SQL 语句：两个 SELECT 语句，一个 INSERT 语句。因此用户 A 必须拥有对课程表 Course 和选课表 Enroll 执行 SELECT 操作的权限，以及对选课表 Enroll 执行 INSERT 操作的权限。更具体来说，是对选课表 Enroll 的字段 (studentNo，semester, courseNo，teacherNo) 有 INSERT 权限。

用户对自己授予出去的权限可收回，权限收回可以带有连带性。举例来说，对于一项权限，用户 A 将其授给了用户 B，用户 B 再将其授给了用户 C。那么，当用户 A 从用户 B 那里收回该项权限时，用户 C 拥有的该项权限也可被连带收回。

例 5-6

```
REVOKE DELETE ON enroll FROM teacher_1, student_1;
```

该语句的含义是从用户 teacher_1 和 student_1 那里收回对选课表 Enroll 执行 DELETE 操作的权限。于是用户 teacher_1 和 student_1 不再拥有对选课表 Enroll 执行 DELETE 操作的权限。

收权同样有前提条件，那就是只能对自己以前授予出去的权限执行回收。收权语句后面可带一个选项 CASCADE 或者 RESTRICT。CASCADE 的含义是连带回收，这是系统的默认设置，可以省略。RESTRICT 的含义是当用户 A 从用户 B 那里收回某项权限时，要求用户 B 没有把该项权限授给别人。如果用户 B 把该项权限授给了别人，那么用户 A 的收权就会失败。

例 5-7

```
REVOKE DELETE ON enroll FROM teacher_1 RESTRICT;
```

该语句的含义是：只有用户 teacher_1 对于自己拥有的对选课表 Enroll 执行 DELETE 操作的权限没有授予任何其他用户时，该收权操作才会成功，否则该收权操作就会失败。这种情形通常不是人们所期望的，期望的是连带回收。

对数据库的安全性管理，从权限类别来看，除了上述的数据操作权限 SELECT、INSERT、UPDATE、DELETE 之外，SQL 中其他的权限包括 CREATE TABLE、CREATE USER、CREATE ROLE、CREATE VIEW、CREATE PROCEDURE、CREATE TRIGGER、CREATE INDEX 以及 REFERENCES 等。REFERENCES 权限用于数据完整性控制。数据完整性，尤其是业务规则约束，有可能选择在存储过程中予以实现。其中要访问一些数据，就需要 REFERENCES 权限。存储过程是以用户的身份来执行，而触发器是以系统的身份来执行。从这一点来看，**数据完整性最好以触发器形式来实现**。

SQL 中对用户和权限还定义了几个关键字，表示总体。PUBLIC 代表所有用户，ALL PRIVILEGES 代表各种权限，即 SELECT、INSERT、UPDATE、DELETE 这 4 种权限。

思考题 5-2：对于普通用户，只能授予 DML 权限（即数据操作权限），不能授予 DDL 权限（即数据定义权限），为什么？DDL 权限可赋给哪些用户？

5.3 权限管理的简化

数据操作权限设置在表一级，对于同一类用户，在权限设置上会带来很多重复性工作。例如，对于大学教务管理数据库，学生对选课表应具有 INSERT、DELETE、SELECT 的权限。于是要对每个学生用户都重复地进行如下授权：

```
GRANT INSERT(studentNo, courseNo, semester ) ON enroll TO student_x;
GRANT SELECT ON enroll TO student_x;
GRANT DELETE ON enroll TO student_x;
```

假定有 10 000 个学生用户，那么仅就上述三项授权，就要重复性地执行 10 000 次，这导致数据库系统中的授权五元组记录多达 30 000 条。这显然不利于实现安全管理的高效性和低开销性。除此之外，因为权限管理的烦琐性，使得权限管理容易出现差错和漏洞。当没有为一个用户配置其应当拥有的权限时，就会影响该用户的正常业务操作。当给一个用户授予了不应当授予的权限时，便会引发安全问题。

针对该问题，引入了角色概念。分类是使得事情简单明了、脉络清晰的有效方法。数据库的使用者可分为三类：数据库及应用程序设计人员（以后简称为设计人员）、数据库管理人员、数据库用户（以后简称为用户）。设计人员定义数据库中的表模式，明确用户类型，明确每类用户的业务需求，并给出每项业务需求与表的映射关系。例如，对于大学教务管理数据库，用户类别有学生、老师、教管人员。对学生类用户，其业务需求包括查阅可选课、选课、查阅成绩、查阅已修课程清单及成绩、查阅已修学分等。对于老师类用户，其业务需求包括开课申请、获取选修学生名单、录入成绩、查阅自己的开课记录、统计自己年教学工作量等。对教管人员类用户，其业务需求包括课程、学生、老师管理（包括添加、修改、删除），给学生分班，查阅学生选课情况，查阅老师授课情况，对成绩排名等。在 SQL 语言中，用户类别被称作**角色**。因此，在大学教务管理数据库中，应该有学生角色、老师角色、教管人员角色。

明确了用户类别、业务需求以及映射关系，也就明确了每类用户要访问的表，以及其应具有的操作权限。从数据安全角度来看，数据库管理员的一项职责就是将设计方案在数据库中贯彻落实，也就是在数据库中创建表，创建用户类别（即角色），然后为每个角色指定其能访问的对象，明确其数据操作权限。管理员的另一项职责是管理每个角色的实例，即用户。也就是在数据库中为每个用户创建一个账号，再为其授予角色。当用户 A 被授予了角色 Student 时，用户 A 就拥有角色 Student 所拥有的全部权限。

有了角色概念，权限管理就由给用户直接授权变成了给角色授权，然后再把角色授予用户。这种改变带来了权限管理的简单性。对于上述授权例子，现在变成：

```
CREATE ROLE student;
GRANT INSERT(studentNo, courseNo, semester ) ON enroll TO student;
GRANT SELECT ON enroll TO student;
GRANT DELETE ON enroll TO student;
CREATE USER student_a IDENTIFIED BY '123';
GRANT student TO student_a;
```

这里，第一个语句是创建一个角色 student，接下来的三个语句是给角色 student 授权。第五个语句是创建一个用户 student_a。最后一个语句是将角色 student 授予用户 student_a。于是，用户 student_a 拥有了角色 student 所拥有的全部权限。还是假定有 10 000 个学生用户，那么改用角色方式以后，数据库系统中的授权五元组记录就由 30 000 条减少到了 10 003 条。其中的 3 条是给角色 student 授权，另外 10 000 条是给 10 000 个学生用户分别授予角色 student。

注意：用户是通过用户名来标识的，而**账号**则是通过用户名和密码来标识的，两者缺一不可。用户登录数据库时，是使用账号来登录。**角色**是通过角色名来标识的。角色名和用户名不要重复，要唯一。用户和角色都可以拥有权限，但只有用户账号可用来登录数据库，角色则不行。

能创建角色，自然也能删除 DBMS 中已有的角色。

例 5-8

```
DROP ROLE student;
```

每个用户登录数据库后，可向 DBMS 发送权限管理操作请求。权限管理包括创建角色、创建用户、删除角色、删除用户、给角色 / 用户授权、将角色授予用户、从角色 / 用户那里收回权限这 7 种操作。DBMS 对用户的权限管理操作请求，先要检查请求者的权限。如果请求者没有相应的权限，就会拒绝受理请求，给请求者返回一个无权限的不成功结果。如果请求者拥有相应权限，则受理请求并执行其中的权限管理操作 SQL 语句。

当把一个角色授予一个用户时，对于这个角色拥有的所有权限，这个用户也拥有。这种权限分享关系是单向的，即用户分享角色的权限，但角色并不分享用户的权限。而且这种分享是一种引用分享，也就是说，当角色的权限随后发生变化时，用户从角色那里分享到的权限也随之变化。

注意：可以把多个角色指派给一个用户，也可以把一个角色指派给多个用户。也就是说，角色与用户的关系可以是多对多关系。

例 5-9

```
GRANT student TO 201726311, 201726401, 201726501;
GRANT teacher, assistant TO 2004213;
```

该示例中，第一个语句把角色 student 指派给三个用户，第二个语句将 teacher、assistant 这两个角色授给用户 2004213。

可给用户指派角色，自然也可解除一个用户的角色。

例 5-10

```
REVOKE student FROM student_a;
```

该语句的含义是：解除用户 student_a 的 student 角色。对角色 student 拥有的权限，用户 student_a 自然不再拥有。

有了角色概念，对于大学教务管理数据库，就应该创建学生角色 student、老师角色

teacher、教管人员角色 assistant。对于选课表 Enroll，其权限配置应该是：

```
GRANT INSERT(studentNo, courseNo, semester ) ON enroll TO student;
GRANT UPDATE(classNo, teacherNo) ON enroll TO assistant;
GRANT UPDATE(score) ON enroll TO teacher;
GRANT SELECT ON enroll TO student, assistant, teacher;
GRANT DELETE ON enroll TO assistant, student;
```

然后把学生角色 student 授予每个学生用户，把老师角色 teacher 授予每个老师用户，把教管人员角色 assistant 授予教管人员用户。这就完成了对选课表 Enroll 的授权管理。

当一个用户给某个角色授权之后，可从其那里收回权限。

例 5-11

```
REVOKE DELETE ON enroll FROM student;
```

该语句的含义是从角色 student 那里收回对选课表 Enroll 执行 DELETE 操作的权限。

注意，当用户 A 执行一项授权时，对该项授权事件，DBMS 默认授权者是用户 A。当用户 A 使用角色的权限来执行授权时，这种处理方法会带来一定的问题。例如，assistant 角色具有将 student 角色分派给一个用户的权限。当 assistant 角色被指派给用户 A 后，用户 A 随后使用 assistant 角色的权限将 student 角色指派给用户 B。对于 B 被授予角色 student，数据库管理系统默认授权者是用户 A，而不是角色 assistant。现在，假定用户 A 被调走，于是要收回用户 A 的所有权限，自然也包括 assistant 角色。根据权限回收的连带机制，用户 B 拥有角色 student，是由用户 A 授予的，自然要被连带回收。于是用户 B 就失去了角色 student，也就不再拥有角色 student 的权限。这样一来，用户 B 就不能执行其正常的业务操作了。例如，用户 B 就不能查阅自己的成绩单了。这种后果不是期望发生的事情。实际业务需求并非如此，收回用户 A 的 assistant 角色，不应该影响到用户 B 的权限。

我们来分析上述问题产生的原因。用户 A 给用户 B 指派角色 student，不是凭用户 A 的个人权限，而是凭角色 assistant 的权限。但是，对于 B 被授予角色 student，数据库管理系统默认授权者为用户 A，而不是角色 assistant。这就是上述问题产生的根源。因此授权时，对授权者也要进行区分，不能单是用户。该示例中，尽管执行授权的是用户 A，给用户 B 指派了角色 student，但是授权的权限并不是来自用户 A，而是来自角色 assistant。因此，授权者应该设为角色 assistant，而不应该设为用户 A。数据库管理系统中，默认的授权者是用户。如果要将授权者设置成给用户指派的角色，就要在 GRANT 语句后面加上 GRANTED BY CURRENT_ROLE。

例 5-12

```
SET CURRENT_ROLE AS assistant;
GRANT student TO b GRANTED BY CURRENT_ROLE;
```

该示例中，第一条语句是将当前角色设为 assistant，第二条语句是执行一项授权，并将该项授权的授权者设为当前角色，而不是用户。当然，执行该语句的用户要事先被指派了 assistant 角色，才会成功。这样处理后，对于第二个授权语句，用户 B 被授予角色 student，授权者就会被数据库管理系统设置为角色 assistant，而不是用户 A。这样处理之后，随后解除用户 A 的 assistant 角色时，用户 B 拥有的 student 角色不会被连带收回，用户 B 履行 student 角色的职责就不会因此而受影响。

对上述案例进行归纳总结，可得出两条实用的权限管理技巧。第一条是：在权限管理中，最好不要给某个用户授权，而只给角色授权，然后再将角色授予某个用户。第二条是：用户执行授权时，应以角色的身份来进行授权，不应以用户名义来进行授权。这样做与业务管理原则是完全一致的。如果给用户授权，或者以用户名义授权，那么当人员有变动时，就容易引起混乱，出现漏洞。另外，要以角色模式来进行权限管理。一种角色有很多用户，如果给用户直接授权，就要做很多重复性的操作，维护起来非常困难。例如，对于大学教务管理数据库，所有老师用户都属于老师角色。如果是给角色授权，权限配置管理的结构就一目了然，清晰简洁。如果给用户直接授权，就会导致授权五元组记录数很多，影响系统性能。

一个用户可能被授予了多个角色。因此，作为授权者给某个角色授权时，要注意自己应该以哪个角色来执行授权。在授权时，对于授权者，有一个当前角色的概念，可通过执行如下 SQL 语句来指定自己的当前角色：

```
SET CURRENT_ROLE  AS 角色名；
```

思考题 5-3：*对于企业的数据库，有数据库设计者、数据管理员、数据库管理员、普通用户。角色应该由谁来定义？对于将角色授予用户，谁应该具有这种权限？对于将角色授予用户这种权限，是否要细化到行（即角色）？对于企业，权限管理的层次结构应该是什么样子的？*

5.4　权限管理在 DBMS 中的实现

权限管理包括三项内容：支撑用户完成授权操作、支撑用户完成收权操作、判断用户是否拥有某种权限。授权操作包括创建用户 / 角色，然后给用户 / 角色授权。收权操作包括从用户 / 角色那里收回原来授予的权限，删除用户 / 角色。当一个用户登录数据库后，便可向数据库提交操作请求。对用户提交的每一个请求，数据库管理系统对其中包含的 SQL 语句要进行权限检查。如果用户不拥有相应权限，数据库就会拒绝受理，给用户返回一个无权限的不成功结果。

在数据库中有两个系统表来支撑权限管理。在数据库的系统目录下有一个用户表 User 和一个授权表 Privilege，如图 5-1 所示。用户表 User 记录用户账号信息和角色信息，其模式为 User(user_type, user_id, password, creator_id)。每个用户 / 角色在 User 表中有一行。当某行的 user_type 字段取值为 'USER' 时，表示该行是一个用户。当取值为 'ROLE' 时，表示该行是一个角色。授权表 Privilege 记录授权信息，即五元组授权记录，其模式为 Privilege(granter_id, object_id, privilege_type, grantee_id, grant_tag)。例如，该表中的一行数据（'A', Course, SELECT, 'assistant', RELAY），表示用户 A 将课程表

Course 的 SELECT 权限授给了角色 assistant。字段 grant_tag 的取值 RELAY 的含义是：允许角色 assistant 把该权限再授予其他用户或角色。每成功创建一个用户或者角色就会在 User 表中添加一行记录。每成功执行一次授权，便会在 Privilege 表中添加一行记录。从图 5-1a 所示的用户表 User 可知，系统中共有 3 个角色、4 个用户。从图 5-1b 所示的权限表 Privilege 可知，其中记录了 4 次授权。

数据库管理系统在安装时就会提示创建一个 root 类的用户，要求安装者输入该用户的用户名和密码。这个 root 类用户就是根用户，拥有所有权限，是权限管理层次树的根。在后面权限管理举例中，假定这个根用户的用户名为 edu_root。于是系统安装后，便会在 User 表中有一行该用户的记录。在数据库管理系统初次启动运行后，以 edu_root 账号登录数据库，然后创建数据库、创建表、创建角色和用户，再给角色 / 用户分配数据访问权限。每创建一个用户，就产生一个登录账号，可用来登录数据库管理系统。

user_type	user_id	password	creator_id
USER	edu_root	123456	SYSTEM
ROLE	assistant		edu_root
ROLE	teacher		edu_root
ROLE	student		edu_root
USER	A	1	edu_root
USER	B	2	A
USER	C	333	B

a）User 表

granter_id	object_id	privilege_type	grantee_ id	grant_tag
edu_root	enroll	INSERT	student	RELAY
edu_root	enroll	SELECT	student	RELAY
edu_root	administrator	ROLE	A	
A	student	ROLE	B	

b）Privilege 表

图 5-1　DBMS 内部的用户 / 角色表 User 和权限表 Privilege

思考题 5-4：User 表和 Privilege 表的主键分别是哪个或哪些字段？这两个表分别有哪些外键？

思考题 5-5：Privilege 表的主键为什么不是 (granter_id, object_id, privilege_type, grantee_id)，而是 (object_id, privilege_type, grantee_id)？

当一个用户登录数据库管理系统时，要给定账号，即用户名和密码。DBMS 基于用户提交的用户名，到 User 表中查找，如果有一行数据，其 user_id 字段的值等于登录用户名，user_type 字段的值为 'USER'，password 字段的值等于登录密码，那么就认定登录用户合法，登录成功。登录判定的逻辑代码如图 5-2 所示。

用户登录 DBMS 之后，DBMS 就会为其创建一个登录上下文，记录用户名、当前角色。当用户请求 DBMS 执行一个 SQL 语句时，DBMS 先是对请求的 SQL 语句进行语法分析。如果没有语法错误，接下来进行权限检查，看请求者是否拥有执行该SQL语句的权限。

```
bool LoginCheck(user_id IN VARCHAR, password IN VARCHAR)  {
    SELECT password INTO result FROM user WHERE user_id =
        @user_id AND user_type = USER;
    if (result IS NOT NULL)
        row = reult.FirstRow();
        If (row.password == password)
            return true;
    return false;
}
```

图5-2 登录判定逻辑代码

当用户请求的是一个授权语句时，DBMS先检查用户是否拥有授权的权限。为了简单起见，假定一个用户的权限都来自其担当的角色。举例来说，用户A提交了GRANT SELECT ON enroll TO student这样一个授权语句。DBMS就要检查用户A担当的角色，是否拥有对Enroll表执行SELECT的权限。如果有，则进一步检查是否具有授权的权限。授权条件检查的逻辑代码如图5-3所示。

```
bool CheckPreconditionOfGrantSQL(user_id IN VARCHAR, SQL_Statement
    IN VARCHAR )  {
    access_table, operation_type  VARCHAR;
    SQL_Statement.Resolve(access_table, operation_type);
    if (EXIST SELECT object_id FROM privilege WHERE grantee_id IN
        (SELECT object_id FROM privilege WHERE grantee_id =@user_
        id AND privilege_type = ROLE) AND object_id = @access_table
        AND privilege_type = @operation_type AND grant_tag = RELAY)
            return true;
    return false;
}
```

图5-3 授权条件检查逻辑代码

当用户请求的是一个数据操作语句时，DBMS要判断该用户是否拥有执行该SQL语句的权限。由SQL语句判断出所需的权限非常容易，例如，SELECT * FROM course WHERE deptNo ='43'这个SQL语句，所需权限为对课程表Course拥有SELECT权限。假设是用户A提交请求，那么DBMS接着就要判断用户A担当的角色是否拥有该项权限。检查权限时，先解析SQL语句，得出要执行的操作、表名。然后根据Privilege表中的记录，判定是否具有权限。权限判定的逻辑代码如图5-4所示。

对于收权操作，一个用户只能收回它以前授出的权限。因此，当用户请求的是一个收权语句时，对用户要收回的权限，DBMS要在Privilege中检查该用户所具有的角色是否存在授权记录。只有对授出的权限才能收回，否则收权就变得毫无意义。收权不同的地方是有一个连带收权的问题。收权处理的逻辑代码如图5-5所示。

```
bool CheckPrivilegeOfSQL(user_id IN VARCHAR, SQL_Statement IN
VARCHAR )  {
    access_table, operation_type VARCHAR;
    SQL_Statement.Resolve(access_table, operation_type);
    if (EXIST SELECT object_id FROM privilege WHERE grantee_id IN
        (SELECT object_id FROM privilege WHERE grantee_id =@user_
        id AND privilege_type = ROLE) AND object_id = @access_table
        AND privilege_type = @operation_type)
            return true;
    return false;
}
```

图 5-4 权限判定逻辑代码

```
void ProcessRevokeSQL(user_id IN VARCHAR, SQL_Statement IN VARCHAR )  {
    access_table, operation_type, grantee_id, current_granter VARCHAR;
    result TABLE;
    my_stack STACK;  //用于处理连带回收
    SQL_Statement.Resolve(access_table, operation_type, grantee_id );
    SELECT grantee_id, grant_tag INTO result FROM privilege WHERE
        granter_id IN (SELECT object_id FROM privilege WHERE privilege_
        type = ROLE AND grantee_id =@user_id) AND object_id = @access_
        table AND privilege_type = @operation_type AND grantee_id = @
        grantee_id;
    if (result IS NOT NULL)   //表明要收回的权限在系统中存在
        //回收以前授出的权限
        DELETE FROM privilege WHERE WHERE granter_id IN (SELECT object_
            id FROM privilege WHERE privilege_type = ROLE AND grantee_
            id =@user_id) AND object_id = @access_table AND privilege_
            type = @operation_type AND grantee_id = @grantee_id);
        //处理连带回收
        row = reult.FirstRow();
        IF (row.grant_tag == RELAY)   //授出的权限可蔓延开来的标志
            my_stack.AddItem(row.grantee_id);
            WHILE (my_stack.IsNotNull( ) )
                current_granter = my_stack.PopItem( );
                SELECT grantee_id, grant_tag INTO result FROM privilege
                    WHERE granter_id = @current_granter AND object_
                    id =@access_table AND privilege_type = @operation_
                    type;
                if (result IS NOT NULL)   //表明已经蔓延开来
                    DELETE FROM privilege WHERE granter_id = @current_
                        granter AND object_id =@access_table AND
                        privilege_type = @operation_type;
                    row = reult.FirstRow();
                    WHILE (row IS NOT NULL AND row.grant_tag == RELAY)
                        my_stack.AddItem(row.grantee_id);
                        row = reult.NextRow();
}
```

图 5-5 收权处理逻辑代码

其实 Privilege 表还有一个字段 specified_field。对于 UPDATE 和 INSERT 权限，可细化到列一级。字段 specified_field 就是用来存储所规定的列的。

上述权限管理实现方案展示了如何利用表来进行逻辑推理和判断。DBMS是表的管理者，它的内部也利用表结构来实现其功能，展示出了通过自我迭代来实现自我进化。这是一种生物特性，软件也能具有。这正是软件的魅力所在。

思考题5-6：对于用户提交的SQL数据更新操作请求，DBMS是先执行权限检查后执行数据完整性检查，还是先执行数据完整性检查再进行权限检查？

5.5　审计追踪

账号登录是数据安全的第一道防线，权限管理是数据安全的第二道防线。审计则是一种用来发现数据安全问题，查清事实真相的技术手段和工具。

用户执行数据操作都是用SQL语句来表示的。审计就是将用户执行的数据操作记录到审计日志中，以便日后追踪。审计记录包括登录信息和操作信息。登录信息又包括登录账号、用户所用机器（IP地址）、登录时间。操作信息包括操作用户名、SQL指令、操作时间。如果是修改和删除，则还包括更改前的数据值。如果是添加或者修改，还包括更改后的数据值。

审计是可配置的，既可进行全数据库的审计，也可只对选定的表、选定的用户、选定的操作类进行审计。例如，在大学教务管理数据库中，可只对选课表Enroll的score字段发生修改操作时进行审计。因为成绩是一个关键数据，它的安全性很重要。

借助触发器，审计很容易就能实现。例如，对选课表Enroll的score字段发生更新操作进行审计，就只需要在数据库中创建一个如下的触发器：

```
CREATE TRIGGER audit_score_update
    AFTER UPDATE OF score ON enroll
    REFERENCING
        OLD ROW AS old
        NEW ROW AS new
    FOR EACH ROW
        INSERT INTO audit_enroll_log( user_id, user_login_ip, occur_time,
            operation_type, table_name, field_list, old_value, new_value)
            VALUES (get_user_id( ), get_user_ip(), now( ), 'UPDATE',
            'enroll' , 'studentNo, courseNo, semester, score',  @old.
            studentNo + ',' + @old.courseNo + ',' + @old.semester + ',' +
            string(@old.score),  @new.studentNo + ',' + @new.courseNo + ','
            + @new.semester + ',' + string(@new.score));
```

该代码中，get_user_id( )、get_user_ip( )、now( )、string( )都是系统提供的函数，分别用来获取用户名、获取登录机器的IP地址、获取当前的系统时间、将一个数值型数转换为字符串型数。对触发器和系统函数的语法，不同数据库产品有所不同，具体创建时要参照产品说明书。

审计是系统功能，只需要配置和开启，系统就会自动进行审计。系统也提供审计追踪工具，方便调阅审计历史记录，从各个视角来对审计记录进行查询和统计。审计记录了何人何时从何地（机器IP地址）执行了何种操作。审计的用途包括：1）发现账户泄露、不法操作、管理漏洞等安全问题；2）查清案情的事实真相，为案情的侦破提供证据；3）修复非法操作。例如，如果发现一个学生的成绩有问题，就可调阅审计历史记录，定位该成绩是由何人在何时从何地执行了该学生成绩的更新操作。然后再扩展追踪，检查该用户还执行了哪些非法操作，并对非法操作加以更正。

当一个用户在使用数据库当中发现某个数据操作不是自己所为时，就说明自己的账户被泄露，或者被入侵者攻破。此时将异常情况报告系统管理员，系统管理员就可调阅审计记录，弄清楚伪用户是在何时从何地（机器 IP 地址）登录系统，并执行了哪些非法操作。利用审计记录能为案件侦破提供证据和线索，为尽快消除隐患提供支撑。

审计能带来很多好处，但也有代价。审计要占用系统资源，包括 CPU 资源和存储资源，因此也就会对系统性能产生一定的影响。数据库管理员对审计的配置要谨慎，要精心筹划，不能随意滥用。对关键数据，例如 Enroll 表中 score 列的修改，应该执行审计。对不是很重要的数据不要执行审计。

思考题 5-7：登录用户向数据库服务器提交的 SQL 操作分 DML 操作和 DDL 操作。DML 操作又分查询操作和更新操作（包括添加、修改、删除）。权限管理属于 DDL 操作，这句话对吗？对 DDL 操作都应该执行审计，对吗？请说明理由。

思考题 5-8：银行的业务数据库非常重要，用户的钱和交易情况都记录在数据库中。其中有账号表 Account(user_id, password, account_no, phone,identity_no, branch_no, balance)，还有交易记录表 TransRecord(pay_account, in_account, day_time, amount，branch_no, clerk_no)。请为银行设计一个权限管理方案，做到即使是数据库的 DBA 也无法或者不敢执行非法操作。

5.6 本章小结

在数据库管理系统中，安全管理有三道防线。第一道防线设在大门口，检查用户的登录。只有合法的用户才能登录。账号通过用户名和密码来标识。第二道防线是检查用户提交的每一个 SQL 语句，判断其是否合规。只有授权了的操作请求才会被 DBMS 受理，否则便被拒绝。第三道防线是审计，即对用户的一举一动进行跟踪记录。当发现有安全问题时，便可调阅审计记录，弄清事实真相，为案件侦破提供线索和证据。

权限配置管理要做到结构清晰简洁、一目了然，就要遵循两条原则。第一条是：在权限管理中，只给角色授权，不给用户授权，然后再将角色授予用户。第二条是：用户执行授权时，应以角色的身份来进行授权，不应以用户身份进行授权。这样做与业务管理原则是完全一致的。如果给用户授权或者以用户名义授权，那么当人员有变动时，就容易引起混乱，出现漏洞。

安全问题并未就此而止，第 9 章将进一步展开讨论。

习题

大学教务管理数据库中有如下 5 个表：

Student (studentNo, name, sex, birthday, phone, deptNo)

Course (courseNo, name, textbook, credit, hours, deptNo)

Teacher (teacherNo, name, rank, email, phone, deptNo)

Department(deptNo, name, Address, telephone, dean_no)

Enroll (studentNo, courseNo, semester, classNo, teacherNo, score)

1. 对如下两个 SQL 语句，判定要执行它时需要哪些权限。

```
1)INSERT INTO enroll(studentNo, courseNo, semester) (SELECT studentNo,
     'H61030009', '2018-1' FROM student WHERE deptNo ='21' AND studentNo
     LIKE '2016_ _24%');
2)SELECT t1.name, t1.teacherNo, SUM(c.hours) AS sumHours FROM teacher AS
     t1, teach AS t2, course AS c, dept AS d WHERE t1.deptNo = d.deptNo AND
     t1.teacherNo = t2.teacherNo AND t2.courseNo = c.courseNo AND d.name =
     '信息学院' AND t2.semester LIKE '2019% ' GROUP BY t1.name, t1.teacherNo
     HAVING sumHours <192;
```

2. 用 SQL 语句回答如下问题：

1）创建角色 teacher、administrator、student。

2）创建用户 s1、s2、t1、a1。

3）将角色 student 指派给用户 s1 和 s2。

4）将角色 assistant 和 teacher 指派给用户 a1。

5）将角色 teacher 指派给用户 t1。

6）给角色 assistant 赋权：对 Teacher 表有添加、修改、删除的权限。

7）以角色 assistant 的身份给角色 student 赋权：对 Enroll 表具有 INSERT 权限，添加时限定仅为 studentNo、courseNo、semester 这三个字段赋值。

8）解除用户 a1 的 assistant 角色。

9）删除用户 s2。

第 6 章　事务处理与故障恢复

上一章探讨了数据库中数据安全性问题及其解决方案。数据库中数据还面临正确性问题。数据的正确性来自两个方面的威胁：数据冗余和系统故障。为此数据正确性问题分为两个子类：1）无故障情况下的数据正确性问题；2）有故障情况下的数据正确性问题。无故障情况下的数据正确性问题将在第 8 章讨论。有故障情况下的数据正确性问题根源于系统故障，例如软件故障、硬件故障、停电，甚至地震、恐怖袭击等灾害故障。故障会对数据库中的数据产生破坏性影响，引起数据丢失、数据不一致。企业和用户的数据全都存储在数据库中，绝对不允许发生数据不正确的情形。故障具有不可避免性，会导致数据丢失或者残缺不全，为此提出了事务管理概念，并采取故障恢复策略来取得数据的正确性。故障恢复采用冗余策略：在无故障时，用户的数据更新操作（添加、修改、删除），除了施加于数据库之外，还记录在日志里。日志先是存储在内存中，然后写往日志磁盘，还可通过网络进一步传给异地的备用服务器。更新操作有了冗余记载之后，当数据库中数据因故障受到损害时，就可使用日志来对其进行恢复，以此取得数据正确性。

6.1 节介绍事务的概念，6.2 节对故障进行分类，并探讨故障恢复策略。基于日志的故障恢复技术将在 6.3 节展示。磁盘故障、灾害故障的恢复分别在 6.4 节和 6.5 节讲述。6.6 节简单介绍四类故障的检测方法。6.7 节是本章小结。

6.1　事务处理

用户提交一个数据操作请求给数据库服务器，数据库管理系统首先对请求进行三道检查，确定用户的请求是否具有可执行性。第一道检查是语法检查，看是否存在 SQL 语法错误；第二道检查是看请求中所涉及的表、字段等内容在数据库中是否存在；第三道检查是合法性检查，看请求的操作是否满足数据完整性和数据安全性约束。只有通过了三道检查之后，用户的请求才具有可执行性。

用户提交的一次请求具有可执行性，并不等于请求就会成功。在执行过程中，还可能遇到故障，导致数据库中的数据丢失、不一致、不正确。例如银行交易数据库，它有一个账户表，其主键为 accountNo 字段，balance 字段记录了用户账号的余额，如图 6-1 所示。当用户花钱或者出账时，余额（balance 字段的值）会减少。当用户存钱或者进账时，余额会增多。

例 6-1　转账请求：当客户周山要给其朋友汪兵还款 1000 元时，他向数据库管理系统提交一个转账请求。该请求包含的 SQL 语句如下：

```
UPDATE account SET balance = balance - 1000 WHERE accountNo = '2008043101';
UPDATE account SET balance = balance + 1000 WHERE accountNo = '2008043214';
```

name	accountNo	identityNo	balance
周山	2008043101	430104198010101010	400
汪兵	2008043214	430104197611111111	4500
张珊	2008043332	430104196912121212	137 000

图6-1　银行交易数据库中的账号表Account

该请求具有可执行性，而且包含有两个更新操作SQL语句。从业务角度来看，当这个请求被DBMS执行时，其包含的两个SQL语句应该是一个整体，不可拆分。但是，因为系统故障的不可避免性，客户请求的不可拆分性可能得不到满足。例如，在DBMS执行完第一个更新语句后，出现停电故障。此时，第二个更新语句尚未来得及执行。当供电恢复后，数据库管理系统通过重启来恢复。恢复后，Account表中的数据，体现了周山出账1000元，但是没有体现汪兵进账1000元。这种情形是不可接受的。

从上述例子可知，系统故障会使用户请求的不可拆分性遭受破坏。为了合理地处理该问题，引入了事务概念。用户可将其操作请求定义为一个**事务**（transaction）。业务要求事务必须具有4个属性：**原子性**（atomicity）、**一致性**（consistency）、**隔离性**（isolation）、**持久性**（durability），也称作事务的ACID属性。这4个属性也是DBMS与用户之间达成的一种共识协议。其含义是：用户向DBMS提交事务请求，得到的响应要么是成功，要么是不成功。成功的含义是：事务被成功地执行，随后无论是发生何种故障，在故障恢复后，该事务都会在恢复后的数据库中得到完整体现。不成功的含义是：DBMS遇到了故障，该事务不会对数据库中的数据产生一丝影响，就好像用户没有向DBMS提交该事务请求一样。用户得到不成功的响应，也能接受，因为请求不会带来不良后果。用户可以等到故障恢复后，再次向DBMS提交该事务请求。

对上述例6-1的转账请求，将其定义为一个事务，SQL语法如下：

```
TRANSACTION BEGIN
UPDATE account SET balance = balance - 1000 WHERE accountNo = '2008043101';
UPDATE account SET balance = balance + 1000 WHERE accountNo = '2008043214';
END;
```

TRANSACTION BEGIN表示一个事务的开始，END表示一个事务的结束。其中包含的SQL语句就是用户提交的操作请求。

上述的事务处理方案是一种用户和DBMS相互妥协的折中结果。从用户方来看，理想状态是DBMS不会遇到故障，所有提交的事务都会成功执行。从DBMS方来看，因为故障的不可避免性，事务的不可拆分性面临挑战，用户的期望无法满足。于是双方都各退一步。在用户一方，不再坚持自己提交的事务请求，DBMS一定要成功执行，返回一个成功执行的响应结果。对用户提交的事务请求，DBMS可以返回一个执行不成功的响应结果。不成功时，用户有两种选择：1）放弃该事务请求；2）等待，直至故障恢复后，再重新提交事务请求。在DBMS一方，在承诺事务的不可拆分性的同时，增加了一种不可拆分的表现形式。不可拆分的一种表现形式是用户的事务请求被完整地执行完毕，随后持久有效，不会因为随后发生故障而受到影响。不可拆分的另一种表现形式是当 DBMS 给用户返回一个执行不成功的响应结果时，就等于 DBMS 根本就没有执行该事务。也就是说，不会出现一个事务中包含的多个操作，一部分被执行，而另一部分却没有执行的情形。

这种折中妥协，用户是可以接受的。故障会对用户带来影响，但不会动摇事务的不可拆分性。事务的 4 个属性中，原子性是指事务的不可拆分性，即用户提交的一个事务请求，DBMS 要么完整地将其执行完毕，要么根本就没有执行它。一致性是指当事务的原子性没有得到保障时，会导致数据库中的数据不一致。例如上述例 6-1 中的转账请求，在转账前，周山和汪兵两人的账上余额之和，应该和转账之后两人账上余额之和相等。但是当 DBMS 执行完第一个操作语句，没来得及执行第二个语句时，系统发生故障。在故障恢复后，转账前后两人账上余额之和就不会相等，这就是不一致的表现。

事务的隔离性与事务的并发执行相关。当 DBMS 对用户的事务请求采用串行方式执行时，能保证执行结果正确。为了提升处理系统，DBMS 对用户的事务请求通常采用多线程技术，让多个事务并发执行。并发执行如果毫无约束和控制，会带来数据不正确的问题。事务的隔离性就是指：多个事务以并发方式执行所产生的效果和结果，一定要如同是以串行方式在执行一样，不会存在差异。事务的并发执行及其带来的不正确问题将在第 7 章详细介绍。

事务的持久性是指：对于用户的一个事务请求，DBMS 一旦给用户返回了一个执行成功的响应结果，那么随后无论发生什么故障，该事务都会在故障恢复后的数据库中得到完整体现，不会因为故障而受到影响。也就是说，DBMS 给用户返回了一个执行成功的响应结果，不会因为随后发生故障而被撤销，变成一个执行不成功的响应结果。

思考题 6-1：*用户提交操作请求，可能因为故障，看不到响应结果。例如，用户在 ATM 上取钱，可能因为 ATM 突然停电，用户看不到自己的操作请求的响应结果。面对这种情形，如何来解决？对该问题，再来一个提示性问题：用户到银行开户时，提供手机号码和 email，必需吗？提供手机号码和 email 可以起到什么作用？*

6.2　系统故障及其恢复策略

在日常生活与工作当中，人们会遇到一些意外情况。例如，对家里入户门的钥匙，通常都是随身携带。随身携带可能会遇到一些意外情况，比如丢失，被偷。钥匙一旦被偷或者丢失，就会造成不能进家门的严重后果。为了应对这种情形，通常的做法是：在未丢失或被偷之前，拿着钥匙找人复制一份，然后将备份钥匙放在办公室。这样，万一随身携带的钥匙丢失，也不会造成严重后果，可到办公室去把备份钥匙取来开门。对不常发生，但一旦发生便会带来严重后果的事件，称为故障。故障具有不可避免性。

故障恢复有两层含义。第一层含义指在故障尚未发生之前，采取的防备措施。第二层含义指在故障发生之后，采取的故障恢复措施。在上述案例中，故障发生前的防备措施是指复制一份钥匙，将备份钥匙放到办公室。故障恢复措施是指，去办公室取备份钥匙。防备措施是故障恢复的前提和基础。没有防备措施，故障恢复就无从谈起。

故障恢复有代价。在上述案例中，故障恢复的代价就是花钱找人复制一份钥匙，并将备份钥匙放到办公室。故障带来的影响从不能进家门这一严重后果降低到了多跑一趟办公室取备份钥匙。故障恢复是代价与收益的博弈。通常的情形是：防备时所付的代价越大，故障恢复时的补救收益也就越大。如果故障没有发生，那么防备时所付出的代价也就白费了。买保险也是类似的。

数据库系统中的故障可分为4类：**事务故障**、**系统崩溃故障**、**磁盘故障**、**灾害故障**。这4类故障，从故障带来后果的严重程度来看，依次增强；从故障发生的概率来看，依次减小。事务故障是指一个事务在执行过程中，无法继续向下执行，也就无法完成。例如，对于例6-1的转账请求，执行第一个语句没有问题，但执行第二个语句时，可能会遇到问题。其原因是周山账上的余额不够，只有400元，不足以支付出账钱数1000元，于是事务无法正常完成。另外一个例子是：求每个员工的平均月收入，求法为每月实际收入之和除以月份数。可能出现某个员工停薪留职，不发工资，于是会出现计算0除以0的情形，产生异常，事务无法继续向下执行。假设一个事务在故障前对数据项A执行了更新操作（添加、删除、修改），然后发生事务故障，那么数据项A就是受故障影响的数据。事务故障的恢复相对简单，那就是给用户返回一个执行不成功的响应结果，然后**撤销**（Undo）已经执行了的更新操作，再放弃该事务。要能撤销已做的更新操作，需要有防备措施。

系统崩溃故障的特点是内存数据全部丢失，例如停电故障，因软件或硬件原因导致的蓝屏死机故障。磁盘故障的特点是磁盘数据丢失。灾害故障的特点是机房被毁，整机数据丢失，例如地震、火灾、水灾、恐怖袭击等。事务故障是经常发生的故障，系统崩溃故障只偶尔发生，磁盘故障可能几年才发生一次，而灾害故障则更罕见。

思考题6-2：导致事务故障的原因有哪些？

6.3　基于日志的故障恢复

数据库中的数据存储在数据库磁盘上。磁盘具有容量大、性价比高的特点。更为关键的是数据存储在磁盘上，即使停电，数据也不会丢失。但是磁盘也有它的短处：访问延迟大、速度慢。其原因是数据分布在盘面空间中，读写时要移动磁头，定位数据。为了减少磁头移动，提升数据处理性能，在内存中开辟数据库缓存区，来缓存磁盘上数据库中的数据，如图6-2所示。每个事务在执行时，在内存中有其私有缓存区。当事务要读取数据时，将其从数据库缓存区读取到私有缓存区。要写数据时，则将数据从私有缓存区写到数据库缓存区。数据从磁盘到数据库缓存区，称作**预取**（prefetch），可以批量进行。更新了的数据，也缓存在数据库缓存区，通常并不会立即写向数据库磁盘。直至磁头顺路或者必要时，更新才会写向磁盘。

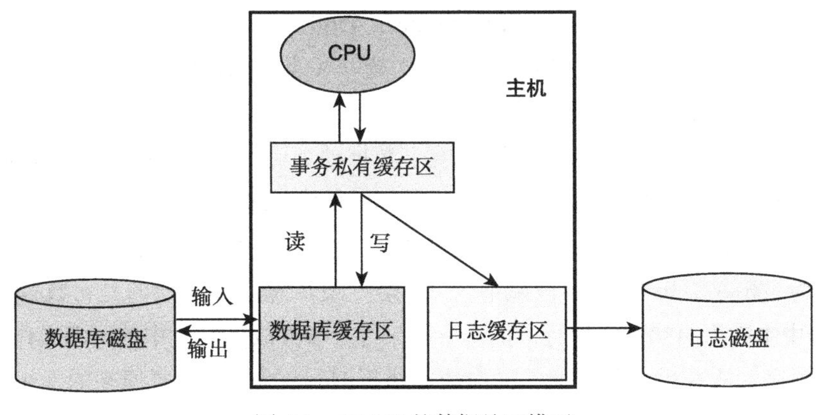

图 6-2 DBMS 的数据处理模型

为了故障恢复，事务在执行更新操作时，要对数据进行冗余备份，称作**日志**（logging）。更新除了作用于数据库缓存区之外，还形成**日志**（log），记录数据更新前的值和更新后的值，并写向日志缓存区，如图 6-2 所示。例如，假定数据项 A 的值为 4500，事务 T_α 要将数据项 A 的值做加 1000 处理，那么事务 T_α 先从数据库缓存区读取 A 的值（4500）到其私有缓存区，再做加 1000 处理，然后将其结果（5500）写向数据库缓存区。与此同时，形成日志记录 <α, A：4500, 5500> 写向日志缓存区，以备故障恢复之用。该日志记录中，α 为事务的标识号，A 为更新的数据项，4500 表示更新前的值，5500 表示更新后的值。日志记录除了放在日志缓存区外，还可将其输出到日志磁盘，甚至远程的备份机上。

小知识：log 一词来自古时的航海日志。在古代，在茫茫大海中扬帆航行，没有钟表，没有向导，仅有一个指南针，稍不留神，就会偏离目的地，迷失在浩瀚的海洋中。航海全靠日志，把基于肉眼观察到的航速、方向、风标、海浪、气象、天文、时间记录下来，然后基于整个航程的日志记录和以往的经验，来估算位置，决定如何操控风帆，做到不偏航。正是因为积累了大量的航海日志，人们不断地从中总结规律和特征，才引发了科技的出现。可以说，是航海催生了科技的出现和发展。

当发生事务故障时，只是故障事务不能继续执行而已。其他部分都依然正常，数据库缓存区和日志缓存区中的数据也都依然完好存在。假定事务 T_α 在执行过程中发生事务故障，其恢复步骤如下：1）给事务 T_α 的请求者返回一个执行不成功的响应结果；2）从日志缓存区中的日志中查取出事务 T_α 的日志记录；3）使用日志记录，执行**回滚**（rollback）操作：将数据库缓存区中数据项的值改回为更新前的值，称作 Undo 操作；4）放弃 T_α 事务。这样一来，就好像事务 T_α 根本就没有发生一样。

注意，日志记录有顺序关系，其先后顺序就是事务执行更新操作的顺序。设事务 T_α 先后对数据项 A、B、C 做更新操作，那么其日志记录的顺序如下：

<α, UPDATE, account, pk: '430125', balance: 4500, 5500>

<α, INSERT, account, pk: '430127', name: '杨一', balance: 0>

<α, DELETE, account, pk:'430129'>

在该例子中，第一条日志记录反映的是：数据项A是指account表中主键为'430125'的行，操作为更新，更新内容为balance字段，旧值为4500，新值为5500。第二条日志记录反映的是：数据项B是指account表中主键为'430127'的行，操作为添加行，name字段赋值为'杨一'，balance字段赋值为0。第三条日志记录反映的是：数据项C是指account表中主键为'430129'的行，操作为删除行。事务故障恢复中的回滚操作，是依据日志记录顺序，从最后一行开始，逆向依次执行Undo操作，恢复原来的形貌。就如同用Word做文本编辑时执行Undo操作。

注意：故障恢复中的数据项是指某个表中的某行，用表名加上主键的取值来标识。

当发生系统崩溃故障时，整个内存中的数据都丢失，自然包括数据库缓存区和日志缓存区中的内容。如果日志只存放在日志缓存区中，那么故障恢复就无从谈起。为了防备该类故障，日志缓存区中的日志记录还要输出到日志磁盘上。当事务T_α成功执行完后，要写一个<α，COMMIT>日志记录，然后将其所有日志输出到日志磁盘。日志都已写入日志磁盘后，此时的事务状态被称为**提交**（COMMIT）状态，这时才能向用户返回"执行成功"的响应结果。只有这样，随后发生诸如系统崩溃之类的故障时，对"执行成功"的事务，才有可能兑现其持久有效性。

对一个事务，在给用户回答"执行成功"的响应之前，其日志必须输出到日志磁盘。另外，即使一个事务还未执行完毕，它已更新的数据项，也有可能要从数据库缓存区输出到数据库磁盘。此时，其日志记录必须先输出到日志磁盘，然后才允许数据项输出到数据库磁盘。这种约束称为WAL约束。WAL是Write After Log的缩写。

当下列情形发生时，数据库缓存区的数据要输出到数据库磁盘。当数据库中的数据量超出数据库缓存区大小时，有些数据无法缓存。当某个事务要读取一个不在缓存中的数据时，就必须先在缓存中为其腾出一个空间来。也就是说，要选择部分已缓存的数据，释放出其占用的缓存空间。如果被选的数据项是更新了的数据项，那么就要先将其输出到数据库磁盘，然后才能释放。因此，即使一个事务（T_α）并未成功执行完毕，日志磁盘上也可能有其日志记录，只是没有<α，COMMIT>的记录。

当发生系统崩溃故障时，其恢复步骤如下：1）重启数据库服务器；2）读取日志磁盘上的日志记录；3）从最后一条日志记录开始反向扫描，根据是否有<x，COMMIT>标记，判断出已成功执行完毕的事务，以及执行未成功的事务；4）从第一条日志记录开始，顺向扫描，对已成功执行完毕的事务，依次做Redo操作，确保其持久有效性；5）从最后一条日志记录开始反向扫描，对执行未成功的事务，依次做Undo操作，确保其如同没有发生一样。故障恢复之后，系统转为正常运行，开始受理用户的事务请求。

例6-2　银行交易数据库服务器受理了两个事务，其中第一个为转账事务，第二个为取钱事务。DBMS为每个事务指派一个标识序号，设两个事务分别为T_0和T_1。其程序伪码如图 6-3 所示。假设发生了系统崩溃故障。恢复时，从日志磁盘读取到的日志记录如图 6-4 所示。从日志的 commit 标记可知，事务 T_0 已经成功执行完毕，而事务 T_1 没有成功执行完毕。因此先对 T_0 执行 Redo 操作，将数据库中的数据项 A 的值设成 3500，将数据项 B 的值设为 3000，确保故障恢复后事务 T_0 的持久有效性。然后对 T_1 执行 Undo 操作，将数据项 C 的值设为 700, 让 T_1 如同没有发生一般。

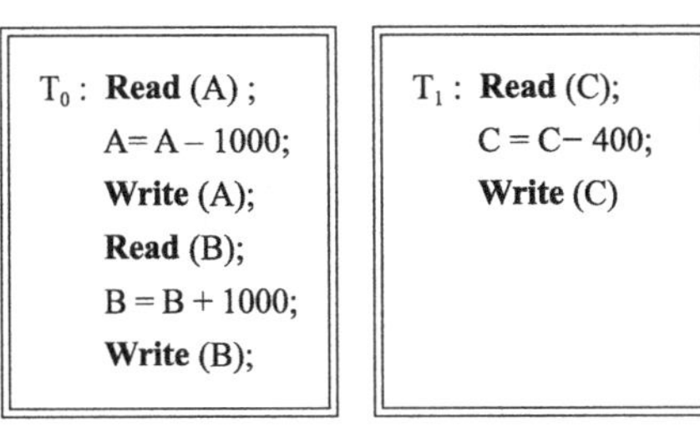

图 6-3 两个事务的伪码

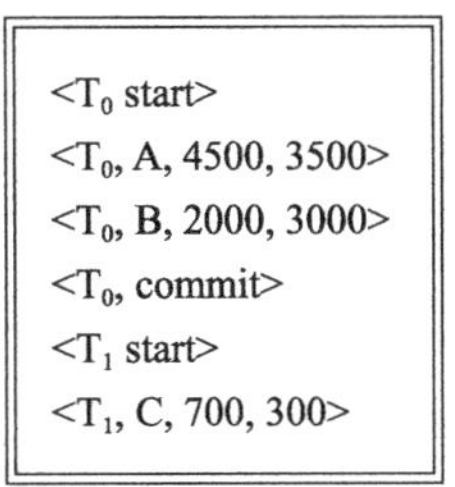

图 6-4 日志磁盘上的日志记录

思考题 6-3：*故障恢复时，重启系统，此时数据库磁盘上的数据项 A 的值为多少？C 的值为多少？*

A 的值是 4500 或者 3500，两者都有可能。即使 T_0 事务已经成功执行完毕，其更新可能只作用在数据库缓存区，并未输出到数据库磁盘上。发生崩溃故障时，数据库磁盘上的数据项 A 的值是更新前的值（3500）。当然，也可能在 A 值更新之后至崩溃故障发生这段时间中，数据项 A 所占缓存被清空，其值输出到了磁盘。如果是这样，那么故障重启后 A 的值是 4500。故障恢复时做 Redo 操作，能确保 T_0 事务的持久有效。C 的值也一样，可能是 700，也可能是 300。尽管 T_1 事务还没有成功执行完毕，但在 C 值更新之后至崩溃故障发生这段时间中，数据项 C 所占缓存可能被清空，其值输出到了磁盘。

这也说明了，尽管一个事务还没有成功执行完毕，但其已更新的数据项有可能要从数据库缓存区输出到数据库磁盘。此时，其日志记录必须先输出到日志磁盘。这一约束条件是必要的。如果不这么做，那么在发生系统崩溃故障时，对没有成功执行完毕的事务，就无法做回滚操作，事务的原子性就得不到保证。

从上述系统崩溃故障的恢复过程可知，对已经成功执行完毕的事务，要做 Redo 操作，确保其更新持久有效。如果系统正常运行了很长时间，比如一个月，那么这一个月以来所受理的事务都要 Redo 一次。故障恢复时间就会很长很长，不可接受。为了加快故障恢复，可以让 DBMS 定期做**检查点**（checkpoint）。做检查点的步骤如下：1）增加一条日志记录 <checkpoint，当前尚未执行完毕的事务列表>；2）将日志缓存区中的所有日志记录输出到日志磁盘；3）将数据库缓存区中已更新的数据全部输出到数据库磁盘。

检查点使得之前的所有数据更新都输出到了数据库磁盘。因此，对于发生在检查点之后的系统崩溃故障，其恢复中的 Redo 操作就可只针对检查点后的更新操作，于是故障恢复时间大大缩短。例如，假设在做检查点时，有两个正在执行的事务，做检查点后又执行了三个事务，然后发生故障，如图 6-5 所示。故障恢复时，对日志记录的逆向扫描，只要达到 <checkpoint, (T_3，T_4)> 即可，对已经成功执行完毕的事务，只要对 T_3、T_4、T_5、T_6 做 Redo 操作。对检查点时刻前的 T_1、T_2 事务，不需要做 Redo 操作。Redo 完成后，再对 T_7 做 Undo 操作。

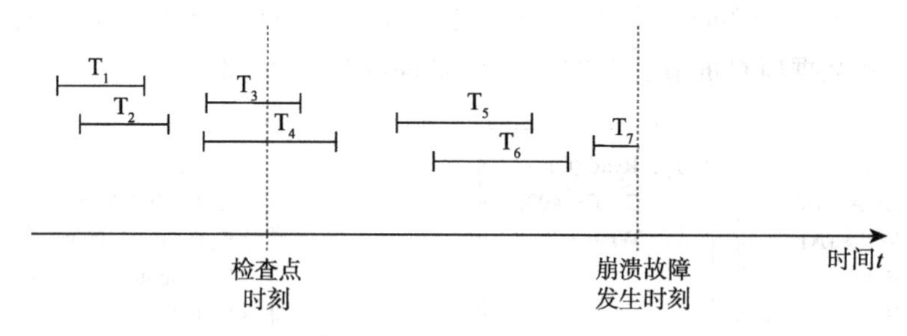

图 6-5　有检查点情形下的系统崩溃故障恢复

检查点的执行时刻和间隔时长是数据库维护的一个配置参数。检查点间隔太短，对性能有影响。间隔太长，对故障恢复时间有影响。因此，检查点间隔时间选择要适当。通常选择在晚上数据库服务器负载小的时候执行，每天执行一次。

从上述日志方法来看，日志数据和数据库数据既有联系，又有完全不同的特性。日志数据是数据更新的语义记载，不仅记下了更新前的值，还记下了更新后的值。数据库中包含着大量的数据项，它们散布在数据库磁盘的盘面空间中。每读 / 写一个数据项，都需要先移动磁头进行定位，然后才能执行读 / 写操作。因此从磁盘读写数据项的时延大、性能低，要尽量减少磁盘读写。日志数据的特性完全不同。在无故障运行时，日志数据不断生成，而且是只写不读。日志输出到磁盘有两个同步约束：1）一个事务向用户提交前，其日志必须先输出到磁盘；2）更新了的数据从缓存释放前，也要先将其日志输出到磁盘。这两个同步约束导致日志数据输出到磁盘的频率非常高。

日志数据和数据库数据不要同盘存储。如果同盘存储，数据库服务器的性能就会变得非常低下。假定磁头停在日志数据存储区记日志，当要读写数据库数据时，磁头就要移动到数据库数据存储区去。输出日志时，磁头又要移回日志数据存储区。由于输出日志的频率非常高，因此磁头便会在数据库数据存储区和日志存储区之间来回不停地移动，导致磁盘访问的效率低下、时延大、性能低。

在无故障运行时，日志数据输出到磁盘具有**只写不读性**和**高频性**。从这一特性可知，一定要配置专用的日志磁盘。只有这样，才能实现在连续的磁盘存储空间中，让磁头专一地写日志数据，避免磁头来回移动，取得日志数据输向磁盘的高效性和快速性。

日志数据的磁盘存储位置是数据库的另一项配置参数。通常是在安装 DBMS 时，要求用户设置。系统有个默认设置。在安装 DBMS 时，会提示安装者指定数据库管理系统的安装目录。日志的默认设置就是安装目录下的一个日志子目录。那么该默认设置为什么不是另外的专用磁盘呢？其原因是：厂商遵循的是最小化安装使用原则。如果默认设置是专用的磁盘，那么只有一个磁盘的机器就不能安装和运行其产品。这是厂商不愿意看到的情形。

如果日志数据和数据库数据同盘存储，会严重影响系统性能。不过这种影响在数据库投入运行的初期并不会暴露出来。其原因是，运行初期的数据量不大，数据库缓存区能够容纳下整个数据库中的数据。在这种情况下，查询操作所需的数据在数据库缓冲区中都有，更新操作带来的新数据在数据库缓冲区中都能容纳得下。于是，对于数据库而言基本上没有磁盘操作发生，只有写日志这一项事情要做。在这种情形下，就不会出现一会要读写数据库数据，一会又要转去写日志，不会出现磁头在这两个事情之间不断地来回切换。随着时间推移，数据库中的数据量不断增大。当数据库缓冲区容纳不下整个数据库时，如果所需数据不在缓存中，就要向磁盘写数据，以便腾空释放空间，然后读数据。于是数据库数据的磁盘访问频率就会不断增高。这就会导致磁头在日志存储区与数据库存储区之间频繁地来回移动，性能开始下降。数据库中的数据量越大，性能下降就越明显。

日志数据和数据库数据同盘存储，还存在另外一个问题。那就是只能容系统崩溃故障，不能容磁盘故障。一旦发生磁盘故障，日志数据和数据库数据同时丢失，故障恢复无从谈起。

思考题 6-4：对于一个事务，当其日志从内存输出到磁盘后，就将其从内存中删除。这样做可以吗？请说明理由。日志在内存的生命周期要直至事务被成功提交之后才结束，为什么？

6.4 磁盘故障的恢复

磁盘故障分为数据库磁盘故障和日志磁盘故障。数据库磁盘故障导致存储在它上面的所有数据都丢失。数据库服务器一旦检测到数据库磁盘故障，便对当前执行的事务放弃执行，给其用户回答执行不成功的响应结果，然后进行故障恢复。从理论上来说，数据库磁盘故障的恢复，可以从数据库建立时刻至故障发生时刻这段时间所做的日志来恢复。但恢复时间太长，不可接受。加快数据库磁盘故障恢复的办法是做**数据库备份**（dump）。

数据库备份的步骤如下：1）暂停受理用户请求，将当前执行的事务处理完毕；2）把日志缓冲区中的日志全部输出到日志磁盘；3）把数据库缓存区中所有更新了的数据输出到数据库磁盘；4）把数据库磁盘复制一份，存档备用；5）向日志磁盘写一条 <dump> 日志记录，标记磁盘备份；6）恢复受理用户请求，转为正常运行。

数据库备份的执行时刻和间隔时长也是数据库维护的一个配置参数。备份间隔太长，对故障恢复时间有很大影响。因此，数据库备份时间点的选择以及间隔时长选择要适当。数据库备份通常会导致系统不可用或者性能显著下降，一般都选择在星期天的晚上 1 点，在数据库服务器负载最小的时候执行。也有很多数据库产品支持热备份。热备份将在灾害故障的恢复部分介绍。

数据库磁盘故障的恢复步骤如下：1）对当前执行的事务，放弃其执行，给其请求用户返回一个执行不成功的响应结果；2）关闭 DBMS 系统；3）取出最近的数据库备份磁盘，顶替已出故障的数据库磁盘；4）重启 DBMS 系统，然后对日志从最后一条开始进行反向扫描，直至 <dump> 记录，从该记录开始，顺向扫描，对成功执行完毕的事务，执行 Redo 操作；5）转为正常运行。

对于数据库磁盘故障的恢复，最近备份时刻以前的数据，都在备份磁盘上。从备份时刻至故障发生时刻这段时间中所做的数据更新，都记录在 <dump> 之后的日志中。因此，在这段时间中成功执行完毕的事务，即在日志中带 <x, COMMIT> 标记的事务，都要做 Redo 操作，让数据库恢复到故障前时刻的状态。

思考题 6-5：*在数据库磁盘故障恢复中，对于日志中没有 <x, COMMIT> 标记的事务，不需要做 Undo 操作，为什么？*

当日志磁盘发生故障时，其恢复步骤如下：1）暂停受理用户请求，对当前未成功执行完毕的事务，放弃其执行，做回滚操作，给其用户返回执行不成功的响应结果；2）将数据库缓存区中所有更新了的数据输出到数据库磁盘；3）做数据库备份；4）拿一个新日志磁盘，顶替已出故障的日志磁盘；5）写一条 <dump> 日志记录；6）转为正常运行。

日志的用途是为了故障恢复，只有在数据库中的数据因为故障出现丢失时才会派上用场。因此，在只有日志磁盘发生故障，而其他都正常时，其恢复方法就是使得当前时刻的数据库数据随后不会因故障而丢失。这样就使得已做的日志不再需要。做数据库备份，能使已做的日志不再有用。

如果数据库磁盘和日志磁盘同时发生故障，那么就无法恢复了。因此，将日志保存在日志缓存区以及日志磁盘中，并不能保证系统绝对可靠，而只是提高了系统可靠性。可靠性到底提高到了什么程度？可从理论计算来量化。假定一个磁盘发生故障的概率为 p，那么两个磁盘同时发生故障的概率为 p^2。磁盘的正常工作时间在 5 年左右，即发生故障的概率 p 为 0.001 左右。p^2 为 10^{-6} 左右，折算回时间，大概是 200 年左右。也就是说，可靠性从 5 年提高到了 200 年。对单个磁盘，平均 5 年左右就能见到一次故障；对两个磁盘同时发生故障，则要平均 200 年左右才能见到一次。因此说可靠性得到了显著提高。两个磁盘同时发生故障是一个小概率事件。平时从新闻中听到某个防洪大堤的加固扩建，其抗洪能力从抵御 20 年一遇的洪水提高到抵御百年一遇的洪水。两件事说明的是同一道理。

思考题 6-6：*做数据库备份时，要关起门来，停止对外提供服务。备份期间不受理用户的操作请求。能否做到不关门和不停止对外提供服务来做数据库备份？*

思考题 6-7：*数据库备份因数据量大，需要一定时间才能完成。在备份期间通常不受理用户的操作请求。能否实现数据库的增量备份，以减短数据库备份时间？增量备份是指自上次备份以来，只有那些发生了更新操作的磁盘块才需要备份，那些没有发生更新操作的磁盘块数据，就以上次备份为准，没有必要再次重写。增量备份能加快备份时间，减短数据库不可用的时长。请设计一个数据库磁盘增量备份实现方案。*

提示：*数据库以块为单元来访问磁盘，一个块的大小通常为 64 KB。磁盘存储空间*

由块构成，每个块都有一个序号来标识。也就是说，DBMS 读磁盘数据时，给定块号和内存起始地址，即把所指定的磁盘块读入指定的内存。写磁盘时也是如此，把指定内存中的数据写入指定的磁盘块。

6.5 灾害故障的恢复

灾害，例如水灾、火灾、地震、恐怖袭击，尽管很少发生，但若发生，造成的后果极为严重。它使得整个机房都遭受破坏，数据库磁盘和日志磁盘都不可用。为了容灾，日志仅存储在日志缓存区和本地日志磁盘中还不够，必须通过网络发送给远程备份机。远程备份如图 6-6 所示。

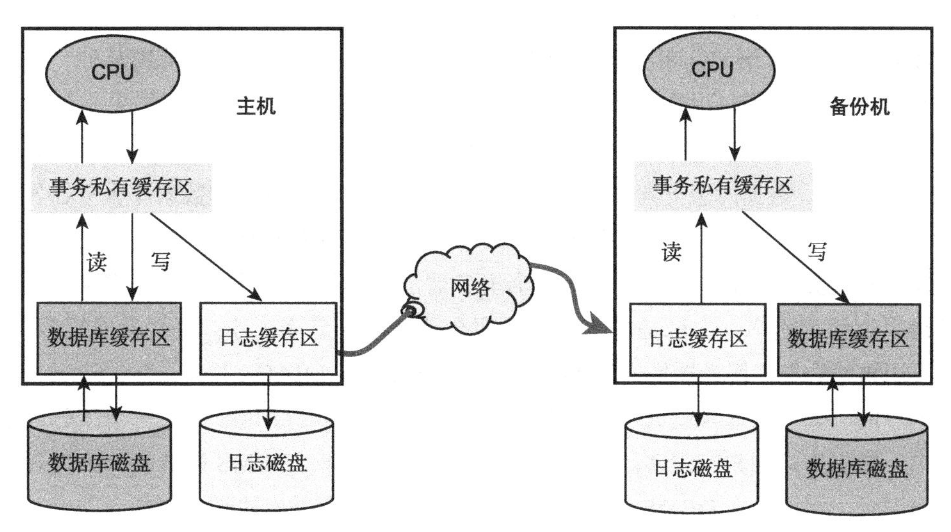

图 6-6 远程备份

远程备份机接受主机发送来的日志，将其输出到日志磁盘上，并用它来更新自己的数据库，使其与主机数据库同步。一旦发生灾害故障，备份机便接替主机，向用户提供服务。这种备份称作**热备份**。远程主机也可以只保存日志，并不实时做数据库更新，这种备份称作**冷备份**。热备份的故障恢复时间很短，而冷备份的故障恢复时间要长很多。不过冷备份的运行成本要低很多。

一个事务的日志只有到达远程备份机上，在随后的灾害故障恢复中，才能保证其持久有效性。因此，对于一个事务，只有收到日志磁盘和远程备份机两路的签收应答后，才能给用户回答成功执行完毕的响应结果。这就是 two-safe 提交协议。这种做法会使得数据库服务器的性能明显下降。其原因是：网络传输距离远，其延迟要比本地磁盘传输的延迟大很多。也就是说，给用户响应的时间点被明显延后，一个事务的处理时间被明显延长。

为了兼顾性能，也可采用 one-safe 提交协议。在该协议中，只需等待日志磁盘的签收应答后，就可给用户回答成功执行完毕的响应结果，并不等待远程备份机的签收应答。该协议弱化了可靠性。一旦发生灾害故障，可能出现远程备份机碰巧没有收到日志的情形，于是恢复出现不一致：用户被告知事务已成功执行完毕，但在故障恢复后的数据中并没有体现出来。尽管如此，one-safe 协议有它的可行性。首先是灾害故障不常见，另外远程备份机碰巧没有收到日志的情形也很少发生。再者，就算是丢失了一两个事务的日志数据，其影响相对于灾害本身的影响要小很多，用户也会谅解，可协商解决。

6.6 故障检测及恢复的实现

用户使用应用程序访问数据库。访问的过程是先以用户账号信息登录数据库，建立起一个连接，然后向数据库服务器发送数据操作请求，等待响应结果。这一过程的编程将在第 9 章详细介绍。用户的数据操作请求以 SQL 语句形式表示，一个请求包含一个或者多个 SQL 语句。事务的提交有自动提交模式和非自动提交模式两种。在非自动提交模式下，当用户提交一个事务请求时，数据库服务器返回执行结果，但并没有提交该事务。当用户收到一个成功执行的返回结果后，要再给数据库服务器发送一个 COMMIT 语句，数据库服务器才提交该事务。当然，用户也可以给数据库服务器发送一个 ROLLBACK 语句，称为数据库服务器撤销该事务。DBMS 的默认模式为自动提交模式。在自动提交模式下，当用户提交一个事务请求时，数据库服务器执行完请求，就把执行结果返回给用户。如果是成功执行，那么就自动提交该事务；否则就撤销该事务。用户不用再给数据库服务器发送 COMMIT 语句或者 ROLLBACK 语句。

用户的一个请求通常就为一个事务。对于每一个请求，DBMS 使用一个**工作线程**来执行它。数据库的用户有很多。所有用户都要访问数据库，DBMS 以并发方式处理用户的操作请求。因此，在 DBMS 进程中，会有多个工作线程并发执行。当两个并发执行的工作线程要访问同一数据项时，便会出现冲突。为了保证数据操作的正确，需要进行并发控制。DBMS 中有一个**并发控制调度线程**，来管控所有工作线程的执行步伐，以此兑现事务的隔离性属性。并发控制将在 7.5 节详细介绍。

对于事务故障，可基于异常处理机制来进行检测和恢复。工作线程执行的代码框架如图 6-7 所示，其中用户请求的操作放在 try 语句块中。发生事务故障时，采取抛出异常的方式来表示。在 catch 语句中捕获异常后，使用日志执行回滚，撤销已执行的操作，以此兑现事务的原子性。

注意：由异常机制可知，一旦发生异常，try 语句块中尚未执行的语句便不会再执行了，直接跳转到了 catch 语句中。

对于系统崩溃故障的检测，可设置一个 DBMS 崩溃标志参数，写在磁盘上。每次启动 DBMS 时，DBMS 主线程从磁盘读取该参数，并检查其值。如果它的值为 crash，就表明发生了系统崩溃故障，需要执行系统崩溃故障的恢复。如果它的值为 normal，就表明在此之前没有发生系统崩溃故障，要将其值改成 crash，写入磁盘。当正常关闭 DBMS 时，DBMS 把数据库缓存区的更新成功写入磁盘之后，将该参数的值改成

normal，写入磁盘。这样一来，每次启动 DBMS 时，就能感知出在此之前是否发生了系统崩溃故障。

```
try {
    LogStartTransaction( );  // 生成一条<t_id, start>日志记录
    执行用户请求的数据更新操作；
    logCommit( );     // 生成一条<t_id, commit>日志记录,
                      // 并等待其所有日志都已写入日志磁盘
} catch exception(e)  {   // 执行回滚
    log = getLog();
    if (log)  curRow = log.lastRow();
    while (curRow)  {
        undo(curRow);
        if (Log.isFirstRow( ) ) break;
        else curRow = log.prevRow();
    }
    logAbort( );    // 生成一条<t_id, abort>日志记录
    response.status =fail;
    response.detail =e.description;
}
response.status = success;
response.detail = 'OK';
```

图 6-7　基于异常处理机制实现的事务故障检测和恢复

对于磁盘故障，当 DBMS 访问磁盘时，便能感知出来。DBMS 一旦感知出有磁盘故障发生，便马上启动磁盘故障恢复程序，自动进行恢复。对于灾害故障，则由远程备份机来探测和感知，并通知网关切换路由，把用户的请求转投给备份机。

6.7　本章小结

数据库中的数据用磁盘来存储。由于数据量巨大，数据库中的数据散布在整个磁盘面上，而且是既要读，又要写。用户对数据的更新，如果每次都要输出到磁盘，那么磁头就会在整个盘面上到处移动，导致效率差、延时大、性能低下。与数据库中的数据相比，日志数据具有完全不同的特性。系统无故障运行时，日志数据输出到磁盘具有只写不读性以及高频性。从这一特性可知，数据库数据与日志数据不能同盘存储，一定要配置专用的日志磁盘。只有这样，才能取得日志数据输向磁盘的高效性和快速性。

数据库面临的故障分为 4 类：事务故障、系统崩溃故障、磁盘故障、灾害故障。从后果的严重程度来看，4 类故障依次增强。从发生概率来看，4 类故障依次减小。事务故障导致事务无法成功执行完毕，系统崩溃故障导致内存中的数据全丢失，磁盘故障导致磁盘上的数据全丢失，灾害故障导致整机数据丢失。故障恢复采用冗余策略。做日志能实现故障恢复，也就是说，能容错。日志存储在内存中，能容事务故障。日志存储在磁盘中，能容系统崩溃故障。如果日志数据与数据库数据分磁盘存储，那么就能容单磁盘故障。日志存储到远程备份机上，能容灾害故障。从性能来看，日志存储到内存中的

开销最小，存储到磁盘的开销次之，存储到远程备份机的开销最大。

做检查点能加快系统崩溃故障的恢复，做数据库备份能加快数据库磁盘故障的恢复。日志存储位置、检查点执行时刻点以及间隔时长、数据库备份执行时刻点以及间隔时长都是 DBMS 的配置参数。

习题

1. 大学教务管理数据库中，操作系统（courseNo 为 'H61030008'）是一门专业核心课，请为 2019 级软件工程专业（专业编号为 '24'）的每个学生，向选课表 enroll(studentNo, courseNo, semester, score) 中添加一行选修该课的记录。将这个操作定义为一个事务。学号的样式为 'yyyyddssccnn'，其中 yyyy 表示是哪一年级，dd 表示所属学院的编号，ss 表示专业编号。
2. 在图 6-7 所示的事务执行框架中，从其开始执行，直至执行 logCommit( ) 之前，其前面的数据更新日志已写入了日志磁盘，有可能吗？在这期间，那些已写入日志磁盘的日志记录，能从日志缓存区删除吗？请说明理由。logCommit( ) 不只是给日志缓存区添加一条 <t_id, COMMIT> 日志记录，还要等待，直至其所有日志记录被写入日志磁盘为止。为什么？对于 logAbort( )，它只是给日志缓存区添加一条 <t_id, ABORT> 日志记录，但并不需要等待。为什么？当一个事务被放弃，其所有日志记录还需要写入日志磁盘吗？请说明理由。

第 7 章 数据处理性能提升技术

在数据库系统中，数据库服务器的负载非常繁重，数据处理的性能问题非常突出。其原因是：所有用户的数据操作都要交由数据库服务器来完成，因此数据库服务器成了一个负载中心，面临着密集的用户访问。另外，所有用户的数据都存放在数据库中，因此数据库中的数据是海量的。对海量的数据进行查询和定位，非常费时耗力。如果数据处理的效率不高，那么用户的请求就不能及时响应，客户对系统的性能需求就不能得到满足。如何实现数据的高效处理，是数据库管理中的一个核心问题。

要提升数据处理性能，首先要了解数据处理的过程。从数据处理方面来看，计算机可视为由 CPU、内存、磁盘这三个组件构成。数据存储在磁盘上，其处理要由 CPU 来完成。其过程是先将数据从磁盘运输到内存，再由内存运输到 CPU，由 CPU 进行处理。如果是更新操作（删除、修改、添加），那么数据在处理完之后，要由 CPU 运输到内存，再由内存运输到磁盘。计算机的三个组件，其灵敏度很不协调。CPU 的响应速度和处理速度都很快，而磁盘则很慢，内存介于两者之间。内存所起的作用就是缓解 CPU 和磁盘两者的不协调性和不匹配性。内存和磁盘都是数据的存储介质，但它们有完全不同的特性。内存的优点是响应快，缺点是掉电时数据丢失，容量也远小于磁盘。磁盘的优点是容量大，掉电时数据不会丢失，其性价比远高于内存。磁盘的缺点是响应速度慢。

数据处理性能与硬件特性、数据特性以及用户对数据的访问特性密切相关。数据库中的数据存储在磁盘上，有量的概念。数据量大，占用的磁盘盘面空间就大。当要读写一个数据时，磁头要移动到数据在磁盘上所在位置。磁头移动的路程越长，所耗时间就越多，性能就越差。因此，尽量减小磁头移动路程对提高性能至关重要。有效方法之一是将用户访问频繁的数据放置在中央位置，把联系紧密的数据邻近存储。数据在磁盘上的存储组织将在 7.1 节详细讲述。

数据存储在磁盘上，处理则由 CPU 来完成。在 CPU 和磁盘之间增设内存缓存，可实现磁盘访问的批量化，有效减少磁盘访问次数，减小磁头移动路程。缓存与 CPU 邻近，访问速度快，性能显著提升。7.3 节将介绍缓存策略。减少无效运输量对性能提升也至关重要。查询一个表时，原始方法是将其所有记录从磁盘运输到 CPU 去逐一检查。符合条件的通常是很少一部分，那些不符合条件的记录的运输都是无效运输。创建索引能显著减少无效运输量。7.4 节将详细阐述索引的本质以及如何用好索引。

CPU 和内存及磁盘在响应速度和处理速度上的不协调性，引发了并发处理策略，以此提升 CPU 的利用率，从而提升系统处理性能。在并发处理中，一个线程处理一个用户请求，多个线程并发执行。并发执行的多个线程在访问共享数据中存在冲突问题，必须进行有效管理和控制。并发处理中的问题及其解决方案将在 7.5 节展示。

用户向 DBMS 提交的数据查询请求，通常都有多种处理方案。具体来说，DBMS 将 SQL 语句变换成关系代数表达式时，会有多种等价的变换方案。有些方案简捷，效率高。有些方案则涉及大量的数据运输，以及检测和判定。因此，查询优化对于系统性能也十分关键。查询优化将在 7.7 节作详细介绍。

提升系统性能，探寻更好的途径和方法一直是数据库研究者不懈的追求。如何度量系统性能？这是开展研究的基础。数据库系统性能的度量指标有吞吐量和响应时间。吞吐量是指单位时间内能处理的用户请求数。而响应时间是指完成一个请求所需的处理时间。吞吐量和响应时间都是指平均值。系统性能总的度量指标为平均吞吐量除以平均响应时间。

7.1 行数据在磁盘上的存储方式

对数据库中的一张表，用户是以行为单元来对其进行操作。与之相对应，数据也是以行为单元来存储。对于表中的每个字段，在定义时都要为其指定数据类型。每种数据类型都有尺寸大小。绝大部分数据类型的尺寸大小固定不变，例如 integer、smallInt、number、float、char、boolean、date、dateTime 等。varchar 类型的大小不固定，但有最大长度限制。大文本对象和大二进制对象这两种类型的长度不固定，而且没有最大长度限制。数据库在存储一张表的数据时，通常会把每行数据的尺寸大小弄成固定不变。其办法是对于尺寸大小不固定的数据类型，在行数据中存储的是一个指针，指向数据的存储地址。指针类型的尺寸大小是固定的。如此处理之后，每行数据的尺寸大小都相同，因此可采用数组方式来存储。对 varchar 类型的字段常采用链表方式存储，对大对象字段则采用文件方式存储。在为一个表分配磁盘存储空间时，是以**块**（block）为单元来进行分配。

数据存放在磁盘上，读写磁盘时，最小的存取单元为块，常见的块大小有 8 KB、16 KB 或者 64 KB。在 Hadoop 分布式文件系统 HDFS 中，块大小为 128 MB。也就是说，磁盘空间由块构成。每个块都有一个标识号，标识了它在磁盘空间中的位置。读一次磁盘，至少要读一块，写磁盘时，也至少要写一块。一个块通常能存储一个表的多行数据。在一个块中，常采用**堆方式**来存储行记录，如图 7-1 所示。在堆方式中，一个块分为四段：块头（block head）、数组区（array area）、空闲区（free area）、链表区（link area）。块头的大小固定，记录两个值：空闲区结束位置、行数。一个表中的行以数组形式存储，放置在数组区。数组区的大小为行数乘以数组元素的大小。数组元素的大小就是行的尺寸。行的尺寸根据表的定义而来，是元数据，记录在表的模式中。对表中的一行数据，其 varchar 类型字段存储的是指针，其值存储在链表区中。

当向表中添加一行记录时，如果该行数据的尺寸小于或等于某个块的空闲区大小，那么该记录就可存储在该块中。先在空闲区的左端分配一个数组元素，再在空闲区的右端为变长字段分配存储空间，然后将块头中的记录数分量做加 1 处理。删除一行记录时，对其后的记录，数组部分要左移一个单元，其变长字段部分要右移。对移动了的数组元素，其 varchar 类型字段的指针值也要做相应修改。**堆存储方式的优点是空闲区不会碎片化**。另外，在添加记录时，不需要对已有记录做任何处理。

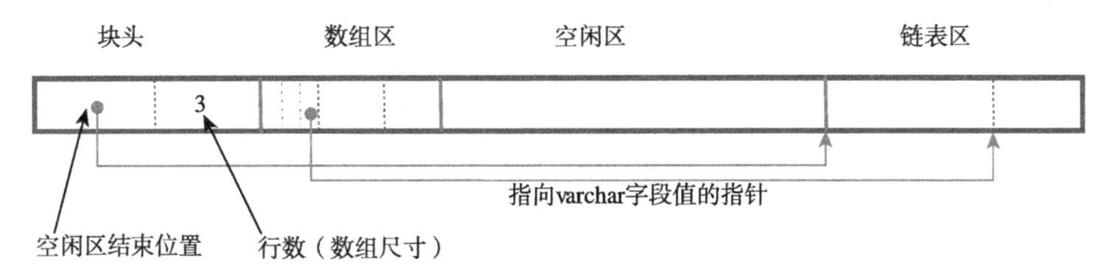

图 7-1　数据在磁盘块上的存储结构

表中的行以数组方式来存储，其好处是能高效获取表的某一列数据。假设要获取表 T 的第 K 列数据，一个块中的第一行数据的 K 字段的起始位置为 P，那么第二行数据的 K 字段的起始位置就为 P + sizeOfRow。第 i 行数据的 K 字段的起始位置就为 $P + (i - 1) \times$ sizeOfRow。这显然有利于数据查询。

在磁盘空间中，连续的多个块被称作一个区（extent 或者 region）。数据库中的每个表，就其数据在磁盘上的存储而言，由一个或者多个区组成。每个区又由其起始块的标识号，以及包含的块数来刻画。就一个表中的行记录，关系紧密的部分应该存储在一个区中，以利于提升磁盘数据的读写效率。例如高校数据库中的学生表，一个年级的学生数据最好放在一个区中。从数据的访问特性来看，在校学生为热数据，常要对其进行访问。而已经毕业的学生通常为冷数据，很少对其进行访问。对热数据，将其预读在缓存中，有利于提升数据处理性能。这一点将会在下一节进一步诠释。

7.2　磁盘吞吐量的提升策略

要使数据处理高效，首先要了解计算机对数据的存储和处理特性。从数据处理角度来看，计算机可看作由 CPU 和存储器构成。数据存放在存储器中，其处理由 CPU 来完成。存储器主要有磁盘、内存、寄存器三种。它们的特性完全不同。磁盘具有容量大、性价比高，存储的数据不会因掉电而丢失等优点，其缺点是存取的时延大、速度慢。内存与磁盘相反，其优点是存取的时延小、速度快，其缺点是容量有限，存储的数据在掉电时不复存在。寄存器可看作内存的一个分支，其特点是时延更小、速度更快、容量更小、价格更贵。数据存储要可靠，自然都存放在磁盘上。

从性能来看，CPU 和磁盘是一对很不般配的伙伴。CPU 反应灵敏、速度快，但磁盘反应迟钝、速度慢。磁盘不可缺少，因为只有它在掉电情况下还能保有数据。数据库中的数据存储在磁盘上，有量的概念。数据量大，占用的磁盘盘面空间就大。数据库中的数据为海量，散布在一个很大的磁盘盘面空间中。要读写一个数据，磁盘的磁头首先要移动到这个数据在盘面上所在的位置，然后才执行读写操作。用户对数据库的一次访问请求，其涉及的数据，通常散布在盘面空间的不同位置，于是磁头将会在盘面空间中来回移动。从总体上来讲，磁头移动的路程越长，所耗时间就越多，性能就越差。

数据进出磁盘就像人进出高楼一样，人进出高楼要通过电梯来完成，数据进出磁盘要通过磁头来完成。电梯的运行可有不同的策略。可以是谁先申请，就优先谁的原则，一个一个地运送。也可以是大家常见的策略：电梯在向上运动中，就沿路把要上行的人带上；下行时，再把要下行的人都沿路带上。这种运行策略遵循的就不是谁先申请就优先谁的原则，能大大提高电梯的功效，提升其吞吐量。电梯的吞吐量为单位时间内输送人的平均数。同样的道理，磁盘数据的读写也可做类似优化，其目的是提升数据库服务器的吞吐量。这里的吞吐量含义是：对客户的数据访问请求，单位时间内完成响应的平均数。

磁盘的存储区被划分成一圈一圈的，为了读写到不同的圈，磁头要做径向移动，为了读写一圈的数据，磁盘要绕轴旋转。从磁头的径向往复移动来看，将读写频度高的数据存放在磁盘的中间区域，将读写频度低的数据存放在磁盘的边沿区域（包括里边和外边），能优化磁头移动的路程，整体提升磁盘读写数据的吞吐量。就正如对一个国家来说，其首都是热点城市。将首都设在其国土的中间位置，整体上能优化其国民进出首都的旅程。对于一个学校，教学楼是师生最常进出的地方，因此将其教学楼建在校园的中央地带，也能整体上为师生带来方便。

另外，将关系紧密的数据临近存储，也能优化磁盘的读写，提升其吞吐量。对两个数据，这里所说的关系紧密是指当其中的一个数据需要读写时，另一个数据也可能会要读写。如果它们在磁盘上临近存储，那么就可几乎同时读写到，避免磁头进行长程的径向移动。这种策略在日常生活工作中也很常用。例如，在学校中给学生安排宿舍时，通常是把一个学院的学生安排在同一栋宿舍居住，同专业的学生进一步安排在同一层，同班的同学则尽量比邻而居。原因是同班学生关系最为紧密，其次是同专业，再下来是同学院。对于数据库，通常是表中的一条记录，其各个字段的值关系最为紧密，其次是同表中的各记录，再下来是有联系的表。

对于大学教务管理数据库，其中的学生数据有如下三个特点。第一个特点是，一个年级的学生数据以批量方式一次性添加到数据库中。第二个特点是，在访问学生数据时，常以一个学院为单位来进行访问。第三个特点是，对在校学生，常要访问其数据，而对已毕业学生，则访问得很少。基于这样一个特性，在为学生表分配数据时，最好将一个年级的学生数据临近存储在连续的磁盘空间中；添加学生数据时，按照学号依次添加，以保证一个学院的学生在磁盘上聚集在一起。对于已毕业的学生，最好搬迁到磁盘的边缘地带去存储。假定一个年级的学生数据需要 512 MB 的磁盘空间，那么学生表 Student 的磁盘空间分配方案就是初始时分配 512 MB，然后以 512 MB 为单元递增。也就是说，给学生表 Student 初始分配 512 MB 的连续磁盘空间。随着学生数据的增加，当分配的空间不够时，就再给学生表 Student 追加 512 MB 的连续磁盘空间。在 Oracle 数据库中，使用 SQL 表示的这一分配方案如图 7-2 所示。该方案中，首先从磁盘中拿出

80 GB 的连续存储空间来存储教务管理数据库。学生表 Student 的数据将存储在该空间中。学生表 Student 在创建时，就给它分配 512 MB 的连续磁盘空间，然后以 512MB 的连续磁盘空间递增。

```
CREATE TABLESPACE data_space DATAFILE 'd:\data\education_data.dbf'
    SIZE 81920M;
CREATE TABLE student (
    studentNo CHAR(5) NOT NULL,
    name VARCHAR(30),
    ......
    PRIMARY KEY (studentNo)
    FOREIGN KEY (deptNo)  REFERENCES Dept(deptNo)
    TABLESPACE data_space STORAGE (INITIAL 512M NEXT 512M)
);
```

图 7-2　数据库的磁盘空间分配方案例子

7.3　基于缓存的数据传输优化

数据处理中，最为繁重的一项工作是查询。查询需要将数据从磁盘运输到 CPU，然后由 CPU 加以判断和处理。这种运输的过程，首先是磁头移动，定位数据，然后是读取数据，再将其运输到 CPU。其特点是：时延大、路程长、速度慢。改进的有效措施之一就是在 CPU 与磁盘之间设置缓存。于是，磁盘与 CPU 之间的数据运输被分成了两节：缓存与 CPU 之间的数据运输，以及缓存与磁盘之间的数据运输。相较于磁盘而言，缓存具有访问时延小、速度快的特点。如果 CPU 想要的数据大部或者全部都事先预读在缓存中，那么数据处理的性能就会极大提高。

设置缓存还有另外两个好处：减少对磁盘数据的重复读取；能对磁盘的访问实现批量化。如果没有缓存，对一个表，每查询一次，都要将其数据从磁盘运输到 CPU。这样做的性能和效率都非常低下。有了缓存，其数据从磁盘到缓存，只需运输一次。每当需要它时，CPU 可直接从缓存读取。另外，有了缓存，每当有数据更新（删除、修改、添加）时，也没必要将其立即写向磁盘。数据更新可累积在缓存中，然后在磁头顺路的时候批量地写向磁盘。将数据更新批量写向磁盘时，并不需要按照它们发生的时间先后顺序来输出，可根据它们在磁盘上的位置，从避免磁头来回移动的角度，来调整其先后顺序，实现高效输出。

缓存策略在人们的日常生活与工作当中也常使用。例如，为了用钱时的方便，人们常把钱随身放在口袋里。其好处是随手就能取到，快捷方便。其弊端是容易丢失或被偷。从安全角度来看，钱最好存放在银行里，以免丢失和被偷。钱存放在银行里的弊端也非常突出。每次要用钱，如果都要跑到银行去取，任何人都会无法忍受其低效性。因为去银行取钱，路上要花时间，就是到了银行，排队等待还要花时间。为了在方便和安全之间取得平衡，通常的做法是：去银行取钱时，不是取一次开销要花的钱，而是取一定量的钱，将其随身携带。这种折中做法，能提升用钱时的方便度，就算是发生丢失或被偷，因为钱数不是很多，也还能承受。当口袋里存进的钱越来越多，达到一定量时，就不能再老是随身携带了，要将其存进银行，以防丢失或被偷，造成重大损失。偶尔去一趟银行，即使要花一些时间，也不会感觉到对整个生活会有什么影响。

从缓存的功效来看，缓存的容量越大越好，最好是缓存上整个数据库。但充当缓存的内存，其价格和容量都制约了这一期望的满足。缓存通常只能容纳数据库中的部分数据。缓存容不下整个数据库，那么就有一个选取的问题，即选取哪些数据来优先缓存。将访问频度高的数据放在缓存中，能有效提高数据访问性能。当缓存的空闲空间不能满足要从磁盘读取的数据时，就要执行腾空操作，选取缓存中的部分数据，将其更新写回磁盘，然后腾出其所占的缓存空间。对于数据库服务器，数据库管理系统会将其内存的一部分划出来专用作缓存。缓存大小的设置，是数据库管理系统在安装时的一项重要配置工作。缓存大小的设置原则，通常是在为操作系统和数据库管理系统的运行留出足够的空间后，把剩余的数据库服务器内存空间都用作数据库的缓存。

7.4 减少无效运输和无效处理

减少无效运输和无效处理是提升数据处理性能的另一个有效途径。这一策略基于如下的观察。查询一个表时，需要将其所有记录都从磁盘运输到 CPU 去检查。符合查询条件的记录通常只是很少的一部分。那些不符合查询条件的记录，对其所做的运输和处理都没有功效。对数据进行排序能有效减少无效运输和无效处理。对排了序的数组进行查找，使用直观且简单的二分法查找，最多只要读取 $\log_2 N$ 个元素就能完成查询，其中 N 为数组所含的元素个数。如果不排序，则需要对整个数组都扫描一遍，即读取 N 个数据，才能完成数据查询。举例来说，假定 N 的大小为 40 亿，即 2^{32}。如果排序并用二分法查找，那么就只要读取 32 个数据即能完成查找。如果用扫描方式查找，则要读取 40 亿个数据。由此可见排序能极大提高查询性能，而且数据量越大，效果就越明显。

要使一个表的行记录变成数组，就要使每行的尺寸大小相同。实际上，许多表因变长字段的存在，导致行记录的尺寸并不相同。处理办法如 7.1 节所述，将行数据拆分成固定长度部分和变长部分，以此实现行数据的数组化。固定长度部分包括固定尺寸的字段，再加上指向其变长字段的指针。为了使每个磁盘块存储的记录数都相同，固定长度部分和变长部分理应分块存储。实际上，当一个磁盘块的尺寸很大，能存储很多行记录时，即使对 varchar 类型的字段值不分块存储，基于统计规律也能使得每个磁盘块存储的记录数相同。

对排了序的数据，采用二分法查找，其实质是对数据进行分类，即先把数据平分为两个子类，再把每个子类平分为两个孙类，依次类推。于是，数据在逻辑上就被组织成了一个平衡二叉树。查找的过程就是从树根到某个树叶的一次下潜过程，因此读取的结

点数为 $\log_2 N$ 个。平衡二叉树可延伸成平衡 n 叉树，如果再让同辈的相邻结点水平链接起来，就成了 B^+ 树，一种被广泛使用的索引树。索引的含义随后介绍。延伸树结点的分支数，其目的是使其具有灵活性，适应实际需求。例如，大学数据库中的学生表，其主键的取值为 yyyyddssccnn 样式，其中 yyyy 表示入学年份，dd 表示所属学院的编号，ss 表示专业代号，cc 表示班号，nn 表示序号。每年的学生数据都是成批录入的，因此每年都有个分支比较好。在一个年份结点上，每个学院都有个分支也比较好。

7.4.1 顺序索引

除了排序之外，索引是减少无效运输和无效处理，提高查询效率的另一有效途径。一本书的目录可看作它的一个索引。对于一本几百页的书，如果知道其中包含有某个内容，如何找到这个内容呢？如果没有目录，那就只好从第一页开始，一页一页地翻，直到找到所要内容为止。对一本 500 页的书，平均要翻 250 页才能找到。这种查找效率太低下，叫人无法忍受。如果有目录，我们就先在目录中找，找到目标内容所在的页号，再直接翻转到目标页即可。目录通常都只有 2 ～ 3 页，查找一遍很快，也很容易。对一本书，建立目录虽然要多费几页纸，但它对提高查找效率却能发挥很大作用。数据集的规模越大，索引为查找带来的功效就越大。

在数据库中，为某个表创建一个索引，就是对选定的列，从表中将其摘取出来，另外构建成一个**索引表**，将其存储在磁盘上。选定的列称作**搜索键**（search key）。**索引表**包含两个列：搜索键列和磁盘地址列。磁盘地址列的类型为集合。与原表的数据量相比，索引表的数据量大幅减少。数据量的减少来自两个方面：1）只含少部分选定的列；2）对选定的列，取值相同的行被合并成了一行。数据表和索引表的数据量对比如图 7-3a 所示。图中用面积表示数据量的大小，可看出，数据表的数据量很大。从数据表中摘取索引字段构成的索引表所占面积小很多，其数据量与数据表相比，减少了很多。查询时，如果没有索引，那么就要将整个数据表从磁盘运输到 CPU 进行逐行检查，看是否满足查询条件。要运输的数据量很大。如果有索引，那么就只要先把索引表从磁盘运输到 CPU 进行检查，找出满足查询条件的数据行的磁盘地址，然后精准地从磁盘读取满足查询条件的数据行。于是，要运输的数据量明显减少，性能得到了提升。基于索引的查询包含两个步骤：1）先查询索引表，精准得到目标记录的存储位置；2）从磁盘精准提取所要的数据行。

基于索引进行查询，减少数据运输量并未就此而止。索引表的记录按照索引字段排序，并组织成 B^+ 树，如图 7-3b 所示。于是，查询时只需运输和处理部分索引块。在图 7-3b 中，给出的是一个三叉树例子，在这里，索引表的大小为 13 块。当执行等值查询时，要运输的索引块数量就由 13 块减少到了 3 块，即从树根到树叶的一条路径上的结点数。要运输的数据量得到了进一步减少，性能得到了进一步提升。

基于索引进行查询，无效运输和无效处理被大幅减少。减少来自两个方面：1）索引表的数据量比数据表的数据量要少很多；2）通过对索引表中记录排序来缩减索引记录的读取数。以 B^+ 树的形式存储索引表时，执行一次等值查询，最多要读取的索引块数为 $\log_n N$，这里 n 为 B^+ 树的分叉度，N 为索引表的块数。

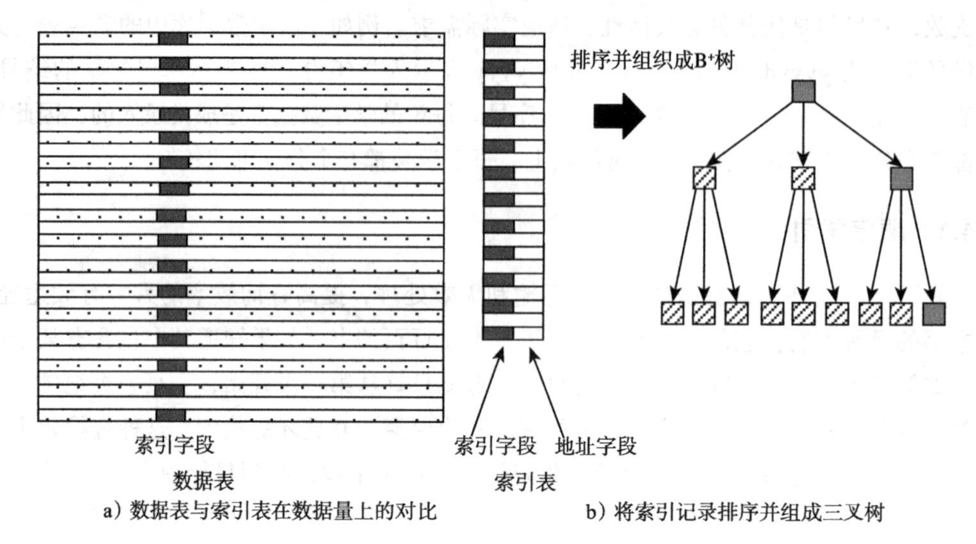

a）数据表与索引表在数据量上的对比　　b）将索引记录排序并组成三叉树

图 7-3　为数据表创建索引

索引的本质是对数据进行缩简处理，额外形成一个缩简版本，然后再通过排序来减少磁盘访问量。一本书的目录可视作它的一个缩简版本。缩简比越大，查询功效的提升就越明显。对一本 500 页的书，其目录如果只有 2 ～ 3 页，带来的功效提升自然非常显著。如果其目录有 60 页，那么效果就不明显了。

对于一个表，可以创建多个索引。例如，对于图书馆数据库中的图书表，可以抽取书名字段来创建一个索引，还可抽取作者字段来创建另一个索引。其他的抽取角度包括出版社、出版年份、领域、关键字等。也可以创建组合索引，例如，领域加上书名的索引。创建的索引越多，就越方便查询。当然，创建索引也会带来额外开销。开销主要包括两个方面：1）存储索引表；2）对数据表的索引字段执行更新操作时，索引表中的记录也要随之更新。创建的索引越多，带来的额外开销也越大。每添加一行记录，都要对所有索引表进行更新。因此，索引的创建要谨慎，不要随便创建索引。

在 SQL 中，创建索引的语句为：

CREATE INDEX 索引名 ON 表名（索引字段）;

例 7-1　为学生表 Student，就姓名字段 name 创建一个索引，其 SQL 语句为：

```
CREATE INDEX student_name ON student(name);
```

例 7-2　为学生表 Student，就所属学院编号字段 deptNo 和姓名字段 name 创建一个索引，其 SQL 语句为：

```
CREATE INDEX studentIndex2 ON student(deptNo, name);
```

注意：数据库中，索引是一类对象，就如表、存储过程、视图、触发器、用户、角色一样。对象是用其名字来标识的。创建一个索引时，其名字不可缺少，而且要能唯一地标识它。

索引不仅有助于提升查询性能，还可用于统计和数据完整性控制。DBMS 自动为每个表的主键创建一个索引。因此用户不要为一个表的主键再去创建索引。主键索引不仅可用于查询，还可用于统计和数据完整性控制。例如，当要统计一个表中的行数时，就不需要访问数据表，只访问主键索引即可。当添加一行数据或者修改某行数据的主键时，要进行主键值唯一的完整性控制，其办法就是查询主键索引，看是否违背主键约束。如果违背主键约束，那么就拒绝行添加操作或者主键修改操作。如果表 A 的主键在表 B 中为外键，那么当向表 B 中添加一行数据或者修改表 B 中某行的外键字段值时，就要使用表 A 的主键索引来验证对表 B 的更新操作是否满足引用完整性约束。

SQL 中删除索引的语句为：

DROP INDEX *索引名*；

例 7-3

```
DROP INDEX studentIndex2;
```

基于索引的原理，思考下面三个问题：

1）对于大学教务管理数据库，为学院表 Department 的学院名称字段 name 创建一个索引，对于 SELECT * FROM department WHERE name='计算机科学与工程学院'这样的查询有帮助吗？

2）为学生表 Student，就性别字段 sex 创建一个索引，对于 SELECT * FROM student WHERE sex='男'这样的查询有帮助吗？

3）为学生表 Student，就所属学院编号字段 deptNo 和姓名字段 name 创建的索引 studentIndex2，对于 SELECT * FROM student WHERE name = '张三'这样的查询有帮助吗？

分析：对于第一个问题，首先是没有必要为学院表 Department 创建任何索引。其理由是学院表 Department 只有几十行记录，数据量很少，用一个磁盘块便能将其存下来。因此就不要为学院表 Department 创建任何索引。正如一篇文章，如果它只有几页或者十几页，就不为其创建目录一样。原因是索引表，不管其大小，都要占至少一个磁盘块。基于索引进行查询时，读索引表至少要访问一次磁盘，然后读目标数据又要访问一次磁盘。这样一来，就至少有两次磁盘访问，要读两个磁盘块。没有索引时，读取学院表 Department 的所有记录，只要读一个磁盘块。因此，有索引，不但没有带来性能的提升，反而是带来性能的下降。

归纳总结 1：*当一张表的数据量不是很大，只占一个或者少量几个磁盘块时，不要为其创建任何索引。*

对于第一个问题，第二点是索引字段是数据表所有字段的一部分，索引字段所占空间量与整行数据所占空间量的比值一定要小，即缩减比一定要大，创建索引才有意义。直观的一个比喻就是：对一本 400 页的书，其目录如果只有 2 ～ 3 页，带来的功效提升自然非常显著。如果目录有 80 页，那么在提升功效上就没有什么意义了。因此，对变长字段或者长度大的字段，就不要为其创建索引。这样的索引因为缩减比太小，导致索引表过大，不能带来显著的效果。

归纳总结 2：对长字段或者最大长度大的变长字段，不要为其创建索引。创建索引的前提是缩减比一定要大。

对于第二个问题，不要为性别字段 sex 创建索引。其理由是：该字段的取值只有 '男' 和 '女'，而且成随机分布。对于存储学生表的每个磁盘数据块，能存上千条学生记录，其中肯定既含男生记录，也含女生记录。于是，当查询男生或者女生时，使用索引进行查询与不使用索引进行查询都一样，对存储学生表的所有磁盘数据块都要读取。于是，有索引时的查询性能还不如没有索引时的查询性能。

归纳总结 3：对一个字段创建索引时，要考虑其取值在磁盘数据块上的分布，如果每个磁盘块或者大部分磁盘块上都含有其全部取值，就不要为其创建索引。

对性别字段 sex 创建索引，不能为查询性能的提升带来收益。不过，它能给统计带来好处。当要统计男性和女性的人数时，读取索引就能解决问题，不需要去读取学生表。这就引出了面向统计的索引，也叫**聚合索引**（aggregation index）。它与面向查询的索引不一样。对于性别字段 sex 来说，聚合索引只含两行数据，一行是男生人数，另一行是女生人数。其数据量很少。而在面向查询的索引中，学生表中的每行记录都在索引中有记载，因此数据量大。

对于第三个问题，索引字段为 (deptNo，name)，因此索引记录首先以 deptNo 字段排序，然后才以 name 字段排序。在这种情形下，当以 name 字段进行等值查询时，索引记录的排序特性利用不上。也就是说，所有索引磁盘块都要读取，要对其记录进行顺序扫描，检查是否满足查询条件。不过索引的缩减特性还是能利用。要查询姓名为 '张三' 的学生，在存储学生表的所有磁盘块中，只有一个或者极少几个磁盘块含满足条件的记录。也就是说，使用索引能显著减少要读的数据表磁盘块数量。在这种情形下，尽管索引的排序特性利用不上，只要索引表的磁盘块数小于免读的数据表磁盘块数，索引就能带来正面的功效。

思考题 7-1：对于选课表 Enroll(studentNo,courseNo,semester,classNo,score)，主键为 (studentNo,courseNo,semester)，有必要为 courseNo 创建索引吗？

7.4.2　散列索引

上述所讲的索引被称作**顺序索引**，它是一个映射表，记录了索引字段值与数据表中行记录的存储地址之间的映射。查询时，先查索引表，得出想要的行记录的磁盘地址，然后再读取想要的行记录。映射就是由变量 X 的值得出变量 Y 的值。在这里，变量 X 是指索引字段，Y 是指行记录的磁盘地址。从数学上来看，可表示为一个函数 $Y = f(X)$。建立索引表，意味着对于不同的 X 值，函数 f 不同，而且 f 不用知道。带来的好处是：对行记录在磁盘上的存储位置没有什么约束。如果对于变量 X 的每一个取值，函数 f 相同而且已知，那么可以取消索引表。取消索引表，不仅节省了存储空间，还省去了访问索引表的开销。这就是提出**散列**（hash）**索引**的动机。散列索引，也叫**哈希索引**。

对于**散列索引**，就是明确给定一个散列函数f。当向数据表中添加一行记录时，以其索引字段的取值作为X的值，计算出该记录在磁盘上的存储地址（即Y值），然后将其存储在磁盘上的Y位置。当数据表中某行记录的索引字段的值发生修改时，要计算该行应该存储的新位置，如果新位置与旧位置不相同，就要把该行移动到新位置。散列索引与顺序索引相比较，其好处就是不需要构建索引表，因此查询时也就无须从磁盘读取索引块。在顺序索引中，精准定位目标记录是通过查索引表来实现。而在散列索引中，精准定位目标记录是通过计算散列值来实现，即使用散列函数f，以查询条件中给定的索引字段值作为输入，计算得出对应的散列值。该散列值就是要查询的目标记录在磁盘上的存储位置。

从减少无效运输和无效处理的角度来看，散列索引算是达到了极致。但是它也有很多弊端。在添加记录时，要计算散列值，然后将记录存储在由散列值确定的磁盘块中。索引字段的取值范围能根据其含义得出，设其空间大小为M。在构建散列索引时，要明确数据表中的行数（设为N），以便确定散列函数f，同时预留出磁盘空间，设起始地址为B，空间大小为N。因此，当数据表中的行还很少时，存在磁盘块利用率低的问题。当数据表中的行多起来的时候，则存在行记录存储位置的冲突问题。也就是说，它的扩展性很差，只适合那些记录数变化不大的表，例如大学数据库中的课程表。另外散列索引只适合等值类的查询，不适合范围类或者模糊类的查询。另外，要求数据行的索引字段值很少改动，否则更新开销大。

思考题 7-2：散列索引只适合等值类的查询，不适合范围类或者模糊类的查询，为什么？

上面提到，在记录数多时，则存在行记录存储位置的冲突问题。这一问题可通过散列索引和顺序索引的结合来缓解，以此增强散列索引的适应性。例如，对于大学教务管理数据库中的学生表，每年都有新生入学，因此其记录数具有递增性。学生表的主键为学号，其取值为 yyyyddssccnn 样式，其中 yyyy 表示入学年份，dd 表示所属学院的编号，ss 表示专业代号，cc 表示班号，nn 表示序号。其中班号 cc 和序号 nn 都有连续性，而且在入学后就几乎不再发生变化。因此对 yyyyddss 部分，可以建立一个顺序索引表，得出基地址。而对 ccnn 部分则可使用散列索引，得出偏移值。磁盘地址为基地址加上偏移值。在该结合例子中，通过构建一个很小的顺序索引表，来使得散列索引具有可扩展性。

7.4.3 索引在数据库设计中的应用

关系数据库中的表分为实体表和联系表两类。例如，在大学教务管理数据库中，学生表、课程表、教师表都是实体表，而选课表则为联系表。实体表的主键通常只含一个字段，而联系表的主键通常由两个或者多个外键字段构成。例如选课表，它的主键为（studentNo, courseNo, semester），其中的三个字段分别都为外键。另一个例子是房产中介公司的业务数据库中，合同表Lease是一个联系表，表示客户与房子之间的联系。合同表的主键可以为（clientNo, propertyNo, fromDate）。合同表尽管有主键leaseNo，似乎是一个实体表，其本意是表示联系。

DBMS在存储数据表中数据时，通常会基于主键进行排序存储。因此，主键的设计十分重要，要考虑其数据的查询方式和访问特性。例如大学教务管理数据库中的学生表，在查询时，通常都指定年级，指定学院的也常见。其主键（即学号）的一种设定方式为yyyyddssccnn，其各部分代表的含义前面已讲，不再赘述。这种主键构造方式，有利于高效的索引构建和数据查找。原因是学生数据是每年批量添加一次，而且添加时是按照学号排了序。于是一个年级的学生数据在磁盘上具有聚集存储特性。另外，在校学生的数据常被访问，而毕业离校学生的数据只偶尔被访问。当然，学号的设计采用方式ddyyyyssccnn也不错，这样就使得一个学院的学生数据在磁盘上聚集存储。对于学生表，尽管身份证号码也可充当主键，但是如果是选择身份证号码作为主键，那么就明显不利于学生数据的高效查询。身份证号码的前三个是省份代码。以省份来查询学生只是偶尔发生，并不常见。

DBMS会为每个实体表的主键自动创建一个索引，称作主索引。主索引既有利于查询和行数统计，也有利于实体完整性以及引用完整性的维护。当向数据表添加一行数据或者修改一行数据的主键时，就使用主键索引来判断主键的更新值是否唯一。如果表A的主键在表B中为外键，那么当向表B中添加一行数据或者修改表B中某行的外键字段值时，就要使用表A的主键索引来验证对表B的更新操作是否满足引用完整性约束。

在查询条件的表示上，应尽量利用主键索引。例如，要查某个学院的学生，查询条件表示为studentNo LIKE '_ _ _ _dd%'，其中'_'为匹配单个字符的通配符，dd为指定的学院编号，'%'为匹配任意多个字符的通配符。这种表示就能利用主键索引。当然，在这里假定没有为学生表的所属学院字段这个外键创建索引。如果是查某个年级的学生，查询条件表示为studentNo LIKE 'yyyy%'，那么主键索引的缩减特性和排序特性就都能利用上。

对于实体表中的外键，有必要创建索引。从业务角度来看，数据具有从属性，呈树状结构。例如，对于大学教务管理数据库，一个学院下面有很多学生，有很多老师，有很多课程。一个学生下面，又有很多选课记录。查询常采用导航方式。导航式查询又有自上而下式的查询和自下而上式的查询两种。自上而下式查询是指已知上级，查它包含的下级。例如，已知一个学院，查它包含有哪些学生。得到一个学生的数据后，再查他的选课记录。自下而上式查询是指已知下级，查它归属的上级。例如，已知考试不及格的学生，求这些学生分别归属于哪些学院。

数据的从属性通过外键来体现。例如，一个学院下面有很多学生，这种从属性体现在学生表中有一个所属学院编号的字段，而且该字段为一个外键。要取得自上而下式查询的高效，就应该为实体表的外键字段创建索引。例如，为学生表的所属学院字段这个外键创建索引，那么对于SELECT * FROM student WHERE deptNo = '24'这类的查询便能通过外键索引取得高效。对于自下而上式查询，则是利用主键索引。例如已知一个学生的所属学院编号，查这个学院的名称，其 SQL 语句为 SELECT * FROM department WHERE deptNo = '24'。这个查询能利用学院表 Department 的主键索引来取得高效。

在上述例子中，学院是一个上层概念，它下面有学生、老师、课程等一系列的概念。正因为如此，学院表的主键字段的长度应该越小越好，因为它在学生表、课程表、教师表中都是外键。也就是说，一个学院的主键值会在数据库中的很多地方引用。当学院表的主键字段长度小时，有利于节省存储空间。学院名称有的很长，例如 ' 计算机科学与工程学院 '，因此，在数据库设计中，设置一个学院编号来作为学院表的主键，而不使用学院名称作为主键，是很有道理的，不仅可节省存储空间，还可减少更新开销，有利于数据一致性的维护。学院名称是可能发生改变的，但学院编号则具有不变性。如果将学院名称设为学院表的主键，那么当一个学院的名称发生改变时，就要对其下属的学生、课程、老师等都要修改其外键字段值，带来了很大的更新开销。如果出现外键定义遗漏，那么还会导致数据的不一致问题。

当一个表的主键由多个字段构成时，在为其指定主键时，要注意主键字段的排列顺序。例如，对于大学教务管理数据库中的选课表 Enroll，合理的主键应为 (studentNo, courseNo, semester)，而不应该是 (courseNo, studentNo, semester)。其理由是：对选课记录的查询，最常见也最频繁的方式是每个学生查看自己的成绩单。这种查询中，条件是已知学生的学号，并不包含课程编号。当主键中的第一个字段为 studentNo 时，主键索引就会首先以 studentNo 来排序。因此，主键索引的排序特性就能得到充分利用。与之相对应，查询条件为已知课程编号而不包含学号的情形，仅仅发生在老师登记课程成绩和查阅课程成绩的时候。这种操作相对于学生查看自己的成绩单而言，出现的频率和发生的次数都要相差很远。因此，应该优先考虑学生查看自己的成绩单这种最频繁发生的操作。

当一个表的主键由多个字段构成时，不要为主键中包含的外键再构建索引。例如，对于选课表 Enroll，当设定主键为（studentNo, courseNo, semester）后，就不要为 courseNo 或者 semester 再创建索引了。其原因是：选课表 Enroll 的数据向磁盘存储时，通常都按照主键进行了排序。因此一个学生的选课记录基本上聚集存储在一个磁盘块上。于是，一个块中便包含有一个学生选修的所有课程。也就是说，当要查询某门课程的选修学生时，即使对 courseNo 创建了索引，还是有很多的选课表 Enroll 磁盘块要读取。因此对 courseNo 创建索引不能提升查询性能，还会起副作用。使用主键索引来查询，只是排序特性不能利用而已。

有的实体表，可能存在多种常用的查询角度。例如图书，常用的查询角度有书名、作者、领域、出版社、年份。在设计表时，应为每个常用角度都设置一个字段，并创建索引，以实现高效查询。为图书创建多个索引不会有带来太多的副作用。其原因是图书数据通常都是批量增加，而很少发生修改或者删除的情形。另外，为图书创建多个索引很有必要，因为对其执行查询操作非常频繁。

对于缓存在内存中的数据表，基于索引来查询也很有必要。这样可减少内存与 CPU 之间的无效运输，减少 CPU 的无效处理。

索引对于数据查询必不可少，尤其是当数据量大时，其作用更为突出。深刻理解索引，能结合数据特性和访问特性用好索引，非常重要。

思考题 7-3：一个表中的数据行具有集合特性，意味着行与行之间没有先后顺序。因此，在内存和磁盘上，对新添加的行，可将其存放在已删去的行所占的空间位置上。这对存储空间的高效利用有帮助吗？对于选课表 Enroll，以这种方式处理合理吗？在选课表 Enroll 创建时，指定它在存储数据时按照主键进行排序存储，这对提高性能有帮助吗？请说明理由。

7.5 事务的并发执行

7.5.1 并发执行与并发控制

用户向数据库服务器提交数据操作请求。一个客户的一次请求称作一个事务。数据库服务器对多个事务进行并发处理，能显著提高其处理性能。这一策略来源于如下观察：在处理一个事务时,CPU 向缓存发出数据访问请求，从发出请求到得到响应结果，需要时间。在这段时间中，CPU 处于闲置状态，计算资源被白白浪费。在 CPU 处于闲置期间，完全可以让它处理另外一个事务，以此提高 CPU 的利用率。当响应结果到达时，CPU 再转回去处理上一个事务。于是，从外部看来，就好像 CPU 在同时处理多个事务。这种情形被称作多事务并发处理。多事务并发处理和多事务串行处理的对照如图 7-4 所示。

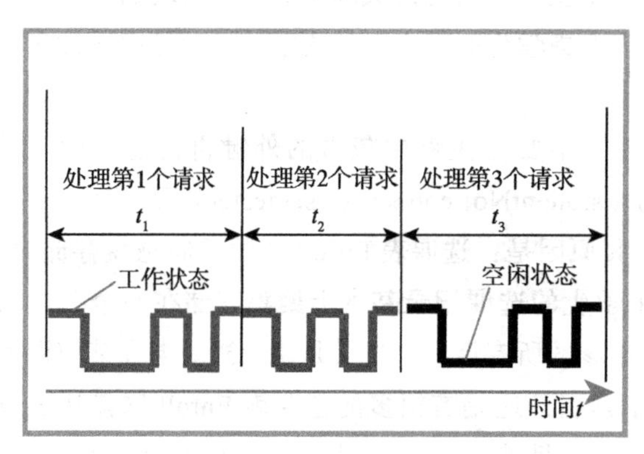

a) 三个事务串行处理的情形　　b) 三个事务并发处理的情形

图 7-4　多事务串行处理与多事务并发处理的对照

从图 7-4 可知，完成三个事务的处理，在串行处理模式下，要花的时间为 $t_1+t_2+t_3$，而在并发处理模式下，要花的时间为 t_4。并发处理能大大提升数据处理效率。

并发处理策略在日常工作和生活中也常使用。比如，一个人在家里做菜的时候，为了提高效率，同时做几道菜。其做法是：当第一道菜要煮一段时间时，人就转去做第二道菜的清洗和切碎工作。当第一道菜煮好时，便停下做第二道菜的工作，转回去做第一道菜的装碗工作。于是，工作效率大大提高，做一桌菜的时间大大缩短。

并发处理在获得效率提升的同时，也引入了访问冲突问题，导致数据的不一致和不正确。例如，第一个事务要获得数据 A 和数据 B 相加的结果，而第二个事务要对数据 A 做加 50 的处理，对数据 B 做减 50 的处理。第一个事务涉及 3 步操作，第二个事务涉及 6 步操作，如图 7-5a 所示。在并发执行模式下，如下的处理过程完全是可能的：CPU 首先执行第一个事务的第 1 步，然后转去执行第二个事务的第 1 ～ 6 步，再转回执行第一个事务的第 2 和第 3 步，如图 7-5b 所示。这个处理过程有问题，导致了第一个事务中所获得的 A 和 B 不一致，响应结果错误，比真实结果小 50。

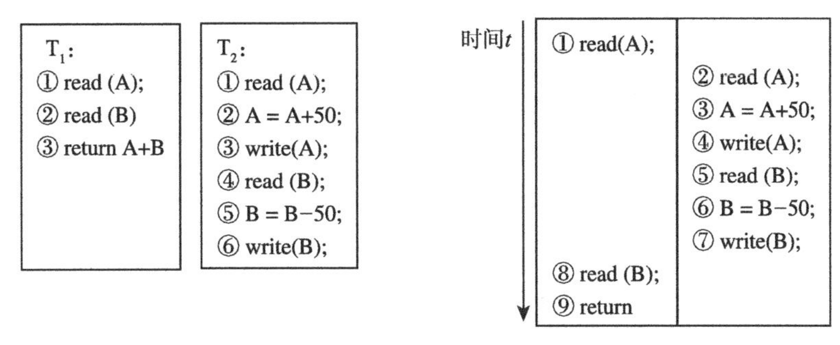

a）两个事务分别包含的数据操作　　b）CPU 并发执行两个事务的时序

图 7-5　两个事务并发执行引发的冲突问题

错误原因是：第一个事务和第二个事务都要访问数据 A 和 B。因为并发执行，第一个事务得到的 A 是第二个事务执行前的值，但 B 是第二个事务执行后的值。恰恰第二个事务对 A 和 B 都进行了修改。因此第一个事务得到的 A 和 B 是不一致的，导致结果错误。

以串行模式来执行事务，就不会存在数据不一致或不正确的问题。因此，并发处理不能是无条件的，应该以保证数据的正确和一致为前提。事务的并发执行要有控制，以保证数据的正确和一致。并发控制可以基于锁来实现。

7.5.2　基于锁的并发控制

在基于锁的并发控制中，只允许不存在访问冲突的事务并发执行，对存在访问冲突的事务，则约束它们串行执行。访问冲突的含义是什么？如何判断？如何调度事务的执行？这是基于锁的并发控制要回答的问题。每个事务要访问的数据项集可分为两部分：只读数据项集和写数据项集。对事务 T_α，它的只读数据项集用 α_r 表示，它的写数据项集用 α_w 表示。对于两个事务 T_α 和 T_β，如果 $\alpha_w \cap (\beta_r \cup \beta_w) \neq \varnothing$ 或者 $\beta_w \cap (\alpha_r \cup \alpha_w) \neq \varnothing$，那么 T_α 和 T_β 就存在访问冲突。这个约束条件的含义是：1）对两个并发执行的事务，当一个事务在读取某个数据项时，另一个事务也可去读取它，这种情形被称为**共享读**；2）当一个事务要对一个数据项执行写操作时，就不能有其他并发线程对它执行读操作或者写操作，这种情形被称为**排它写**。

并发控制中，设当前等待执行的事务集为 {T_a}，正在执行的事务集为 {T_x}。对 {T_a} 中的任一事务 T_c，如果它和 {T_x} 中的所有事务都不冲突，那么就可调度事务 T_c 去执行。当服务器受理一个客户提交的事务请求时，如果它和 {T_x} 中的所有事务都不冲突，那么就调度它去执行，并将其加进 {T_x} 中。否则，就将它加进 {T_a} 中。当一个事务执行完毕后，就将它从 {T_x} 中剔除，然后对 {T_a} 中的事务逐一检查，调度那些与更新后的 {T_x} 无冲突的事务去执行，并将其从 {T_a} 中移入 {T_x} 中。

思考题 7-4：当事务 T_x 执行完毕时，就要将其从 {T_x} 中剔除。对于 {T_a} 中的事务 T_c，如果 T_x 与 T_c 不冲突，那么 T_c 就与更新后的 {T_x} 肯定还是冲突。为什么？请说明理由。

对于并发控制的实现，在 DBMS 进程中，有多个线程在执行。其中有一个线程在侦听用户的事务请求，称之为**受理线程**；另一个线程执行并发控制调度程序，称之为**调度线程**。还有一类线程执行事务，称之为**工作线程**。一个事务由一个工作线程来执行。在后续表述中，说到工作线程 T_i 时，它也指事务 T_i，反之亦然。当受理线程收到一个用户的事务请求时，就从线程池中取出一个工作线程来执行它。

线程之间通过消息来协同工作。工作线程启动后，首先给调度线程发送一个 LOCK_REQUEST 消息，然后等待调度线程的响应消息。调度线程在处理收到来自 T_c 的 LOCK_REQUEST 消息时，检查 T_c 申请的锁是否与 {T_x} 冲突，如果不冲突，就将 T_c 放入 {T_x} 中，然后给 T_c 发送一个响应消息。于是 T_c 结束等待，执行事务所包含的操作。如果冲突，则将 T_c 搁置在 {T_a} 中，不给 T_c 发送响应消息。T_c 因收不到响应消息，继续等待。

当一个事务执行完毕后，就给调度线程发送一个 TRANSACTION_END 消息。调度线程在处理收到来自 T_c 的 TRANSACTION_END 消息时，将 T_c 从 {T_x} 中剔除，然后对悬在 {T_a} 的事务逐一检查，看它是否与更新后的 {T_x} 冲突，如果不冲突，就将其从 {T_a} 中移出，添加到 {T_x} 中，然后给它的工作线程发送一个响应消息。于是一直处于等待态的工作线程便结束等待，执行事务的操作。如果冲突，则让它继续待在 {T_a} 中。调度线程执行并发控制算法如图 7-6 所示，由它来协调各事务的并发执行。工作线程执行的事务代码如图 7-7 所示，它首先向调度线程发送锁申请消息，然后等待调度线程的响应消息。事务执行完毕后，它给调度线程发送 TRANSACTION_END 消息。

上述访问冲突控制方案称为基于锁的并发控制。调度线程的控制逻辑如图 7-6 所示，其处理框架中有如下数据结构。每个事务包含一个或多个数据操作，每项数据操作都对应有一个锁。锁是一个二元组（A，O）结构体，其中 A 为数据项标识符，O 为操作类型，有读（R）和写（W）两种。每个事务有一个类型为锁的数组，存储所需的所有锁。事务 T_i 的锁数组用 T_i.pLock 表示。调度线程维护有两个队列：{T_x} 和 {T_a}。{T_x} 中存放表示正在执行的事务，{T_a} 中存放等待执行的事务。队列中的项为一个三元组（T_Id, Waiting, Item) 结构体，其中 T_Id 为工作线程（即事务）标识符，Waiting 标识事务的状态，Item 是锁数组指针。一个工作线程 T_i（即一个事务）在启动后，给调度线程发送一个 LOCK_REQUEST 消息，指明要申请的锁，然后等待调度线程的响应消息。

```
while (1)  {
    WaitForMessage(msg);
    if (msg.Type = LOCK_REQUEST)   then
        if (msg.Locks 与 {Tx} 不冲突 )  then
            {Tx}.AddItem(msg.T_Id, msg.Locks);
            PostMessage(msg.T_Id, OK);
        else
            {Ta}.AddItem(msg.T_Id, msg.Locks);
    else if (msg.Type = TRANSACTION_END)  then
        {Tx}.DeleteItem(msg.T_id);
        Item = {Ta}.GetFirstItem();
        while (Item ≠ null)
            if (Item.Locks 与 {Tx} 不冲突 ) then
                {Tx}.AddItem(Item.T_Id, Item.Locks);
                PostMessage(Item.T_Id,  OK);
                Item = {Ta}.DeleteItemAndGetNext(Item);
            else
                Item = {Ta}.GetNextItem(Item);
```

图 7-6 事务调度算法

```
PostMessage(Dispatcher, LOCK_REQUEST, myId());
WaitForResponse();

事务要执行的操作 ;

PostMessage(Dispatcher, TRANSACTION_END, myId());
```

图 7-7 添加到事务中的并发控制代码

调度线程收到 T_i 发来的 LOCK_REQUEST 消息，对其进行处理。先判断 T_i 是否与正在运行的事务 $\{T_x\}$ 存在冲突。如果不冲突，就将它加入 $\{T_x\}$ 中，然后给 T_i 发送一个响应消息，使其结束等待，继续向下执行。否则，将申请加入 $\{T_a\}$ 中，不给 T_i 发送响应消息。这样，T_i 因收不到响应消息，只得继续等待。

事务 T_i 与 $\{T_x\}$ 冲突与否，就看它俩包含的锁彼此之间是否冲突。只要有一对锁彼此之间存在冲突，就说事务 T_i 与 $\{T_x\}$ 冲突。一对锁的冲突判定规则为：来自申请中的任一锁（A_j，O_1）与 $\{T_x\}$ 中包含的任一锁（A_y，O_2），如果 $i \neq x$，$A_j \cap A_y \neq \varnothing$，并且 O_1 和 O_2 中至少有一个为 W，就说它俩存在冲突。事务 T_i 与 $\{T_x\}$ 冲突，说明 T_i 与当前正在执行的事务（即 $\{T_x\}$ 中的事务）存在冲突，那么 T_i 就必须暂停等待，直至不冲突为止。

一个正在运行的事务 T_j 在处理完了所有的操作，即事务处理完毕后，给调度线程发送一个 TRANSACTION_END 消息。调度线程在处理 T_j 发来的 TRANSACTION_END 消息时，将其从 $\{T_x\}$ 中剔除掉。剔除之后，对 $\{T_a\}$ 中的事务，逐一检查，看它是否与更新后的 $\{T_x\}$ 存在冲突。如果不存在冲突，就将其从 $\{T_a\}$ 中移出，放入 $\{T_x\}$ 中，再给它发送一个响应消息，使其结束等待，执行事务中的操作。

注意： 当有一个 $\{T_a\}$ 中的事务 T_i 移入 $\{T_x\}$ 中后，$\{T_x\}$ 中就多了一个事务。再检查 $\{T_a\}$ 中的下一个事务时，此时的 $\{T_x\}$ 就包含了 T_i。

上述基于锁的并发控制是将一个事务作为一个整体来处理，可称之为**粗粒度的并发控制**。深入事务内部来看，事务由操作构成。从操作一级来看，在很多情况下，可以缩短事务的等待时间。例如，事务 T_α 包含三个操作：读数据项 A，读数据项 B，写数据项 C；而事务 T_β 也包含三个操作：读数据项 A，读数据项 B，读数据项 C。从事务这一级来看，事务 T_α 和事务 T_β 在访问数据项 C 上存在冲突。如果先调度事务 T_α 执行，那么事务 T_β 的执行就要等到事务 T_α 被提交之后。如果从操作这一级来看，事务 T_β 的执行可以提前，以增大事务执行的并发度。事务 T_β 的前两个操作，即读数据项 A 和 B，完全可以与事务 T_α 并发执行，因为彼此不存在冲突。只有在执行第三个操作，即读数据项 C 时，才要等待事务 T_α 被提交之后才能执行。在操作一级来实行并发控制，常称为**细粒度的并发控制**。

7.5.3　细粒度的并发控制

由此可见，在操作一级来实行并发控制，可以提高事务的并发性。在操作一级的并发控制中，只要 DBMS 收到一个用户的事务请求，就启动一个工作线程来执行它。对事务包含的操作，工作线程依次逐个执行。一般情况下，DBMS 中有多个工作线程在并发执行。一个工作线程 T_i 要执行一个操作，它必须先调用 Lock 函数，为这个操作向调度线程发送一个上锁请求消息，然后等待调度线程的响应。调度线程收到上锁请求消息后，便检查它与 $\{T_x\}$ 是否冲突。如果不冲突，上锁成功，T_i 被添加到 $\{T_x\}$ 中，然后给 T_i 发送一个上锁成功消息，唤醒请求线程，恢复执行。如果冲突，就将其加入 $\{T_a\}$ 中，不给请求者发响应消息，让请求者继续等待。

当一个工作线程 T_i 执行完了一个操作，它会调用 Unlock 函数，为这个操作向调度线程发送一个解锁请求消息，然后继续向下执行。调度线程收到一个解锁请求消息后，便首先将它从 $\{T_x\}$ 剔除。然后对悬在 $\{T_a\}$ 中的上锁请求逐一检查。如果它与 $\{T_x\}$ 中的锁不冲突，便将其从 $\{T_a\}$ 中移出，添加到 $\{T_x\}$ 中，然后给其请求者发送一个上锁成功消息，唤醒请求者线程。于是请求线程便会结束等待，继续前行。如果冲突，就让其继续在 $\{T_a\}$ 中待命。

细粒度并发控制与粗粒度相比，其差异有两点。在细粒度并发控制中，一次只申请一个锁，事务有多少个锁，就会有多少次申请。而在粗粒度并发控制中，一次申请所需要的全部锁，因此整个过程都只有一次申请。另外，就锁的释放而言，在粗粒度并发控制中，是一次性全部释放。而在细粒度并发控制中，一次只释放一个锁。

事务的操作要么是读操作，要么是写操作。读数据项 A 的操作，用函数 Read(A) 表示；写数据项 A 的操作，用函数 Write(A) 表示。在细粒度并发控制中，Read(A)、Write(A) 的实现代码如图 7-8 所示，调度线程执行的代码如图 7-9 所示。

由此可见，相比于粗粒度的并发控制，细粒度的并发控制将一个大的上锁请求分解成了多个小的上锁请求。小的上锁请求比大的上锁请求容易获得成功，因此能增大事务执行的并发度。

```
Read(A)    {
    Lock(A, R);
    DB_Read(A);
    Unlock(A, R);
}
```

```
Write(A)    {
    Lock(A, W);
    DB_Write(A);
    Unlock(E, W);
}
```

```
Lock(A, Type)    {
    PostMessage(Dispatcher, LOCK, myId(), A,
        Type);
    WaitForResponse();
}

Unlock(A, R)    {
    PostMessage(Dispatcher, UNLOCK, myId(),
        A, Type);
}
```

图 7-8 细粒度并发控制中 Read(A) 和 Write(A) 操作

```
while (1)  {
    WaitForMessage(msg);
    if (msg.Type = LOCK)    then
        if (msg.Locks 与 {Tx} 不冲突 )  then
            {Tx}.AddItem(msg.T_Id, msg.Locks);
            PostMessage(msg.T_Id,  OK);
        else
            {Ta}.AddItem(msg.T_Id, msg.Locks);
    else if (msg.Type = UNLOCK)  then
        {Tx}.DeleteItem(msg.T_id);
        Item = {Ta}.GetFirstItem();
        while (Item ≠ null)
            if (Item.Locks 与 {Tx} 不冲突) then
                {Tx}.AddItem(Item.T_Id, Item.Locks);
                PostMessage(Item.T_Id,  OK);
                Item = {Ta}.DeleteItemAndGetNext(Item);
            else
                Item = {Ta}.GetNextItem(Item);
```

图 7-9 细粒度并发控制中调度线程执行的控制代码

思考题 7-5：粗粒度的并发控制只执行一个大的上锁请求，细粒度的并发控制将其分解成了多个小的上锁请求。请问，在细粒度的并发控制中，$\{T_x\}$ 中的一个项，它包含有多少个锁？$\{T_a\}$ 中的一个项，它包含有多少个锁？对于调度线程，它执行冲突判断的计算开销总量是否增大了？请说明理由。

思考题 7-6：粗粒度的并发控制中锁数据的量，与细粒度中锁数据的量相比，是相同？还是小一些？还是大一些？请说明理由。

思考题 7-7：在解锁时，不论是粗粒度还是细粒度的并发控制，都是从 $\{T_x\}$ 中移出一项。在判断 $\{T_a\}$ 中一项是否与 $\{T_x\}$ 冲突时，可以先判断它与刚移出的那项是否冲突。

如果不冲突，则不要再检查了，可直接判定它与 $\{T_x\}$ 冲突，需继续待在 $\{T_a\}$ 中。为什么？

上述细粒度的并发控制方案并不能保证事务的4个属性：原子性、一致性、隔离性、持久性。以如图7-5所示的两个事务为例。场景1：CPU调度执行的先后顺序为 $\alpha:R_A$，$\beta:R_A$，$\beta:W_A$，$\beta:R_B$，$\beta:W_B$，$\alpha:R_B$，$\alpha:A+B$。那么 T_α 提交的结果自然不正确，因为 T_α 读到的A值是 T_β 执行之前的值，而读到的B值为 T_β 执行之后的值，出现了两者不一致的情形。场景2：CPU调度执行的先后顺序为 $\beta:R_A$，$\beta:W_A$，$\alpha:R_A$，$\beta:R_B$，$\beta:W_B$，$\alpha:A+B$，然后在执行 $\beta:W_B$ 时遇到问题。于是就要回滚 T_β，即撤销事务 T_β 对数据库所做的更新。这导致 $\beta:W_A$ 也被撤销。结果 T_α 读了一个被撤销了的数据，自然不正确。该问题叫READ UNCOMMITTED问题。

为了保障事务的原子性和隔离性，即克服上述场景1所述的不一致情形，需要强化事务的隔离性。一种办法是：将解锁操作做延迟处理，直至事务所需的锁全部获取成功之后。也就是说，在第一次调用Unlock函数之后，就不再允许调用Lock函数。这样，一个事务要访问的所有数据，在逻辑上就成了一个整体。保证了事务与事务之间无访问冲突。有此约束，那么在上述场景1中，事务 T_α 获得了数据项A的读锁，在调用Lock(B,R)之前，不会调用Unlock(A,R)。于是事务 T_β 就会在调用Lock(A,W)的时候转入暂停等待状态，直至 T_α 调用Unlock(A,R)之后。此时，T_α 读到的数据项A和B都是 T_β 对其修改前的值。这种并发控制方案，在MySQL中被称为READ UNCOMMITTED隔离级别。**锁的延迟释放**解决了一致性问题，但也具有副作用，会降低事务的并发性。

为了进一步克服上述场景2的READ UNCOMMITTED情形，需要进一步强化事务的隔离性。具体办法是：对一个事务的所有写操作，其锁的释放进一步延迟到事务提交之后。在上述场景2中，事务 T_α 要获得数据项A的读锁，必须等到事务 T_β 提交之后才能成功。因此也就不会发生 T_β 读了一个被撤销了的数据值。在MySQL中，这种并发控制方案被称为READ COMMITTED隔离级。

在READ COMMITED隔离级，假定两个并发执行的事务 T_1 和 T_2 都要对数据项A和B执行写操作。T_1 写的顺序是先A后B，T_2 写的顺序是先B后A。如果CPU处理它俩时的顺序是 $\alpha:W_A$, $\beta:W_B$, $\alpha:W_B$, $\beta:W_A$, 那么就会出现如下现象：T_1 将永久停顿在Lock(B,W)操作上，而 T_2 永久停顿在Lock(A,W)操作上。其原因是：T_1 在执行完 W_A 操作后，并不释放在A上的锁，于是 T_2 在执行Lock(A,W)时，上锁无法成功，一直暂停等待。T_2 在执行完 W_B 操作后，并不释放在B上的锁，于是 T_1 在执行Lock(B,W)时，上锁无法成功，一直暂停等待。这样 T_1 和 T_2 就相互耗上了，都无法动弹。这种现象称为**死锁**。

思考题7-8：死锁的必要条件是什么？

为了避免死锁问题，一种简单直接的处理办法是将事务所需的全部锁当成一个整体（即原子体）来申请。如果成功，则获得所需的全部锁。如果不能成功，则一个锁都不获取。这样也就退化成了事务一级的并发控制。在MySQL中，这种并发控制方案被称为

SERIALIZABLE 隔离级。相比于 READ COMMITTED 隔离级，SERIALIZABLE 隔离级将加锁时间前移了。SERIALIZABLE 隔离级将所有加锁时刻前移到了第一个读 / 写操作之前。在 READ COMMITTED 隔离级，当要读 / 写一个数据项时，才去向调度线程申请一个锁。调度线程在处理锁申请时，如果发现存在冲突，就会将申请搁置起来，让申请者等待。而在 SERIALIZABLE 隔离级，在执行第一个数据读 / 写之时，就检查其包含的所有读 / 写操作，看是否有冲突。只要有一个读 / 写操作存在冲突，就要等待，直至整体冲突化解为止。因此，SERIALIZABLE 隔离级更为严格。为了和下面方案对比，将该方案称作 A 方案。

在 SERIALIZABLE 隔离级，尽管事务是并发执行的，但从执行效果来看，就像事务是串行执行似的。两个事务中，谁的锁申请成功在前，它就排在前面。

思考题 7-9：*SERIALIZABLE 隔离级与粗粒度的并发控制有何异同？请从加锁时刻和解锁时刻来进行对比分析。益处的获取需要付出什么代价？*

思考题 7-10：*对于事务 T_A，它包含三个操作：Read(D1)、Read(D2)、Write(D3)。就 READ UNCOMMITED、READ COMMITED、SERIALIZABLE 三种隔离级，分别补充 Lock、Unlock 函数，以实现相应的隔离级别。*

上述 A 方案是通过强化锁的申请来避免死锁。其实，死锁避免还可通过强化冲突判定条件来实现。其动机是：事务在有序情况下，调度线程在处理事务 T_c 的锁申请时，在决定给它分配锁时，确保其不会妨碍排在 T_c 前面的事务去获取所需的锁。这样就确保了排在首位的事务，在获取所需的锁上，不会遇到任何障碍。因此死锁也就不会发生了。

7.5.4 通过强化冲突判定条件的死锁避免方法

在强化冲突判定条件方案中，每个事务在申请锁时，还是如在 READ COMMITTED 隔离级一样，一个一个地申请，而不是将事务所需的全部锁当成一个整体来申请。该方案首先对事务进行排序。每个事务启动后，都会给调度线程发送它自己的第一个上锁请求消息。这个消息称为 first 申请消息。在调度线程的消息队列中，first 申请消息的排列顺序就代表了其发送者的排列顺序。first 申请消息的特征是它申请第一个锁，设第一个锁的序号为 0。调度线程在处理事务 T_c 的 first 申请消息时，将为其构建一个事务状态项 [T_c]，然后将其添加到 {T_x} 队列中。于是，事务的先后顺序就在队列 {T_x} 中得以体现。事务状态项 [T_c] 是一个三元组（T_Id, Waiting, Item）结构体，其中 T_Id 是事务标识号，Waiting 记录该事务的当前状态，Item 是事务的锁数组指针。Waiting=null，标识事务当前处于执行状态。Waiting 不为 null 时，表示事务处于等待状态，而且指向正在申请的锁。有了 Waiting 标志，队列 {T_a} 中的事务就是指 {T_x} 中那些 Waiting 为 null 的事务。于是，队列 {T_a} 不再需要单独的物理存储了，成了一个逻辑概念。

锁数组中的每个锁，在事务的生命周期中，会先后经历三种状态。首先是所需，然后是拥有，最后是释放。为了冲突判定规则的描述方便，将队列 {T_x} 中的事务 T_x 所需的全部锁用【 T_x 】表示。在当前时刻，【 T_x 】可分成三个部分：已经释放的锁【 $T_{x,1}$ 】，当前已拥有的锁【$T_{x,2}$】，后续需要的锁【$T_{x,3}$】。

当事务 T_c 向调度线程申请某一个锁 $Lock_c$ 时，调度线程予以分配的原则是：T_c 拥有该锁后，不会妨碍排在 T_c 前面的事务去获取所需的锁。也就是说，对于 $\{T_x\}$ 中的任一事务 T_x，如果 T_x 排在 T_c 前面，那么要求 $Lock_c$ 与【$T_{x,2}$】∪【$T_{x,3}$】中的任一个锁 $Lock_x$ 都不冲突。只有满足这个条件，锁申请才会成功，否则就只能等待。这个条件的含义是：要求 $Lock_c$ 与 T_x 当前拥有的锁（即【$T_{x,2}$】）不冲突，而且还要求与 T_x 后续所需的锁（即【$T_{x,3}$】）也不冲突。为了对比的方便，将该方案称作 B 方案。在该方案中，调度程序的处理逻辑代码如图 7-10 所示。其中避免死锁的冲突处理方法如图 7-11 所示。

```
while(1)  {
    WaitForMessage(msg);
    if (msg.Type = LOCK_REQUEST)    then
        if (msg.Lock_index == 0)    //是第一次锁申请
            Tc = Queue.AddItem(msg.Locks, msg.T_Id);  //在{Tx}队列中添加Tc项
        else
            Tc = Queue.GetItem(msg.T_Id);   //从{Tx}队列中找出申请者Tc项
        ConflictProcess(Tc,  msg.Lock_index);  //对申请的锁，检查其冲突性
    else if (msg.Type = UNLOCK)    then
        Tc = Queue.GetItem(msg.T_Id);    //从{Tx}队列中找出申请者Tc项
        Lock = Tc.Item[ msg.Lock_Index ];    //找出要释放的锁
        Lock.Type = 1; //将该锁标识成已释放的锁
        while (Tc = Queue.GetNextItem(Tc))    //对排在Tc后面的事务逐一检查
            if (Tc.Waiting ≠ null)  {       //如果Tc是属于{Ta}中的事务
                ConflictProcess(Tc, T_Locks.Waiting);
    else if (msg.Type = TRANSACTION_END)    then
        Queue.DeleteItem(msg.T_Id);
}
```

图 7-10　无死锁的事务调度管理程序

```
Void ConflictProcess(Transaction Tc,  int Lock_index)    {
    Lock = Tc.Item[Lock_Index];     //要申请的锁
    Tx = Queue.GetFirstItem();     //得到{Tx}队列中排在首位的事务；
    Conflicting = false;
    while (Tx ≠ null and Tx.T_Id ≠ Tc.T_Id) //对排在请求者Tc前面的事务逐一检查
        if (Lock 与【Tx,2】∪【Tx,3】冲突)
            Conflicting = true;
            break;
        Tx = Queue.GetNextItem(Tx);    //求排在Tx后面的事务
    if (not Conflicting)
        Lock.Type = 2;      // 将该锁标识为已拥有的锁
        Tc.Waiting = null;  //标识请求者Tc不处于等待锁的状态
        Response.Result = OK;
        PostMessage(Tc.T_Id, Response);  //唤醒请求者Tc
    else
        Tc.Waiting = Lock_Index;//将Tc搁置到{Ta}中，并记录Tc要申请的锁
    return;
}
```

图 7-11　无死锁的冲突处理方法

思考题 7-11：上述冲突判定中，并不需要对排在 T_c 后面的 T_x，去判断 $Lock_c$ 与【 $T_{x,2}$ 】中的任一个锁都不冲突。因为这一判定是多余的，上述冲突判定已经涵盖了它。为什么？

调度线程在处理 T_c 的锁申请消息时，如果不予分配，那么就要将 T_c 搁置在等待队列 $\{T_a\}$ 中。处理办法是：对 $\{T_x\}$ 中的 T_c 项，将其 Waiting 的值由 null 改为要申请的锁。需要注意的地方是：搁置在 $\{T_a\}$ 的事务，也是有顺序的，由它们在队列中的位置来决定。调度线程在处理事务 T_c 的锁释放消息时，按照先后顺序对搁置在 $\{T_a\}$ 的锁申请项逐一检查，确定哪些事务可以恢复执行。

思考题 7-12：调度线程在处理事务 T_c 的锁释放消息时，对搁置在 $\{T_a\}$ 的锁申请按照先后顺序逐一检查。其实，也只需要对那些排在 T_c 之后的 T_a 进行检查。对排在 T_c 之前的 T_a 进行检查毫无意义，因为 T_c 释放锁不会对它们产生影响。为什么？

B 方案强化了冲突判定条件。它确保了队列中排在首位的事务，在申请所需锁上不会遇到任何妨碍。因此它能够顺利执行完毕，不会出现死锁现象。

为了比较上述各种方案在冲突判定条件上的差异，设事务 T_x 所需的全部锁为【 T_x 】。在时序上【 T_x 】可分成三个部分：已经释放的锁【 $T_{x,1}$ 】，当前拥有的锁【 $T_{x,2}$ 】，后续需要的锁【 $T_{x,3}$ 】。设事务 T_c 要申请锁。调度线程对申请执行冲突检查。在 A 方案中，冲突判定条件是：【 T_c 】与【 T_x 】是否冲突，这里 $x \neq c$。而在 B 方案中，则是【 T_c 】中的一个锁与【 $T_{x,2}$ 】∪【 $T_{x,3}$ 】是否冲突，这里的 T_x 是指排在 T_c 前面的事务。在粗粒度（事务一级）的冲突判定中，则是看【 T_c 】与【 T_x 】是否冲突，这里 $x \neq c$。在细粒度的冲突判定中，则是看【 T_c 】中的一个锁与【 $T_{x,2}$ 】是否冲突，这里 $x \neq c$，【 $T_{x,2}$ 】中只含一个锁。由此可见，在冲突判定条件上，A 方案与粗粒度（事务一级）的并发控制方案相同。

B 方案的本质是：对事务 T_c 的锁申请，调度线程予以分配的前提条件是 T_c 拥有所申请的锁，不会妨碍排在 T_c 前面的事务去获取所需的锁。于是，对队列中排在首位的事务，在申请所需的锁时不会遇到任何妨碍，都能成功。B 方案带来的另外一个好处是：事务对拥有的共享锁的释放，不需要延迟到拥有所需的全部锁之后。

思考题 7-13：事务对拥有的共享锁的释放，不需要延迟到拥有所需的全部锁之后。为什么？另外，相比于 A 方案，B 方案能增大事务的并发度。这个结论正确吗？

7.5.5 基于时间戳的乐观性并发控制

在细粒度的并发控制中，可能发生不一致情形，也可能出现一个事务读了被回滚了的数据值，还可能出现死锁情形。这些都是不允许发生的。将锁的释放延后，直至全部锁都获取成功，能解决不一致问题。写操作的解锁时间延迟到事务提交之后，可以解决 READ UNCOMMITTED 问题。强化锁的申请或者强化冲突判定条件，可以解决死锁问题。这些方法具有事先预防特性。也就是说，确保一个事务不会出现读 / 写不一致的情形，确保不会出现 READ UNCOMMITTED 情形，确保不会出现死锁问题。解决该问题的另一个切入途径也可以是：

1）一个事务每读/写一个数据时，就检查其一致性，如果发现不一致，就回滚，然后从头重来。

2）一个事务要提交时，检测它是否读到了未提交的数据，如果是，那么就要延迟提交。延迟提交的最终结局是提交或者回滚。

例如，在上述场景1中，当T_α读B时，就会发现出现了不一致情形，于是T_α就要回滚，然后从头重来。在上述场景2中，T_α要提交时，发现T_β还没有提交，就要等待。只有在T_β提交后，T_α才能提交。如果T_β回滚了，那么T_α就不能提交了，也要回滚。T_α的这种回滚被称作**连带回滚**。这种策略也能克服不一致问题、READ UNCOMMITTED问题以及死锁问题。

这种策略的特点是持乐观态度，认为读/写时出现不一致，或者一个事务在提交时读了未提交的数据，这两种情况都很少发生。另外，认为连带回滚也很少发生。于是，尽力去放大并发性。如果真实情况也是如此，这种策略就是好策略。另外，在这种策略中，死锁根本就不会出现，因为每次读/写一个数据项时，才去为之申请上锁，读/写完之后，就马上释放了锁。其好处是：除了无死锁问题外，事务执行的并发度也被显著增大。当然也有缺点，就是事务回滚明显增多。回滚等于前功尽弃。

接下来的问题是如何检测一个事务在读/写一个不一致的数据？以及在要提交时是否读了未提交的数据？时间戳可以用来实现检测。在基于时间戳的并发控制中，数据库服务器受理客户的事务请求，将它们放入一个队列中，再依次取出，调度执行。每个事务在调度时都会附上一个时间戳，以此标识它们的先后顺序。并发执行的效果与基于时间戳标识的顺序串行执行的效果应该一样。

基于此逻辑，对任意两个事务T_α和T_β，如果T_β排在T_α后面，合情合理的情形应该是：T_β读取T_α更新了的数据，T_β对T_α已读取的数据进行更新。因为并发执行，可能会出现如下情形：T_α要读取T_β更新了的数据，或者T_α要对T_β已读取的数据进行更新。这两种情形便是冲突的具体表现形式，都是不允许的。冲突一出现，就表明T_α必须排在T_β之后才行。于是，处理冲突的办法便是：回滚T_α，撤销T_α对数据库已做的更新，就像T_α没有被调度执行一样。然后再将T_α放进调度队列，重新调度执行，重新给定时间戳。这样一来，T_α就排到了T_β之后。

接下来的问题是如何实现冲突检测？即如何判定T_α要读取T_β更新了的数据，或者T_α要对T_β已读取的数据进行更新？实现办法是给每个数据项加配两个时间戳标签。一个为写时间戳，另一个为读时间戳。在冲突检测中，事务用其时间戳来标识。数据项A的写时间戳记为A.wts，记录A的当前值是由哪个事务所写。A的读时间戳记为A.rts，记录读了它的最大事务。当事务T_α要读取数据项A时，如果合情合理，那么若$ts(T_\alpha) > A.rts$, 就要设置$A.rts = ts(T_\alpha)$，这里$ts(T_\alpha)$表示T_α的时间戳。当事务T_α要写数据项A时，如果合情合理，那么若$ts(T_\alpha) > A.wts$, 也要设置$A.wts = ts(T_\alpha)$。有了这个前提，冲突的检测就是水到渠成的事情了，如图7-12所示。

```
读数据项 A: read(A)  {
Timestamp ts = get_my_timestamp();
if  (ts < A.wts)
    rollback;
else  {
    if  (ts > A.rts)
        A.rts = ts;
    return A.value;
}
```

```
写数据项 A: write(A, newvalue) {
Timestamp ts = get_my_timestamp();
if  (ts < A.rts)
    rollback;
else if (ts >= A.wts)  {
    A.value = newvalue;
    A.wts = ts;
}
return;
```

图 7-12　基于时间戳的并发控制中一致性检查逻辑

为了防止 READ UNCOMMITTED，一个事务在读一个数据项时，要记录下其时间戳，即它所依赖的事务。在要提交时，只有在它所依赖的事务都提交了之后，它才能提交。它所依赖的事务中，只要其中的一个发生了回滚，那么它也要回滚。

思考题 7-14：*上述基于时间戳的并发控制方案是 SERIALIZABLE 隔离级的一种实现方案。为什么？请说明理由。*

基于锁的并发控制是一种稳健型方案，确保在无冲突前提下进行数据操作。而基于时间戳的并发控制则带有冒险性质。它以细粒度并发控制为基础，让事务对能写的数据就写，能读的数据就读。这种处理方式，可能会导致其他事务随后要执行读 / 写一个数据项时，出现不一致情形。于是在事务执行读 / 写一个数据项，在获得所需锁的同时，还要进行一致性检查。如果发现不一致情形已成事实，就回滚事务，以此来消解不一致。基于时间戳的并发控制能增大并发度。但是也带来了新的问题，那就是一旦发现不一致存在，便要回滚事务，导致被回滚的事务前功尽弃，浪费资源。另外，要对数据项设置读时间戳和写时间戳，一致性检查和控制变得复杂，无论是存储开销，还是处理开销都将增大。

7.5.6　基于锁的乐观性并发控制

基于时间戳的并发控制，是在细粒度并发控制的基础上，再补充一致性检查。在上述基于锁的并发控制中，各种方案不同之处仅仅在于冲突判定条件不同而已，它们的数据结构和处理框架是完全一样的。基于时间戳的并发控制也可使用上述基于锁的并发控制来加以实现。

对于基于时间戳的并发控制，它首先要求对事务排序。这一要求已经在上述基于锁的并发控制中加以实现。然后要求基于细粒度的冲突判定。这在基于细粒度的并发控制中也已实现。最后要求一致性检查。一致性检查的内容包括三点：1）事务 T_c 要执行读操作时，理应读排在它前面的事务所写的值，如果出现了读排在它后面的事务所写的值，自然就是不一致情况；2）事务 T_c 要执行写操作时，排在它后面的事务理应读它写的数据，如果不是，就是不一致；3）当 T_c 要执行写操作时，如果排在它后面的事务已经执行了写，理应是覆盖掉 T_c 写的值，因此 T_c 要执行的写操作失去了意义，应该忽略掉。

上述一致性检查内容也都能在基于锁的并发控制中加以实现。对于排在 T_c 后面的事

务 T_x，它已经执行完毕的操作都记录在【 $T_{x,1}$ 】中。而 T_c 要执行的数据操作，则记录在刚获得的锁 $Lock_c$ 中。设【 $T_{x,1}$ 】中的一个锁为 $Lock_x$。$Lock_c$.A 是 T_c 要操作的数据对象，而 $Lock_x$.A 是 T_x 已经操作完毕的数据对象。$Lock_c$.O 是 T_c 要执行的操作类型（W / R），而 $Lock_x$.O 记录了 T_x 对 $Lock_x$.A 已执行的操作类型（W / R）。如果 $Lock_c.A \cap Lock_x.A$ 存在交集，那么就有如下的不一致情况。当 $Lock_c.O = R$ 并且 $Lock_x.O = W$ 时，其含义是 T_c 要读排在它后面的事务已写的数据。这当然是不一致表现。当 $Lock_c.O = W$ 并且 $Lock_x.O = R$ 时，其含义是 T_c 要写排在它后面的事务已读的数据。这当然也是不一致表现。理由是：排在 T_c 后面的事务理应是读 T_c 写的数据，而现在不是。因此，一致性被违背。当 $Lock_c.O = W$ 并且 $Lock_x.O = W$ 时，其含义是排在 T_c 后面的事务已经对 $Lock_x$.A 执行了写，现在 T_c 还要写它。T_c 的这个操作自然是已经过时，变得无意义，理应忽略掉。

基于时间戳的并发控制，采用锁机制来加以实现，其冲突判定和一致性检查的实现代码如图 7-13 所示。这个实现的优点是并不对事务和数据项直接设置时间戳标记，但对基于时间戳的并发控制逻辑却丝毫没有打折扣。该方法的精妙之处就在于此。为了对比的方便性，该方案称作 C 方案。

```
void ConflictProcess(Transaction Tc,  int Lock_index)    {
    Tx = Queue.GetFirstItem();    // 得到 {Tx} 队列中排在首位的事务
    Lockc = Tc.Item[Lock_index];
    Conflicting = false;
    while (Tx ≠ null)
        If ( Tx.T_Id ≠ Tc.T_Id and .Waiting = null) // 持有锁的事务，逐一检查
            if (Lockc 与【 Tx,2 】冲突 )
                Conflicting = true;
                break;
        Tx = Queue.GetNextItem(Tx);    // 求排在 Tx 后面的事务
    if (not Conflicting )
        Lockc.Type = 2;      // 将该锁标识成已拥有的锁
        Tc.Waiting = null;  // 标识请求者 Tc 不处于等待锁的状态
        Response.Result = OK;
        Response.obj = null;
        Tx = Tc;    // 对排在 Tc 后面的事务，逐一检查一致性
        while (Tx = Queue.GetNextItem(Tx))    // 得到排在 Tx 后面的事务
            ∀ Lockx ∈ {【 Tx,1 】}:
                if (Lockc.A ∩ Lockx.A ≠ ∅)   {
                    If (lockc.O = W and Lockx.O = R)
                    or (Lockc.O = R and Lockx.O = W)
                        Response.result = ROLLBACK; // 不一致，Tc 回滚
                        break;
                    else if (lockc.O = W and Lockx.O = W)
                        Response.Result = IGNORE;
                        Response.obj += Lockc.A ∩ Lockx.A;
        PostMessage(Tc.T_Id, Response);   // 唤醒请求者
    else
        Tc.Waiting = Lock_Index; // 放 Tc 到 {Ta} 中 , 并记录 Tc 要申请的锁
    return;
}
```

图 7-13　基于锁的并发控制中的冲突判定与一致性检查

C 方案还要解决的一个问题，也是最后一个问题，就是事务的提交时间控制。事务 T_c 如果读了排在它前面的事务 T_x 写的数据项，那么 T_c 就依赖于 T_x。T_c 的提交要以 T_x 的提交为前提。因此，当事务 T_c 就读数据项 A 向调度线程提出锁申请时，调度线程在予以分配之时，要对排在 T_c 前面的事务 T_x，去检查【 $T_{x,1}$ 】，看 T_x 是否对 A 执行了写操作。如果是，就要将 T_x 添加到 T_c 的依赖集中。如果 T_x 的提交发生在 T_c 提交之前，调度线程就在处理 T_x 的提交完成消息时，将 T_x 从 T_c 的依赖集中剔除。调度线程在处理 T_c 的提交请求消息时，首先检查 T_c 的依赖集是否为空。如果不为空，就不能给 T_c 发送提交响应消息。只有在 T_c 的依赖集变为空时，才能给 T_c 发送提交响应消息。

C 方案与方案 B 相比，实现并发控制的数据结构完全相同，并发控制的计算复杂性也相同。C 方案带来的问题是：当出现不一致时，事务要回滚，而且还有连带回滚的问题。当一个事务 T_c 因为出现了不一致而回滚时，对于 T_c 已经执行了的写操作，如果排在 T_c 后面的 T_x 读了它，那么 T_x 也要回滚。T_x 的回滚是因为 T_c 回滚而引起。这种回滚和连带回滚都是百害而无一益。

C 方案以细粒度并发控制为基础，让每个事务能读就读，能写就写，完全只顾自己，不顾别人。这种只顾自己和不顾别人的做法带来的后果就是损人利己。导致排在其前面的事务随后可能要回滚。这就是基于时间戳的并发控制方法的根本特性。这种以别的事务回滚为代价来增大并发性显然是不可取的，也肯定是得不偿失的。

B 方案尽管是为了避免死锁而提出，它带来的另一附带好处是克服了 C 方案的弊端。在 B 方案中，当事务 T_c 向调度线程申请锁 $Lock_c$ 时，对于排在 T_c 前面的事务 T_x，当 $Lock_c$ 与【 $T_{x,3}$ 】中的锁 $Lock_x$ 冲突时，调度线程就会将申请搁置下来，让 T_c 等待。如果不这么做，带来的必然后果就是：随后 T_x 申请 $Lock_x$ 时，出现不一致情形，T_x 被迫回滚。因此，C 方案是一种根本不可取的方案，而 B 方案是一箭双雕的方案。

B 方案的另一优点是它以非常简单的方式实现了事务的 4 个属性。在 B 方案中，对于一个事务，只有当它提交后，才释放其持有的写锁。事务之间的依赖性已经在冲突判定中得以体现，不需要另外去跟踪、记录、处理。而在 C 方案中，则需要去跟踪、记录、处理事务之间的依赖性。

由 C 方案可联想到对 B 方案的一个改进之处。在 B 方案中，当 $Lock_c$ 与【 $T_{x,3}$ 】中的锁 $Lock_x$ 冲突时，调度线程就会将申请搁置下来，让 T_c 等待。冲突的一种情形是：它俩所指的数据项 $Lock_c.A$ 和 $Lock_x.A$ 存在交集，并且 $Lock_c$ 和 $Lock_x$ 都为写锁。其实，这种冲突在某种特殊情况下不算冲突。这种特殊情况是指：对于排在 T_x 与 T_c 之间的事务 T_y，在【 $T_{y,3}$ 】中不存在有一个读锁，要读 $Lock_c.A$ 中的数据。这种特殊情况的含义是：尽管 T_x 随后要对 $Lock_c.A$ 和 $Lock_x.A$ 的交集部分执行写操作，但这个写已经失去意义了，因为没有事务要去读它。因此，T_c 提前去覆盖掉它是完全可以的。不过这种覆盖，要修改 $Lock_x.A$，将其改成 $Lock_x.A - Lock_c.A$。也就是说，随后 T_x 对 $Lock_x.A$ 执行写操作时，就不要对 $Lock_c.A \cap Lock_x.A$ 部分执行写了。

7.6 线程池技术

用户的一个请求通常为一个事务，DBMS创建一个线程来执行它。执行完毕之后，线程的生命周期也就结束。一个事务的执行时间通常很短，因此线程的生命周期也很短。于是在DBMS进程中，线程不断地被创建，然后很快又被销毁。线程由操作系统管理，创建一个线程和销毁一个线程都会耗费一定资源。如果线程的创建和销毁非常频繁，就会影响系统性能。解决方法是使用线程池技术。也就是说，事先创建一些线程，充当工作线程，放在线程池中。这些线程处于空闲等待状态。当收到一个来自用户的事务请求时，DBMS调度线程并不创建线程，而是从线程池中拿一个空闲的线程来执行受理的事务。事务执行完毕之后，线程并不结束，而是又回到空闲等待状态。这样就避免了线程的创建和销毁而带来的开销，从而提升了系统性能。

采用线程池技术自然是由调度线程来管理工作线程。调度线程与工作线程之间通过消息来协同工作。当受理了一个事务请求时，调度线程从空闲线程队列中取出一个线程来执行。具体来说，就是给取出的线程发送一个新任务消息。空闲线程都处于等待消息的状态。当来了一个消息时，便会结束等待状态，来处理收到的消息。新任务消息自然附带有要执行的任务信息。于是这个线程就来执行所分派的任务。当线程把所分派的任务执行完毕之后，便给调度线程发送一个完成消息，通知任务已经处理完毕。调度线程收到这个消息后，便把发送者线程添加到空闲队列中。线程池方式下，调度线程与工作线程之间的协同逻辑如图7-14所示。

```
while(1)  {
    WaitForMessage(msg);
    if (msg.Type = NEW_TASK)  then
        CALL msg.transaction;
        PostMessage(msg.sender, T_COMPLTE);
}
```

a）工作线程的逻辑代码

```
while(1)  {
    WaitForMessage(msg);
    if (msg.Type = NEW_REQUEST)  then
        //该消息由受理线程发送而来
        Thread_id = IdleQueue.FetchThread ();
        PostMessage(Thread_id,  NEW_TASK, msg);
    if (msg.Type = T_COMPLETE)   then
        //该消息由工作线程发送而来
        IdleQueue.AddThread (msg.sender);
}
```

b）调度线程的逻辑代码

图7-14 线程池方式下调度线程与工作线程之间的协同逻辑

7.7 查询优化

数据库管理系统处理一个用户的查询请求操作，就像人做一个数学题一样，有多种方法来解答。有的解答方法简单高效，有的解答方法则低效、代价大。例如，对计算 1+2+3+…+100，直接简单的方法是依次相加，也可是 $(1+100)\times 50$。从效率来看，当然是后一种方法比前一种方法要高很多。查询优化要解决的问题就是，对用户的查询请求寻找高效的执行方案，提升查询效率。

例 7-4 在大学教务管理数据库中，列出信息学院所有教授的名单，其 SQL 语句为：

```
SELECT * FROM teacher AS t, deptartment AS d WHERE t.deptNo = d.deptNo AND
    (t.rank = '教授' AND d.name = '信息学院');
```

对这一用户请求，有三种代数运算执行方案，分别如下：

1）$\sigma_{(rank=\text{'教授'})\wedge(department.name=\text{'信息学院'})\wedge(teacher.deptNo=department.deptNo)}(teacher \times department)$

2）$\sigma_{rank=\text{'教授'}\wedge(department.name=\text{'信息学院'})}(teacher \bowtie_{teacher.deptNo=department.deptNo} department)$

3）$(\sigma_{rank=\text{'教授'}}(teacher)) \bowtie_{teacher.deptNo=department.deptNo} (\sigma_{name=\text{'信息学院'}}(department))$

非常明显，第一种执行方案要对两个表做笛卡儿乘积运算，再做选择运算，代价大、时间长。第二种方案先做自然连接运算，再做选择运算，代价次之。第三种方案是先对两个表做选择运算，然后再做自然连接运算，自然代价小、时间短。因此应该选择第三种执行方案。

7.8 配置专用的日志磁盘

数据库服务器在发生故障时，会导致数据丢失或者不一致。为了防范因故障而出现数据丢失或者不一致，数据库管理系统在无故障运行时，对用户的更新操作（修改、删除、添加）请求，除了将其作用到数据库之外，还要记日志。一旦出现故障，就用日志来进行故障恢复。因此，除了数据库数据外，还有日志数据。系统在无故障运行时，记日志有两个特点：1）向磁盘写日志数据的频率非常高；2）日志数据是只写不读。这两个特点要求，为记日志最好事先预留出连续的磁盘空间，并且磁头最好不要移开去做其他数据的读写。如果日志磁盘不为专用，那么就会出现磁头在磁盘上的日志存储区与其他数据存储区之间频繁地来回移动，导致数据库服务器的性能低下。因此，配置专用的日志磁盘，对服务器的性能至关重要。

日志数据和数据库数据同盘存储会严重影响系统性能。不过这种影响在数据库建立的初期并不会暴露出来。其原因是，在数据库建立的初期，数据库中的数据量不大，数据库缓冲区能够容纳下整个数据库中的数据。在这种情况下，更新操作几乎不会引发磁盘读写。随着时间推移，数据库中的数据量不断增大。当数据库缓冲区容纳不下整个数据库时，如果所需数据不在缓存中，就要腾空出一部分缓存空间，再从磁盘读取。腾出缓存空间，就是把被腾空间的数据写回磁盘。此时，便出现磁头在磁盘上的日志存储区与数据库存储区之间频繁地来回移动，性能开始下降。数据库中的数据量越大，性能下降就越明显。

7.9 本章小结

数据库服务器的性能体现在它对用户数据操作请求的吞吐量和响应时间上。提升数据处理性能就是基于计算机的硬件特性、数据本身特性以及访问特性，合理组织数据的存储，采取与之相适应的技术方案，减少磁头在磁盘空间中的移动路程，缩减数据在不同存储器之间的运输次数，降低数据在内存与磁盘之间，以及内存与CPU之间的无效运输，降低CPU所做的无效处理。其中减少磁头移动路程的策略包括：设置缓存；将关系紧密的数据临近存储；将访问频率高的数据存放在盘面空间的中央地带；配置专用的日志磁盘。设置缓存还能缩减数据在内存与磁盘之间的运输。索引能有效降低数据在内存与磁盘之间以及内存与CPU之间的无效运输，还能降低CPU所做的无效处理。并发执行能提升CPU资源的利用率。查询优化能提升数据处理的执行效率。

服务器的硬件特性，例如内存大小，事先检测一次，便能确知。但数据本身特性、访问特性却因应用而异。例如表与表之间的关系紧密程度，同一表中列与列之间的紧密程度，行与行之间的紧密程度，这些都是因情而异的。对于数据访问特性，有些能事先预知，有些则需要在运行中去检测和捕获。例如，表由模式和数据两部分组成，模式的访问频率明显高于数据的访问频率，就能事先预知。其原因是，模式中存放着表的语义信息、结构信息、存储信息、状态信息。每访问一个表的数据，都需事先访问其模式。因此，模式最好常驻缓存。对于业务特性和访问特性，应尽量挖掘，然后加以利用。例如，对于大学教务管理数据库中的学生表，当前在校学生的数据与已毕业学生的数据相比，其访问频率要高得多，这就是明显的业务特性。另外，从用户来看，学生类用户最多，教师类用户次之，教管人员最少。因此，数据库设计中应优先考虑学生类用户频繁执行的操作。例如，学生查看自己的成绩单，是最为频繁的一种操作，因此在主键的确定，索引的构建等方面应优先考虑。另外，学生选课、查看选课记录也是常见的操作，也应重视。

在性能提升策略中，并发执行和查询优化以及线程池完全封装在DBMS中，对数据库设计人员和DBA完全透明。其他的策略，包括缓存大小设置、索引、日志存储位置、数据在磁盘上的空间分配，通常都需数据库设计人员来考虑和决定，由DBA来配置实施。数据在磁盘上的空间分配包括4个方面：存储地带、预留空间大小、追加空间大小、聚簇（指对来自不同表，关系紧密的行安排临近存储）。当然，期望和理想的情形是：这些有关性能的硬件特性、数据特性、访问特性，DBMS都能自动感知，有关性能方面的配置工作都由DBMS自动完成，不需要数据库设计人员和DBA的参与。

高效处理和高性能一直是数据库系统追求的目标。其中DBMS和应用程序都肩负重大责任。本章只是就DBMS而言，探讨了提升数据处理性能的常用途径和方法。应用程序对系统性能也有重要影响。在应用程序设计中如何取得高性能将在第9章中作探讨。

习题

1. 对于 QQ 数据库，其中有用户表 user(user_id, password, nickname, …)，群表 community(name, creater_id,…)，群成员表 member(community_id, member_id, nickname, act_role,…)。请分析群成员表 member 的主键应该是 (community_id, member_id)，还是 (member_id，community_id)。请替 DBMS 为群成员表 member 写一个创建主键索引的 SQL 语句。
2. 房产中介公司的业务数据库（见图 2-12）中，合同表 Lease 是一个联系表，它的主键可以为（clientNo, propertyNo, fromDate）。但是，实际上合同表的主键设为 leaseNo。也就是说，（clientNo, propertyNo, fromDate）和 leaseNo 都是 Lease 表的候选键。请基于业务特性和访问特性分析，主键到底是选 leaseNo 好，还是选（clientNo, propertyNo, fromDate）好？对 leaseNo 如何设置其构成？请从高效查询角度进行分析。假定 leaseNo 为主键，那么对候选键（clientNo, propertyNo, fromDate）有必要创建索引吗？
3. 对任一给定的英文文章，要统计其中出现的单词以及每个单词出现的次数。针对这样一个需求，请分析使用散列索引好还是顺序索引好。说明理由。

第 8 章　数据库设计

在数据库中，数据的正确性十分重要，但获得正确性面临两大困难。第一个困难是系统故障。故障是不可避免的，会导致数据丢失或者残缺不全。为此，提出了事务管理的概念，采取故障恢复策略来实现事务的 4 个属性。这部分内容在第 6 章中已讲述。在系统无故障运行时，依然存在数据的正确性问题，表现为数据冗余、更新异常、数据不一致。这三个问题的根源在于数据组织不合理，要通过数据库设计来解决。本章将探讨数据库设计要解决的问题，如何进行数据库设计，以及如何判定数据库设计是否合理。

8.1　数据库设计概述

企业开展业务时，需要建立业务支撑数据库，以支持企业正常、高效、稳定运转，形成竞争力，实现快速、持续发展。业务管理的要素包括组织、人员、客户、资源、资金、业务活动等，以及相应的过程与环节，其目标是使业务的开展遵循所确立的组织模式和规章制度。要实现业务管理的信息化，最关键的工作就是数据库设计。数据库设计需要专业知识，通常由具备数据库专业知识的人员来完成。

数据库设计的第一项工作就是获取需求，了解企业的组织结构、人员、资源，以及业务活动、管理体系、运转过程、发展态势。然后基于业务及其特征设计出数据库。数据库设计的核心工作是数据库中表的定义。具体来说，就是数据库中应该有哪些表，每张表应该包括哪些字段，其主键是由哪些字段构成，是否包含外键。对数据库设计，第一个要求是要对业务管理具备全覆盖性，包括人、事、物，以及过程与环节，以便全面支持业务的开展。对数据库设计的第二个要求是保证数据无冗余问题、无更新异常问题、无数据不一致问题，从而保证数据的正确性。

8.1.1　数据库设计的需求获取

数据库设计面临很多挑战。数据库设计本身是计算机领域的工作，但它面对和服务的是另一领域的特定业务。数据库设计人员虽然具备数据库专业知识，但通常不熟悉业务。业务人员熟悉业务，但对数据库知识可能一无所知。数据库设计要解决的第一个问题就是数据库设计人员如何全面、准确地获取业务需求。如果业务需求获取不全面、不准确，设计出来的数据库就难以满足各种业务需求，难以取得成功。要全面、准确地获取业务需求，数据库设计人员必须与业务人员深入沟通与交流，熟悉业务细则，了解业务特征，最终在业务需求认知上达成一致。

掌握业务需求的获取技巧对于数据库设计人员十分重要。有5个常用的业务需求获取途径：1）查看有关业务开展的规章制度；2）观察业务的运转情况；3）收集已有的业务表单和记录；4）与业务相关人员面对面地进行沟通和交流；5）对直接获取的业务需求做分析和推理，补充和完善业务需求。

在业务需求获取过程中，必须弄清楚业务流程、相关人员、业务功能及业务表单。例如，大学教务管理的业务流程包括培养计划制定、开课、选课、成绩评定、学业考核，以及补考、重修等。相关的人员有学生、老师、教辅人员、教管人员等。他们既有不同的职责，又彼此联系。业务功能包括学生管理、教师管理、课程管理、教务过程管理、教学质量管理、绩效管理等。业务表单包括学生名单、老师名单、课程名单、选课名单、课程成绩单、学生成绩单、教学工作量清单及成绩排名单等。

数据库专业人员获取业务需求后，要以业务需求分析报告的形式表述出来。需求分析报告使用自然语言来表述业务详情和特征，与数据库专业知识无关，具有通俗易懂性。数据库专业人员与业务人员以业务需求分析报告为媒介，相互交流彼此对业务的理解和认识，不断补充和完善业务需求，形成共识，以做到尽量全面与准确地分析业务需求。

业务需求获取过程中，业务人员的积极配合至关重要。数据库专业人员在与业务人员的交流与沟通中，不应该抱有依赖态度，而应事先做好充分的准备，在与业务人员的交往中表现出对业务有相当的了解，甚至有深入的认识与看法。只有这样，业务人员才会认为对方有素养、有知识、有见解，值得交往。有此前提，交流起来才会富有成效，话题的探讨才会深入。否则，在向业务人员获取需求时，他会觉得对方连基本常识都不懂，不值得沟通与交流，因而将提供业务需求视作给其增添的一项额外负担和累赘，敷衍了事。如果出现这样的情况，需求获取肯定不会得到好的结果。

查阅文献、收集资料、调阅规章制度、观察业务运作、分析业务特征，这些都是数据库专业人员要做的前期工作。通过这些工作，弄清楚企业的业务流程和环节，其中包含的事件/活动、事实和对象、业务表单和记录、相关人员，以及业务特征和变化趋势，从而对业务详情有整体了解。然后，再结合数据库知识，整理出业务的主干脉络，明确实施信息化管理对企业、业务人员带来的益处，阐明实施信息化管理的可行性，点明实施信息化管理的关键要点。有了这些准备，在与业务人员沟通交流时，才可将信息化管理的好处讲透彻、令人信服，才会打动业务人员，使其有受益的感觉，从而对数据库设计工作感兴趣，充满信心。

建立数据库系统的目的是支持企业更好地开展业务、提高效率、降低成本、保证质量、形成竞争力，支撑企业继续发展。同时，也为业务人员提供工具和手段，使其处理事情更加方便简捷，工作更加高效轻松，记录更加全面准确。站在这样的一个角度来设计数据库，就必须弄清楚企业现在是如何运转的？现有的手段和工具有哪些？业务人员是以何种媒介来实现协同配合？企业发展遇到了哪些挑战？瓶颈在哪里？业务人员有哪些不满和期望？弄清楚了这些问题，接下来就是明确信息化建设将为企业和业务人员带来哪些变革？收益具体体现在哪里？因此，数据库设计者必须对业务有全盘的把握。

针对特定的业务设计数据库，其目的是支撑整个业务的开展，服务所有相关人员。因此，要站在业务全局的高度，对业务有通盘的了解之后再开展设计工作。但是，数据库设计人员在获取需求时，接触的业务人员通常只是负责整个业务的局部工作，所讲的都是局部的事情，而且通常是常规情形，遗漏了特殊情形。因此，数据库设计人员在获取需求时，听到和看到的通常都是局部，而且会有遗漏和不全面之处。面对这种实际与期望之间存在的巨大鸿沟所带来的挑战，数据库设计人员必须要有分析和推理能力，能从局部想象出全局，从一般情形联想到特殊情形。然后，将分析推理出的业务需求拿给业务人员加以证实和认定。只有这样，设计出来的数据库才会对业务具有全覆盖性。

例如，对于大学的教务管理数据库，在调研业务需求时，学生选课、考试、老师给学生评分等常规性的业务很容易获知。但是，对于重修、补考、特殊学生的成绩系数化处理等不常发生的事情，业务人员则可能出现遗漏。基于业务处理的完备性，数据库设计人员应能从已知的业务需求中，推断出业务人员可能遗漏的业务内容。学生修课有通过与不通过两种结果。学生修课不通过时，教务管理中是如何处理的？数据库设计人员应主动向业务人员询问是否还存在补考、重修的情况。如果存在，还要进一步追问其管理细则。业务需求的获取是一个不断扩展深化的渐进过程，首先是听取，再做推理，然后询问。通过多轮迭代之后，得到的业务需求才会全面、完整、准确。

要成为一名称职的数据库设计者，除了对数据库专业知识有透彻的理解之外，还要具备良好的分析、推理、研究、归纳、提炼能力。与此同时，还必须掌握业务需求获取技巧，善于与业务人员沟通交流。除了这些必备技能之外，还要知晓工程规范，能够按照工程规范写出业务需求分析报告以及设计说明书。知晓工程规范、遵循工程规范对于数据库设计人员十分重要。只有遵循工程规范，写出的业务需求分析报告才会通俗易懂、一目了然。其原因是，工程规范是广大工程人员普遍认同、接受、习惯使用的技术文档规范，包括在文档结构、用词、符号、图表、格式等方面的规定。如果技术文档的撰写不规范，那么读者读起来就会感到怪异、别扭、生疏、晦涩，难以领会其含义，自然也就不会认同。

8.1.2 数据库设计的过程

数据库设计是对业务中的实事、活动、过程、环节、记录等进行梳理和深加工的过程，最终定义出数据库中应包含的表，以及每个表应包含的字段。直观来说，数据库设计要回答以下三个问题。

1）覆盖性问题：确定一个单位有哪些数据项（字段）。

2）划分问题：确定哪些字段构成一个表。

3）关系问题：确定表之间有什么关系。

关系数据模型要求数据严格按类分表存储，不同类的数据不能混合存储在一个表中。每个类都会有很多实例，类的实例也称作对象，实例有标识的问题。类与类之间可能存在联系，具体表现在它们的实例之间存在联系。因此数据库设计的一项关键工作就是从业务所涉及的资源、实事、活动、过程、环节、记录等事例中提炼和抽象出实体概念，然后揭示出实体与实体之间的联系。这就是实体-联系建模方法，也就是数据库设计方法，我们将在8.4节中详细讨论这个内容。

获取业务需求是数据库设计的第一项工作，接下来的工作就是基于业务需求进行**实体-联系建模**，得到**实体-联系模型**（Entity-Relationship model，ER模型）。业务需求是用自然语言表述出来的，具有通俗易懂性，对其理解不需要有专业知识。它有助于数据库专业人员与业务人员沟通交流，形成共识。其目标是使业务需求全面、完整、准确。用自然语言表述出来的业务需求也有其缺点，那就是不够精准、存在二义性，无法让计算机来准确地对其进行结构化处理。例如，在奥运会排球决赛中，“中国队大败美国队”与“中国队大胜美国队”。单从字面上来看，胜与败互为反义词，这两句话应该是完全不同的意思。但从自然语言角度来说，它与习俗以及特定场景相关，这两句话可能表达的是同一个意思。另一个例子是“8除4”，其含义到底是$8 \div 4$，还是$4 \div 8$？不同的人会有不同的观点。

在数据库设计中，基于业务需求进行实体-联系建模，其目标是精准地对业务需求进行结构化处理，使其逼近最终目标。最终目标的一个方面是设计出的数据库对业务具有全覆盖性，对各种业务需求都能满足。最终目标的另一个方面就是设计出来的数据库在运行使用中不会出现数据冗余问题和数据不一致问题，能保证数据库中数据的正确性。在实体-联系建模中，概念和结构以及表示它们的图形符号都有明确的定义，消除了自然语言表达中存在的模糊性和二义性。因此，建模之后构建出来的实体-联系模型结构明确、含义准确，表达出了业务所涵盖的实质内容，以及它们之间存在的内在联系。

在逻辑和概念层面，数据库设计的最终目标是要构建出业务的**关系数据模型**。也就是说，要明确数据库中应包含的表，以及每个表应包含的字段。与此同时，还要指明每个表的主键，标识出表中包含的外键。关系数据模型与实体-联系模型相比更加抽象、更加难以理解。因此，在数据库设计中，首先要基于业务需求来构建实体-联系模型，然后再将其转化为关系数据模型，而不是直接从业务需求构建关系数据模型。将实体-联系模型转化为关系数据模型不存在疑难问题，它们之间有明确的对应关系，转化工作可交由软件工具来自动完成。转化得到的关系数据模型是**逻辑数据模型**中的一种，而实体-联系模型则是**概念数据模型**中的一种。概念数据模型的构建称作**概念数据库设计**，而关系数据模型的构建称作**逻辑数据库设计**。

对于一个已经设计出的逻辑数据库，还存在判定它是否合理的问题。合理是指它不会存在数据冗余问题和更新异常问题，不会引起数据不一致问题。数据冗余和更新异常的具体表现形式将在8.2节中详细讨论。合理性判定要应用函数依赖理论，通过范式检验来完成。设计合理性的判定依据和理论基础及判定方法将在8.6节中详细讨论。

对于一个已经设计出的关系数据模型，要判断它是否对业务具有全覆盖性。这就需要对业务需求进行逐一检查，看业务所需数据能否以数据库中的表作为输入，是否可通过关系代数运算来实时合成。如果所有业务人员所需的数据和业务表单都能从数据库得出，那么该数据库就对业务具有全覆盖性。

逻辑数据库设计之后，就要进行物理数据库设计。逻辑数据库设计要解决的关键问题是业务的全覆盖问题、数据的冗余问题、数据的更新异常问题、数据的不一致问题、数据的完整性问题。而在物理数据库设计中，要解决的问题则是数据完整性问题、数据操作的简单性问题、数据处理性能问题、数据安全问题以及数据库的故障恢复问题。

数据处理性能对于数据管理至关重要。企业的数据都存放在数据库中，因此数据库中的数据是海量的。对海量的数据进行查询和定位耗时费力。另外，各类用户都来访问数据库，因此访问量巨大。数据库服务器是一个数据访问的负载中心。在这种情形下，及时对用户的数据访问请求做出响应面临巨大的挑战。必须利用数据特性、访问特性以及机器特性实现高效和快速的数据处理。数据处理性能的提升技术已在第7章中讲解。

数据库服务器在运行过程中面临着很多可靠性的威胁，比如，软件故障、硬件故障、环境突变、恐怖袭击、自然灾害。这些问题的发生都可能造成数据库中的数据丢失、残缺不全或者不一致。比如，磁盘故障会导致其上的所有数据丢失，停电会导致内存中的数据全部丢失。企业将其数据存储在数据库中，因此对数据丢失、残缺不全或者不一致等情况都无法接受。事务处理及故障恢复技术就是用来解决上述问题的可靠性保障技术，已在第6章中讲解。

数据库中的数据还存在安全性问题。安全性是指用户对数据的访问存在合法性问题。数据访问是指对数据进行修改、添加、删除、查询、统计操作。只有合法的用户才能对数据进行访问，拒绝非法的用户对它进行访问。要保障数据的安全性，就必须要有一套安全机制明确一个用户对哪些数据具有何种访问权限，然后在DBMS中贯彻执行。另外，一旦发现安全问题，DBMS最好还能提供一些证据。安全性保障技术已在第5章中讲解。

完成逻辑数据库设计和物理数据库设计之后，接下来就是实现问题。实现工作包括：选定一个数据库管理系统产品，将其安装在一台数据库服务器上，然后根据设计创建一个数据库。

数据库设计是信息化管理的基石。设计合理的数据库不仅体现在业务支撑、数据正确、一致、无冗余、无更新异常等方面，而且具有良好的延展性。延展性体现在当有新的业务需求出现时，能轻量级地予以满足。轻量级是指快捷、简单、低成本。比如，在数据库中创建一个视图、存储过程或触发器，就能满足新应用的需求。再比如，以存储过程和视图作为用户 / 应用程序和表之间的中介，使得表对用户 / 应用程序透明。在这种情况下，即使给某个表添加了字段以满足新业务需求，也不会影响原有用户和应用程序。

现实中，对已有的数据库，常见的一种错误处理办法是：当业务有变动或者新业务功能有增加时，就相应改动数据库中的表结构，包括增添新的表或者对已有表添加字段。这种“头痛医头、脚痛医脚”的做法会因数据冗余而导致数据不一致（即不正确）和更新异常。另外，还会引起原有应用程序报错而不能正常运行。其原因是数据库中的表被改动之后，破坏了原有应用程序与数据库之间的耦合和衔接关系。

总之，数据库构建包括业务需求分析、逻辑数据库设计、物理数据库设计、数据库实现 4 个步骤。业务需求分析要解决的问题是数据的收集问题，应力求全面，不出现遗漏，同时明确其含义和用场。数据库设计要解决的是数据正确性问题，即无冗余、无更新异常、无数据不一致。而物理数据库设计要解决的问题是数据处理的高效性、数据的安全性、数据的完整性、数据操作的简单性以及系统故障恢复。逻辑数据库的设计流程如图 8-1 所示。

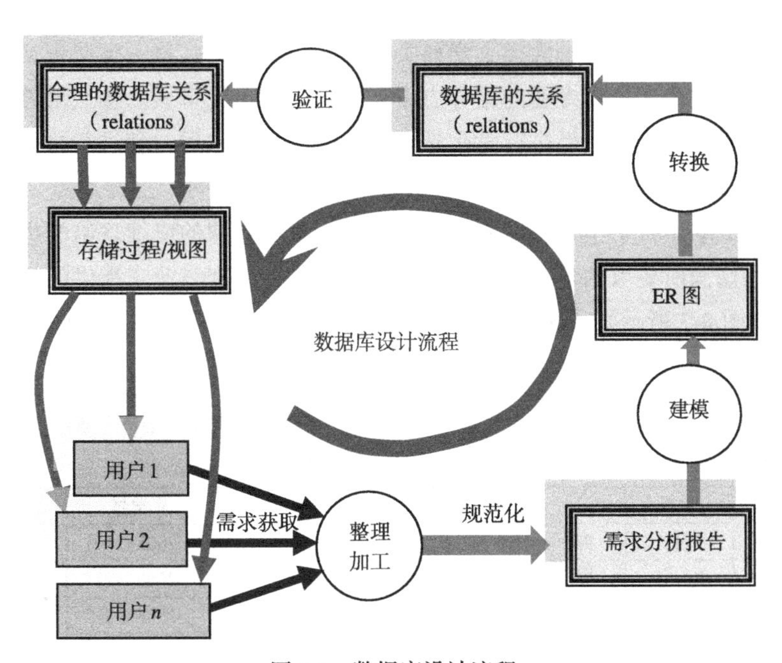

图 8-1　数据库设计流程

从图 8-1 所示的数据库设计流程可知，整个设计是从用户中来，再回到用户中去，即从获取业务需求到满足业务需求的过程。从获取业务需求到合理的关系，也就是表，这是一个面向计算机处理的变换过程，其目标是数据无冗余、无更新异常、数据完整正确。在这个变化过程中，将通俗易懂的业务需求分析报告演变成抽象深奥的关系模型，满足了用计算机来处理数据的需要。再回到用户中去，则是以 relation 作为输入，通过关系代数运算和处理，创建存储过程 / 视图，从而实时生成用户的业务表。这是一个面向用户的过程，是一个由抽象深奥到通俗易懂的过程，能够降低操作数据的门槛，使得人人都能使用计算机来完成业务处理。这样一个轮回的意义在于：用计算机来处理业务数据，实现了数据的无冗余、无异常，保证了数据的正确性。

注意： relation 是数学用语。判断合理与否以及合理化都是数学中的问题，因此使用数学中的用语。

8.2 数据库设计面临的挑战

数据库设计面临两个挑战：

1）在获取需求时，数据库设计人员听到和看到的通常都是局部，但是设计要站在业务全局的高度来考虑，对业务有通盘的了解。

2）业务表单和数据库中表的不一致。业务表单中通常包含的是综合信息，而数据库中的一个表只能存储单一类的信息。如果直接把业务表单中的数据项组成一个表，会带来一系列数据正确性问题。

例如，当给一所高校设计一个教务管理数据库时，见到的和听到的业务需求通常是：教务处管理全校的教务工作，专业有理工、经济管理、法学、文学、生物医学五大类。每个专业的课程包括通识类、大类、学科类、专业类四大类。每一类课程又有必修课和选修课。每个学院负责所管专业的培养方案制定，学校负责审核。按照培养计划，每个学期先明确开设的课程，然后进行学生选课。学生选好课之后，就进行排课。排课工作包括划定课程班，明确每个班的上课老师、学生、上课时间、上课地点。课程修完之后，老师给定成绩。每个学期的期末要将本学期学生所修课的成绩寄给学生家长。学生毕业时，如果修满所要求的学分，便可拿到毕业文凭，顺利毕业。提供的业务表单有学生名册表（如图 8-2 所示）、课程成绩表（如图 8-3 所示）、学生成绩表（如图 8-4 所示）。

学生名册

学院名称：信息学院，编号：43

地址：软件大楼

姓名	学号	性别	出生日期
周一	200843101	男	1990/12/14
汪二	200843214	男	1991/02/21
李四	200843315	女	1989/01/29
赵六	200843322	女	1990/03/22

院长：李甲

图 8-2　学生名册表

课程成绩表

课程名称：数据库系统，编号：H61030008

学期：2010-2

姓名	学号	成绩
周一	200843101	65
汪二	200843214	90
李四	200843315	85
赵六	200843322	91

上课老师：杨七

图 8-3　课程成绩表

学生成绩表

学院名称：信息学院

学生：周一　学号：200843101

课程名称	课程编号	学分	成绩
数据库系统	H61030008	3	85
数据结构	H61030006	4	78
操作系统	H61030009	3	87
计算机组成原理	H61030007	3	91

院长：李甲

图 8-4　学生成绩表

在设计数据库时，不能将业务表单直接对应成数据库中的一个表。如果直接对应，设计的数据库就会有数据冗余问题、更新异常问题、数据不一致问题。例如，如果将图 8-2 中的业务表单直接对应成数据库中的一个表，那么该表就会如表 8-1 所示。

表 8-1　学生 – 学院表 Student-Department

name	studentNo	sex	birthday	deptName	deptNo	dean	address
周一	200843101	男	1990/12/14	信息学院	43	李甲	软件大楼
汪二	200843214	男	1991/02/21	信息学院	43	李甲	软件大楼
李四	200843315	女	1989/01/29	信息学院	43	李甲	软件大楼
赵六	200843322	女	1990/03/22	信息学院	43	李甲	软件大楼
张三	200821332	女	1988/07/09	金融学院	21	杨乙	红叶楼
王五	200817358	男	1988/11/13	会计学院	17	黄丙	逸夫楼
陈八	200817331	女	1990/07/23	会计学院	17	黄丙	逸夫楼

观察表 8-1 中的数据，可以发现它存在数据冗余的问题。该表的后 4 列记录的是学院信息，对于信息学院，它的信息重复出现了 4 次（分别在第 1、2、3、4 行）。会计学院重复出现了 2 次（分别在第 6、7 行）。数据冗余不仅浪费存储空间，还容易引发数据不一致，导致数据不正确。

表 8-1 还存在删除异常问题。例如，当会计学院被合并到其他学院时，就要从表中删除会计学院的信息，也就是说，要把表 8-1 中的第 6 行和第 7 行删除。由于数据库中的删除操作是以行为单位进行的，因此这个删除操作也会把第 6 行和第 7 行中的学生信息删除，这是不应该的。虽然学院合并，但学生依然存在，不应该被删除。

表 8-1 还有插入异常问题。例如，学校新成立了量子计算学院，目前还没有招生。要把该学院的信息记录到数据库中，即要向该表中添加一行记录。但是该添加操作不会成功。其原因是该表的主键为学号，添加的这行记录的学号为空，违背了主键约束，出现了添加抵制现象。

修改异常问题也存在于表 8-1 中。例如，信息学院的院长发生了变化，新院长为张丁。于是要修改该表中信息学院的信息，将其院长修改为张丁。由于信息学院的信息在该表中重复出现在多行中，因此它们都需要修改，才能保障数据的正确性。理想的状态是只需要修改一处，也就是说某个表的某行数据。需要多处修改时，如果遗漏了某处，就会出现数据不一致问题。数据冗余也会给统计操作带来困难，导致结果不正确。

上述的删除、添加、修改异常统称为更新异常。更新异常与数据在数据库中的存储组织方式直接相关。对表 8-1 进行分析，可知它是将两个类（学生类和学院类）的数据混合存储在一个表中。学生类和学院类尽管有联系，但它们都是单独的概念。依据数据要严格按类分表存储的原则，表 8-1 应该拆分成学生表和学院表，如表 8-2 和表 8-3 所示。拆分之后，数据冗余问题、更新异常问题都不复存在了。数据库中只存储表 8-2 和表 8-3，对表 8-2 和表 8-3 做自然连接运算就可得到表 8-1。能生成表 8-1，也就满足了业务需求。

表 8-2　学生表 Student

name	studentNo	sex	birthday	deptNo	name	studentNo	sex	birthday	deptNo
周一	200843101	男	1990/12/14	43	张三	200821332	女	1988/07/09	21
汪二	200843214	男	1990/02/21	43	王五	200817358	男	1988/11/13	17
李四	200843315	女	1989/01/29	43	陈八	200817331	女	1990/07/23	17
赵六	200843322	女	1990/03/22	43					

从上述案例可知，实际所用的业务表单通常是由多个类别的数据综合而成。例如，图 8-2 中所示的学生名册表由学生类数据和学院类数据组合而成，图 8-3 中的课程成绩表由学生数据、课程数据、老师数据以及选课数据组合而成，图 8-4 中的学生成绩表由学生数据、学院数据、课程数据、选课数据组合而成。数据库设计有逆向性，需要设计人员基于业务需求对业务表单进行辨析，从中识别出实体概念，即能单独成立的事务概念，例如学生、老师、学院、课程、教室等。对于企业，则是产品、员工、部门、客户、业务对象等。然后标识它们之间的联系。业务表单并不会被直接映射成数据库中的表。在数据库中，严格按类分表组织数据的存储，能够解决数据冗余、更新异常、数据不一致问题。业务所需的表单尽管在数据库中并不直接存储，但是能够使用数据库中的表通过关系代数运算来生成。

表 8-3　学院表 Department

deptName	deptNo	dean	address
信息学院	43	李甲	软件大楼
金融学院	21	杨乙	红叶楼
会计学院	17	黄丙	逸夫楼

数据库设计中通常出现以下错误表现：孤立地从局部看待问题，而不是用联系的观点通盘看待问题；对业务的各种情形考虑不周，有遗漏。例如，大学教务管理中的选课，一般情况是选择一次，往往遗漏了重修。当单独考虑重修和设计重修时，往往又忽视了选课和重修的关系。当某天用户提出选课和重修是相联系的，这时就要改动数据库。一旦改动了数据库，就改动了原有的应用和数据库的紧耦合性，会导致原有应用执行时出现异常。

统计结果表明，在信息系统设计开发项目中，80% ～ 90% 的项目不能满足性能要求，80% 的项目延期提交、超出预算，40% 的项目以失败或者放弃而告终，只有 20% 的项目取得成功。在这些项目中，数据库的设计发挥着决定性作用。项目开发不成功的原因主要在于：没有深刻领会数据库的特征与特性；对业务需求及其特性与特征的把握不到位、不全面、不深刻；未严格按照数据库设计方法学来设计数据库，流程、环节、要素有缺失；没有全面掌握数据库设计的技能。

数据库设计必须基于业务特性，覆盖业务需求。如果数据库设计合理，就不会存在数据冗余、更新异常、数据不一致等问题，而且数据库还具有良好的伸展性。伸展性的一个重要表现是：能够基于现有数据衍生出各种新的数据视图，服务不断发展的业务。例如，大学教务管理数据库中，除了支持日常的教务业务外，还能支持教师工作量统计、学院承担的教学工作量统计，以及教学工作量不达标的老师清单生成等新需求。

8.3 关系数据库的特性

关系数据模型与面向对象概念是一致的。在关系数据库模型中，一个表的模式相当于面向对象中的类，表中的一行数据对应于面向对象中类的一个实例，即对象。对象具有内聚性，体现在其成员变量上，只要对象存在，其成员变量就存在，而且关系紧密，这在业务中不可缺失。例如，学生是一个类，某个学生是学生类的实例，即对象。有这个学生，就有其姓名、学号、性别、出生日期等，这些属性在整个业务中不可缺少。不同的类之间存在联系，甚至有多种联系。另外，同一个类的实例之间也可能有联系。例如，对于数据库系统课程，它的前修课程是操作系统、程序设计、离散数学。每门课程都有其前修课程，于是课程与课程之间存在一个前后关系。

在穷尽了企业数据的原始类、每个类的属性以及它们彼此之间的联系之后，数据库中通常只有有限的几个表，但能通过关系代数运算和处理组合出各式各样有用的数据表单来，满足不同的业务需求。

8.4 实体 – 联系建模

8.4.1 实体 – 联系建模中的基本概念

数据库设计的第二步就是进行数据建模。建模就是要将数据概念化、结构化，以便准确地表示数据的内涵。建模的三个基本要素是：概念及其定义；表示概念所用的符号；有关处理的规则。概念数据库设计通常都是采用实体 – 联系模型来建模。实体 – 联系模型具有简单、易于理解的特点。它包含三个部分：概念、约束、符号。其中概念只有三个，那就是实体（entity）、联系（relationship）、属性（attribute）。其中，实体和联系是核心概念，因此叫作 ER 模型。约束（constraint）是指作用在实体和联系上的约束。符号是用来表示概念和约束的图形符号。

ER 模型中的实体概念对应于面向对象设计中的类概念。类有成员变量，实体则有属性。比如，对大学教务管理业务，能提炼出学生、课程、老师、学院、教室等实体。学生的属性包括姓名、学号、性别、班级等。联系是指实体与实体之间的关系，例如，学生与课程之间有选课关系，学生与学院之间有从属关系，老师与课程之间有开课关系。联系也可能有属性，比如选课这一联系就有选课时间、选修后的成绩两个属性。约束包括作用在实体上的约束和作用在联系上的约束。例如，一个实体的实例该用哪个属性或者哪几个属性来标识，这就是一个作用在实体的约束。学生与课程之间是多对多关系，这就是一个作用在联系上的约束。

ER 建模中普遍使用 UML 语言中的图形化符号和标记来表示概念和约束。UML 是 Unified Modeling Language（统一建模语言）的缩写，是面向对象建模分析与设计的国际标准语言。使用 UML 画出的 ER 模型图叫作 ER 图。例如，为大学教务管理设计数据库时，根据业务需求分析报告，用 UML 符号和标记画出的 ER 图如图 8-5 所示。

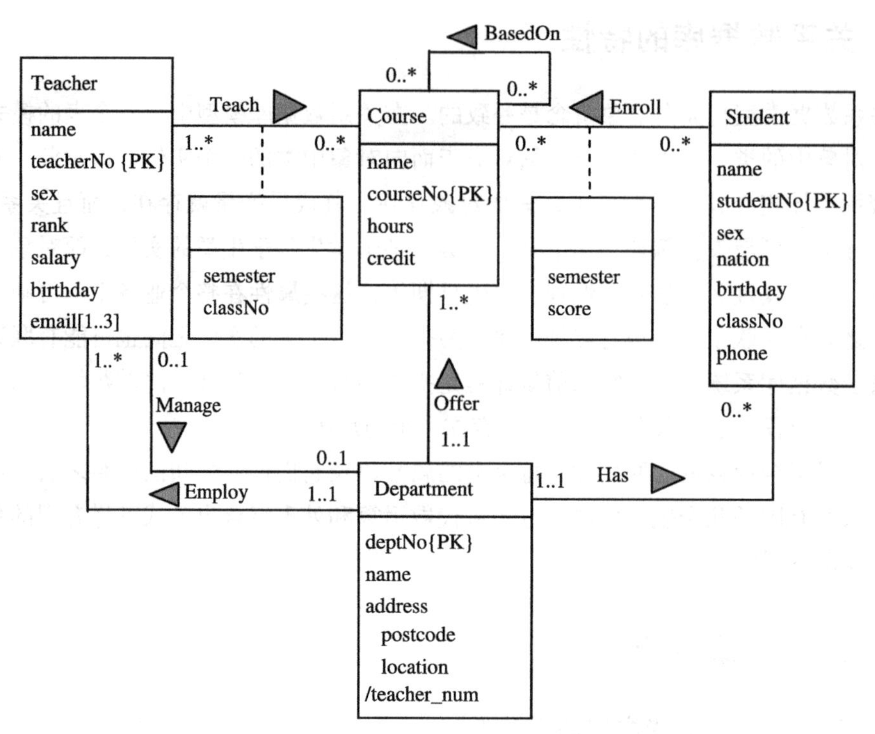

图 8-5　大学教务管理业务的 ER 图

在这个 ER 图中，共有 4 个实体，7 个联系。4 个实体分别为学生（Student）、学院（Department）、课程（Course）、教师（Teacher）。7 个联系分别为：1）联系 Employ 表示实体 Department 与实体 Teacher 之间存在的关系；2）联系 Manage 表示实体 Teacher 与实体 Department 之间存在的关系；3）联系 Has 表示实体 Department 与实体 Student 之间的关系；4）联系 Offer 表示实体 Department 与实体 Course 之间的关系；5）联系 Enroll 表示实体 Student 与实体 Course 之间的关系；6）联系 Teach 表示实体 Teacher 与实体 Course 之间的关系；7）联系 BasedOn 表示实体 Course 与实体 Course 之间的关系。

实体用方框来表示，实体名放在方框中。实体通常用名词来命名，而且是用英文来命名，第一个字母要大写，其余字母用小写。实体有属性，属性放在实体下面的方框中。实体和其属性连接在一起。属性通常也用名词来命名，第一个字母应小写。

联系是指实体之间的关系。一个联系所涉及的实体的数量称作**度**。例如，图 8-5 中，Teach 联系的度为 2，为实体 Teacher 和实体 Course 之间的关系。当度为 2 时，这个联系就叫二元联系。当度为 n（n>2）时，这个联系就叫 n 元联系，也称作多元联系。二元联系用一根线表示，与所涉及的两个实体相连，如图 8-5 所示。多元联系用一个菱形来表示，再用线与所涉及的实体相连。联系用动词来命名，第一个字母要大写。对二元联系，联系的名字放在线上。对多元联系，联系的名字放在菱形中。二元联系有方向性，用三角箭头来表示方向。例如，Student 与 Course 之间的联系 Enroll，表示是学生去选修课程。

就联系而言，一个实体可以充当多种角色，从而使得一个实体与自己也可以有联系。例如 Course 与 Course 之间的联系 BasedOn，其含义是课程之间有前后关系。例如，“编译技术”这门课程的前置课程有“操作系统”“计算机体系结构”“程序设计”。对于联系 BasedOn，实体 Course 充当的另一个角色是前置课程。

在图 8-5 所示的 ER 图中，实体 Teacher 和实体 Department 之间有两个联系：Employ 和 Manage。对于联系 Manage，实体 Teacher 充当的角色是院长（Dean)，其职责是管理学院。院长也是老师，因此是 Teacher 的一个角色。对于联系 Employ，实体 Teacher 充当的角色就是老师。

联系也可以有属性。在这个例子中，联系 Enroll 和联系 Teach 都有属性。联系与其属性之间用一根虚线（二元联系就是线，多元联系则是菱形）连接起来，如图 8-5 所示。联系的属性方框上有一个空的方框。

作用在实体上的约束是主键。主键是被指定的实体属性，用来标识实体的实例。例如，实体 Student 的主键为学号（studentNo）这一属性，标记在实体的属性后面，用 {PK} 表示，如图 8-5 所示。

作用在联系上的约束有度、基和顶。度在前面已经介绍。对于一个联系，它所涉及的每个实体都承载着基和顶这一约束，标记在联系与实体的连线的实体一端。基和顶的含义通过例子来说明。二元联系 Enroll 表示实体 Student 与实体 Course 之间的关系。在确定 Student 端的基和顶时，设定联系所涉及的其他实体都有一个实例。在此例中，实体 Course 端有一个实例，即一门课程。基是指在最悲观情形下选修该课的学生人数。一门课最差情况是没有学生选它，因此基为 0。顶是指在最乐观情形下选修该课的人数。一门课可以有任意多个学生来选它，因此顶为 '*'。'*' 表示多的意思。于是，在 Student 端的基和顶标记为“0..*”。同理，设定 Student 端有一个实例，即一个学生。基是指在最悲观情形下这个学生选修的课程门数。一个学生可以是还没有选修任何课程，因此基为 0。顶是指在最乐观情形下这个学生选修的课程门数。一个学生可以选修多门课程，因此顶为 '*'。于是，在 Course 端的基和顶标记为“0..*”。

对于二元联系 Enroll，它所涉及的两个实体 Student 和 Course 的顶约束为 '*' 和 '*'。其含义是 Student 与 Course 是多对多关系。在图 8-5 中，对于二元联系 Manage，两个顶约束为 1 和 1。其含义是：对于 Manage 这一联系，Teacher 与 Department 是一对一关系。对于 Employ 这一联系，Department 与 Teacher 是一对多关系。

注意：每个实体都有主键约束。每个联系都有度约束，它所涉及的每个实体都承载着基和顶约束。

思考题 8-1：图 8-5 所示的 ER 图中，一对一的联系有哪些？一对多的联系有哪些？多对多的联系有哪些？

业务需求分析报告是用自然语言来描述业务数据的，是一种非结构化数据，将其演化成 ER 图，便变成了带语义的结构化数据。基于业务需求分析报告设计出 ER 图不是一件容易的事情，需要从表象和实例中归纳和抽象出概念，再将其定义成实体、联系或者属性。设计必须基于业务特性，覆盖业务需求。ER图不仅把企业的数据概念化、结构化，还揭示了数据的内涵。作为一个ER图设计人员，必须对面向对象概念、实体–联系概念、关系模型、关系数据库特性有深刻的认识，否则就很难设计出高水平的ER图。

实体–联系建模的过程分为4步：确定实体；确定联系；确定属性；确定约束。然后对业务需求详情一条一条地核查，看ER图对其是否实现全覆盖。

建模中，实体有强实体和弱实体之分。强实体是独立存在的实体，不依附于其他实体，例如，学生、课程、学院、教师。与之相对应，弱实体的存在依附于其他实体。例如，大学教务管理业务中，假定要记录学生家长的信息，以便把学生的学习情况通告给家长，那么在建模中，就要构建一个家长实体Parents，它的属性包括姓名（name）、通信地址（address）、电话（phone）、称呼（calling）。Parents这个实体就是弱实体。实体Student与实体Parents之间有联系Has。对于Has这个联系，实体Parents承载的基和顶约束为“0..*”，实体Student承载的基和顶约束为“1..1”，即实体Student与实体Parents是一对多关系。在标识弱实体Parents的主键时，要基于一个学生实例来考虑，因此可以是name。理由是：学生的家长应该不会同名。

思考题8-2：在实体Student与实体Parents的联系中，从实体Student承载的基和顶约束为“1..1”，就知道实体Parents是一个弱实体。为什么？

对于属性，可从三个不同的方面来进行分类：

1）简单属性和组合属性。例如，姓名、性别、工资是简单属性，而地址（address）是组合属性，由邮编（postcode）和位置（location）两个部分构成。组合属性的标记见图8-5中Department实体的address属性，其组成部分在前面缩进2个空格。

2）单值属性和多值属性。例如，工资是单值属性，电子邮箱是多值属性。例如，图8-5中的Teacher实体有email属性，它包括个人邮箱、办公邮箱、业务邮箱。对于email这个多值属性，标记为email[1..3]，其含义是最少有一个邮箱，最多允许三个邮箱。

3）原值属性和推算属性。例如，对于实体Department，它的属性name、phone是原值属性而教师人数teacher_num这个属性就是推算属性。对于Department的一个实例，它的teacher_num属性的值并不需要在数据库中存储，可以对它拥有的教师进行统计，计算出来。对于推算属性，要在其名字前加一个/来标识。图8-5中Department实体的属性teacher_num前面就有一个/，表示它是推算属性。推算属性的另外一个例子是年龄。年龄是随时间变化的，是由出生日期推算出来的，因此是推算属性。

8.4.2 ER建模中对联系的认识

进一步观察和认识联系。例如，在图8-5的ER图中，实体Department与实体Teacher之间有一个一对多的Employ联系，实体Teacher与实体Course之间有一个多对多的Teach联系。这两个联系表明实体Department与实体Course之间有间接联系。这个间接联系是否精准刻画了实体Department与实体Course之间的联系Offer呢？

下面通过实例来回答这个问题。在图 8-6 中，列出了实体 Department 的 3 个实例、实体 Teacher 的 4 个实例、实体 Course 的 6 个实例，以及联系 Employ 的 4 个实例和联系 Teach 的 4 个实例。从图 8-6 可知，Course_1、Course_2、Course_4 这三门课程是由 Department_1 这个学院提供的。但是对 Course_3 这门课程，它是 Department_1 这个学院提供的吗？从现有实例来看无法加以判定。其实，Course_3 这门课程是 Department_1 这个学院提供的，只是目前还没有安排老师来上课而已。由此可知，这种间接联系并没有完全覆盖 Department 与实体 Course 之间的联系 Offer，可能出现实例遗漏。这种现象被称为**裂漏陷阱**（chasm trap）。要精准刻画实体 Department 与实体 Course 之间的关系，就必须在它们之间设置联系 Offer。

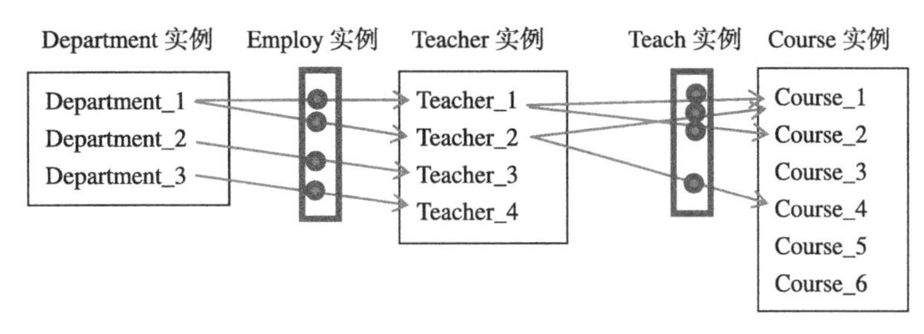

图 8-6 裂漏陷阱的例子

再来看图 8-5 中的 ER 图，实体 Department 与实体 Student 之间有一个一对多的 Has 联系，实体 Department 与实体 Course 之间也有一个一对多的 Offer 联系。这两个联系表明实体 Student 与实体 Course 之间有间接联系。这个间接联系是否精准刻画了实体 Student 与实体 Course 之间的联系 Enroll 呢？下面还是通过例子来回答这个问题。在图 8-7 中，列出了实体 Department 的 3 个实例、实体 Student 的 4 个实例、实体 Course 的 4 个实例，以及联系 Has 的 4 个实例和联系 Offer 的 4 个实例。从图 8-7 可知，Student_1 这个学生与 Course_1、Course_2、Course_3 这三门课程都有间接联系。那么能否得出如下结论：Student_1 这个学生选修了 Course_1、Course_2、Course_3 这三门课程。显然，这个结论不成立。不能因为 Student_1 这个学生属于 Department_1 这个学院，就断定他要选修 Department_1 这个学院开设的所有课程。由此可知，这种间接联系夸大了实体 Student 与实体 Course 之间的联系 Enroll。这种现象被称为**扇夸陷阱**（fan trap）。要精准刻画实体 Student 与实体 Course 之间的关系，就必须在它们之间设置联系 Enroll。

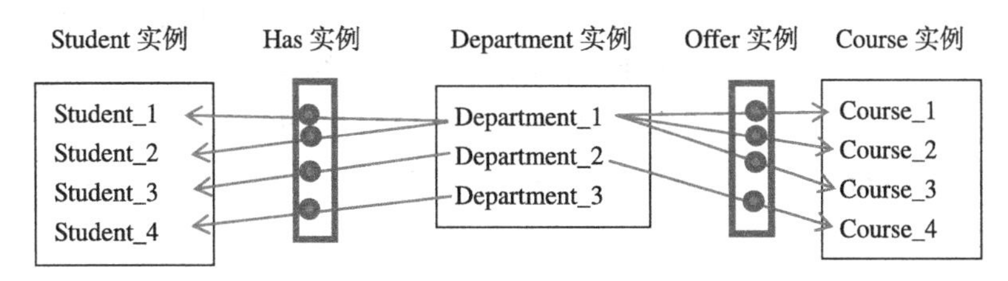

图 8-7 扇夸陷阱的例子

8.4.3　ER建模中的技巧

ER建模面临挑战，原因是实体、关系、属性的界限并不分明。准确认识实体、联系、属性非常关键。实体表示的是事物，用名词来命名。联系表示的是事件/活动，用动词来命名，表示实体间的相互作用。在业务需求分析报告中，使用句子来描述业务。句子的主干是主语和谓语。主语就是名词，即实体；谓语是动词，即联系。宾语也是名词，自然也是实体。形容词修饰名词，因此应该是实体的属性，只是变成属性时，要加以概念化和名词化。例如，看到青年教师，就要想到老师有年龄属性。副词修饰动词，应该是联系的属性。事件和活动都有时间和地点概念，因此对句子中的状语，要往联系的属性上来思考。

ER建模中，常会遇到多元联系。例如，对于大学教务管理业务中的学生选课这一事情，不仅是学生与课程之间的关系，还涉及老师，要由老师来给定分数。因此，修课是学生、课程、老师三者之间的关系，为一个三元联系，如图8-8所示。

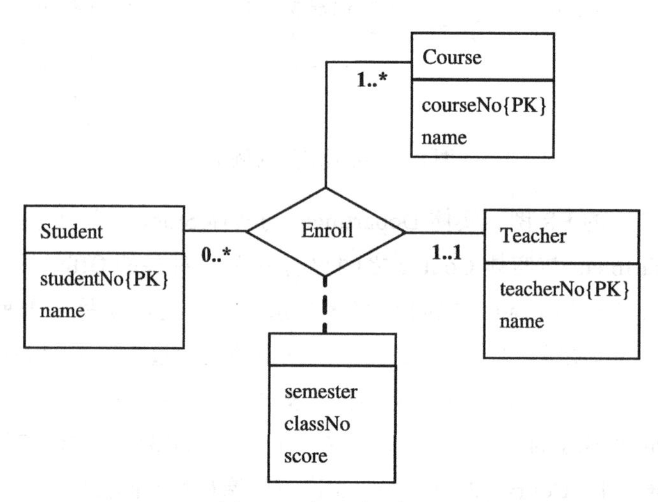

图8-8　多元联系例子

多元联系通常只是笼统地表示多个实体之间的联系，难以精准地刻画出业务特性。正因为如此，通常的处理办法是**把多元联系模型化成一个实体**。这个实体的属性就是多元联系的属性。**这种实体自然是弱实体**。上述三元联系Enroll被模型化成实体Enrollment之后，它与实体Student、Course、Teacher之间的关系如图8-9所示。实体Enrollment为弱实体，它依附于实体Student和实体Course而存在。对比图8-8和图8-9可以看出，多元联系被实体化后，标记的基和顶约束明显增多，由3个变成了6个。因此，能更加精准地表达内涵。在图8-9中，标记在Student一端的基和顶约束为“1..1”，标记在Course一端的基和顶约束也为“1..1”，这表明Enrollment实体依附于实体Student和实体Course而存在。标记在Teacher一端的基和顶约束为“0..1”，说明Enrollment实体不依从于Teacher实体。

注意：很多ER建模工具不支持多元联系。因此，遇到多元联系时，要把它模型化成一个弱实体。

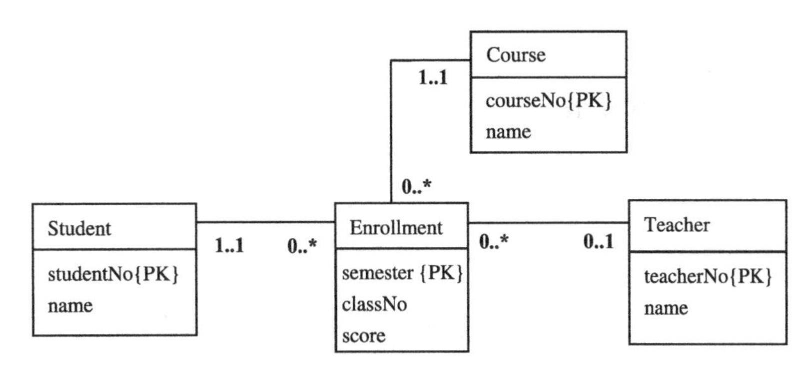

图 8-9　将多元联系模型化成实体

联系可分为两类，一类表示状态，另一类表示事件。例如，在图 8-5 所示的 ER 图中，联系 Employ 表示实体 Department 与实体 Teacher 之间的一种关系。联系 Employ 没有属性，表示老师当前的状态，即现在在哪个学院工作。如果业务需求中还要求记录老师的工作历史，即曾经在哪些学院工作过，那么在实体 Department 与实体 Teacher 之间还要再建立一个联系 Work。联系 Work 表示的是工作变动事件。联系 Work 与联系 Employ 的差异如图 8-10 所示，从中可知：

1）联系 Employ 没有属性，但联系 Work 有 start_date、end_date、role 三个属性，而且 start_date 为主键，标识事件。

2）就联系 Employ 而言，实体 Department 与实体 Teacher 之间是**一对多**关系。就联系 Work 而言，实体 Department 与实体 Teacher 之间是**多对多**关系。

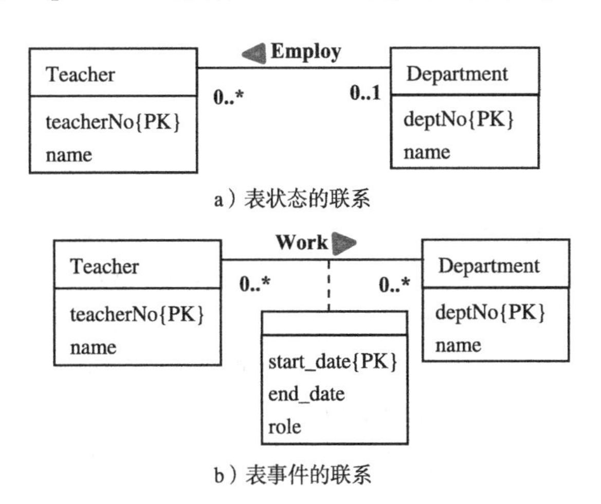

图 8-10　两种联系的例子

对于表示事件的联系 Work，其实例有可能出现如下的情形。老师 A 的工作历史为：2010 年至 2012 年在金融学院当老师，2013 年至 2015 年在信息学院当老师，2016 年至 2019 年又回到金融学院当老师。因此，联系 Work 的属性 start_date 应该为主键的组成部分。但是，在ER建模中，对于联系，没有主键这一概念。当遇到这种情形时，处理办法是将起始时间模型化成一个实体Start_date。实体Start_date只有一个属性。上述例子中的2010年、2013年、2016年都是实体Start_date的实例。于是，联系Work便成为一个三元联系，即实体Teacher、Department、Start_date三者之间的联系。对于该三元联系，再将其模型化成一个实体Work_history。此时，也可把实体Start_date取消，把start_date作为实体Work_history的一个属性，而且是主键，如图8-11所示。注意：实体Work_history是弱实体。

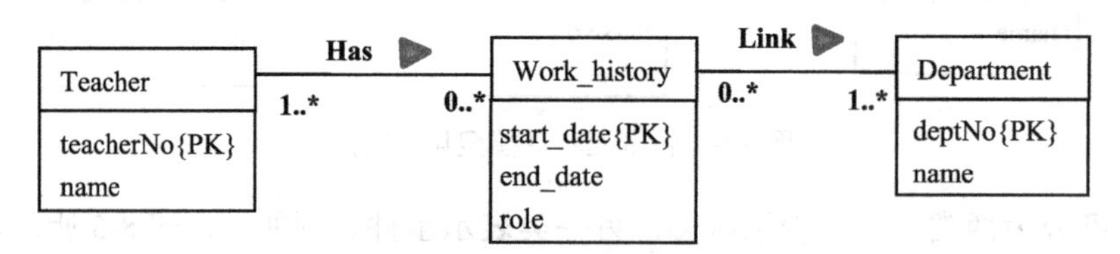

图8-11　将表达事件的联系模型化成实体的例子

对于一个联系，它到底是表示状态还是表示事件，要从业务需求来判定。例如，大学教务管理中，联系Enroll是表示状态还是表示事件？一个学生选修了某门课程，如果初修不及格，就还要重修。重修如果不通过，还要再次重修。一个学生选修了某门课程，如果出现了不及格，在业务需求中，可能有两种情形：1）从数据库中删除该选课记录，以便该学生随后可以重新选修；2）不删除选课记录，重修时再新增选课记录。对于第一种情形，联系Enroll表示的是状态。对于第二种情形，联系Enroll表示的是事件。

建模中，为了表达一些业务，常要把时间或者地点等模型化成一个实体。例如，在大学教务管理的业务需求中，假定有对老师进行考勤这一事项。考勤是动词，应该模型化成一个联系，但它只涉及老师这个实体，似乎是一元联系。但是在ER建模中，没有一元联系这个概念。此时，应该把时间模型化成一个实体Moment。每次考勤的时刻点都是实体Moment的一个实例，于是考勤便是实体Teacher与实体Moment之间的一个联系。实体Moment只有一个属性。另外，在学生选课中，考虑到有重修情况，也应把学期模型化成一个实体Semester。于是，选课便成为一个三元联系，即实体Teacher、Course、Semester三者之间的联系。对于该三元联系，再将其模型化成一个实体Enrollment。此时，也可把实体Semester取消，把semester作为实体Enrollment的一个属性，而且是主键。注意：实体Enrollment是弱实体，如图8-12所示。

建模中，还常遇到要在一个多对多的二元联系与另一实体之间再建立联系的情形。例如，在大学教务管理中，学生选课是一个业务环节，表示实体Student与实体Course之间的二元联系Enroll。对于Enroll的实例，教管人员要给它安排到一个教学班，并给每个教学班指派一名上课老师。于是就需要在联系Enroll与实体Teacher之间再建立一个联系Assign。但是，在ER建模中，没有在联系与实体之间再建立联系这一概念。在这种情形下，就要把多对多的二元联系模型化成一个实体。此例中，就是要把多对多的联系Enroll模型化成一个实体Enrollment。于是，可在实体Enrollment与实体Teacher

之间再建立联系 Assign，如图 8-12 所示。再次提醒：实体 Enrollment 是一个弱实体。

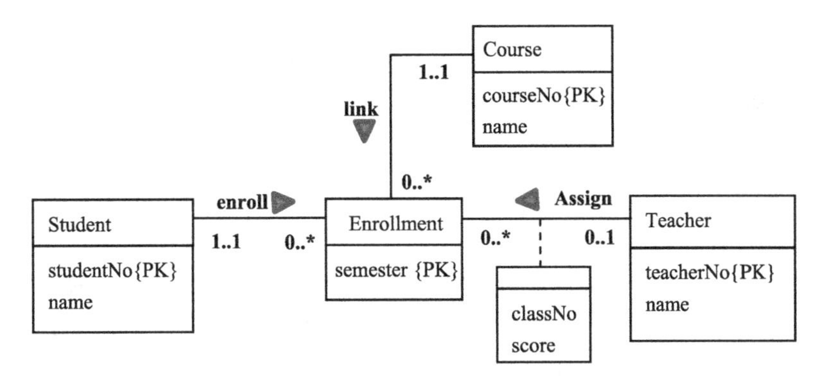

图 8-12 将多对多的二元联系模型化成实体

很多情形下，业务需求中的一些实体的真实含义是表示联系。例如，对于超市购物管理，会有以下业务需求描述：客户每次购物时，都有一个购物小票，其中包括小票编号、购物时间、所购商品的清单以及总价这些内容，每个小票的编号都不一样。在进行 ER 建模时，要能识别出客户与商品之间存在一个多对多的联系 Buy。联系 Buy 表示事件，因此应该将其模型化成一个弱实体 Purchase。购物时间为一个属性，标识实体 Purchase 的实例，因此应设定为实体 Purchase 的主键。实体 Purchase 与实体 Customer 之间是多对一的关系。实体 Purchase 与实体 Goods 之间是多对多的关系。建模时，应该明白实体 Purchase 与业务需求中描述的购物小票是指同一个事情。因此，应该将实体 Purchase 重命名为 Sheet，即小票，如图 8-13 所示。从业务需求来看，实体 Sheet 有主键属性 sheet_no，即小票编号。因此，实体 Sheet 不是弱实体。对于实体 Sheet，从联系的角度来看，其实例可由客户标识号 c_id 和购物日期时间 date_time 这两个属性来标识；从强实体的角度来看，其实例可由 sheet_no 这一属性来标识。也就是说，实体 Sheet 有两个候选键，一个为 c_id 和 date_time，另一个为 sheet_no。这个例子解释了出现多个候选键的原因。

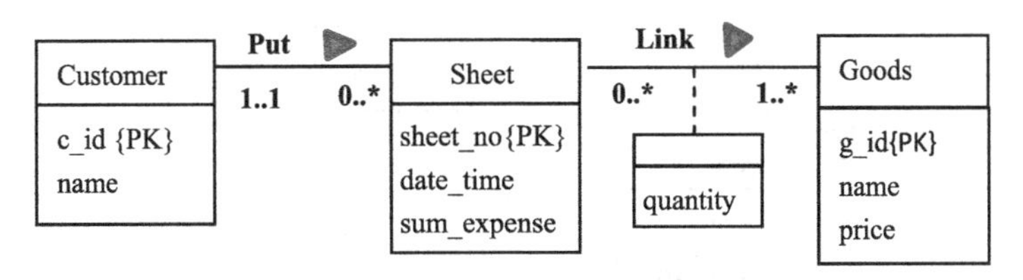

图 8-13 联系在业务需求中被实体化的例子

建模中，当参照业务表单定义出一个实体时，要仔细检查它的每个属性，看是否完全依赖这个实体。对实体 A 的属性 α，当发现它不完全依赖实体 A 时，就要考虑它该属于哪个实体。设 α 是实体 B 的属性。此时，就要从实体 A 中删掉属性 α，然后在实体 A 和实体 B 之间建立一个联系。例如，对于课程，在业务需求中，它有个属性是“开设学院”。此时，就要想到，开设学院这个属性是指学院名称，它并不完全依赖于课程，而应该是学院这个实体的属性。此时就要将这个属性从课程实体中删除，然后在课程与学院之间建立一个联系。

建模中，要避免冗余，不要在多处出现指向同一个概念的属性、实体、关系。另外，能用属性表示的地方就不要用实体来表示。

再举一个ER建模的例子。某工厂有生产管理信息系统，其业务基本情况为：厂里有多个车间，每个车间都有一些员工。员工信息有工号、姓名、出生日期、性别、工种、职位；一个车间生产一种或多种产品，产品有名称、型号、规格，每种产品由一些零部件构成。车间在生产时要从库房领取零部件和原材料，也要把自己的产品入库。零部件和原材料有名称、型号、规格。每次领取的时候，要记录领取人、发货人。产品入库时，也要记录送货人、验收人。工厂对各车间进行绩效考核，有季度和年度考核两种。

对于该业务需求，首先要有总体概念：这是一个工厂级的生产管理系统。尽管在车间一级也有生产管理的问题，但此业务并不涵盖车间内部的生产管理。在这里，工厂不是实体。假如工厂是实体，那么它只有一个实例。因此，不要把工厂模型化成一个实体。车间从库房领料，同时把产品入库，是否要把库房模型化成一个实体？库房是工厂的一个二级单位，就如车间一样。业务中没有提到库房有什么不同的地方，因此可以不把库房模型化成一个实体。对于联系，要能认识到，领料和产品入库的主体是车间，而不是领取人或者发货人。领取人和发货人只是配角。领料和入库属于表示事件/活动类的联系，而不是表示状态，因此应该将其模型化成弱实体。绩效考核就是算成本、算产出。成本体现在领料中，产出体现在产品入库中，因此并不需要另外再作体现。有了上述分析，构建出的ER图如图8-14所示。

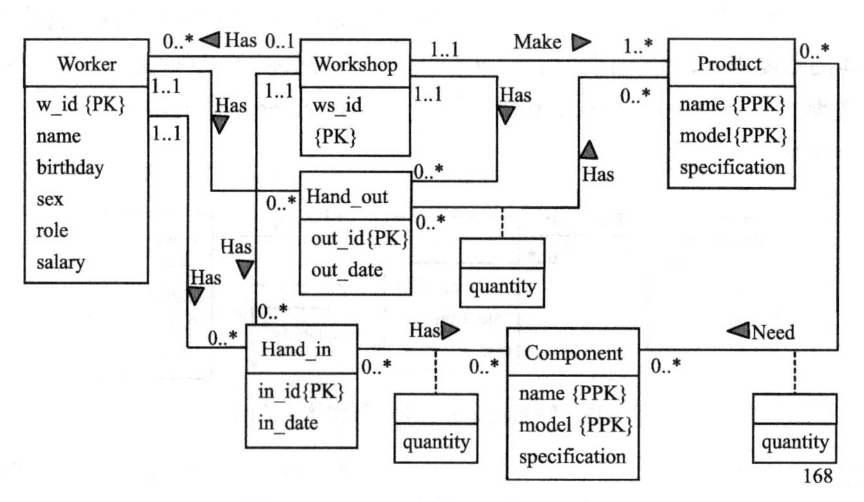

图8-14　工厂生产管理业务的ER图

8.4.4　在ER建模中引入面向对象概念

在ER建模中，就实体而言，可引入面向对象中的继承概念。例如，在大学教务管理业务中，老师中的有些人可能是专家，有些人可能是行政领导。对于专家，另外要增加的属性有：专业领域（field）、所在组织（organization）、在组织中担任的职位（duty）。对于行政领导，另外要增加的属性有：所在部门（branch）、职位（position）、分担工作（section）。于是要建立两个子类实体 Expert 和 Manager，它都继承实体 Teacher，如图 8-15 所示。

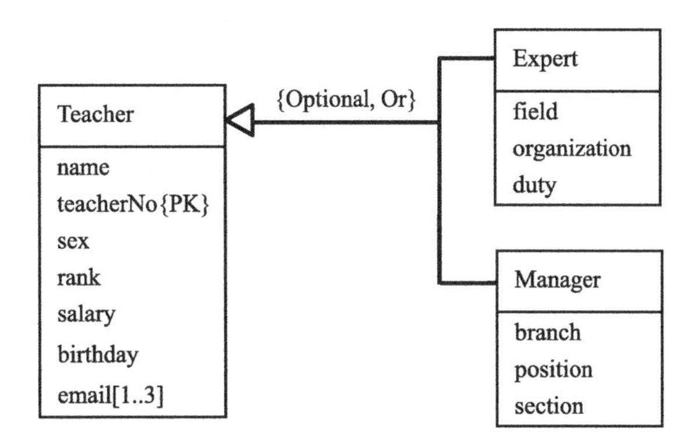

图 8-15 在 ER 建模中引入面向对象中的继承概念

在图 8-15 中，就继承而言，实体 Teacher 为父类，实体 Expert 和 Manager 为子类。继承用线和三角箭头表示。作用在继承上的约束有两个：参与性约束和相交性约束。参与性约束的取值有两个：强制（Mandatory）、可选（Optional）。强制的含义是，父类 Teacher 的实例肯定是某一个子类实体的实例。也就是说，父类实体的实例不单独存在。就上述例子而言，任何一个老师要么是专家，要么是行政领导，要么既是专家也是行政领导。可选的含义是，父类 Teacher 的实例可独立存在。就上述例子而言，就是任何一个老师可以是普通老师，也可以是专家，也可以是行政领导，也可以既是专家也是行政领导。

相交性约束的取值有两个：And 和 Or。就上述例子而言，And 的含义是：子类的实例必定既是专家也是行政领导。Or 的含义是：子类的实例是专家，或者是行政领导。对于上述例子，根据其含义，作用在继承上的约束自然是 {Optional, Or}。

引入面向对象概念的 ER 建模被称作**增强型 ER 建模**（enhanced ER modeling）。

8.4.5 ER 建模方法总结

概念数据库设计是一种对需求的高级归纳和抽象。ER 建模涉及实体、关系、属性三个概念。作用在实体上的约束为主键约束，作用在联系上的约束有度、基和顶。实体和联系都有类型和实例两个概念。类型对应于面向对象编程中的 class，实例对应于 class 的实例对象。表的模式对应于 class 的定义，表中的行对应于实例。

ER 图设计必须基于业务特性，覆盖业务需求。ER 图不仅把企业的数据概念化和结构化了，而且揭示了数据的内涵。ER 建模中，对于联系，要基于业务需求识别它是表示状态，还是表示事件 / 活动。对于表示事件 / 活动的联系，要把它模型化成一个弱实体。对于多元联系，要将它模型化成一个弱实体。

8.5 ER 模型向关系模型的转化

在概念数据库设计中，基于业务需求分析报告得到了 ER 图，即数据库的概念模型。

接下来的工作便是把概念模型转化为逻辑模型，在这里是指关系模型。关系型数据库产品都使用关系数据模型。一个数据库的概念模型就是一个ER图。一个数据库的逻辑模型，即关系模型，是指它包含的关系（Relation），或者说包含的表（Table）。Relation是数学用语，而Table是通俗用语。一个关系由两部分构成：模式和数据。关系模型是指模式部分。一个数据库的模式由一个集合构成，集合的元素为关系模式。

我们来比较一下概念模型与逻辑模型（即关系模型）的不同。概念模型是一个图，图中元素有两种类型：实体和联系。逻辑模型（即关系模型）是一个集合，集合中元素只有一种类型：关系模式。在概念模型中，实体包含三个概念：名称、属性的集合、主键约束。联系包含三个概念：名称、属性的集合、两种约束。在关系模型中，关系模式包含四个概念：名称、属性的集合、主键约束、外键约束。联系（relationship）是概念模型中独有的概念，而外键是关系模型中独有的概念。它们之间肯定存在联系（association）。

我们再来看概念模型与逻辑模型的共性。在概念模型中，一个实体包含一个属性的集合，一个联系也包含一个属性的集合。而在逻辑模型中，一个关系也包含一个属性的集合。在概念模型中，实体有主键约束。在逻辑模型中，关系也有主键约束。

理解了上述两种模型的共性和差异之后，要把一个概念模型（即一个ER图）转化成一个关系模型（即一个关系的集合），自然就会想到将实体转化成关系，联系转化成关系或者外键。将概念模型(ER图）转换成关系模型（关系模式的集合）分为对实体的转化和对联系的转化。

1）转化ER图中的实体。依次将每个实体转化成一个关系。实体的名称作为关系的名称，实体的主键转化为关系的主键。实体的属性转为关系的属性，但要删除推算属性。在接下来的ER模型向关系模型转化的描述中，实体A被转化成的关系就叫关系A。

2）转化ER图中的联系。ER图中的联系可分为二元联系和多元联系。对于二元联系，它又有一对一、一对多以及多对多三种情形。ER图中的实体分为强实体和弱实体。对于弱实体，它依附于另一个实体。假设实体A是一个弱实体，它依附于实体B。那么在实体A和实体B之间必然存在一个联系来标识这种依附关系。这个联系便为依附联系，设为联系C。联系C有一个标志特征，那就是它在实体B的基和顶约束为“1..1”。因此，ER图中的联系又可分为依附联系和非依附联系。在转化ER图中的联系时，首先转化依附联系，然后再转化非依附联系。

对依附联系的转化方法如下。

设实体A是一个弱实体，它依附于实体B，它们之间有依附联系C。如果实体B是一个强实体，就执行如下五个操作：

1）设关系B的主键为K，把K添加到关系A的属性集中。

2）在关系A中，添加K为主键的组成部分，于是关系A的主键变成一个组合型主键，由它原有的主键和K两个部分共同构成。

3）在关系A中，将K定义成一个外键。

4）如果联系 C 有属性，也将其添加到关系的属性集中。

5）把联系 C 标记为“已转化”。

注意： *在上述第一项操作中，K 是指关系 B 的主键，而不是实体 B 的主键。*

如果实体 B 是一个弱实体，那么检查弱实体 B 的依附联系是否被标记为“已转化”。如果都已经被标记为“已转化”，那么就执行上述 5 个操作。否则，将其搁置下来，处理其他依附联系。上述过程迭代进行，直到 ER 图中所有依附联系都被标记为“已转化”为止。

在 ER 图中的所有依附联系都被转化之后，接下来转化非依附联系。非依附联系包括二元联系和多元联系。二元联系又包括一对一、一对多以及多对多三种情形。这三种情形的转化方法互不相同。

对于一对一的联系 C。设它所连接的两个实体分别为 A 和 B。先检查作用在 A 和 B 的基和顶约束。两端不可能都是“1..1”，如果都是“1..1”，那么 A 和 B 就是一个实体。

思考题 8-3： *如果都是“1..1”，那么 A 和 B 就是一个实体，为什么？*

如果联系 C 在实体 A 的基和顶约束为“1..1”，此时就把关系 A 的主键 K 添加到关系 B 的属性集中，再把联系 C 的属性也添加到关系 B 的属性集中。在关系 B 中，把 K 定义成一个外键。K 在关系 B 中，有一个 NOT NULL 约束。

如果联系 C 在实体 A、B 的基和顶约束都为“0..1”，就要考虑实体 A 和实体 B 在此联系中充当的角色。例如，在图 8-5 所示的 ER 图中，考虑实体 Teacher 与实体 Department 之间的联系 Manage。在此联系中，实体 Teacher 充当的角色是院长。院长是老师，但在所有老师中所占比例很小，因此就要把关系 Teacher 的主键，以及联系 Manage 的属性都添加到 Department 表中。关系 Teacher 的主键 teacherNo 添加到关系 Department 中，充当院长角色，因此名称最好改为 dean_id。dean_id 在关系 Department 中是一个外键。再来看实体 Department，它的所有实例都参与此联系，因为每个学院都设有院长。因此，对于关系 Department 中的数据，几乎所有行的 dean_id 字段的值都不为 NULL。于是，存储空间得到了有效利用。

反过来，把关系 Department 的主键 deptNo 添加到关系 Teacher 的属性集中充当外键，在理论上也是可行的。此时，其含义是担任哪个学院的院长，因此最好重命名为 deptNo_dean。对于关系 Teacher 中的数据，绝大部分行的 deptNo_dean 字段的值都为 NULL，因为大部分老师都没有担任学院院长职务。这样做导致的后果是存储空间没有得到有效利用。

从上述案例分析可知，当联系 C 在实体 A、B 的基和顶约束都为“0..1”时，就要检查两端的实体，看其实例参与此联系所占的比例。如果 A 的比例高于 B 的比例，就把关系 B 的主键以及联系 C 的属性，添加到关系 A 的属性集中；否则要把关系 A 的主键以及联系 C 的属性添加到关系 B 的属性集中；如果所占的比例相同，就要看哪个实体的实例数量多。在上一例子中，实体 Teacher 的实例数量肯定比实体 Department 的实例数量多。此时就要把数量多的一方的主键以及联系 C 的属性都添加到数量少的一方中去。从实例数量来看，要把关系 Teacher 的主键以及该联系的属性添加到关系 Department 的属性集中。

对于一对多的联系 *C*，设它所连接的两个实体分别为 *A* 和 *B*，并且 *A* 端为“一”，*B* 端为“多”，那么就要把关系 *A* 的主键 *K* 以及联系 *C* 的属性添加到关系 *B* 的属性集中。如果实体 *A* 在此联系中担当的角色不为原本角色，那么在关系 *B* 中，最好对关系 *A* 的主键重新命名，以体现其含义。在关系 *B* 中，把 *K* 定义成一个外键。如果联系 *C* 在 *A* 端的基和顶约束为“1..1”，那么在关系 *B* 中，*K* 有 NOT NULL 约束。

对于一对多的联系 *C*，做上述处理的理论依据是函数依赖。函数依赖理论将在 8.6 节中介绍。在关系模型中，一个关系中的一行数据表示一个实例。对于一个实例，它由主键字段的值来标识，它的每个字段的取值都具有唯一性。也就是说，对于关系中的一行数据，当给定主键字段的值时，其他字段的取值就都具有唯一性。在上述处理方法中，把关系 *A* 的主键添加到关系 *B* 的属性集中，充当关系 *B* 的一个外键，不会违背上述要求。反过来，如果把关系 *B* 的主键添加到关系 *A* 的属性集中，充当关系 *A* 的一个外键，就会违背上述要求，出现关系 *A* 的一个实例的外键字段有多个取值的情形。

对于多对多联系。设它所连接的两个实体分别为 *A* 和 *B*。在转化时，要把该联系转化成一个关系，关系的名字就是联系的名字。该关系的属性由关系 *A* 的主键、关系 *B* 的主键以及联系 *C* 的属性三个部分构成。该关系的主键是一个组合型主键，由关系 *A* 的主键和关系 *B* 的主键组成。在该关系中，关系 *A* 的主键自然是一个外键，关系 *B* 的主键也是一个外键。这种关系表示联系，被称作**联系关系**（relationship relation）。

对于多元联系 *C*，其转化方法和多对多的二元联系的转化方法一样，也是转化成一个关系。设联系 *C* 为 *n* 元联系，那么转化得到的关系，其主键就有 *n* 个组成部分，包含 *n* 个外键。这种关系也是联系关系。

最后是处理多值属性。通过上述转化，得到一个关系集。对其中的每个关系，检查是否包含多值属性。设关系 *R* 包含一个多值属性 *a*，那么就要把多值属性 *a* 从关系 *R* 中抽取出来，单独形成一个关系 *M*。设关系 *R* 的主键为 *K*。关系 *M* 的属性由 *K* 和 *a* 组成。*M* 的主键为 {*K*,*a*}。在关系 *M* 中，*K* 是一个外键。

对于大学教务管理，根据业务需求设计出的一个 ER 图如图 8-16 所示。在这个 ER 图中，已将学生选课这个多对多二元联系模型化为一个弱实体 Enrollment。依据上述 ER 模型向关系模型的转化方法，首先将实体转化为关系，得到如下 5 个关系：

- Department (deptNo, name, postcode, location, phone); 主键：deptNo。注意：没有包含推导属性 teacher_num。
- Student (name, studentNo, sex, nation, birthday, classNo, phone); 主键：studentNo。
- Teacher (name, teacherNo, sex, rank, salary, birthday, email[1..3]); 主键：teacherNo。
- Course (name, courseNo, hours, credit, textbook); 主键：courseNo。
- Enrollment (semester, score); 主键：semester。

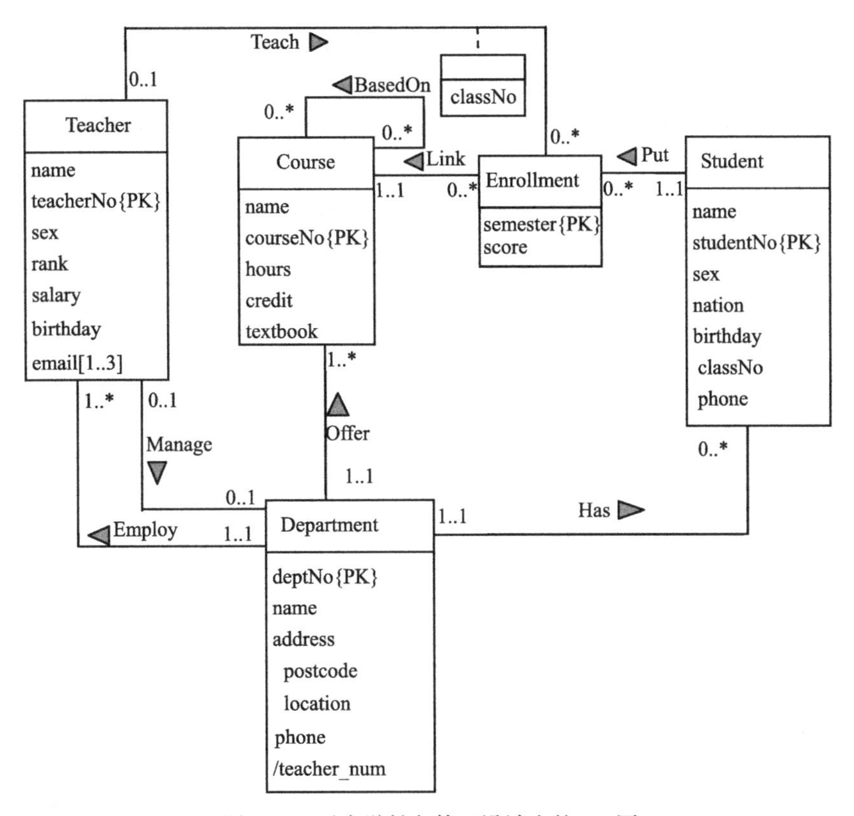

图 8-16　对大学教务管理设计出的 ER 图

第二步是针对弱实体，处理依附联系。只有 Enrollment 为弱实体，它有两个依附联系：Link 和 Put。于是，要将关系 Course 的主键 courseNo 以及关系 Student 的主键 studentNo 添加到关系 Enrollment 的属性集中，作为其主键的组成部分，同时也是外键。于是，关系 Enrollment 变为：

Enrollment (semester, score, courseNo, studentNo)；主键：{semester, courseNo, studentNo}；外键 1：courseNo; 外键 2：studentNo

第三步是处理非依附联系。对一对多联系 Teach 的处理方法如下：将关系 Teacher 的主键 teacherNo 以及联系 Teach 的属性 classNo 都添加到关系 Enrollment 的属性集中，并把 teacherNo 定义成外键。于是，关系 Enrollment 变为：

Enrollment (semester, score, courseNo, studentNo, teacherNo, classNo); 主键：{semester, courseNo, studentNo}；外键 1：courseNo；外键 2：studentNo；外键 3：teacherNo

对多对多联系 BaseOn 的处理方式如下：增加关系 BasedOn。该联系中，其中一端的实体是 Course，另一端的实体也是 Course，不过其角色为前置课程 (Premise)。因此，将其主键重新命名为 premise_id。关系 BasedOn 为：

BasedOn (courseNo, premise_id); 主键：{courseNo, premise_id}；外键 1：courseNo; 外键 2：premise_id

对一对多联系 Has 的处理方法如下：把关系 Department 的主键 deptNo 添加到关系 Student 的属性集中，并充当一个外键。于是，关系 Student 变为：

Student (name, studentNo, sex, nation, birthday, classNo, phone, deptNo);　主　键：studentNo；外键：deptNo

对一对多联系 Offer 的处理方法如下：把关系 Department 的主键 deptNo 添加到关系 Course 的属性集中，并充当一个外键。于是，关系 Course 变为：

Course (name, courseNo, hours, credit, textbook, deptNo); 主键：courseNo ；外键：deptNo

对一对多联系 Employ 的处理方法如下：把关系 Department 的主键 deptNo 添加到关系 Teacher 的属性集中，并充当一个外键。于是，关系 Teacher 变为：

Teacher (name,teacherNo, sex, rank, salary, birthday, email[1..3], deptNo); 主键：teacherNo ；外键：deptNo

对一对一联系 Manage 的处理方法如下：在该联系中，实体 Teacher 的角色为院长 (dean)。把关系 Teacher 的主键 teacherNo 重命名为 dean_id 后，添加到关系 Department 的属性集中，并充当一个外键。于是，关系 Department 变为：

Department (deptNo, name, location, dean_id); 主键：deptNo；外键：dean_id

第四步是处理多值属性。关系 Teacher 中有多值属性 Email，于是 Teacher 关系变为：

Teacher (name, teacherNo, sex, rank, salary, birthday, deptNo); 主键：teacherNo；外键：deptNo

增加一个关系 Teacher_email：

Teacher_email (teacherNo, email); 主键：{teacherNo, email}；外键：teacherNo

将 ER 模型转化成关系模型，得到的关系可分为三类：

1）表示强实体的关系，其特征是主键通常为一个属性，标识强实体的实例。

2）表示联系的关系，其特征是其主键由多个外键构成。

3）表示弱实体的关系，其特征是其主键由一个或者多个外键，再加上一个实体自身的标识性属性构成。

8.6　验证设计合理性

设计逻辑数据库后，即把 ER 图转化为关系模型之后，就得到了一个数据库的模式。数据库是关系的集合，其中的每个关系有其模式。因此，数据库模式就是关系模式的集合。

要判断数据库中每个关系的设计是否合理，就要看它是否存在数据冗余问题、更新异常问题、数据不正确问题。数据冗余不仅浪费存储空间，影响性能，而且会导致更新异常、数据不正确。这些问题已经在 8.2 节中通过实例解释过了。

如何判断一个关系设计得是否合理？这是首先要解决的问题。如果发现一个关系设计得不合理，接下来的问题就是如何解决不合理问题。对于第一个问题，可以使用函数依赖理论来回答。对于第二个问题，则是对关系进行规范化处理。也就是说，对一个不合理的关系，应将其分解成多个关系，使得分解后的每个关系都不存在冗余问题。

函数依赖理论不仅是判定关系设计合理性以及纠正不合理性的理论依据，还可以作为数据库设计的指导思想。

8.6.1 函数依赖理论及其应用

函数是大家都熟悉的概念。对于函数 $Y = f(X)$，给定变量 X 的一个值，就有唯一的一个 Y 值与其对应，这就是函数的本质含义。也就是说，X 决定 Y，或者说 Y 函数依赖于 X，记作 $X \rightarrow Y$，其中 X 称为**定子**（determinant），Y 称为**因子**（derivative）。将该思想放到数据库设计合理性判定中，就会想到，对于一个关系中的属性，它们之间是否也存在依赖性？

对于一个关系中的属性，函数依赖（Functional Dependency，FD）描述它的属性之间的关系。设关系为 R，它的属性的集合为 A，设 A 的一个真子集为 X，Y 是 A 中的一个属性。根据函数特性，当 X 决定 Y，或者说 Y 函数依赖于 X 时，就记作：$X \rightarrow Y$。对函数依赖的理解，要从关系 R 的实例来看。也就是说，对于 R 的实例，当给定 X 的值时，Y 的值就唯一。也就是说，在任何时候，对 R 进行投影运算，只输出 X 和 Y，再针对 X 执行等值查询时，输出结果的每行数据都完全一样。下面我们来给出正反两个例子。

在大学教务管理数据库中，选课关系为 Enroll(studentNo, courseNo, semester, classNo, teacherNo, score)。它的属性集 A = (studentNo, courseNo, semester, classNo, teacherNo, score)。设 X = (studentNo, courseNo, semester), Y = score。当 X 的值给定时，就只有唯一的一个 Y 值与之对应。例如，X = ('201743321', 'H61030008', '2019-1')，其含义是，学号为 '201743321' 的这个学生在 '2019-1' 这个学期选修了编号为 'H61030008' 的这门课，那么成绩就有唯一的一个值，不会出现两个成绩。因此，(studentNo, courseNo, semester) → score 成立。

再来看一个反例。设 X =(studentNo, semester)，Y = courseNo。那么当 X 的值给定时，就有不止一个 Y 值与之对应。例如 X = ('201743321', '2019-1')，其含义是，学号为 '201743321' 的这个学生在 '2019-1' 这个学期的课程。一个学生在一个学期可以选修多门课程，因此 Y 值既可以是 'H61030008'，也可以是 'H61030006'，还可以是 'H61030007'。因为这些课程都是该学生在 '2019-1' 这个学期选修的课程。在这里，(studentNo, semester) → courseNo 就不成立。

思考题 8-4：(courseNo, semester) → score 成立吗？

对于选课关系 Enroll，可知 (studentNo, courseNo, semester) → score 成立，(studentNo, courseNo, semester) → teacherNo 也成立，(studentNo, courseNo, semester) → classNo 也成立。

于是可记作：(studentNo, courseNo, semester) → (score，teacherNo，classNo)

另外，(studentNo, courseNo, semester) → studentNo 显然成立，因为 X=(studentNo, courseNo, semester)，Y=studentNo。在这里，Y是X的子集。当X值给定时，Y值就在X中给定了，自然唯一。

于是 (studentNo, courseNo, semester) → (studentNo, courseNo, semester, classNo, teacherNo, score）成立。设X=(studentNo, courseNo, semester)，那么$X \rightarrow A$成立，其中A为 Enroll 关系的属性集。此时X就能充当 Enroll 关系的**超键**（super key）。超键没有什么意义，只是一个数学概念而已，为后面的候选键做铺垫。数学中，很多概念用于为推导和引伸做铺垫。

在上述例子中，(studentNo, courseNo, semester) → teacherNo 成立，那么向定子中增加一个或者多个属性，函数依赖关系依然成立。例如，向定子中增加了 classNo 属性，(studentNo, courseNo, semester, classNo) → teacherNo 显然成立。

对上述例子进行归纳。当$X \rightarrow Y$成立，那么当$X \subseteq Z$时，$Z \rightarrow Y$显然成立。有了$X \rightarrow Y$，那么$Z \rightarrow Y$这个函数依赖就变得可有可无了，被称为**可有可无的函数依赖**（trivial FD）。反过来，$X \rightarrow Y$成立，不存在X的真子集W，使得$W \rightarrow Y$也成立，那么就说$X \rightarrow Y$是**完全函数依赖**（full FD）。也可以说，Y完全依赖于X。完全函数依赖才是要关注的重点。

在上面例子中，A为 Enroll 关系的属性集，X=(studentNo, courseNo, semester)，$X \rightarrow A$成立。对于X的真子集W=(courseNo, semester)，从业务特性可知$W \rightarrow$ studentNo 不成立，那么$W \rightarrow A$自然不成立。于是，当不存在X的真子集W，使得$W \rightarrow A$成立时，就说$X \rightarrow A$是完全函数依赖。

判断一个函数依赖$X \rightarrow A$是不是完全函数依赖的办法是：从X中拿掉一个属性，看函数依赖是否还成立。设a为X中的任一属性，如果$X - a \rightarrow A$都不成立，就说$X \rightarrow A$是完全函数依赖。换句话说，如果X中存在一个属性a，使得$X - a \rightarrow A$成立，那么$X \rightarrow A$就不是完全函数依赖。

基于上述分析进行归纳。设A为关系R的属性集，X是A的子集，如果$X \rightarrow A$是完全函数依赖，那么X就可充当关系R的**主键**（primary key），称作关系R的**候选键**（candidate key）。理由是：给定一个X的值，那么其他字段的值唯一。因此，对于给定的这个X值，在理论上，表中只会存在一行数据，不可能出现两行数据对应的X值相同。如果出现两行数据对应的X值相同，那么必定是其他字段的值不相同，这就违背了$X \rightarrow A$。因此，不可能出现这种情况。一个关系表示一个类，主键的本意是标识类的实例。主键的一个取值就标识了一个实例。关系中的一行数据表示一个实例，一个实例在关系中只允许出现一行。这种直观通俗的设定被函数依赖完全刻画出来了。

一个关系只有一个主键，但候选键可能有多个。某个候选键也可能被选作主键。例如，大学教务管理数据库中的关系 Student(studentNo, name, sex, nation, birthday, identity_no)，学号 (studentNo) 是候选键，身份证号码 (identity_no) 也是候选键，主键是学号 (studentNo)。

函数依赖既是数学理论，也是数据库设计的指导思想，可用来刻画和度量数据库中的一个关系是否设计得合理。数学的威力在于推导和证明。于是，就会想到，对于一

个关系 R，设它有 n 个属性，分别记作 $A_1, A_2, \cdots, A_n$, 它的属性集记为 A，$A=(A_1, A_2, \cdots, A_n)$，已知 i 个函数依赖，用集合 F 来表示，$F = \{ X_1 \to Y_1, X_2 \to Y_2, \cdots, X_i \to Y_i \}$, 其中 $X_k \subset A$，$Y_k \subset A$，$1 \leqslant k \leqslant i$, 能不能回答如下一些问题？

1）判断函数依赖 $X_t \to Y_t$ 是否成立。

2）判断 X_t 是否是 R 的候选键。

3）计算 F 的闭包 F^+，也就是说，推理出其隐含的所有其他函数依赖。

4）构建 F 的最小集，即特征集，也就是缩减那些可推导出来的函数依赖。

5）判断两个函数依赖集 F 和 E 是否等价。

基于函数依赖的定义，有如下 6 个显而易见的函数依赖推导，这些推导被称作 Armstrong 公理。

1）反射规则：如果 $X_t \supseteq Y_t$，那么 $X_t \to Y_t$。

2）膨胀规则：如果 $X_t \to Y_t$，那么 $X_t, Z_t \to Y_t, Z_t$。

3）传递规则：如果 $X_t \to Y_t$ 且 $Y_t \to Z_t$，那么 $X_t \to Z_t$。

4）分解规则：如果 $X_t \to Y_t, Z_t$，那么 $X_t \to Y_t$ 且 $X_t \to Z_t$。

5）合并规则：如果 $X_t \to Y_t$ 且 $X_t \to Z_t$，那么 $X_t \to Y_t, Z_t$。

6）组合规则：如果 $X_t \to Y_t$ 且 $Z_t \to Z_t$，那么 $X_t, Z_t \to Y_t, W_t$。

为了回答上面的五个问题，引入属性集的闭包概念。一个关系 R 的属性集为 A，已知函数依赖集 F，设属性集 $X \subset A$，那么 X 的闭包的含义是：定子为 X，所有因子（无论是直接的，还是间接的）构成的集合叫作 X 的闭包，记作 X^+。闭包的含义是指所有可能。根据这个定义，自然有 $X \to X^+$ 成立。求 X^+ 的思路是逐步寻找属性，将它添加到 X^+ 中，直至穷尽。依据上述反射规则可知，首先有 $X \subset X^+$。再来看 F 中的元素 $X_k \to Y_k$，如果 $X_k \subseteq X^+$，根据 X^+ 的定义，就要把 Y_k 添加到 X^+ 中。于是根据 X^+ 的定义，求 X^+ 的算法如图 8-17 所示。

```
let X⁺ = X
increasing = true
while(increasing)
      increasing =false
      ∀ FD ⊂ F, FD: Xk → Yk:  if Xk ⊆ X⁺ and Yk − X⁺ ≠ ∅ then
             X⁺ = X⁺ ∪ Yk
             increasing = true
```

图 8-17　X 的闭包 X^+ 的求法

例 8-1　已知关系 $R(A, B, C, D, E, G)$，函数依赖集合 $F=(A \to (B,C)；C \to D；D \to G)$，计算 $(A)^+$。

解：因为：$(A)^+ = (A)$

应用 FD：$A \to B,C \Rightarrow (A)^+ = (A，B，C)$

应用 FD：$C \to D \Rightarrow (A)^+ = (A，B，C，D)$

应用FD: $D \rightarrow G \Rightarrow (A)^+ = (A, B, C, D, G)$

有了属性集合X的闭包概念之后，要判定一个函数依赖（FD）$X_k \rightarrow Y_k$是否成立就变得轻而易举了。只要计算X_k^+，如果$Y_k \subseteq X_k^+$，那么函数依赖$X_k \rightarrow Y_k$就成立。

例 8-2 已知关系$R(A, B, C, D, E, G)$，函数依赖集合$F=(A \rightarrow (B,C); C \rightarrow D; D \rightarrow G)$，请问函数依赖$(C,D) \rightarrow G$是否成立？$(B,C) \rightarrow E$是否成立？

解：计算$(C, D)^+ = (C, D, G)$，它包含G，因此$C,D \rightarrow G$成立。

计算$(B, C)^+ = (B, C, D, G)$，它不包含E，因此$(B,C) \rightarrow E$不成立。

对属性集合X的闭包，它的第二个应用是判定关系R的一个属性集X_k是否为候选键。问题可表述为：对于关系R，它的属性集合为A，已知函数依赖集F，判定属性集合X_k是否为关系R的候选键，其中$X_k \subset A$。根据X的闭包定义，就是要求X_k^+。如果$X_k^+ = A$，就说明X_k是R的超键。接下来就是计算X_k的所有真子集的闭包，如果它们都不等于A，那么X_k是R的候选键，否则就不是。判定算法如图8-18所示。

```
Is_candidate_key = false;
if (X_k^+ == A) then
  Is_candidate_key =true;
  ∀ 属性 A_i ⊂ X_k: if ((X_k − A_i)^+ == A ) then
    Is_candidate_key = false;
    break;
```

图 8-18 判定属性集X_k是否为候选键的算法

对属性集合X的闭包，它的第三个应用是求函数依赖集F的闭包F^+。F^+的含义是指：能够由F中的函数依赖推导出的全部函数依赖。F^+的求法通过如下的例子来说明。

例 8-3 已知$R(A, B, C, D)$，$F=(A \rightarrow (B,C); C \rightarrow D)$，求$F^+$。

要求出全部函数依赖，自然先想到什么叫全部。关系R只有4个属性，因此函数依赖的定子包含的属性个数只有4种情形：1个、2个、3个、4个。当属性为4个时，不需要考虑，因为没有意义。然后对每种情形进行穷举。对第一种情形进行穷举，就是计算$(A)^+, (B)^+, (C)^+, (D)^+$。对第二种情形进行穷举，就是计算$(A,B)^+, (A,C)^+, (A,D)^+, (B,C)^+, (B,D)^+, (C,D)^+$。对第三种情形进行穷举，就是计算$(A,B,C)^+, (A,B,D)^+, (A,C,D)^+, (B,C,D)^+$。于是求解过程为：

1）计算得出$(A)^+ = (A,B,C,D)$，$(B)^+ = (B)$，$(C)^+ = (C,D)$，$(D)^+ = (D)$。于是得出新的函数依赖$A \rightarrow D$。注意：$A \rightarrow B$，$A \rightarrow C$，$C \rightarrow D$都已知。

2）计算$(A,B)^+, (A,C)^+, (A,D)^+$。因为$(A)^+$包含了关系$R$的所有属性，因此自然有$(A,B)^+$，$(A,C)^+$，$(A,D)^+$都等于$(A)^+$。于是得出新的函数依赖：$(A,B) \rightarrow C$，$(A,B) \rightarrow D$，$(A,C) \rightarrow B$，$(A,C) \rightarrow D$，$(A,D) \rightarrow B$，$(A,D) \rightarrow C$。

3）计算得出$(B,C)^+ = (B,C,D)$，$(B,D)^+ = (B,D)$，$(C,D)^+ = (C,D)$。于是得出新的函数依赖：$(B,C) \rightarrow D$。

同理，$(A,B,C)^+, (A,B,D)^+, (A,C,D)^+$都等于$(A)^+$。于是得出新的函数依赖：$(A,B,C) \rightarrow D$，$(A,B,D) \rightarrow C$，$(A,C,D) \rightarrow B$。

4）计算得出$(B,C,D)^+ = (B,C,D)$。没有新的函数依赖。

于是$F^+ = (A \rightarrow B; A \rightarrow C; C \rightarrow D; A \rightarrow D; (B,C) \rightarrow D; (A,B) \rightarrow C; (A,B) \rightarrow D;$

$(A,C) \to B$；$(A,C) \to D$；$(A,D) \to B$；$(A,D) \to C$；$(A,B,C) \to D$；$(A,B,D) \to C$；$(A,C,D) \to B$)。其中前三个函数依赖是已知的，其他的都是推导出来的。

对属性集合 X 的闭包，它的第四个应用是求两个函数依赖集 F 和 E 是否**等价**（equivalent）。直观来看，当 E 中的每个函数依赖都在 F^+ 中时，就说 F 覆盖 E。同理，当 F 中的每个函数依赖都在 E^+ 中时，就说 E 覆盖 F。如果 F 覆盖 E，E 也覆盖 F，就说 F 和 E 等价。F 和 E 等价，自然就有 F^+ 等于 E^+。

求函数集的闭包的计算量巨大。单从判断等价来说，没有必要求函数集的闭包。对于 E 中的每个函数依赖，如果 F 都蕴含它，就说 F 覆盖 E。同理，对于 F 中的每个函数依赖，如果 E 都蕴含它，就说 E 覆盖 F。

对于 E 中的一个函数依赖 $X \to Y$，先基于 F 计算 X^+，然后检查 Y 是否在 X^+ 中。如果 Y 在 X^+ 中，就说 F 蕴含了 E 中的函数依赖 $X \to Y$。如果 E 中的每一个函数依赖都被 F 蕴含，那么 E 就被 F 蕴含。判定函数依赖集 F 和 E 等价与否的算法如图 8-19 所示。

```
equivalent = true;
∀ 函数依赖 X → Y⊂E: 基于F，计算X⁺，if (Y⊄X⁺) then
    equivalent = false;
    break;
If (equivalent)
    ∀ 函数依赖 X → Y⊂F: 基于E，计算X⁺，if (Y⊄X⁺) then
        equivalent = false;
        break;
```

图 8-19　函数依赖集 F 和 E 等价与否的判定算法

对属性集合 X 的闭包，它的第五个应用是求函数依赖集 F 的最小集。求 F 的最小集就是要缩减 F 中的函数依赖。缩减从两个维度进行。对于 F 中的某个函数依赖，如果它可由 F 中剩下的函数依赖推导出来，就说明这个函数被其他函数依赖蕴含，可从 F 中删除。缩减时，应该优先选择那些定子尺寸大的函数依赖，判断其可删除性。定子尺寸大小是指定子中包含的属性的个数。求函数依赖集 F 的最小集的算法如图 8-20 所示。

```
对F中的函数依赖，依据定子尺寸大小进行先大后小排序；
∀ 函数依赖 fd: X → Aᵢ ⊂ F: 基于F − fd，计算X⁺，if (Aᵢ ⊂ X⁺) then
    F= F − fd;

∀ 函数依赖 fd: X → Aᵢ ⊂ F: if (X.size > 1) then
    ∀ Aⱼ ⊂ X: 人工判定 X − Aⱼ → Aᵢ 是否成立，如果成立：
        则在F中，用 X − Aⱼ → Aᵢ 置换 X → Aᵢ;
```

图 8-20　求函数依赖集 F 的最小集的算法

第二个维度的缩减是指，对于 F 中的某个函数依赖，缩减其定子的尺寸，使之变成完全函数依赖。这个缩减只能人工进行，即基于关系 R 中每个属性的现实含义来进行。

对于一个函数依赖集，它的最小集是它的一个特征集。一个函数依赖集的最小集并不唯一，允许有多种形式。例如，对于 Student 关系，最小集可以是 (studentNo → name, studentNo → sex, studentNo → nation, studentNo → birthday, studentNo → identity_no), 也可以是 (identity_no → studentNo, identity_no → name, identity_no → sex, identity_no → nation, identity_no → birthday)。

8.6.2 范式及其在关系规范化中的应用

范式（normal form）是准则，也可以说是条件。在数据库领域共有 5 个范式，是关系数据模型的建立者 E. F. Codd 先后提出的评判数据库中一个关系设计得是否合理的准则。这 5 个范式是递进的。也就是说，第二个范式建立在第一个范式之上，第三个范式又建立在第二个范式之上。后一个在前一个的基础上提出了更严格的条件，处于更高的层面。范式的递进特性对应到了数据的冗余程度上。对于不满足第一范式的关系，在存储数据时，会出现高的数据冗余度，引发更新异常的概率就大，出现不一致性的可能性就高。满足第一范式的关系与不满足第一范式的关系相比，其数据冗余度会明显降低。就关系的模式合理性而言，可从 5 个层面来检测是否有潜在的冗余和更新异常。当达到第五个层面时，则不会有潜在的冗余和更新异常。

对一个关系的模式，是基于函数依赖理论来评判它是否满足某一范式的。具体来说，就是对一个关系的属性，基于现实情况来分析它们之间的函数依赖性，然后再对照范式的条件，看它是否满足范式。对于不满足范式的关系，可以将它分解成两个或者多个关系，使得分解后的关系满足范式。因此，范式不仅是评判关系合理性的准则，也是指导设计以及对不合理设计进行纠正的准则。

1. 第一范式（1NF）

一个关系的属性分为两部分，第一部分是主键属性，另一部分是非主键属性。对于一个关系，当它的每一个非主键属性都函数依赖于主键时，就说该关系满足第一范式。

在关系型 DBMS 中，1NF 是基本要求，不满足 1NF 的关系是一个**不规范**（unnormalized）的关系。下面通过一个例子说明。在大学教务管理数据库中，假定有一个教材及参考书表。使用数学用语，将它叫作 Textbook 关系，如图 8-21 所示。

title	authors	publisher	keywords
compiler	{smith,John}	(Oxford, Beijing)	{word, sentence, syntax}
network	{Jack, Smith}	(Amason, Changsha)	(transport, fault-tolerance}
database	{Jim, Tom, Phillipe}	(Greatwall, Changsha)	{relation, record, foreign key}

图 8-21 关系 Textbook

关系 Textbook 的主键为属性 title。从给出的三个 textbook 实例可以看到，一本书可能有多个作者，一本书会有多个关键词。因此，tilte → authors, keywords 并不成立。于是我们就可得出结论，关系 Textbook 不满足 1NF。

为了满足第一范式，要对关系 Textbook 进行分解，把它拆分成三个关系：Textbook、Book_author、Book_keyword，如图 8-22 所示。

title	publisher
compiler	(Oxford, Beijing)
network	(Amason, Changsha)
database	(Greatwall, Changsha)

Textbook

title	author
compiler	smith
compiler	John
network	Jack
network	Smith
database	Jim
database	Tom
database	Phillipe

Book_author

title	keyword
compiler	word
compiler	sentence
compiler	syntax
network	transport
network	fault-tolerance
database	relation
database	record
database	foreign key

Book_keyword

图 8-22 把 Textbook 拆分成三个关系

对于拆分 Textbook 的操作，需要注意以下三点：

1）拆分后，新创建的两个关系 Book_author 和 Book_keyword 中都带有 Textbook 关系的主键属性 title。关系 Book_author 的主键为 (title, author)，是由两个属性组合而成。关系 Book_author 有外键 title。关系 Book_keyword 的主键为 (title, keyword)，也是由两个属性组合而成。关系 Book_keyword 有外键 title。

2）当一个关系的主键由两个或多个属性组合而成时，这些构成主键的属性彼此之间不存在函数依赖关系。

3）拆分之后，原有的关系要能够通过拆分后的关系做自然连接运算，数据不会有偏差、遗漏或者增多。这样的分解称为**无损分解**。

2. 第二范式（2NF）

一个关系的属性分为两部分，第一部分是主键属性，另一部分是非主键属性。对于一个关系，在满足 1NF 的基础上，当它的每一个非主键属性都完全函数依赖于主键时，就说该关系满足第二范式。与 1NF 相比，2NF 加强了条件，增加了“完全”两字。

完全函数依赖的定义是，设一个关系 R，它的属性集为 A，它的主键为 K，自然有 $K \rightarrow A_j$ 成立，其中 A_j 为任一非主键属性。如果存在 K 的真子集 K_1，并存在非主键属性 A_i，有 $K_1 \rightarrow A_i$ 成立，那么 $K \rightarrow A_i$ 就不是完全函数依赖。

对于不满足 2NF 的关系，要进行拆分，使得拆分后的关系满足 2NF。例如，在大学教务管理数据库中，假定有一个选课关系 Enroll(student_name，studentNo，course_name, courseNo, semester, classNo, score)，其主键为 (studentNo, courseNo, semester)。可知 (studentNo，courseNo, semester) → classNo, score 是完全函数依赖。但是 (studentNo, courseNo, semester) → student_name 和 (studentNo, courseNo, semester) → course_name 都不是完全函数依赖，原因是 studentNo → student_name 和 courseNo → course_name 都成立。

于是，要将关系 Enroll 拆分成三个关系：Enroll(studentNo，courseNo, semester, classNo, score)，Student(studentNo, student_name), Course(courseNo, course_name)。拆分后，在新建立的关系 Student 和 Course 中，studentNo 和 courseNo 分别为主键。在拆分后的关系 Enroll 中，主键不变，增加了两个外键，分别是 studentNo 和 courseNo。这

三个关系都满足 2NF。

再次提醒：拆分之后，原有的关系要能够通过拆分后的关系做自然连接运算，原封不动地得出。

3. 第三范式（3NF）

一个关系的属性分为两部分，第一部分是主键属性，另一部分是非主键属性。对于一个关系，在满足 2NF 的基础上，当它的每一个非主键属性都直接函数依赖于主键时，就说该关系满足第三范式。与 2NF 相比，3NF 加强了条件，增加了“直接”两字。

与直接函数依赖相对的是传递函数依赖。设一个关系 R，它的属性集为 A，主键为 K，自然有 $K \to A_j$ 成立，其中 A_j 为任一非主键属性。不过，$K \to A_j$ 是由 $K \to K_i$ 和 $K_i \to A_j$ 这两个函数依赖推导出来的，其中 K_i 是一个 $(A-K)$ 的真子集，且不包含 A_j。此时 $K \to A_j$ 就称为传递函数依赖。直接函数依赖的含义就是不允许存在传递函数依赖。

对于不满足 3NF 的关系，要进行拆分，使得拆分后的关系满足 3NF。例如，在大学教务管理数据库中，老师关系 Teacher(teacherNo, name, sex, rank, salary, birthday, email) 的主键为 (teacherNo)。业务特征是：工资是由职称来决定，即 rank → salary 成立。因此，teacherNo → salary 是一个传递函数依赖。此关系不满足 3NF。

于是，要将关系 Teacher 拆分成两个关系：Teacher(teacherNo, name, sex, rank, email)，Salary_level(rank, salary)。拆分后，在新建立的关系 Salary_level 中，属性 rank 为主键。在拆分后的关系 Teacher 中，主键不变，增加了一个外键 rank。这两个关系都满足 3NF。

拆分之后，原有的关系能够通过拆分后的关系做自然连接运算，原封不动地得出。

前面所说的三个范式都是针对关系的主键而言，其实还要延伸到候选键。延伸后的三个范式在理论上更加完备。至于为什么要延伸到候选键，将在介绍完 5NF 之后加以解释和说明。

- 完备的第一范式（1NF）：一个关系 R，其属性集为 A，对它的任一候选键 K，如果 $K \to A_i$ 都成立，其中 A_i 为 $(A - K)$ 中的任一属性，就说该关系满足第一范式。
- 完备的第二范式（2NF）：一个关系 R，其属性集为 A，对它的任一候选键 K，如果 $K \to A_i$ 都成立，且是完全函数依赖，其中 A_i 为 $(A - K)$ 中的任一属性，就说该关系满足第二范式。
- 完备的第三范式（3NF）：一个关系 R，其属性集为 A，对它的任一候选键 K，如果 $K \to A_i$ 都成立，且是完全、直接的函数依赖，其中 A_i 为 $(A - K)$ 中的任一属性，就说该关系满足第三范式。

函数依赖满足 1NF 的要求。在此基础上，如果是完全函数依赖，便满足 2NF。再进一步，如果是直接函数依赖，便满足 3NF。在 3NF 之上还有一个 BC 范式（Boyce-Codd Normal Form，BCNF）。在 3NF 的基础上，还可能存在一类函数依赖，它的定子由两部分组成：一部分是候选键 K 的真子集，另一部分是（$A - K$）的真子集。因子可以是 K 中的属性，或者（$A - K$）中的属性。于是就引出了 BCNF。一个关系满足 BCNF，当且仅当对于存在的任何函数依赖，其定子都是关系的候选键。换句话说，在一个关系中，对于存在的函数依赖，BCNF 范式不允许其定子不是关系的候选键。

对于不满足 BCNF 的关系，可通过将其拆分，使得拆分后的关系满足 BCNF。例如，在大学教务管理数据库中有选课关系 Enroll(studentNo, courseNo, semester, classNo, teacherNo, score)，其主键为 (studentNo, courseNo, semester)。这个关系满足 3NF。但还存在一个函数依赖 (courseNo, semester, classNo) → teacherNo。在这个函数依赖的定子中，courseNo 和 semester 来自主键部分，是主键的真子集，classNo 来自非主键属性部分。因子 teacherNo 是非主键属性。因此，关系 Enroll 不满足 BCNF。要使其满足 BCNF 范式，就要将其拆分成两个关系：Enroll(studentNo, courseNo, semester, classNo, score) 和 Assignment (courseNo, semester, classNo, teacherNo)。关系 Assignment 的主键为 (courseNo, semester, classNo)。关系 Enroll 的主键不变，还是 (studentNo, courseNo, semester)，不过新出现了一个外键 (courseNo, semester, classNo)。

思考题 8-5：*对于该例子，通过分解，数据冗余度降低了吗？降低程度是否明显？*

通常只有那些描述三元或三元以上联系的关系才有可能不满足 BCNF。上述的选课关系 Enroll 表示学生、课程、老师三者之间的联系，其中又引入了一个课程班的概念。从业务上看，应给每个课程班安排一位老师，因此函数依赖 (courseNo, semester, classNo) → teacherNo 成立。业务上的另一个环节是将每个 (studentNo, courseNo, semester) 的实例安排到一个课程班里，因此 (studentNo, courseNo, semester) → (courseNo, semester, classNo) 成立，于是有 (studentNo, courseNo, semester) → (courseNo, semester, classNo) → teacherNo。这其实是一个传递函数依赖，与 3NF 的差异在于：(studentNo, courseNo, semester) → (courseNo, semester, classNo) 这个函数依赖中的定子和因子存在公共部分。这个公共部分不能两边同时消减，否则，就变成了 studentNo → classNo，这个函数依赖显然不成立。正因为如此，BCNF 范式没有被称作 4NF。它只是对 3NF 的一个补充而已。

思考题 8-6：(courseNo, semester, teacherNo) → classNo *这个函数依赖成立吗？*

在范式理论中，对一个关系进行分解时，有一个**函数依赖保留**的概念。针对 1NF、2NF、3NF 的分解都具有函数依赖保留特性。但针对 BCNF 分解时，有可能出现函数依赖被拆解而没有被保留的情形。例如，在医疗数据库中，关系 Diagnosis(doctor_id, room_no, date, time, patient_id) 描述了哪个医生在何时何地给哪个病人诊疗。在这个关系中，如下的 4 个函数依赖显然成立：(doctor_id, date, time) → (patient_id, room_no)，(room_no, date, time) → (doctor_id, patient_id)，(patient_id, date) → (doctor_id, room_no, time)，(doctor_id, date) → (room_no)。这 4 个函数依赖如图 8-23 所示。基于业务逻辑和 BCNF，将其分解成两个关系：Assignment（doctor_id, date, room_no）和 Diagnosis(doctor_id, date, time, patient_id)。分解之后，第二个函数依赖被拆解，出现了函数依赖没有被保留的情形。不过，这个事情并不重要，不用在意。

对上述 4 个范式进行归纳总结。设数据库中有一个关系 R，其属性集为 A，主键为 K。将 A 分为两个部分：主键 K 中的属性，记作 K；非主键属性 $(A-K)$，记作 Y。关系 R 满足 1NF、2NF、3NF、BCNF 的条件就是：当且仅当只存在有函数依赖：$K \rightarrow Y$。显然，

当 K 为组合键时，对于 K 中的属性，它们之间彼此独立，不存在函数依赖关系。

Diagnosis

doctor_id	room_no	date	time	patient_id

fd1

fd2

fd3

fd4

图 8-23　Diagnosis 关系中的函数依赖

4 个范式完备的表述如下。已知关系 R，其属性集为 A，对于 R 的任一候选键 K：

- 1NF 要求 $(A - K)$ 中的其他任何一个属性都要函数依赖于 K，不能出现非函数依赖。
- 2NF 要求 $(A - K)$ 中的其他任何一个属性都要完全函数依赖于 K，不能出现部分函数依赖。
- 3NF 要求 $(A - K)$ 中的其他任何一个属性都要直接函数依赖于 K，不能出现传递函数依赖。
- BCNF 要求不能出现 $K \rightarrow Y$ 以外的函数依赖。

不满足 1NF 的情形：存在一个属于 $(A - K)$ 中的属性 A_i，使得函数依赖 $K \rightarrow A_i$ 不成立；不满足 2NF 的情形：存在一个属于 $(A - K)$ 中的属性 A_i，以及 K 的一个真子集 K_p，使得函数依赖 $K_p \rightarrow A_i$ 成立；不满足 3NF 的情形：存在一个属于 $(A - K)$ 中的属性 A_i，以及 $(A - K)$ 的一个真子集 K_p，使得完全函数依赖 $K_p \rightarrow A_i$ 成立；不满足 BCNF 的情形：存在一个属于 $(A - K)$ 中的属性 A_i，以及一个跨 K 和 $(A - K)$ 的属性集 K_p，使得完全函数依赖 $K_p \rightarrow A_i$ 成立。跨 K 和 $(A - K)$ 的属性集 K_p 的表达式为 $(A - K) \cap K_p \neq \varnothing$ 且 $K \cap K_p \neq \varnothing$。不满足范式的 4 种情形如图 8-24 所示。

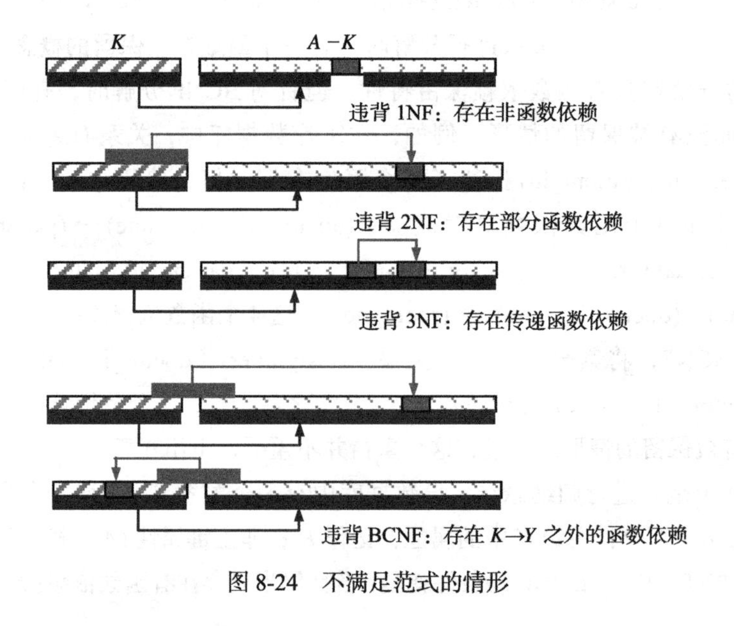

图 8-24　不满足范式的情形

已知数据库中的关系 R，其属性集为 A，对于 R 的任一候选键 K，将 R 的属性分为两个部分：K 和 $(A-K)$。BCNF 要求 $(A-K)$ 中的每一个属性函数依赖于 K，而且完全、直接、唯一，从而确保一个关系单纯地表示一个类。关系中的一行数据表示类的一个实例，一个实例在关系中仅有一行。

对于描述多元联系的关系，其候选键由多个属性组成。例如，对表示三元联系的关系 R，其候选键 K 由 (K_1, K_2, K_3) 组成，记作 $R(K_1, K_2, K_3)$。对 R 可执行投影运算，得到关系 $R_1(K_1, K_2)$，$R_2(K_1, K_3)$，$R_3(K_2, K_3)$。这个 $R_1(K_1, K_2)$ 是不是表示实体 $E_1(K_1)$ 与实体 $E_2(K_2)$ 之间的联系？换句话来说，关系 $R(K_1, K_2, K_3)$ 隐含了关系 $R_1(K_1, K_2)$，$R_2(K_1, K_3)$，$R_3(K_2, K_3)$ 吗？反过来看，已知描述二元联系的关系 $R_2(K_1, K_3)$ 和 $R_3(K_2, K_3)$，它们做自然连接运算会得到一个关系 $R(K_1, K_2, K_3)$。这个 $R(K_1, K_2, K_3)$ 是不是表示了实体 $E_1(K_1)$、$E_2(K_2)$、$E_3(K_3)$ 三者之间的联系呢？真实的情形是：关系 $R(K_1, K_2, K_3)$ 并不隐含关系 $R_1(K_1, K_2)$，$R_2(K_1, K_3)$，$R_3(K_2, K_3)$。$R_2(K_1, K_3)$ 和 $R_3(K_2, K_3)$ 做自然连接运算得到的三元关系 $R(K_1, K_2, K_3)$ 并不表示三元联系。下面以实例来展示投影和自然连接的特性，以此引出第四范式和第五范式。

在 8.4.2 节中讨论扇扩陷阱时，以大学教务管理业务为例，提到实体 Department 与实体 Course 之间有一对多的联系 Offer，实体 Department 与实体 Student 之间也有一对多的联系 Has。这就是说，实体 Student 与实体 Course 之间有一个传递联系。从关系来看，数据库中有一个关系 Course(courseNo, deptNo) 以及另一个关系 Student(studentNo, deptNo)。为了聚焦问题，这里只列出了关系的主键和外键属性。这两个关系的第一个属性为主键，第二个属性为外键。关系 Course(courseNo, deptNo) 和关系 Student(studentNo, deptNo) 有公共属性 deptNo。它们做自然连接运算后，得到一个关系 Result(studentNo, courseNo, deptNo)。对这个关系再做投影运算，得到另一个关系 Result2(studentNo, courseNo)。这个关系中的数据行没有真实地表示学生的选课情况。正如图 8-7 所表明的，它夸大了真实选课情况，让一个学生选修了其所在学院提供的所有课程。

对上述例子进行数学归纳和提炼，可引出多值依赖概念。实体 A 与实体 B 是一对多关系，实体 A 与实体 C 是一对多关系，而且 A、B、C 都是强实体，那么这种情形就叫**多值依赖**，记作 $A \to\to B$ 和 $A \to\to C$，简写为 $A \to\to B|C$。

4. 第 4 范式（4NF）

第四范式（4NF）是基于多值依赖，对描述多元联系的关系进行检查，判定是否要进行分解，以及如何进行分解。设关系 R 的候选键 K 由三个彼此不相交的属性集 K_1、K_2、K_3 构成，记作关系 $R(K_1, K_2, K_3)$。如果函数依赖 $K_1 \to K_2$，$K_3 \to K_2$ 成立，那么就要将 R 分解成三个关系：$R_1(K_1, K_2)$，$R_2(K_3, K_2)$，$R_3(K_1, K_3)$。对于 R_1 而言，其候选键为 K_1，外键有 K_2。对于 R_2 而言，其候选键为 K_3，外键有 K_2。对于 R_3 而言，其候选键为 (K_1, K_3)，外键有两个，分别为 K_1、K_3。

在上述例子中，关系 Course(courseNo, deptNo) 和关系 Student(studentNo, deptNo) 尽管有公共属性 deptNo，但是 deptNo 在两个表中都为外键。它们做自然连接运算得到一个关系 Result(studentNo, courseNo, deptNo)。其含义为：对于同一个学院的学生和课程，两者之间所有可能的组合关系。也就是说，对同一学院的课程和学生做笛卡儿乘积运算。对 Result 再做投影运算，得到另一个关系 $Result_2$(studentNo, courseNo)，其中的数据行表示每个学生选修了其所在学院开设的所有课程。这显然出现了极大的夸张。正因为如此，两个关系做自然连接运算，通常要求公共字段在一个关系中为主键，在另一个关系中为外键或者主键。只有满足这个条件的自然连接运算才有实际意义。

下面通过一个例子来进一步展示自然连接的特性。关系 Enroll(studentNo, courseNo) 表示一个多对多的二元联系，其原因是 studentNo 和 courseNo 都为主键的组成部分。而关系 Student(studentNo, deptNo) 表示的是一个实体，并不表示二元联系，其原因是 deptNo 不为主键的组成部分，而是一个外键，修饰 studentNo。它们做自然连接得到结果 Result(studentNo, courseNo, deptNo)。其主键依然是 (studentNo, courseNo)，其中的数据行还是选课实例。deptNo 是外键，并不代表一元，它依然还是修饰 studentNo。Result 并不表示三元联系。Result(studentNo, courseNo, deptNo) 与 Course(courseNo, deptNo) 以公共字段 courseNo 做自然连接，得到的结果为 Result2(studentNo, courseNo, deptNo_1, deptNo_2)。在这里，两个输入表中都有 deptNo 属性，为了区分，分别将它们重命名为 deptNo_1 和 deptNo_2。这个结果中，主键还是 (studentNo, courseNo)，其中的数据行还是选课实例。deptNo_1 是一个外键，修饰 studentNo，即学生所在学院。deptNo_2 是另一个外键，修饰 courseNo，即课程由哪个学院提供。因此，对于关系 $R_1(K_1, K_2)$ 和关系 $R_2(K_2, K_3)$，在 R_1 中，K_1 是主键，K_2 是外键；在 R_2 中，K_2 是主键，K_3 是外键。R_1 和 R_2 做自然连接得到结果 $R(K_1, K_2, K_3)$，其主键是 K_1，外键有两个，即 K_2 和 K_3。其中的行还是 R_1 的实例，K_2 修饰 K_1，K_3 修饰 K_2。

在 8.4.2 节中讨论裂漏陷阱时，以大学教务管理业务为例，提到实体 Department 与实体 Teacher 之间有一对多联系 Employ，实体 Teacher 与实体 Course 之间有一对多联系 Teach。在这里，Teach 表示的是一门课程由哪一个老师作为课程责任老师，一个老师可以担任多门课程的责任老师。这就是说，实体 Department 与实体 Course 之间有一个传递联系。从关系来看，数据库中有一个关系 Teacher(teacherNo, deptNo)，其中 teacherNo 为主键，deptNo 为外键。有一个关系 Course(courseNo, teacherNo)，其中 courseNo 为主键，teacherNo 为外键。为了聚焦问题，这里只列出了关系的主键和外键属性。当关系 Course 与关系 Teacher 做自然连接运算后，得到一个关系 Result(courseNo, teacherNo, deptNo)。再对这个结果做投影运算，得到另一个关系 $Result_2$(courseNo, deptNo)。$Result_2$ 中的数据行没有真实地表示学院提供课程的情况。正如图 8-6 所表示的，那些还没安排责任老师的课程不会出现在 $Result_2$ 中。与真实情况相比，$Result_2$ 中的数据行有缺漏问题。也就是说，$Result_2$ 没有真实刻画实体 Department 与实体 Course 之间的 Offer 联系。

接下来分析其原因。两个关系 A 和 B 做自然连接运算，其中 A 的外键在 B 中是主键时，自然连接的结果是它的类为 A。也就是说，结果中行是 A 的实例。而且对于 A 中的行，只有外键不为 NULL 的那些行才会出现在自然连接的结果中。因此，投影结果 $Result_2$(courseNo, deptNo) 表示的实例，只是针对已经安排了责任老师的课程和已经安排了学院的老师。其实，学院提供课程，并不依赖于上述两个联系 Employ 和 Teach，而是一项独立的工作。

对上述例子进行数学归纳和提炼，引出无损连接和连接依赖这两个概念。有两个关系 A 和 B。A 有主键 K_1，外键 K_2；B 有主键 K_2，外键 K_3。当 A 中的外键 K_2 和 B 中的外键 K_3 都有 NOT NULL 约束时，将 A 和 B 做自然连接运算得到的结果设为 $R(K_1,K_2,K_3)$，对 R 做投影运算得到 $R_2(K_1, K_3)$，那么 R_2 就表示实体 $E_1(K_1)$ 与实体 $E_3(K_3)$ 之间的一种一对多的联系。也就是说，间接联系 $A(K_1, K_2)$ 和 $B(K_2, K_3)$ 表示直接联系 $R_2(K_1, K_3)$。这种情况下的 A 与 B 的自然连接就是无损连接。否则，就被称作有损连接。当实体 A 与实体 B 之间存在一对多的联系，且该联系在 A 端的基和顶约束为“1..1”，就说 A 依赖于 B。实体 B 与实体 C 之间也存在一对多的联系，且该联系在 B 端的基和顶约束为“1..1”，就说 B 依赖于 C。此时，就说 A 连接依赖于 C。

5. 第五范式（5NF）

第五范式（5NF）是基于连接依赖，对描述多元联系的关系进行检查，判定是否要进行分解，以及如何进行分解。设关系 R 的候选键 K 由三个彼此不相交的属性集 K_1、K_2、K_3 构成，记作关系 $R(K_1, K_2, K_3)$。如果函数依赖 $K_1 \rightarrow K_2$，$K_2 \rightarrow K_3$ 成立，且 K_3 连接依赖于 K_1，那么将 R 分解成两个关系 $R_1(K_1, K_2)$ 和 $R_2(K_2, K_3)$ 即可，否则就要将 R 分解成三个关系：$R_1(K_1, K_2)$，$R_2(K_2, K_3)$，$R_2(K_1, K_3)$。对于 R_1 而言，其候选键为 K_1，外键有 K_2。对于 R_2 而言，其候选键为 K_3，外键有 K_2。对于 R_3 而言，其候选键为 K_1，外键有 K_3。

总之，4NF 和 5NF 表明表示 n 元联系的关系，通过投影可得到表示 $n-1$ 元联系的关系。但是这个投影结果并不表示真实情况。其原因是 $n-1$ 元联系可能与 n 元联系彼此独立。反过来也是如此，通过连接运算，从表面上看能将 $n-1$ 元联系变成 n 元联系。其实不然，自然连接运算不能提升联系的元数。对于范式，后面范式是建立在前面范式的基础之上。因此，5NF 是对所有范式的概括。5NF 的含义是：就关系 R 的属性集 A 而言，对存在的所有完全函数依赖 $K \rightarrow Y$, K 都是 R 的候选键，其中 Y 为 A 中的任一属性。这里要注意 BCNF 与 5NF 的差异。BCNF 没有深入 K 的内部，而 5NF 则在 BCNF 的基础上，深入 K 内部，要求 K 内不能存在函数依赖，各属性之间必须相互独立（即多对多关系）。

基于范式对关系进行分解，一定要注意无损连接性。也就是说，当一个关系 R 被分解成多个关系 $R_1, R_2, \cdots, R_i$ 时，原有的关系 R 的数据行能够通过对分解后的关系 $R_1, R_2, \cdots, R_i$ 做自然连接运算真实地得出。在这里，真实的含义是自然连接的结果恰好是关系 R 的数据行，既不会多，也不会少。

例 8-4 已知关系 $R(A, B, C, D, E)$，有函数依赖 $AB \rightarrow C$、$C \rightarrow D$、$D \rightarrow B$、$D \rightarrow E$。求关系 R 的候选键，判断其是否满足所有范式。如果不满足，则进行分解，使分解后的

关系满足范式，并判断分解后函数依赖是否得到了保留。

解：在给定的所有函数依赖中，因子都不含 A，因此候选键中必定含 A。在此基础上，采用穷举法求解 R 的所有候选键。

1）求含 A 的单个属性的闭包，$(A)^+ = (A)$，可知 A 不是 R 的候选键。

2）求含 A 的两个属性的闭包：

$(A,B)^+ = (A,B,C,D, E)$，$(A,C)^+ = (A,B,C,D, E)$，$(A, D)^+ = (A,B,C,D, E)$，$(A, E)^+ = (A,E)$

可知，(A,B)、(A,C)、(A, D) 都是 R 的候选键。

3）根据候选键的定义，现已知有三个候选键 (A,B)、(A,C)、(A, D)。接下来求含 A，但不能含 (A,B)、(A,C)、(A, D) 中的任何一个，这样的三个属性的闭包。这样的三个属性不存在。

因此，R 的候选键有三个：(A,B)、(A,C)、(A, D)。

求出了 R 的候选键，R 自然满足 1NF。

根据 2NF，从候选键 (A,B) 来看，R 满足 2NF。

根据 2NF，从候选键 (A,C) 来看，因为有 $C \to D$，因此不满足 2NF。于是，要分解成 $R_1(C, D)$，$R_2(A, C, B, E)$。其中 R_1 的主键为 C，R_2 的主键为 (A,C)，R_2 有一个外键 C。这样分解以后，函数依赖 $D \to B$ 和 $D \to E$ 没有得到保留。

根据 2NF，从候选键 (A,D) 来看，因为有函数依赖 $D \to B$ 和 $D \to E$，因此不满足 2NF。于是，分解成 $R_1(D, B, E)$，$R_2(A, D, C)$。其中 R_1 的主键为 D，R_2 的主键为 (A,D)。R_2 有一个外键 D。这样分解以后，R_2 还不满足 2NF，因为有函数依赖 $C \to D$，而且 (A,C) 也是候选键。因此，要进一步把 R_2 分解成 $R_2(C, D)$ 和 $R_3(A, C)$。其中 R_2 的主键为 C，R_3 的主键为 (A,C)。R_3 有外键 C。这样，函数依赖 $AB \to C$ 没有得到保留。

根据 3NF，从候选键 (A,B) 来看，R 不满足 3NF。于是要分解成 $R_1(D, E)$，$R_2(C, D)$，$R_3(A, B, C)$。其中 R_1 的主键为 D，R_2 的主键为 C，R_3 的主键为 (A,B)。R_2 有一个外键 D，R_3 有一个外键 C。这样分解以后，函数依赖 $D \to B$ 没有得到保留。

根据 3NF，从候选键 (A,C) 来看，在 2NF 时，就已经分解成了 $R_1(C, D)$ 和 $R_2(A, C, B, E)$。从 3NF 来看，要分解成 $R_1(D, B, E)$，$R_2(C, D)$，$R_3(A, C)$。其中 R_1 的主键为 D，R_2 的主键为 C，R_3 的主键为 (A,C)。R_2 有一个外键 D，R_3 有一个外键 C。这样分解以后，函数依赖 $AB \to C$ 没有得到保留。

根据 3NF，从候选键 (A,D) 来看，在 2NF 时，就已经分解成了 $R_1(D, B, E)$，$R_2(C, D)$，$R_3(A, C)$。该分解满足 3NF。

上述分解之后，都满足 BCNF。

8.6.3　函数依赖和范式对 ER 建模的指导意义

在 ER 建模中，对于一个实体来说，它有多个候选键，比较容易理解。例如，对于学生，学号和身份证号码都是其候选键。对于联系，凡是多对多的二元联系以及多元联系，在转化成关系模型时，都转化成了关系。对于表示联系的关系，也可能有多个候选键。其原因是：ER 建模中，经常会把联系模型化成实体，然后为这个实体添加一个主键属性，标识其实例。例如，对房产中介公司业务进行 ER 建模时，客户与房子之间存在一个多对多的联系 Rent。但在建模时，将它模型化成了实体 Lease，并且将属性 leaseNo 作为主键。这种情形下，对数据库中的关系 Lease(leaseNo, clientNo, propertyNo, fromDate, duration, rent)，从实体视角来看，它的主键为 leaseNo；从联系视角来看，(clientNo, propertyNo, fromDate) 是主键。它们都是候选键。评判一个关系是否满足范式，只有从联系视角来分析，才能揭示本质，进行正确分解。正因为如此，在描述范式时，提到的都是任一候选键，这样就把由联系视角得到的候选键涵盖进来，从而进行正确的分解。

有了函数依赖理论和范式，就很容易理解 8.5 节所述的 ER 模型向关系模型的转化方法。对于一对多联系的处理，是将“一”端的关系主键（用 K_1 表示）加到“多”端的关系（设它的主键为 K_m）中，充当外键。理由是函数依赖 $K_m \to K_1$ 成立，这种处理不违背范式。但对于多对多联系就不能这样处理了，因为这样处理会违背 1NF。于是只好把多对多联系转化成一个关系，该关系的主键由联系两端实体的主键组合而成。多对多表示彼此相互独立，没有函数依赖性。范式要求一个关系的主键属性彼此独立。因此，两者其实是异曲同工。

函数依赖理论和范式对 ER 建模有重要的指导意义。在 ER 建模中，基于业务流程和环节构建实体和联系，常会出现需要在某个实体与某个联系之间再建立联系的情形。例如，大学教务管理业务中，学生先选课，然后根据选课人数来设置课程班，并给每个课程班安排一位老师。对此建模，一种处理方法是针对学生、课程、老师三者构建一个三元联系。这种处理方法没有体现出业务中的步骤性。要体现出步骤性，就应先在学生与课程两者之间构建一个多对多的联系 Enroll，再在老师和联系 Enroll 之间构建一个联系。但是 ER 建模中，并没有在实体和联系之间再建立联系的概念。此时就应该想到，学生与课程之间的联系 Enroll 是多对多关系，最终要用一个关系来表示。因此，可以把它模型化成一个弱实体 Enrollment，这样便可在实体 Enrollment 与老师之间构建一个联系 Assign。这样的建模体现出了业务的步骤性。这种建模方法如图 8-25 所示。

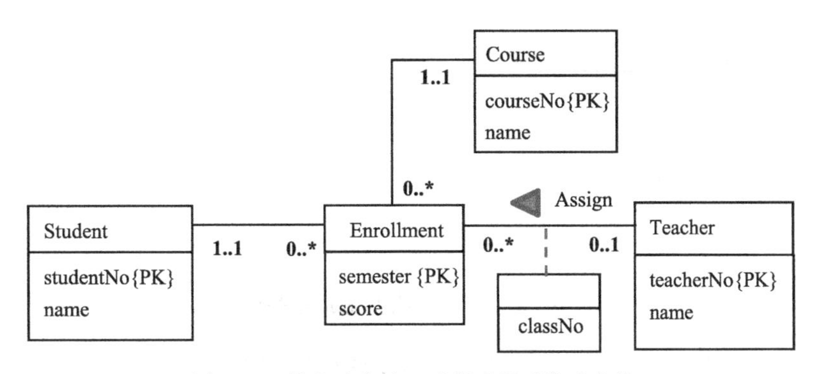

图 8-25　将多对多的二元联系模型化成实体

注意：在 ER 建模中，不要把一对多的联系模型化成一个实体。原因是它最终被转化成了一个外键，而不是被转化成一个关系。

ER 建模时，应先考虑低阶联系（即二元联系），再考虑高阶联系（即多元联系），这样建立的模型自然会满足所有范式。例如，对于一个工程业务公司，其业务基本情况如下：它承揽工程项目，工程项目需要零部件，零部件有多个供货商，每个供货商都销售一些零部件。就此业务建立的 ER 图如图 8-26a 所示。先找出二元联系，1）实体 Project 和 Component 之间的联系，这个联系表示状态，即一个项目需要哪些零部件；2）实体 Provider 和 Component 之间的联系 Has，这个联系也表示状态，即一个供货商销售哪些零部件；3）实体 Project、Provider、Component 三者之间的联系 Supply，这个联系表示事件。对于一个项目，可能要多次采购零部件。每次采购要记录采购时间、采购负责人、采购明细。在业务需求中，有采购单 Purchase_sheet 概念，以采购单编号 sheet_no 作为标识。在 ER 建模时，要能识别出采购单 Purchase_sheet 其实表示的是三元联系 Supply。也就是说，把三元联系 Supply 模型化成了实体 Purchase_sheet，如图 8-26b 所示。

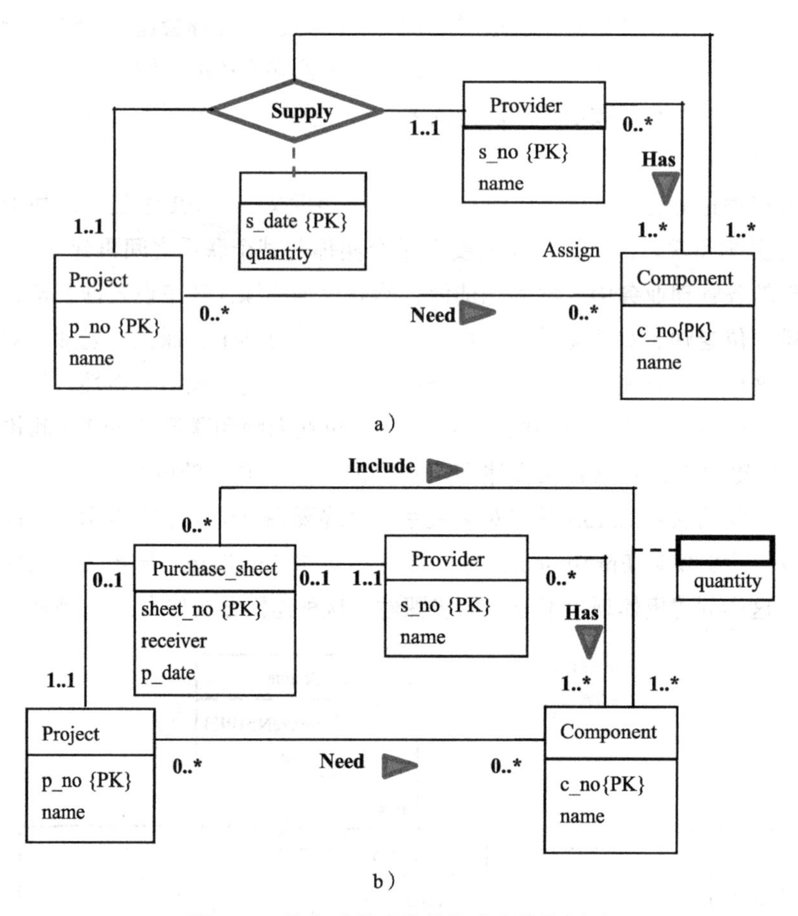

图 8-26 将多元联系模型化成实体的例子

ER 建模时，数据库设计者应能从业务需求中辨析出哪些概念的实质是表示联系。对于多对多的二元联系或者多元联系，当它表示事件 / 活动而不是状态时，最好将其模型化成实体。这样做能够更好地表示业务特性。

思考题 8-7：对照图 8-26 中的两个 ER 图，思考为什么将三元联系 Supply 模型化成实体 Purchase_sheet 能更好地表示业务特性。

在 ER 建模中，函数依赖理论和范式对属性的确定也有指导作用。例如，在图 8-26b 中，实体 Purchase_sheet 与实体 Component 之间的联系 Include 有一个属性 quantity, 其含义是一次采购中，采购某种零部件的数量。这个属性自然只能是联系 Include 的属性，而不是实体 Purchase_sheet 的属性，也不是实体 Component 的属性，因为 quantity 不依附于 Purchase_sheet，也不依附于 Component，而是依附于它们的联系。

另外，ER 建模中，在标识联系的基和顶时，一定要小心基的标注，不要轻易地将其标注为 1。因为标注为 1，就表明另一端的实体具有依附特性。最终在关系模型中，表示这个联系的外键字段有 NOT NULL 约束。例如，在图 8-26a 中，三元联系 Supply 在它所涉及的三个实体端标注的基都为 1。这就意味着，在关系模型中，对于由联系转化而来的关系 Supply, 其候选键有 (p_no, s_no, c_no, s_date)，属性 p_no、s_no、c_no 分别都是外键，都有 NOT NULL 约束。

8.7 物理数据库设计

完成了逻辑数据库的设计，也就明确了数据的存储组织逻辑，从而保证数据库在无故障运行时不会出现数据冗余问题、更新异常问题以及数据不一致问题。得到了数据库模式之后，接下来的工作就是复查，确定每一业务所需数据是否都能满足。如果不能，就要对 ER 图进行补充完善，直至所有业务需求都得到满足。逻辑数据库设计完成之后，接下来的工作便是物理数据库设计。物理数据库设计要解决的问题包括处理性能问题、安全问题、数据完整性问题、故障恢复问题、数据操作简单性问题。这些内容都已在前面章节讲解了。物理数据库设计完之后，接下来的工作便是数据库的实现。数据库的实现就是选定一个 DBMS 产品，安装在一台服务器上，配置数据库磁盘，基于制定的故障恢复方案配置日志磁盘、检查点时刻和间隔时长、数据库备份磁盘、备份时刻和间隔时长，然后使用 DDL 语言创建数据库、表、触发器、索引、视图和存储过程，创建角色和用户，并给角色分配权限，给用户分配角色。

物理数据库设计中的一项重要工作是估算每个表中要存储的数据量，分析用户访问数据的特性，制定数据库以及其中每个表在磁盘上的存储方案。首先，要估算数据库中每个表能存储的数据量，得出数据库需要多大的磁盘存储空间，然后在数据磁盘上为数据库分配所需的存储空间。接下来，分析每个表的数据存储特性，确定其磁盘空间分配方案。例如，对于大学教务管理数据库，学生表中的数据通常是以一个年级为单位批量添加，因此最好让一个年级的学生数据在磁盘上连续存储，这样有利于获得良好的数据查询性能。假定一个年级的学生数据需要 512 MB 的磁盘空间，那么学生表 Student 的磁盘空间分配方案就是初始时分配 512 MB，然后以 512 MB 为单元递增。也就是说，给学生表 Student 初始分配 512 MB 的连续磁盘空间。随着学生数据的增加，当分配的空间不够时，就再给学生表 Student 追加 512 MB 的连续磁盘空间。在 Oracle 数据库中，使用 SQL 表示的这一分配方案如图 8-27 所示。

```
CREATE TABLESPACE data_space DATAFILE 'd:\data\education_data.dbf' SIZE 81920M;
CREATE TABLE student (
     studentNo CHAR(5) NOT NULL,
     name VARCHAR(30),
     ......
     PRIMARY KEY (studentNo)
     FOREIGN KEY (deptNo)  REFERENCES Dept(deptNo)
     TABLESPACE data_space STORAGE (INITIAL 512M NEXT 512M)
);
```

图 8-27　教务管理数据库和学生表 Student 的磁盘空间方案例子

在图 8-27 所示的磁盘分配方案中，首先从磁盘中拿出 80 GB 的连续存储空间来存储教务管理数据库。学生表 Student 的数据将存储在该空间中。在创建学生表 Student 时，就给它分配 512 MB 的连续磁盘空间，然后以 512 MB 的连续磁盘空间递增。

8.8　本章小结

企业开展业务时，需要建立起业务支撑数据库，实现业务管理的信息化。其中，最为关键的工作就是数据库设计。数据库设计有两个要求：1）对业务管理具备全覆盖性，包括人、事、物以及过程与环节，从而全面支持业务的开展，服务所有相关人员；2）保证数据库中的数据不会出现冗余问题、更新异常问题、不一致问题，即保证数据的正确性。

数据库设计包括业务需求分析、逻辑数据库设计、物理数据库设计三个步骤。业务需求分析要解决的问题是数据的收集，应力求全面，不出现遗漏，同时明确数据含义和用处。逻辑数据库设计要解决的问题是：在数据库系统无故障运行时，保证无数据冗余问题、无更新异常问题、无数据不一致问题，即保证数据的正确性。无故障运行时的正确性问题与数据在计算机上存储的方式相关。数据组织得合理，就能保证数据的正确性。物理数据库设计要解决的问题是数据处理的高效性、数据的安全性、数据的完整性、数据操作的简单性以及系统故障恢复。

逻辑数据库设计面临两个挑战：1）在获取需求时，数据库设计人员听到和看到的通常都是局部，但是设计要站在业务全局的高度来考虑，应对业务有通盘的了解；2）业务表单和数据库中表的不一致。业务表单中通常包含的是综合信息，而数据库中的一个表只能存储某一类的信息。如果直接把业务表单中的数据项组成一个表，会带来一系列数据正确性问题。

逻辑数据库设计的过程包括三个步骤：ER 建模、模型转化、合理性验证。ER 建模和规范化虽然是两个独立的概念，但是互有帮助。数据库设计中，应先执行 ER 建模。

由 ER 建模得出的关系模型基本上会满足所有范式。范式理论对 ER 建模中实体的构建、属性的确定、建模的顺序都有指导作用。在标识联系时，应先分析二元联系，再分析多元联系。对于联系，要识别它是表示状态还是表示事件 / 活动。对于表示事件 / 活动的多对多二元联系或者多元联系，将其模型化成实体是一种明智之举，这有利于更好地表示出业务特性。

对于一个已有的关系模型，可使用范式来判定其合理性。不合理的关系存在数据冗余问题、更新异常问题以及数据不一致问题。判定合理性时，首先要基于业务概念的内涵来标识函数依赖，然后对照范式，做出判定结论。对一个已经上线的、设计得很差的数据库进行改造时，常使用范式来将其改造成合理的数据库。

逻辑数据库设计的目标是使业务数据在计算机上存储得合理。不合理的组织会带来数据冗余、更新异常、数据不一致和不正确的问题。合理的判定标准就是每个关系都满足所有范式。完成一轮逻辑数据库设计之后，要对照业务需求逐一检查，看设计是否满足所有业务需求。如果有遗漏，则要对 ER 图进行补充完善，使最终得出的数据库模式对企业的业务管理具备全覆盖性。

习题

1. 数据库设计要解决什么问题？数据库设计面临哪些挑战？获取业务需求的 5 个途径是什么？数据库设计为什么是一门专业知识？对设计出来的数据库模式，如何判断它是否合理？关系型数据库中的表有什么特征？
2. 已知关系 $R(A, B, C, D)$，有函数依赖集 $F = \{ A \to C; B \to D; B,D \to A \}$，求 R 的所有候选键。判断 R 是否满足所有范式。如果不满足，对其进行分解，直至满足 3NF，并判断所有函数依赖是否得到了保留。
3. 出租车公司有出租车、出租车司机和客户。出租车用车牌号标识，司机以工号标识，客户以编号标识。客户每租用一辆出租车，公司便派一个司机，产生一个出租工单 RentSheet。出租工单包含如下数据项：businessNo（工单编号）、rentDate（出租日期）、rentTime（出租时间）、driverNo（司机工号）、driverName（司机姓名）、vehicleNo（车辆的车牌号码）、clientNo（客户编号）、clientName（客户姓名）、pickSite（接客地址）、destination（目的地）、endTime（完成时间）、price（费用）。每张出租工单都有唯一的工单编号。收费规则是按照租车时长来计算，每辆车的租车价位也不相同。

   1）基于对业务的理解，针对出租工单，列出其中包含的所有的函数依赖。

   2）列出 RentSheet 的所有候选键。

   3）将关系 RentSheet 分解到第三范式。
4. 图书馆的图书包括编号、书名、作者、出版社、类别、IBSN 等属性。每本图书有多个副本，每个副本有一个副本号。读者到图书馆注册后方可借书，每次借阅不得超过 4 本。每本图书都有借阅天数的限制。过期不还图书者要罚款。罚款按过期天数计算。如果图书丢失，则要按书价的两倍赔偿。读者借阅时，可先查阅每本图书是否已全部借出。对于丢失了的图书，在赔偿处理之后，将其删掉。

   1）设计该图书馆的图书借阅业务的 ER 图。

   2）将所设计的 ER 图转化为关系模式，指明每个关系的主键，有外键的指明外键。

5. 一驾校的业务情况为：有不同的培训科目，每个科目有收费额；有教员和几个培训组。驾校对教员每天考勤。每个培训组都有一些教员，有一个组长，至少负责一个科目。每个教员只能属于一个培训组。驾校定期开培训班，招收学员。学员报名时，选定一个培训班和一个科目。报名结束后，驾校根据报名情况，对每个科目给出一个排课详单，每个科目的教学班不得超过30名学员。学员参加一个培训班后，学习合格将获得合格证书。

   1）设计该驾校培训业务的ER图。

   2）将所设计的ER图转化为关系模式，指明每个关系的主键，有外键的指明外键。

   3）对照范式检查每个关系是否满足所有范式？如果不满足，设法使之满足。

   4）凭常识，说出两个该业务的业务规则约束。

6. 旅游公司开辟了一些旅游线路，对外承接旅游接待业务。旅游线路包括线路名称、游玩路线、出发时间、游玩时长、价格。对于一条旅游线路，一天中有多个出发时间。客户预订时，要填写姓名、身份证号、联系电话、微信号、email、旅游日期、选择的旅游线路、出发时间、人数。公司有一些旅游车，有一些司机、导游、调度员。公司员工都有工号、姓名、电话、月工资。旅游车有车牌号、座位数、车辆状态。车辆状态有“维修”“待命”“派出”三种。调度员每天安排游览时，根据游客预订情况以及车辆状态来进行调度安排。每车安排一个司机、一个导游，以工单进行调度。工单包括工单号、车牌号、线路名称、出发时间、司机、导游、游客。工单一旦排出，就马上短信通知游客、司机、导游。调度员派工单时，只安排交了费的游客，对没有交费的游客，则短信提醒交费。游客以微信方式交费。一旦交费，便会收到短信提示，包括交费方的微信号、交费额。请设计一个数据库来支持公司的业务开展，尽量实现业务处理的自动化。另外，公司为了拉动业务，奖励老游客介绍新游客。游客预定时，可填上介绍人的微信号。

   1）设计旅游经营业务的ER图。

   2）将所设计的ER图转化为关系模式，指明每个关系的主键，有外键的指明外键。

   3）对照范式检查，看每个关系是否满足所有范式？如果不满足，则设法使之满足。

   4）凭常识说出此业务的两个业务规则约束。

第9章 数据库应用程序的开发

数据库的用户并不直接和 DBMS 交互，而是使用数据库应用程序来完成对数据库的访问，了解业务状态，获取所需数据，生成所需业务表单，同时也通过应用程序来完成业务处理，实现企业级的协同工作。从功能方面来看，数据库应用程序主要有三个功能：为用户提供表示数据操作的可视化界面；用 SQL 语言表示数据操作，向数据库服务器发出数据操作请求；可视化用户所做数据操作的执行结果。从用户与数据库应用程序的交互来看，应用程序给用户呈示业务操作界面，引导用户表示操作，然后以新的界面为用户呈现操作结果，为用户提供业务处理导航。

对于数据库应用程序，用户体验是核心问题。用户体验良好，除了功能完备和界面友好之外，还应该做到应用程序通用、响应速度快、稳定鲁棒、安全可靠。这就是数据库应用程序开发中要考虑的事情和解决的问题。对于程序的通用性，理想状况是应用程序与数据库管理系统既具有独立性，又具有可对接性。例如，大学教务管理应用程序，应基于业务逻辑来设计，并不针对特定的物理数据库，应能和任何大学的教务管理数据库对接使用，为其教务管理提供服务。解决好应用程序的通用性问题，能降低应用程序开发的门槛，节省开发成本，缩短开发部署周期，为信息化普及提供支撑。9.1 节将讨论程序通用这一问题。

用户和数据库应用程序交互，程序的响应速度是用户体验的一个关键指标。响应速度快，其实就是要数据库服务器的响应快。要让数据库服务器的响应快，面临着非常严峻的挑战。首先，数据库存储了企业和用户的所有数据，数据是海量的，对海量数据进行操作非常费时耗力。另外，所有用户都要访问数据库，数据库服务器成了一个负载中心。尽管如此，在提升响应速度上还是有文章可做，还是存在有可发掘的空间。在应用程序与数据库服务器的交互过程中，应用程序总是主动的一方，而数据库服务器总是被动的一方。应用程序可利用系统特性以及访问特性来提升响应速度。9.2 节将探讨应用程序开发中提升响应速度的途径和方法。

数据库应用程序以 Web 方式来加以实现，使得任何人能在任一地方使用任一计算机上的浏览器来访问应用网站。这一模式在给用户带来极大方便的同时，也给不法分子提供了可乘之机，常常利用系统漏洞入侵应用系统，给系统安全带来威胁。9.3 节将讨论应用程序面临的安全威胁，以及应采纳的安全防御措施。

程序的鲁棒性也是用户体验的一个重要方面。程序通过调用函数来访问各种服务。函数调用的结果可能并不是预期所想。例如，向一个文件中写入数据，可能出现存储空间已满的情形，导致写入不完全，或者根本就没写入。再比如，访问数据库，可能在问期间网络出现了故障，导致访问被中断。另外，当执行一次数据查询时，可能出现没有任何数据满足查询条件，导致返回的结果为空。因此，编程时对函数调用的结果必须进行判定。首先是判定函数调用是否成功。如果不成功，那么下一环节的处理就失去了前提，自然没有必要进行下去了。调用成功后，还要对返回结果进行边界检查，判定其值是否在预想范围内。只有调用成功，并且返回结果的值在预想范围内，才可进入下一环节。编程时，如果对函数调用不加以判定和检查，就等于假定函数调用总会成功，而且返回的结果值总是在预想范围内。这一假定其实根本就不成立。对函数调用不加以判定和检查，其后果是程序运行时一旦遇到风浪就会异常退出，在用户面前显得脆弱、粗暴、不靠谱。程序的鲁棒性设计不是本书探讨的内容，感兴趣的读者可以去了解程序设计中的异常处理机制。

9.1 数据库应用程序的通用性

数据库应用程序起初是基于C/S模式来开发。在这种模式下，DBMS产品厂家给应用程序开发商提供数据库访问支持库。应用程序通过调用支持库中提供的函数访问数据库。通常的一种情形是：应用程序开发人员在程序中通过字符串拼接来合成SQL语句，然后调用支持库中提供的操作请求函数，把SQL语句发送给数据库服务器执行，再将数据库服务器的执行结果作为函数调用的返回结果。这种模式带来的问题是：数据库应用程序与特定的DBMS产品绑定在一起，受其制约。当面对不同的DBMS产品或者要更换现有的DBMS产品时，就要对应用程序再进行一次编程开发。这样做，除了开发成本高之外，同一应用程序的型号会很多，维护困难。

为了解决这一问题，提出了数据库应用程序编程接口国际标准ODBC和JDBC。ODBC是Open Database Connection的缩写，由微软公司最初提出，早于JDBC成为国际标准。JDBC是Java语言编程中访问数据库的编程接口标准。有了ODBC/JDBC标准，应用程序开发人员面对的不再是特定DBMS厂家提供的支持库，而是ODBC/JDBC中定义的数据库访问接口和函数。于是，实现了应用程序与DBMS产品的解耦。应用程序只需开发一次，便能与任一DBMS产品对接使用。这种特性正是人们所期望的。有了ODBC/JDBC标准，每个DBMS产品厂家都要对ODBC/JDBC中定义的数据库访问接口和函数加以实现，提供ODBC/JDBC驱动程序，供应用程序开发商下载使用。驱动程序也是支持库，不过是遵循了规范和标准而已。

建立起数据库应用程序编程接口国际标准带来的另一个好处是：数据库应用程序的开发和部署实现了彼此分离。应用程序的开发根本不用考虑与其对接使用的DBMS产品，只需根据业务数据的用户模式，使用ODBC/JDBC中定义的数据库访问接口和函数来进行编程。只有到了为用户安装和部署应用程序时，才考虑是与哪一个DBMS产品对接使用。这时，对选定的DBMS产品，从其提供商的网站上下载ODBC/JDBC驱动程序，和应用程序一起安装在用户的机器上，然后修改应用程序的配置参数，便实现了与具体 DBMS 产品的对接使用。随后，当发生 DBMS 产品更换时，只需要更换 ODBC/JDBC 驱动程序，并修改应用程序配置参数即可。这种切换不需对应用程序的代码做任何修改，而且可以很快完成，有利于实现应用程序对用户的不间断服务。

有了 ODBC/JDBC 以及 SQL 这一应用程序和 DBMS 交互的国际标准，它们之间便既具有相互独立性，又具有可对接性，构成邦联式系统。不过，在应用程序与用户之间，还存在一个一对多的问题。一个应用程序有很多同类用户要使用它。对于有些应用程序，其用户并不能事先知晓和确定。例如，互联网应用中的网上商城，其用户就无从事先知晓和确定，而且在不断变化。不同的用户使用的计算机可能完全不同，有的使用台式机，有的使用笔记本电脑，有的使用 iPad，有的使用手机。用户机器上的操作系统也多种多样，有的是 Windows X86 32 位，有的是 Windows X86 64 位，有的是 MacOS 32 位，有的是 MacOS 64 位，有的是 Linux X86 32 位，还有的是 Linux X86 64 位。这样一来，应用程序开发商就要为每种机型和每种操作系统都准备一份应用程序，供用户选择，安装使用。这一情形，给应用程序的开发和部署都带来了问题。除了成本高、开发周期长、维护困难之外，还会受到用户的质疑。用户会想，在我的机器上安装一个外来的应用程序，谁知道是否还会干一些别的不可告人的事情，例如，偷走我机器上的数据。

在用户的机器上安装应用程序，存在的另外一个大问题是版本升级。应用程序会因漏洞修补，或者功能完善和补充而不断升级。当用户正要打开应用程序使用时，应用程序却提示用户要下载新版本，进行升级，导致用户要等待程序升级完之后再打开使用。程序升级不仅耽误用户时间，而且影响用户正常使用，给用户带来很差的使用体验。有的应用程序还没有新版本自动探测功能和自动升级功能。对于这种应用程序，新版本触及不到用户，无法让用户知道。

为了解决上述问题，提出了 Web 方案，数据库应用程序改用 B/S 模式来开发。Web 对基于互联网的交互建立国际标准。在 B/S 模式下，用户使用浏览器来访问 Web 服务器上的应用程序。无论是何种操作系统产品，都带有浏览器。因此，在 B/S 模式下，一个数据库应用系统，并不需要在用户的机器上安装任何软件。另外，Web 是国际标准，于是用户使用浏览器能访问到世界上的任何一个网站，这就解决了用户对应用系统的可达问题。从安全角度来看，用户使用浏览器与 Web 服务器交互，从服务端接收的内容都被限制在浏览器内。因此，浏览器担当了用户机器的一道安全保护屏障。这就解决了用户的安全顾虑问题。当版本升级时，只需要对 Web 服务器上的应用程序作升级处理，只涉及一处，简单容易。于是，上述三个问题通过 Web 技术都得到了解决。

从 Web 角度看，一个应用程序界面就是一个网页，包括 HTML、CSS、JavaScript 三个部分。它们都是有关 Web 的国际标准。其中 HTML 是有关网页内容的国际标准。从网页的构成来看，一个网页被模型化成一棵对象树。树中的每个结点都为一个对象。HTML 定义了对象的种类。对象种类相当于面向对象编程中的类（class），在 HTML 中被称作为元素。HTML 为每种元素都定义了属性。对象树中，树根结点为元素 HTML

的实例（instance），即对象。其他的任一结点都为某种元素的实例。HTML定义了对象树、对象、属性的文本标记法。一个网页的内容通常存储在一个以.htm为后缀的文本文件中。

网页要显示在浏览器的视窗中。每个对象在显示时的形貌，也就是样式，则用CSS来定义。CSS是Cascading Style Sheet的缩写。从面向对象编程的观点来看，网页内容中的对象可称为内容对象，与其相对，还有一类对象被称作样式对象。一个内容对象可与一个样式对象关联，表示其样式。例如，一个样式对象，具有字体、字大小、字颜色、行间距等属性。段落是HTML中的一种元素。网页中的一个段落对象，当它与一个样式对象关联时，它就会按照样式对象的规定显示在浏览器的视窗中。关联的方法是：内容对象有一个属性，其类型为样式对象指针，其值指向所关联的样式对象。CSS定义了样式对象的文本标记法。其中引入了面向对象中的继承概念，这也就是取名为Cascading的原因。

JavaScript则是用来实现用户与界面的交互。界面中有些内容对象是可交互类对象，例如文本编辑框，用户可对其中的内容进行编辑。再例如按钮，它有个OnClick属性，当用户用鼠标点击它时，会触发一个事件，调用OnClick属性值所指的JavaScript脚本函数。JavaScript定义了脚本语言的文本标记法。除了其语法之外，JavaScript标准的一个重要内容就是定义了HTML中每种元素要实现的接口（被称为DOM），以及浏览器要实现的接口（被称为BOM）。DOM是Document Object Manipulation的缩写。网页对象树中的根对象在DOM中被称作为文档（document）对象，它包含一棵对象树，操作接口包括遍历、查找、添加、删除树中结点。每种元素的操作接口还包括判定类型，读取、修改其属性值。通过在脚本函数中调用DOM接口，从而实现用户与界面的动态交互。BOM是Browser Object Manipulation的缩写。在脚本函数中调用BOM接口，以实现对浏览器的操作，例如创建一个新的视窗，并在其中打开一个指定的网页。

图9-1给出了一个应用程序界面的例子。其对象树的构成为：树根下有一个标题对象和一个表单对象。表单对象又包括一个表格对象和一个提交按钮对象。表格对象又包含三个行对象。每个行对象又包括两个列对象。第一行第二列中包括一个下拉列表对象。第二行第二列中包括一个编辑框对象。第三行第二列中也包括一个编辑框对象。其中下拉列表对象、编辑框对象和提交按钮对象都是可交互类对象。

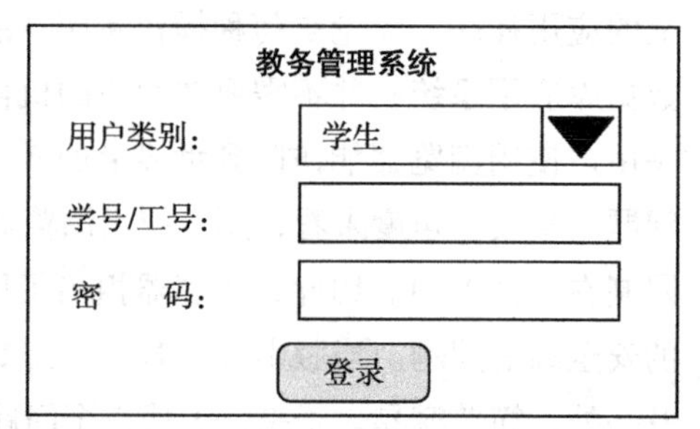

图9-1　登录界面例子

注意：当用户用浏览器向Web服务器请求一个网页时。Web服务器回送的内容可以是一个HTML文件，也可以是一个JavaScript脚本文件。如果是HTML文件，就将其显示在浏览器中。如果是一个JavaScript脚本文件，就执行其中的脚本代码。脚本代码中可以调用DOM接口创建一个HTML文件，也可以调用BOM接口向Web服务器发出另外一个请求。CSS 部分可有可无。浏览器为每种 HTML 元素都创建了一个样式对象，作为默认样式。当没有给一个 HTML 对象指定样式时，浏览器就以默认样式来显示。

一个应用程序界面包括轮廓和数据两个部分。轮廓具有静态不变性，而数据则要在用户访问网页时，从数据库中去提取来实时生成。例如，图 9-2 所示的界面中，有阴影的部分是数据，来自数据库，其他部分则是轮廓。

信息学院 2008 级本科学生名册

班级	学号	姓名	性别	联系电话
0801	200843101	周一	男	13007311111
0802	200843214	汪二	男	13975891111
0803	200843315	李四	女	13587311111
0802	200843322	赵六	女	13307316666
0802	200843202	沈七	男	13407317777

院长：李甲

返回

图 9-2 包括轮廓和数据的程序界面

注意： 有的网页无轮廓部分，整个网页都要实时生成。而有的网页无数据部分，就是一个后缀为 .htm 的文件。例如登录界面，通常就是一个无数据部分的网页，其文件名的后缀为 .htm。

基于 B/S 模式开发数据库应用程序，其实就是设计界面。一个界面也称作一个网页。界面设计包括三个方面的内容。第一个部分是设计界面的内容，使用 HTML 将其描述出来，存放在一个以 .htm 为后缀名的文本文件中。第二个内容是设计界面中对象的显示样式，使用 CSS 将其描述出来，存放在一个以 .css 为后缀名的文本文件中，也可附在 HTML 文件中。第三个内容是设计用户与界面的交互，使用 JavaScript 描述出来，存放在一个以 .js 为后缀名的文本文件中，也可附在 HTML 文件中。界面之间的跳转就是在一个网页的脚本中调用 BOM 接口，向 Web 服务器请求另一个网页。界面跳转的脚本代码通常放在界面中提交按钮的鼠标点击响应函数中。

界面的内容包括轮廓和数据。由于数据部分来自数据库，并且要等到用户访问网页时才实时生成。因此，数据库应用程序开发中的很大一部分工作就是编写界面中数据的生成代码。

用户使用浏览器向 Web 服务器发出请求，想要得到某个网页。Web 服务器收到请求后，便给请求者回送一个 HTML 文件。用户便能在浏览器上看到一个应用程序界面，然后通过鼠标和键盘与其交互。在用户看来，Web 服务器就如自己计算机上的一个文件系统，其中的每个文件都存放着一个想要的网页。用户想要某个网页，便在浏览器中输入其全路径文件名，然后附上所需的参数，再点击打开。

由于一个网页中的数据部分要实时从数据库中提取，因此当用户请求一个网页文件时，Web 服务器并不是直接将用户指定的文件发送给请求者。而是依托用户请求的文件，再加上附带的参数，来实时生成一个 HTML 文件，然后将其回送给请求者。例如，大学教务管理系统，用户打开的第一个界面是登录界面，如图 9-1 所示。在登录界面中，用户选择自己的账号类别，输入用户名和密码，然后单击“登录”按钮。此时，浏览器便向 Web 服务器发出如下的请求：

http://edu.hnu.cn/app/switch.php?user_type=student&user_id=2019312&password=123

这个请求分为三个部分。edu.hnu.cn 为 Web 服务器的域名（即地址），/app/switch.php 是 Web 服务器上的资源名（也可说成是带路径的文件名），问号后面是附带的参数。这里共有三个参数，参数之间用 & 分隔开来，每个参数又有参数名和参数值两个概念。在这里，'?' 和 '&' 都是有特定含义的字符。

Web 服务器收到该请求后，检查资源名的后缀，发现是 .php，便知道它是一个 PHP 文件，不能直接将其发送给请求者，而是调用 PHP 处理函数来处理该请求。PHP 处理函数返回一个 HTML 文件。Web 服务器再将该 HTML 文件返回给请求者。在 PHP 处理函数内部，根据 /app/switch.php 文件中的内容以及附带的参数，访问数据库，进行数据操作，然后生成一个 HTML 文件作为返回值，返回给 Web 服务器。

基于 B/S 模式开发数据库应用程序，现有很多平台和框架，例如 Java、ASP.NET 以及 PHP。这些平台为应用程序的开发提供框架和丰富的组件，大大简化了开发工作。程序员只需在框架下填写业务处理逻辑代码，其他的事情全由框架来完成。尽管平台和框架很多，但万变不离其宗。不管使用何种平台和框架，最终部署到 Web 服务器上的应用程序都符合上述处理逻辑。也就是说，Web 服务器对用户请求的资源，如果不能直接将其发送给请求者，那么就基于资源的后缀名，调用相应的 Servlet 处理函数来进行处理，实时生成一个 HTML 或 JS 脚本文件，然后将其返回给请求者。

当用户使用浏览器向 Web 服务器请求一个资源时，通常是期望得到一个网页。请求的资源中通常包含了业务处理逻辑，封装在一个函数中。Servlet 在处理一个请求时，使用该请求附带的参数以及 Web 服务器上有关该请求的会话参数，作为实参，调用资源中的业务处理函数，生成一个网页，返回给 Web 服务器。业务处理中，要对数据库进行访问，获取数据或者更新数据。函数代码中，对数据库进行访问，最终都是以调用 ODBC/JDBC 的接口函数来完成。

在 B/S 模式下，用户使用浏览器从 Web 服务器接收的内容（HTML、CSS、JavaScript）都是文本文件，这些内容可看作源程序。浏览器再对其解释执行。于是，数据库应用程序与用户端操作系统变得无关。与用户端操作系统有关的二进制可执行程序是浏览器。每种操作系统都带有自己的浏览器，因此每台计算机，包括手机，都有浏览器。因此，B/S 模式相当于对以 C/S 模式开发的数据库应用程序进行结构化处理，从中剥离出了两个通用组件（即 Web 服务器和浏览器），把面向用户端操作系统的开发改变成了面向 Web 服务器和浏览器的开发。采用 B/S 模式开发的数据库应用程序能够做到一次开发，到处使用，实现了通用性。

思考题 9-1：*数据库应用程序的通用性其实包括两个方面。一个方面是指一次开发，到处使用。这是从数据库应用程序与其用户这个角度来说的，即在 Web 服务器上安装部署一个数据库应用程序后，所有用户都能对其进行访问。另一个方面是指一次开发，到处销售。这是指一个数据库应用程序在很多企业都要用到，需要购置。例如大学教务管理应用程序，每个大学都需要它，都需要购置。要实现一次开发，到处销售，就要求购*

置数据库应用程序的客户，其数据库能够提供数据库应用程序所要求的外模式（即用户模式）。现在假定客户提供了其数据库的概念模式，应该由谁来负责构建数据库应用程序所要求的外模式？应该如何构建？

9.2 数据库应用程序的快速响应性

Web 服务器在处理一个用户请求时，要对数据库进行访问。利用系统特性实现高效访问，对数据库应用程序至关重要，决定了用户体验的好坏。接下来以 JDBC 为例，来分析系统特性，探寻实现高效访问的途径和方法。首先来看应用程序对数据库进行访问的过程。它包含四个基本步骤：与要访问的数据库建立连接；向数据库发送数据操作请求；获得数据操作的响应结果；关闭与数据库的连接。以 JDBC 为例，数据库访问过程如图 9-3 所示。在这个例子中，业务逻辑为调用存储过程 my_enroll，其中有两个参数，分别是学号和学期。返回结果为给定学号的学生，在给定的学期选修了哪些课，其中包括课程名称和学分两个字段。然后再将返回结果输出到 HTML 文件中。

```
① String driver = "com.mysql.jdbc.Driver";
② String db_url = "jdbc:mysql://edu.hnu.cn/EDuCATION";
③ String user_id = "root";
④ String password = "123";
⑤ String student_id ="201726010123";
⑥ String semester ="2019-1";
⑦ String sql = "CALL my_enroll(?,?)";
⑧ Class.forName(driver);
⑨ Connection cnn = DriverManager.getConnection(db_url, user_id, password);
⑩ PreparedStatement ps = cnn.prepareStatement(sql);
⑪ ps.setString(1, student_id);
⑫ ps.setString(2, semester);
⑬ ResultSet rs = ps.executeQuery();
⑭ while (rs.next())  {
⑮      String name = rs.getString(1);
⑯      int credit = rs.getInt(2);
⑰      Html.write("<TR> <TD>" +name + "</TD> <TD>" +Integer.toString(credit) +
       "</TD> </TR>");
⑱ }
⑲ rs.close();
⑳ ps.close();
㉑ cnn.close();
```

图 9-3　使用 JDBC 访问数据库的过程

这个例子的布局是：代码的第 1 ～ 7 行为要用到的参数及其取值样本。代码的第 8 行是加载 JDBC 驱动程序。每个 DBMS 产品厂家都提供有它的 JDBC 驱动程序。第 9 行是与数据库服务器建立连接并登录。第 10 行是指明要执行的操作。第 11、12 行是为操作提供参数。第 13 行是把请求发送给数据库去执行，得到执行的响应结果。数据库返回的结果是一个表，于是在第 14 行对结果表逐行进行遍历。在第 15 和 16 行，得到当前行的第一列和第二列的值。在第 17 行，将数据写到 HTML 文件中。其中的

Connection、PrepareStatement 和 ResultSet 都是 JDBC 定义的接口。

9.2.1　连接池

上述例子中，对每一个用户请求都要建立与数据库的连接，对其进行访问。建立连接就如日常生活中给某个人打电话。过程为先拨号，接通之后再等待对方接机。当对方接机后，还要报上姓名，等待对方证实该电话是正常业务电话，而不是骚扰电话。然后才进入正题，彼此商谈业务。在这个例子中，正题就是调用一个存储过程。正题完毕后，就是挂断电话。在这个例子中，第 19 ～ 21 行就相当于挂断电话。通信的过程就如让一个信使带着一封信从请求者一端跑到服务器一端，将信交给服务器，等待服务器处理完信并写好回信，再带着回信跑回请求者一端交给请求者。这样一个过程被称作一个来回。从时间构成来看，由路上时间和服务器处理时间两部分构成。路上时间不可忽视，来回的过程中，要经历层层关卡，在协议栈的每层都有检查和处理。

分析上述例子，可知它包含有 5 个来回。从网络知识可知，建立一个连接要 3 个来回，调用存储过程也要一个来回，关闭连接还要一个来回。5 个来回中，谈正题的只占一个，相当一部分时间都花在建立连接和关闭连接上。能否建立连接之后并不关闭，让连接一直保持下去，留待处理下一个用户请求时使用？答案是完全可以。日常生活中也是如此。当只是偶尔联系一个人时，通常的做法是有事时才打电话，谈完之后就挂机。挂机就等于释放了信道，以供别人使用。这样做可提升资源利用率，节省话费。当要频繁联系一个人，不断有新话题要交流时，通常的做法是一直保持连线，不挂机。这样做，一旦来了新话题，就可马上交流，节省了接通和挂机的时间，工作效率和性价比都会大大提升。

保持连接提高了工作效率，不过也引入了一个新问题。那就是对连接的竞争问题。当很多用户访问 Web 服务器时，便有多个并发请求。每个请求都需要有一个与数据库服务器的连接。如何给它们分配连接？针对这一问题，提出了连接池的解决方案。

在连接池方案中，所有连接都由连接管理器来负责管理。连接管理器是一个线程，称作调度线程。当 Web 服务器收到一个用户的请求时，就分派一个工作线程来处理该请求。工作线程 A 向调度线程提出连接申请。调度线程维护有一个空闲连接队列。当空闲连接队列不为空时，调度线程就从其中取出一个分派给工作线程 A。当空闲连接队列为空时，工作线程 A 就进入等待状态，直至有空闲连接分派给它为止。当一个工作线程从调度线程那里得到一个连接，便可访问数据库。访问完之后再把连接交还给调度线程。调度线程将其放入空闲连接队列中。如果有工作线程处于等待连接的状态，就把其分派出去。连接管理是一个并发控制问题，其协同机制可参见 7.6 节的线程池管理方案。

采用连接池方案，节省了连接开销，显著地提升了应用程序的处理性能，加快了对用户请求的响应，改善了用户体验。不过它会引入安全问题。连接共享后，建立连接时的登录用户所拥有的访问权限也就给了所有用户。这就带来了安全问题。处理办法是用户分类，给每类用户建立一些连接。例如对于大学教务管理系统，其用户分为学生类、教师类、教管类。假定在数据库中创建30个学生用户、8个教师用户、2个教管用户。这些用户账号只给Web服务器使用，并不分派给实际用户。于是Web服务器与数据库服务器最多只能同时建立40个连接。当用户请求来自一个学生时，调度线程就只为其分配学生类连接。当用户请求来自一个教师时，就只为其分配教师类连接。这样一来，安全控制中细化到人的那一部分工作就只能交由应用程序来承担，使用存储过程予以配合。

9.2.2 批处理

实现应用程序快速响应的另一有效途径是批处理。当用户向Web服务器发送一个请求时，Web服务器在处理该请求当中通常要给数据库服务器发送多个SQL语句。例如，在大学教务管理中，老师要给学生录入成绩。在录入成绩界面中，老师可一次性给所教的学生都录入其成绩，然后单击“保存”按钮。假定录入了*n*个学生的成绩，那么Web服务器在处理用户的保存请求时，就要向数据库服务器发送*n*个UPDATE语句。如果对每个学生都调用一次PrepareStatement接口的ExecuteUpdate函数，那么执行效率就会非常低下。其原因正如上面所述，信使要在Web服务器与数据库服务器之间跑*n*个来回，每个来回都要经历层层关卡，耗在路上的时间便会很多。其实，这*n*个UPDATE语句之间彼此是独立的，完全可以打包成批，一次性发送给数据库服务器去执行。这样*n*个来回就变成了1个来回，效率自然会大大提升。成绩录入时，进行批处理的代码如图9-4所示。

```
① String sql = "CALL input_enroll_score(?,?,?,?)";
② PreparedStatement ps = cnn.prepareStatement(sql);
③ for (i= 1; i < n; i++)
④     ps.setString(1, studentNo[i]);
⑤     ps.setString(2, courseNo);
⑥     ps.setString(3,semester);
⑦     ps.setLong(4, score[i]);
⑧     ps.addBatch();
⑨ ps.executeBatch();
⑩ ps.close();
```

图9-4 通过批处理来优化性能

上述例子是调用一个存储过程多次。其实，批处理中还可在一个批中调用多个存储过程，或者多个SQL语句。接口PrepareStatement中的函数addBatch，当不带参数时，表示一个SQL的参数设置完成。函数addBatch也可带一个参数，这个参数表示一个SQL语句。例如，在上述成绩录入中，还可在批中再添加调用存储过程score_input_audit的操作，如图9-5所示。存储过程score_input_audit的第四个参数为成绩录入的时间，即系统当前时间。

批处理技巧在人们的日常生活当中也常使用。例如，去一趟银行通常要花费不少时间。因此，人们不是有一点收入，就去一趟银行把它存起来，而是把它放在身上的钱包里。等到积累到一定数额时，再去银行存起来。这样就大大减少了跑银行的次数。一个月去一趟银行，不会感觉对自己有什么影响。如果每天都去一趟银行，就会觉得自己在一天中做不了多少事情，效率低。计算机处理事情也是如此。

```
① PreparedStatement ps = cnn.prepareStatement("CALL input_enroll_
   score(?,?,?,?)");
② for (i= 1; i < n; i++)
③     ps.setString(1, studentNo[i]);
④     ps.setString(2, courseNo);
⑤     ps.setString(3,semester);
⑥     ps.setLong(4, score[i]);
⑦     ps.addBatch();
⑧ ps.addBatch("CALL score_input_audit(?,?,?,?)");
⑨ ps.setString(1, teacherNo);
⑩ ps.setString(2, courseNo);
⑪ ps.setString(3,semester);
⑫ java.util.Date utilDate = new java.util.Date();
⑬ ps.setTimestamp(4,new java.sql.Timestamp(utilDate.getTime()));
⑭ ps.addBatch();
⑮ ps.executeBatch();
⑯ ps.close();
```

图 9-5　一个批处理中包含多种操作的例子

在批处理中，当包含多个查询时，在调用 executeBatch 函数之后，就会返回多个结果。每个结果为一个 ResultSet 实例。PrepareStatement 接口提供了访问多个结果的函数。访问多个结果的代码如图 9-6 所示。在批处理中，当包含更新操作时，在调用 executeBatch 函数之后，可调用 getUpdateCount 函数，来获取表中被更新的记录数。

```
① ResultSet rs = ps.getResultSet(); // 获取第一个 ResultSet
② if ( rs != null )
③     while(rs.next())              // 遍历第一个结果集中的行
④         ......;
⑤     while(ps.getMoreResults())    // 遍历剩下的结果
⑥         rs = ps.getResultSet();   // 获取当前结果
⑦         if ( rs != null )
⑧             while(rs.next())
⑨                 ......;
```

图 9-6　对批处理获取其执行结果

9.2.3　索引的利用和应用端的缓存

实现应用程序快速响应的第三个途径是尽量利用索引来提升查询效率。每个表，至少有一个由数据库自动创建的主键索引可供利用。举例来说，大学教务管理数据库中，学号是学生表的主键。学号的构成为年级 + 学院编号 + 专业编号 + 班号 + 序号。因此，对于查找学生的界面设计，在引导线索的布局上，排列的先后顺序应该是学号，然后是年级，接下来是学院、专业、班，最后才是与主键无关的，诸如姓名之类。从查找方式来看，以学号来查询学生最为常见。以年级、学院来查询次之。这样布局，既考虑了界面的友好，也考虑了利用主键索引来提升查询性能。给定学号，或者年级、学院，在查询条件表达式中，只要带上诸如 "studentNo = ' 给定的学号 '"，或者 "studentNo LIKE ' 年级 %'"，或者 "studentNo LIKE ' 年级 + 学院编号 %'"，或者 "studentNo LIKE '______+ 专业编号 %'" 之类的条件。这样的查询条件表达都能利用上学生表的主键索引，缩小查询范围，实现快速查询。不知道学号或者年级、学院的查询只是偶尔出现。这种查询要进行全表扫描，开销大，不过只是偶尔发生，不会对数据库性能带来明显影响。

实现应用程序快速响应的第四个途径是 Web 应用端缓存。网站中有些页面，其中包含的数据变化慢，但要访问它的用户却又很多。例如，新闻类网站的首页。如果每有用户来访问它，Web 服务器都到数据库中去查询，获取数据，生成网页，然后将其返回给用户，那么就会出现大量的重复性操作。对于这种页面，Web 应用端可对其进行缓存，以减少重复性的数据库查询操作。当然，一旦有数据更新，Web 应用端应能感知，并及时更新缓存。

思考题 9-2：*以新闻网站为例，Web 服务器缓存了其首页，这是面向大众用户的新闻浏览应用程序。而负责新闻发布的人则使用新闻管理应用程序对数据库中的数据进行添加、删除操作。新闻浏览应用程序如何感知数据库中的数据有更新？请你给出一个实现方案。*

9.3 数据库应用程序的安全可靠性

用户使用浏览器，通过公共互联网访问业务应用系统，例如网银系统，完成业务操作，面临有安全威胁。安全威胁的起因在于用户和服务器端交互的数据都要通过公共互联网来传输，黑客可以在公共互联网上截获或者偷看用户和服务器之间交互的数据，然后假冒用户来欺骗服务器，或者假冒服务器来欺骗用户。黑客还可利用系统存在的漏洞或者缺陷，通过非正常操作来实施攻击，非法窃取信息，谋取利益，或者扰乱系统的正常工作。因此，数据库应用程序的安全性十分关键，必须得到有效保障。在开发数据库应用程序时，除了实现业务功能之外，还必须应用安全保障技术使得数据库应用程序安全可靠。

9.3.1 注入攻击的防御

利用系统漏洞来实施攻击，常见的有 SQL 注入攻击和 HTML 注入攻击。下面通过例子来展示这两种攻击。图 9-7a 所示为一个用户登录界面，要求用户输入用户名和密码。假定应用程序对用户登录的处理过程是：先拼接出一个 SQL 语句，该拼接语句为：

```
string sqlState="SELECT password FROM user WHERE user_id ='" + user_name +
    "';"
```

其中 user_name 是用户在登录界面中输入的用户名，然后向数据库发送该 SQL 请求，得到该用户的密码，再和用户输入的密码相比较，如果相同，则认为是合法用户，登录成功。

当黑客输入的用户名为 “'oR '1' ='1” 时，拼接出的 SQL 语句便为 "SELECT password

FROM user WHERE user_id ='' OR '1' ='1';"。该 SQL 语句完全突破了程序设计者的预设逻辑。该 SQL 语句中的选择条件对 user 表中的每行数据都为 True，于是把所有用户的密码都返回给该 SQL 的请求者。因此，用户登录成功。这就是一个典型的 SQL 注入攻击的例子。黑客登录成功后，打开修改用户邮箱的界面，在该界面中输入如图 9-7b 所示的内容。假定应用程序对该界面的处理也是先拼接出一个 SQL 语句：

```
string sqlState ="UPDATE user SET mail='"+ mailbox + "' WHERE user_id ='"
    + user_name + "';"
```

其中 mailbox 和 user_name 分别是用户在修改用户邮箱界面中输入的 email 和用户名。然后向数据库发送该 SQL 请求，完成用户邮箱的修改。

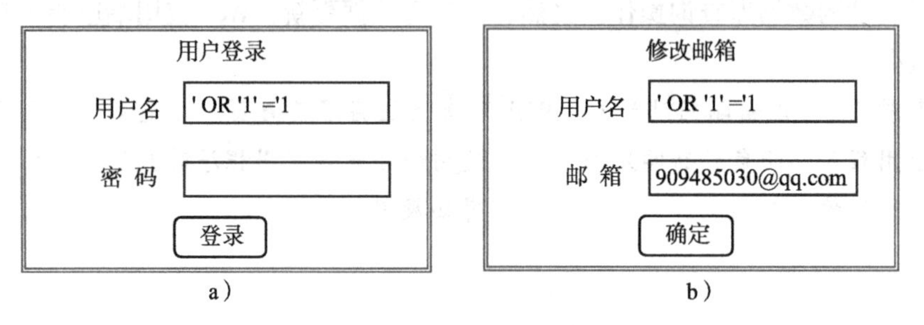

图 9-7　SQL 注入攻击的例子

当黑客输入的用户名为“ 'OR '1' ='1”时，拼接出的 SQL 语句便为 "UPDATE user SET mail='909485030@qq.com' WHERE user_id ='' OR '1' ='1';"。该 SQL 语句同样突破了程序设计者的预设逻辑。该 SQL 语句中的选择条件对 user 表中的每行数据都为 True，于是把数据库中所有用户的邮箱都修改为“909485030@qq.com”。该邮箱为黑客的邮箱。随后当有用户修改自己的密码时，系统会把修改情况以邮件告知用户。结果邮件都发给了黑客。黑客便获取到了数据库中用户的账号信息。其后果非常严重。

从上述例子可知，SQL 注入攻击是黑客先猜测应用程序的处理逻辑，然后利用程序中 SQL 语句的拼接性，通过输入 SQL 关键字来使得 SQL 语句偏离原有用意，达到攻击的目的。要防御 SQL 注入攻击，就要使得用户在操作界面中输入的内容不含 SQL 关键字，例如单引号、分号、逗号、注释符、逻辑运算符 OR 和 AND 等。如果用户在操作界面中输入的内容包含 SQL 关键字，就要在合成 SQL 语句时对其进行转义处理。因此，在应用程序编程时，严禁拼接 SQL 语句。正确的编程方法是调用 JDBC 中的 prepareStatement，以参数化形式来处理用户的输入，如图 9-8 所示。prepareStatement 接口会对参数进行检查，对其中包含的 SQL 关键字进行转义处理，确保 SQL 语句不会走形和畸变。

```
① string sqlState="SELECT password FROM user WHERE user_id =?;"
② PreparedStatement ps = connection.prepareStatement(sqlState);
③ ps.setString(1, user_name);
④ ps.ExecuteQuery( );
```

图 9-8　防御 SQL 注入的方法

HTML 注入攻击和 SQL 注入攻击类似，都是利用语法中的关键字来使得语句产生畸变。在 SQL 注入攻击中，黑客利用了 SQL 的关键字。而在 HTML 注入攻击中，黑客则是利用 HTML 关键字。HTML 注入攻击的一个例子是：利用含用户评论功能的网页进行攻击。设某网页含用户评论功能。正常情形下，当用户 A 打开该网页，发表评论之后，用户 B 也打开同一网页，此时用户 B 能看到用户 A 发表的评论。现在假定用户 A 是黑客，在评论框中输入的内容含 HTML 的关键字，以及 JavaScript 脚本攻击代码，那么 Web 服务器随后为用户 B 生成网页时，就会偏离程序设计者的预期逻辑，使得黑客注入的 JavaScript 脚本攻击代码在用户 B 的浏览器中执行，窃取用户 B 的计算机上的数据，或者在用户 B 的计算机上置入病毒或木马。

图 9-9 给出了一个 HTML 注入攻击的例子，其中图 9-9a 是黑客利用网页的生成特性，为实现攻击而输入的评论内容；图 9-9b 是显示评论的网页生成逻辑；图 9-9c 是为用户 B 生成的网页内容。从图 9-9b 可知，设计者的逻辑是每条评论为列表框中的一项。在 HTML 中，列表框的标签是 "ol"，其中的项标签是 "li"。但是在处理黑客的评论时，列表框被黑客输入的内容畸变成了两个列表框，并在两个列表框的中间注入了 JavaScript 脚本代码，如图 9-9c 所示。于是，当用户 B 在浏览器中打开该网页时，便会执行注入的 JavaScript 脚本代码。

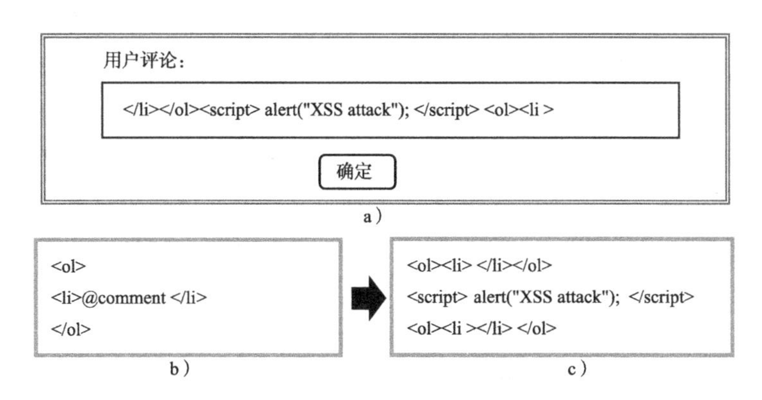

图 9-9 HTML 注入攻击的例子

防御 HTML 注入攻击，就是要使得用户在操作界面中输入的内容不含 HTML 关键字。如果用户在操作界面中输入的内容包含 HTML 关键字，就要对其进行转义处理。因此，在应用程序编程时，要对用户输入的内容进行检查，做消毒处理。很多前端开发工具包，例如 JQuery，都提供有防 HTML 注入攻击的消毒函数。在编写前端代码时，应调用消毒函数，对用户输入内容做消毒处理。

9.3.2 用户与网站之间的认证

用户使用浏览器，通过公共互联网访问业务应用系统面临着的一种安全威胁是假冒。例如，用户正要打开 www.boc.com 访问网银系统时，黑客可在公共互联网上截获这个请求，然后冒充 www.boc.com 给用户响应一个网银登录网页。这个假网页的外观和真网页毫无差异，用户无法从外观上感知真假。当用户输入用户名和密码，然后单击“登录”按钮时，这个登录信息就传给了黑客。于是，黑客就获得了用户的网银账号信息。这就是被假冒的一个例子。因此，当用户访问一个网页时，要具备有识别真假的能力，确保打开的网页来自真实的网站。这种安全需求被称作用户对网站的**认证**(certification)。与之相对应的是网站对用户的认证，确保用户是合法用户。

解决上述认证问题要用到加密传输技术。加密传输是指，当用户A要通过公共互联网给用户B传输数据时，为了安全起见，用户A先用密码对要传输的数据α进行加密处理，得到密文β，然后将密文β传给对方。用户B收到密文β后，使用密码解密，得到数据α。数据α也被称作明文。反过来，用户B给用户A传输数据时，也进行加密传输。于是，黑客无法知道用户A与用户B之间传输的内容。

加密分对称加密和非对称加密两种。对称加密是指用户A与用户B握有相同的密码，加密和解密使用相同的密码。对称加密的优点是加密和解密开销都小，缺点是不具有认证功能。非对称加密是指用户A与用户B握有的密码不相同。一方握有的密码称为私钥，另一方握有的密码称为公钥。用私钥对明文加密之后得到的密文，必须用公钥才能解密。反过来也是如此，用公钥对明文加密之后得到的密文，必须用私钥才能解密。非对称加密的优点是具有认证功能，缺点是加密和解密的开销都很大。

私钥SK由一对整数(n,d)构成，公钥PK由另一对整数(n,e)构成，它俩具有配对性。私钥SK由自己保留，不能让任何人知道。公钥PK可以告诉别人，以便和其进行非对称加密通信。设用户A使用非对称密码工具为自己设置一个私钥SK，记作(n,d)，然后产生一个公钥PK，记作(n,e)。用户A将公钥PK告诉用户B。用户A对明文α使用私钥SK加密，得到密文β，然后将密文β通过互联网发送给用户B。用户B用公钥PK能对密文β解密得到明文α，就说明密文β一定是用户A发来的。于是，就实现了用户B对用户A的认证。用私钥进行加密，就成了一种签名机制。非对称加密技术的安全性在于：对于一个大数n，已知公钥PK(n,e)，无法通过计算来猜测出私钥SK(n,d)。这种安全性的证明属于一个数学问题，已由数学家给出。因此，认证的过程是：如果用户A想要用户B来认证自己，就用密码工具为自己设置一个私钥SK，为用户B产生一个公钥PK。然后将公钥PK告诉用户B。用户B收到一个密文，如果用公钥PK能将其解密成明文，那么该密文一定出自用户A。也就是说，该密文一定是用户A签发出来的。

非对称加密看似深奥神秘，其实不然。私钥SK(n,d)的设置方法以及公钥PK(n,e)的产生算法其实很简单，如图9-10所示。根据该算法可知，当设置私钥SK为(33,7)时，(33,3)为一个公钥PK。加密和解密算法如图9-11所示。举例来说，假定明文α为一个整数7，那么用私钥加密后得到的密文为整数28。用公钥对密文28解密后得到的明文为整数7。这个加密和解密用手工来计

```
找两素数p和q，让n=p*q，再让t=(p-1)*(q-1);
取任何一个数e,但要求e<t并且e与t互素;
然后产生一个d使得d*e%t==1;
```

图9-10 私钥SK(n,d)的设置方法以及公钥PK(n,e)的产生算法

算都可在 10 秒内完成。但是当 n 是一个很大的数时，计算开销就会变得非常大。

加密：密文 = (明文 **d) % n;
解密：明文 = (密文 **e) % n;
为了简化加密和解密计算，有公式：$b \cdot c \% n = (b \% n) \cdot (c \% n) \% n$

图 9-11　非对称加密和解密算法

在公共互联网上实现认证还需要有认证中心。认证中心类似于国家设立的公证处，是一个专门的、被公认的互联网认证服务机构。认证中心有自己的私钥，它的公钥是公开的。对于需要别人对自己进行认证的公司或者个人，都要到认证中心去申请认证证书。申请者有自己的私钥和公钥，申请证书时，把自己的公钥和网站信息(主要指域名)提供给认证中心。认证中心验证申请者的网站信息和公钥都具有唯一性之后，便用自己的私钥对申请者提供的公钥和域名进行加密，形成认证证书，颁发给申请者。证书具有不可更改性。其原因是证书为密文，加密的密钥为认证中心的私钥，其他人都不知道。证书具有可信性。凡是能用认证中心的公钥解密的证书，一定都是认证中心签发出来的。浏览器厂商则把认证中心的公钥内置在浏览器中。

用户在访问一个网站时，由浏览器为其完成对网站的认证。例如，用户在浏览器的地址栏中输入 https://www.boc.com/，访问中国银行的网银系统。注意：在这里，用户输入的不是 http://www.boc.com/，而是 https://www.boc.com/。如果输入的是 http://www.boc.com/，就表明是使用普通的 HTTP 协议访问网站。如果输入的是 https://www.boc.com/，则表明是使用安全的 HTTP 协议访问网站。用户使用安全的 HTTP 协议访问网站时，浏览器先要与网站建立连接，然后才进行加密通信。连接的过程分两步，先是对网站进行认证，然后生成一个对称加密密码，将其保密地传给网站。

浏览器用安全的 HTTP 协议访问网站时，先给网站发送一个安全连接请求，网站给浏览器的响应结果是网站的认证证书。浏览器收到网站的证书后，使用认证中心的公钥对证书解密，得到证书的明文，其中包含了网站的公钥和网址。浏览器再用自己要访问的网址和证书上的网址进行对比。如果完全一样，则表明证书是自己要访问的网站的证书，不是假冒网站的证书。至此，浏览器完成了对网站的认证。

这个认证过程是可靠的。如果用户的安全连接请求在公共互联网上被黑客截获，那么用户得到的响应结果就会来自黑客。黑客的响应结果也只能是证书，要么是真实网站的证书，要么是黑客自己网站的证书。因为所有证书都是公开的，黑客在响应结果中带上真实网站的证书完全没有问题。但是黑客没有认证中心的私钥，因此无法伪造证书，或者篡改别人的证书。如果黑客的响应结果包含的证书是黑客自己的证书，那么浏览器在执行上述的网址对比时，就会发现自己要访问的网址和证书上的网站不一致。于是，浏览器对网站的认证失败。因此，基于非对称加密的认证方案不仅可靠，而且可行。

浏览器完成对网站的认证之后，接下来要解决的问题是要实现用户与网站之间数据传输的双向安全。浏览器对网站认证后，在给网站发送数据时，可使用网站证书上的公钥对其进行加密，然后将密文通过公共互联网传给网站。黑客尽管在公共互联网上可偷看或者截获用户发给网站的密文，但是没有真实网站的私钥，无法对其进行解密。因此，黑客不能获取到用户发给网站的明文。于是，用户发给网站的数据有了安全保障。但是这种安全保障是单边的，网站发给用户的数据并没有安全保障。其原因是网站的公钥是公开的。对于网站发给浏览器的密文，黑客可用网站的公钥将其解开，得到明文。

要实现用户与网站之间数据传输的双向安全。其策略是利用浏览器发给网站的数据具有安全性，以此为基础，来进一步实现网站发给用户的数据具有安全性。具体办法是：浏览器对网站认证之后，调用AES函数来生成一个对称加密密码，然后用网站的公钥对其加密，形成密文，发送给网站。随后，当网站要给浏览器发送数据时，就用该对称加密密码对明文加密，得到密文，再将密文发给浏览器。浏览器对网站发来的密文，使用对称加密密码进行解密，得到明文。浏览器给网站发送对称加密密码，具有安全保障。黑客尽管可在公共互联网上偷看或截获浏览器发给网站的密文，但是没有网站的私钥，因此无法解密得到对称加密密码。

在网站得到了浏览器发来的对称加密密码之后，浏览器再给网站发送数据时，就不再用网站的公钥来进行非对称加密，而是使用自己的对称加密密码来进行加密。由此可知，非对称加密技术只用在浏览器对网站进行认证，以及浏览器给网站发送对称加密密码这两件事情上。随后的数据传输则使用对称加密技术来达成安全性。至此，安全的HTTP协议实现了浏览器与网站之间数据传输的双向安全。

上述浏览器对网站的认证以及浏览器与网站之间的加密传输，都实现在安全的HTTP协议中，对用户透明。具体来说，实现在SSL/TLS中，SSL是Secure Socket Layer的缩写，而TLS是Transportation Layer Security的缩写。对称加密使用的是AES算法。数据的安全传输国际标准为X.509。该标准规定了证书的数据结构，认证的过程及其相关数据结构，加密和解密的接口等内容。

上述对称加密密码由浏览器随机生成，用于浏览器与网站之间的保密通信。对称加密密码由浏览器使用网站的公钥加密后传输给网站，网站能用私钥对其解密，得到明文。黑客尽管在网上能截获或者偷看，但是他没有网站的私钥，无法解密出对称加密密码。因此，对称加密密码只会由浏览器和网站双方持有，其他人无法得到。随后，浏览器和网站都使用对称加密密码来加密要传输给对方的数据，因此，黑客无法偷看到在公共互联网上传输的数据。对称加密与非对称加密相比，具有加密和解密开销都小的优点。对于加密后传输的数据，黑客无法知道其内容，也无法对其进行篡改。

除了用户对网站进行认证之外，网站也要对用户进行认证。网站对用户进行认证采用账号形式。用户访问网站，打开的第一个页面就是用户登录页面。在登录页面中，用户需要输入自己的用户名和密码。登录成功之后才可打开业务操作页面。

思考题9-3：用户要访问一个网站，如果走错了门（在浏览器里把网址敲错），误入黑客站点，那么安全就无从谈起了。举例来说，某人要访问中国银行的网银系统，但不记得网址，于是就打开百度搜索。如果搜索结果有错，把黑客网站当成了中国银行的网站，那么安全就不具备前提条件了，为什么？正因为如此，用户使用百度搜索时，必须对网站进行认证，确保搜索结果是正版的，而不是山寨版的。假定不认证，试分析会带来哪些安全隐患。

思考题 9-4：浏览器对网站认证之后，调用 AES 算法得到一个对称加密密码，并用网站的公钥对其加密，发送给网站。随后网站与用户之间的通信，就用该对称加密密码进行加密和解密。试想一想，每台机器上的浏览器调用 AES 算法得到的对称加密密码一定要不一样，而且无规律，呈随机性才行，否则黑客就能猜测出来。那么怎么才能使得每台机器上的浏览器调用 AES 算法得到的对称加密密码都不一样，而且无规律，呈随机性，你能给一个方案吗？

9.3.3 其他安全问题的防御

解决了认证问题，实现了数据的加密传输，并不等于安全问题就得到了完全解决。例如，用户使用网银系统转账，对于每次转账操作，用户都会给网站发送一次加密数据。假定用户 A 给用户 B 转账 100 元，用户 B 是一个黑客。黑客可以从公共互联网上截获这个转账的加密数据包，然后不断复制，不断将其发送给网站。于是，网站会不断地重复执行用户 A 给用户 B 转账 100 元这一操作，导致用户 A 的钱被骗走。在这一作案中，黑客并不需要对加密的数据包做任何改动，只需不断地进行复制和发送即可达到诈骗目的。

对于这一问题，需要增加验证码来予以解决。用户每次打开转账操作界面时，网站都为其生成一个验证码，将其存入本地的有效验证码队列中，同时也将其和转账操作界面一起发送给用户。用户执行转账操作时，在发送给网站的转账数据包上也带上这个验证码。网站收到一个转账数据包之后，解析出其附带的验证码，然后在本地的有效验证码队列中查找其是否有效。如果有效，则认定该请求合法，受理该请求，并在有效验证码表中删除该验证码。随后，当网站第二次收到该转账数据包时，其附带的验证码在有效验证码队列中已不存在。于是，第二次收到的转账数据包就不会被受理，而是直接当垃圾丢弃。

对于转账之类的关键业务操作，在安全上还存在有一个抵赖的问题。例如，用户通过公共互联网执行了一次转账，但是拒不承认，控告银行偷了他的钱，或者说银行把它的账号泄露给了别人。此时，银行也会反诉，说用户抵赖。于是，出现了无法判定谁是谁非的问题。为了解决这一问题，对转账操作，用户必须签名。也就是说，用户要有自己的私钥，并用私钥对转账操作数据包进行加密，然后传给银行。银行再拿用户的公钥进行解密。拿用户的公钥能解密的数据包必定来自用户，于是就解决了抵赖问题。因此，为了预防用户抵赖，银行要对用户发来的转账数据包密文进行存档。一旦发生用户抵赖情形，就以存档的转账数据包密文作为证据，以此证明用户是在抵赖。

为了给用户提供一个私钥，于是就出现了 U 盾。U 盾由专门的安全机构制造，里面包含了一个私钥，公钥则分发给了银行。正因为 U 盾包含了用户的私钥，银行在给用户 U 盾时，强调用户要认真对其进行检查，确保封条完好，确认没有被人动用过。用户使用 U 盾访问银行系统，对转账之类的关键操作，都会使用 U 盾中的私钥进行加密处理，于是克服了抵赖问题。有了U盾，一旦发生法律纠纷，就会有据可查。

在使用网银系统的时候，通常是大额转账才要求使用U盾，而小额转账则使用手机验证码。手机验证码是一种验明转账操作人确为账号本人的手段。另外，每有转账发生，银行系统都会以短信方式和邮件方式及时通知账号本人。因此，即使发生了用户账号被盗，也不会出现资金被转走流失的情形。从技术角度来看，网银系统是可靠的。不过还是常会听到有金融诈骗案发生。其原因都是账号本人被骗。因此，每个人都要有安全意识，谨防被诈被骗。

思考题9-5：打开很多网站的登录页面时，都要求输入验证码。按理来说，验证码对用户应该是不可见的，也就是说不需要让用户来再输入一次。用户单击“登录”按钮时，直接把验证码带上，作为登录的一个参数即可。登录页面中，要让用户来输入验证码，是不是多此一举？

9.4 本章小结

数据的用途是多方面的，每有应用需求，便要开发应用程序。数据库应用程序的开发追求的是一次开发，到处使用。Web迎合了这一需求。基于B/S模式开发数据库应用程序已成为主流。数据库应用程序的开发分为前端和后端。前端开发涉及页面内容、页面样式以及人机交互三个方面。这三个方面的Web标准分别为HTML、CSS、JavaScript。后端开发主要是指业务逻辑控制以及与数据库的交互。与数据库的交互有数据库访问编程接口国际标准ODBC/JDBC，以及表示数据操作的国际标准SQL。

对于应用程序，用户体验是核心问题。用户体验良好，除了功能完备和界面友好之外，还应该做到响应速度快、安全可靠。实现应用程序快速响应的途径和方法有：访问数据库采用连接池技术；数据操作尽量采用批量处理；尽量发挥数据库中索引的功效；Web端缓存。在安全方面，首先要防御SQL注入攻击和HTML注入攻击。另外，要使用安全的HHTP协议做好用户对网站的认证以及网站对用户的认证。用户凭认证中心的公钥来实现对网站认证。网站认证用户的手段包括三个层级：账号、手机验证码以及U盾。对于数据更新操作，要用验证码来防御同一操作的重复执行。

习题

1. 查阅资料，了解当前主流的前端开发工具，以及后端开发中的PHP技术。对于大学教务管理系统，用一前端开发工具设计出用户登录页面和老师录入课程成绩的页面。然后采用PHP技术，写出后端代码。开发之后，进行测试。要求录入成绩时采用批处理技术。
2. 查阅资料，了解当前主流的前端开发框架和工具包，以及后端开发框架，了解其中使用连接池方式访问数据库的详细情况。对于大学教务管理系统，采用一种框架完成用户登录页面和老师录入课程成绩页面的前后端开发。从中感受使用框架带来的好处，分析使用框架是否也存在有弊端。
3. 查阅资料，了解信息系统遇到的性能问题以及安全问题的典型案例。通过对比，体会本章所讲技术的具体性、实用性、基础性。

第 10 章　数据库技术的发展

数据库技术在不断发展和演进。从 20 世纪 60 年代数据库兴起开始，数据库技术便走上了快速发展的轨道。关系模型的提出与应用，使得数据库管理系统可靠与可信。于是，使用数据库来管理业务数据变成了常态。互联网的普及给数据管理带来了挑战，也推动了数据库技术的大发展。数据量的急剧膨胀、用户数的急剧增多、业务的不断扩充与扩展，使得数据库管理系统的性能问题、可扩展问题、服务质量问题以及成本问题日显突出。分布式数据库技术是解决上述问题的有效途径。在分布式数据库中，数据的存储组织对系统性能起着至关重要的作用。在此背景下，出现了 NoSQL 数据库。随着业务数据的增多，其中蕴含的信息需要发掘出来，服务于经营管理与决策。于是数据分析和数据挖掘又成了数据库技术中的一个重要分支。数据分析与挖掘导致了数据仓库和数据集市的出现。数据管理和数据分析都需要有良好的系统架构来支撑。Hadoop 和 Spark 是目前流行的两个大数据处理支撑平台。

10.1 节介绍数据模型的演进。本节通过案例来分析各种数据模型出现的背景，揭示它们各自的本质和特性，以及彼此之间的差异和联系。应看到各种数据模型不是相互对立的，而是相互促进的。数据建模要基于应用特性，尤其是用户访问特性考虑，不能故步自封。10.2 节介绍分布式数据库技术的来龙去脉，及其本质特征。10.3 节介绍 NoSQL 数据库，通过应用实例展示其与 SQL 的联系与差异。10.4 节介绍大数据处理技术，揭示这些技术的本质，展示数据抽象带来的神奇功效。10.5 节介绍数据仓库和数据集市。

10.1　数据模型的演进

10.1.1　三种基本数据模型

在数据的组织模式上，关系模型是 20 世纪 70 年代由 Codd 提出，后被广泛采纳。在此之前就有层次模型和网状模型。层次模型很直观，与实际情形相一致，例如，文件系统就是使用层次模型。在层次模型中，基于分类策略，把数据组织成一棵树。这棵树与实际业务的组织情形完全一致，因此具有直观、方便的优点。其原因是它具有物理和逻辑的统一性。这是层次模型的优势，也是它的问题所在。当数据量变大，也就是说结构树变大的时候，层次模型的问题就开始显现出来了。举例来说，上课的一个课件，本是为了上课而用，于是将它存在教学子树下。起始的时候目的单一，不存在什么问题。后来，这个课件又用于学术交流，于是又在学术交流的子树下存上一份。再后来要出一本书，也要用到这个课件，于是又在研究成果子树下存上一份。这样一来，这个课件就会在多个地方出现。随后，在做学术交流时，对这个课件进行补充完善，结果只对学术交流子树下的这个文件进行了修改。随着事情的增多，时间的推移，甚至根本就记不清楚一个文件到底在哪些地方使用和存放。由于文件的用场不断增多，于是存放的地方也不断增多。更改的时候，通常又只改一处，就引发了数据的不一致问题。

网状模型对层次模型进行了改进。在网状模型中，对一个文件，不是到处存放，而是只存一处。其他地方要使用时，只存一个快捷方式，即一个链接。这就解决了层次模型的不一致问题。网状模型中的链接是一个物理概念，即所指对象的物理存储地址。它带来的一个问题是：随后当文件的存储地址发生改变时，会导致针对它的链接全部失效，其用户再也访问不到它。这样的事情在日常生活中也常见。例如，对于一个以前认识的朋友，存下了他的电话，隔了一段时间后因为有事想找他，于是打他电话，结果是一个空号。其原因是这个朋友因为工作变动更换了电话号码。在更换电话号码时，这个朋友也想通知别人自己改了电话号码，但无奈搞不清到底有哪些人存了他的号码。

关系模型针对网状模型的问题进行了改进。在关系模型中，对物理和逻辑进行了分离。快捷方式或者链接中记录的地址不再是一个物理地址，而是一个逻辑地址。逻辑地址是永久都不会改变的，而物理地址是可变动的。举例来说，网络中的域名，例如www.hnu.edu.cn，就是一个逻辑地址，而IP地址则是一个物理地址。一个公司从一个城市搬迁到另一个城市是可能的事情。因此，公司网站的IP地址也会跟着发生改变，但它的域名不会发生变化。公司的客户记录的是域名地址。因此，公司的搬迁不会对其客户产生影响，客户照常能以原有的方式访问到公司网站。当然，分离出物理和逻辑两个概念，在带来好处的同时，也引入一个额外的问题，那就是逻辑地址到物理地址的转换。网络中的解决方法是设置域名服务器。域名服务器就是专门用来将逻辑地址转换成物理地址的。于是，当用一个浏览器访问一个域名网站时，浏览器先要访问域名服务器，用域名地址兑换成IP地址，然后再去访问网站。对于公司，当它的网站改变了IP地址时，只需要更改一处即可，那就是域名服务器。

在上述网络例子中，将地址区分成逻辑地址和物理地址两个概念之后，原有的公司与客户之间的一对多关系，演变成了公司与域名服务之间的一对一关系，再加上一个域名服务与客户之间的一对多关系。需要注意的地方是：公司与客户之间的一对多关系，与域名服务与客户之间的一对多关系，从表面上来看，似乎都是一个一对多关系，没有什么差异，其实是有本质差异的。公司是五花八门的，但域名服务器是非常单一的，就干一件事情，那就是将逻辑地址转换成物理地址。**对于域名服务，它有目标单一且明确，任务也单一且明确这样一个特点。因此就可建立国际标准，然后将其实现在浏览器之类的软件内部，对用户透明**。这样一来，对于客户而言，并没有逻辑地址与物理地址之分的概念。在客户看来，网站只有名字概念。客户基于名字访问网站，简单容易。这正是工程产品所追求的特质。

在关系模型中，有逻辑标识和物理标识两个概念。关系模型与面向对象的理念是完全统一和一致的。关系模型要求数据严格按类分表存储。表的模式与面向对象中的类是等同的。表中的一行数据对应于面向对象中类的实例，即对象，只是用词不同而已。主键是对象的逻辑标识，一行数据在内存中的地址或者在磁盘上的位置，就是它的物理标识。外键的本质就是逻辑地址，对应于网页中的链接。对于数据库的用户，他只有逻辑概念。例如，在大学教务管理数据库中，就学生而言，对于用户，他只有学号概念、所属学院概念、年级概念、姓名概念等。他就是想基于这些概念来查找到他想要的学生数据。**DBMS 的一个重要功能就是实现逻辑对象与物理对象彼此之间的转化**。

从上述分析可知，**关系模型的一大特色就是将对象标识区分成逻辑标识和物理标识两个概念。用户基于逻辑概念来看待数据、访问数据、处理数据。通过 DBMS，来隐藏物理概念。于是，在用户看来，数据是永恒的，可随时访问到的。这正是人们所期望的一种特质**。

关系模型的另一个特色就是**明确界定了数据单元，从而使得数据冗余、数据正确和数据一致这些概念不再模糊含混**。在关系模型中，类是总称概念，例如学生就是一个总称概念。类有实例，例如，李四这个学生，就是学生类的一个实例，也称作一个对象。在关系模型中，使用主键来标识类的实例，再将同一个类的所有实例都存储在一个表中，以此来实现一个实例在数据库中只存一份这个目标，从而保证数据无冗余，数据正确。再通过外键约束，来保证凡是有链接的地方，其引用的对象在数据库中都存在，避免数据失效，从而保证数据的一致。数据失效的一个例子是：你存了一个朋友的手机号码，结果你的朋友换了手机号码，但并没有通知你更新，于是你存的那个手机号码便失效，用它联系不上你的朋友。

关系模型在强调物理与逻辑的分离、强调数据正确的同时，也使得数据库中的数据表与用户所需的业务表并不一致。在数据库中，数据必须严格按类分表存储，一个类对应一个表，不同类的数据不能混合存储在一个表中。类的一个实例用一行数据来对应，一个类的所有实例都存储在一个表中。而业务数据表带有混合性、局部性，通常是由彼此有联系的、不同类的数据组合而成。这种不一致，使得业务数据不能原样照搬地存到数据库中，也不能原样照搬地从数据库中获得。彼此之间要进行转化。关系代数为这种不一致的解决提供了理论基础。

业务数据表采用实时生成的办法来提供。也就是说，使用数据库中的表作为原始数据，对其进行摘取，然后基于联系来组合或者运算出用户所需的业务数据表。业务数据表的合成有一定难度，需要专业知识。除了透彻理解关系模型之外，还需要熟知每个表的模式（包括主键和外键，以及每个字段的含义），掌握关系代数知识以及 SQL 语法。不过从另一角度来看，这种不一致也意味着巨大活力的潜伏。关系模型提供的纵横摘取和组合方法非常灵活，使得形形色色的业务数据表都能完整生成，五花八门的业务需求都能够得到满足。从这一点来看，可打一个形象的比如，说关系型数据库就像一个基因库，各式各样的生物都能通过基因拼接和组合来生成。这正是关系模型的强大之处。

10.1.2 面向对象数据模型

随着面向对象编程被广泛认可和采纳，于是也就提出了面向对象数据模型。**面向对象重点关注事物的衍变**。衍变就是不断分化。分化中既有继承，又有突变。继承表现为共性，突变表现为个性。事物的发展以树状结构形式不断展开。对象不仅有状态，还有功能。衍变既体现在状态上，也体现在功能上。面向对象的三大特质是继承、封装、多态。从数据模型来看，就是要考虑如何来刻画这三大特质。

下面以一个例子来展示关系模型的弱点。图 10-1 是一个记录图书馆中的书的数据表。该表有 4 个字段，分别是书名、作者、出版社、关键字。其主键假设为书名。一本书可能有多个作者，因此作者字段是数组类型。一个出版集团通常有很多分部，因此出版社是一个组合型字段，由出版社名称和分部两个部分构成。一本书通常有多个关键字，因此关键字字段是一个集合类型。

title	Author-set	Publisher (name, branch)	Keyword-set
compiler	{smith,John}	(Oxford, Beijing)	{word, sentence, syntax}
network	{Jack, Smith}	(Amason, Changsha)	(transport, fault-tolerance}
database	{Jim, Tom, Phillipe}	(Greatwall, Changsha)	{relation, record, foreign key}

图 10-1 记录图书馆中书的数据表

图 10-1 中的数据表看起来一目了然，正是人们所期望的。但在关系模型中，根据范式理论，要保证数据正确和无冗余，就要将它分解成三个表：book 表、author 表、keyword 表，如图 10-2 所示。要得到原表，这三个表就要做自然连接运算。三个表做自然连接运算得到的结果表如图 10-3 所示，共有 19 行数据，显得很丑陋。这就是关系模型遭人诟病的弱点。于是，便有人提出要对数据类型进行扩展，提供用户自定义数据类型的功能。有了数组、结构体、集合这些数据类型，得出的书表就会如图 10-1 所示，这正是人们所期望的。这就引出了面向对象数据模型。

title	p_name	p_branch
compiler	Oxford	Beijing
network	Amason	Shanghai
database	Greatwall	Changsha

title	author
compiler	smith
compiler	John
network	Jack
network	Smith
database	Jim
database	Tom
database	Phillipe

title	keyword
compiler	word
compiler	sentence
compiler	syntax
network	transport
network	fault-tolerance
database	relation
database	record
database	foreign key

图 10-2 基于范式进行分解后得到的三个表

title	author	p_name	p_branch	Keyword-set
compiler	Smith	Oxford	Beijing	word
compiler	Smith	Oxford	Beijing	sentence
compiler	Smith	Oxford	Beijing	syntax
compiler	John	Oxford	Beijing	word
compiler	John	Oxford	Beijing	sentence
compiler	John	Oxford	Beijing	syntax
network	Jack	Amason	Changsha	transport
network	Jack	Amason	Changsha	fault-tolerance
network	Smith	Amason	Changsha	transport
network	Smith	Amason	Changsha	fault-tolerance
database	Jim	Greatwall	Changsha	relation
database	Jim	Greatwall	Changsha	record
database	Jim	Greatwall	Changsha	foreign key
database	Tom	Greatwall	Changsha	relation
database	Tom	Greatwall	Changsha	record
database	Tom	Greatwall	Changsha	foreign key
database	Phillipe	Greatwall	Changsha	relation
database	Phillipe	Greatwall	Changsha	record
database	Phillipe	Greatwall	Changsha	foreign key

图 10-3 三个表做自然连接后的结果表 flat_book

对关系模型稍做扩展，就可刻画出面向对象的三大特质。就继承而言，当出现子类时，就创建一个新表。父表与子表之间的关系是一对一关系，它俩有一样的主键，同时子表的主键也是一个外键，它引用父表的主键。将子表的主键也定义成一个外键，就等于指明了父表与子表的继承关系。这样处理，就把继承这一特性刻画出来了。当要获取子类对象时，就让父表和子表做自然连接运算。要存储子类对象时，就将其拆分成两个部分，分别存到父表和子表中。封装和多态主要是针对功能而言，指对象的成员函数。对象的成员函数，属于类定义中的内容。类的定义，在关系模型中就是表的模式的定义。在表的模式中扩充成员函数，容易实现。这就是**关系 – 对象模型**的由来。支持关系 – 对象模型的 DBMS 产品，称为 **ORDBMS**（Object Relation DBMS）。现有的关系型数据库管理系统基本上都支持关系 – 对象模型。

10.1.3 关系 – 对象模型

在关系 – 对象模型中，首先是支持用户自定义数据类型，称为 TYPE，和面向对象编程中的 Class 是同一含义。最基本的数据类型是 INTEGER、CHAR、VARCHAR、DATE、TIME、TIMESTAMP、BOOLEAN、CLOB、BLOB 等。在此基础上，DBMS 通常还提供集合类型 SET、数组类型 ARRAY、列表类型 LIST、元素可重复的集合类型 MULTISET，以及这些类型的构造函数和成员函数。DBMS 通常还提供对象转换函数，将一种类型的对象转化成另外一种类型的对象。需要注意的地方是：数据库中的表也是一种对象，其类型为集合类型，但是与数据类型中的集合类型 SET 有一点差异。关系模型中，在定义表的时候，可以将其理解为既定义了一种数据类型，又定义了一个集合对象。它俩共用一个名字。集合中的元素当然是对象，其数据类型就是表定义的数据类型。SQL 语句中，出现在 INSERT INTO、UPDATE、DELETE FROM，以及 SELECT 中 FROM 后面的表名，其含义是指集合对象，但出现在 SELECT、WHERE 后面的表名，其含义是指集合中的元素。对表的操作，专门使用 SQL 语句，没有另外的成员函数。

SQL 标准化组织不断把一些概念吸纳到 SQL 中，陆续推出 SQL 新版本。目前的 SQL 标准支持对象－关系数据模型。下面通过例子来展示对象－关系数据模型的应用。在图 10-4 所示的例子中，头两个 SQL 语句分别创建用户自定义数据类型 Publisher 和 book。在 book 类型中有四个成员变量。第二个成员变量 authors 是一个数组类型，数组元素的类型是 VARCHAR(20)。第三个成员变量 publisher 的类型为 Publisher。第四个成员变量 keywords 的类型为集合类型，集合元素的类型是 VARCHAR(16)。第三个 SQL 语句是创建一个表 books，其实例的类型为 book，主键为 book 的 tiltle 成员变量。

```
① CREATE TYPE Publisher AS  (
       name VARCHAR(16),
       branch VARCHAR(24) );
② CREATE TYPE  book AS (
       title VARCHAR(64),
       authors ARRAY[3] OF VARCHAR(20) ,
       publisher Publisher,
       Keywords SET OF VARCHAR(16) );
③ CREATE TABLE books OF book WITH INSTANCE IDENTIFIED BY title;
④ INSERT INTO books NEW book('Compilers', NEW ARRAY('Smith','Jones'), NEW
   Publisher('McGraw Hill','New York'), NEW SET('parsing','analysis'));
⑤ SELECT title, authors[0], publisher.name FROM books WHERE keywords.
   HasElement('programing');
⑥ SELECT title, A.author, Publisher.name, K.keyword FROM books AS B,
   UNNEST(B.authors) AS A(author), UNNEST(B.keywords) AS K(keyword);
⑦ INSERT INTO book ( SELECT title, ARRAY(SELECT author FROM authors AS
   A WHERE A.title = B.title ORDER BY A.position), Publisher(p_name, p_
   branch), SET(SELECT keyword FROM keywords AS K WHERE K.title = B.title)
   FROM  books AS B);
```

图 10-4　对象－关系模型中的类型转换例子

第四个 SQL 语句是创建一个 book 类型的实例，然后将其添加到 books 表中，成为其中的一行。在调用 book 的构造函数中，传递四个参数，分别给其四个成员变量赋值。于是在其中又创建了一个 ARRAY 类型的对象，一个 Publisher 类型的对象，一个 SET 类型的对象。这个例子在创建对象时，都使用了构造函数。

第五个 SQL 语句是一个查询语句。SELECT 后面接的是表中实例的成员变量。book 类型有四个成员变量。对于其中的 authors[0]，从面向对象的视角来看，是调用了数组类型的一个操作符重载成员函数，这个成员函数返回第一个元素的值。WHERE 后面接的是选择条件判别式，对当前行实例进行判定，确定是否要将其放到输出结果中。如果判别式的结果为 TRUE，那么就将当前行实例放到输出结果中，如果为 FALSE，就将其过滤掉。keywords 是当前行实例的成员变量，它是一个集合对象，因此就调用其成员函数 HasElement。该函数的返回值是 bool 类型，符合 WHERE 要求。

第六个 SQL 语句也是一个查询语句。FROM 后面接表名，在这里将其重命名为 B。这个语句的特点是 B 随后又在 UNNEST(B.authors) AS A(author) 和 UNNEST(B.keywords) AS K (keyword) 中分别用到。而且这两个内容出现在 FROM 中，因此可判断出这是一个**相关子查询**。相关子查询的含义是：对最外层的输入表逐行处理。设当前被处理的那行叫作当前行，从面向对象来看，就叫当前实例。在处理当前行时，将当前行的值运用到子查询中去，得出子查询的结果，再回到外层查询中，完成对当前行的处理。在这个例子中，就是由当前行 B，通过 UNNEST(B.authors) AS A(author) 和 UNNEST(B.keywords) AS K(keyword) 分别得到表 A 和表 K，再回到外层，做三者的笛卡儿乘积运算。在 UNNEST(B.authors) AS A(author) 这个式子中，UNNEST 是一个 DBMS 提供的函数，其功能是将一个数组对象转换成一个表对象。B 是指外层表中的当前实例，B.authors 是一个数组对象。对返回的表，给它重命名为 A，其中只含一列，给其取名为 author。UNNEST(B.keywords) AS K(keyword) 这个式子也是如此。在这里给 UNNEST 函数传的实参是一个集合对象，而在前面的调用中，传的实参是一个数组对象，这是面向对象中函数重载的例子，很好理解。这个 SQL 语句对图 10-1 中 book 表的三行数据分别会产生 6 行、4 行、9 行输出。因此，总的输出结果有 19 行，如图 10-3 所示。

从上面的例子可知，关系模型中的 SQL 语法依旧没有动摇，只是扩充了面向对象概念。

第七个 SQL 语句是一个 INSERT 语句，以批量方式向如图 10-1 所示 book 表中添加实例。数据来源是如图 10-2 所示的三个表。在这个例子中，使用 DBMS 提供的函数 ARRAY(TABLE t) 将一个表对象转换成一个数组对象。也使用了 DBMS 提供的函数 SET(TABLE t) 将一个表对象转换成一个集合对象。这个语句中也包含了一个**相关子查询**。

在面向对象中，有引用指针概念。以图 10-5 所示的例子来说明其含义和典型用法。其中的第二个 SQL 语句，是用来创建了一个学院表 Departments。其中有一个字段 head 为院长，其类型为引用指针类型，指向的是一个类型为 Teacher 的对象，这个对象来自 Teachers 表。其实质就是外键。第三个 SQL 语句是对学院表 Departments 中的一个实例，修改其 head 字段的值，其中用到了一个子查询，并使用 DBMS 提供的函数 REF 将一个对象转换成一个指针。第四个 SQL 语句表示了指针的用法，由指针访问到它所指对象的属性值或者成员函数，这与 C++ 语言是一致的。第五个语句则调用 DBMS 提供的 DEREF 函数，将一个指针转化成一个对象。

在面向对象中，有继承概念。以图 10-6 所示的例子来说明其典型用法。其中的第一个 SQL 语句，用来创建了一个自定义数据类型 Teacher，它有一个成员函数 age。第二个 SQL 语句为类型 Teacher 实现了其成员函数 age。第三个 SQL 语句创建了一个自定义数据类型 Expert，它继承了类型 Teacher。第四个语句创建了一个类型为 Teacher 的表 Teachers。第五个语句创建了一个类型为 Expert 的表 Experts，并以 UNDER 表明该表以 teacher 为基础。其意思是：Experts 表其实只有三个字段，那就是 teacherNo、 field、position，其中teacherNo为主键，同时也为外键，引用Teachers表的主键。每向Experts表中添加一行记录，就会先在Teachers中添加一行，再在Experts中添加一行。第六个SQL语句中，ONLY是一个函数，其含义是统计不是专家的老师的人数。实现办法是Teachers表中的记录数减去Experts表中的记录数。第六个语句是统计专家人数，那自然就是Experts表中的记录数。

```
① CREATE TABLE Teachers OF Teacher;
② CREATE TABLE Departments (
       name VARCHAR(32),
       address VARCHAR(32),
       head REF(Teacher) WITH OPTIONS SCOPE Teachers
       PRIMAERY KEY name );
③ UPDATE departments SET head = (SELECT REF(p) FROM teacher AS p
                 WHERE teacherNo='2001073') WHERE name =' 信息学院 ';
④ SELECT name, head->name, head->rank, head->phone FROM departments;
⑤ SELECT DEREF(head) AS teacher FROM departments WHERE name ='CS';
```

图 10-5 对象–关系模型中使用指针的例子

```
① CREATE TYPE Teacher AS (
       teacherNo CHAR(7),
       name VARCHAR(16),
       rank CHAR(8),
       birthday DATE )
       INSTANTIABLE
       NOT FINAL
       INSTANCE METHOD age(onDate DATE) RETURN SMALLINT;
② CREATE INSTANCE METHOD age(onDate DATE) RETURN SMALLINT FOR Teacher AS
   BEGIN
       RETURN YEAR(onDate) - YEAR(self.birthday);
   END
③ CREATE TYPE Expert UNDER Teacher AS (
       field VARCHAR(20),
       position VARCHAR(20) );
④ CREATE TABLE Teachers OF Teacher WITH INSTANCE IDENTIFIED BY teacherNo;
⑤ CREATE TABLE Experts OF Expert UNDER Teachers;
⑥ SELECT COUNT(*) FROM ONLY(Teachers);
⑦ SELECT COUNT(*) FROM Experts;
```

图 10-6 对象–关系模型中使用继承的例子

从上述例子可知，对象–关系数据模型的实质是在关系模型的基础上引入面向对象概念，扩展数据类型。这种扩展丝毫没有改动底层中的关系模型。因此，可以说**对象–关系模型只不过是在关系模型之上罩上了一层外衣而已，使得其具有面向对象的特质和形貌**。关系模型才是数据库的基石。

需要注意的一个地方是：各种数据库产品在对象–关系数据模型的描述上，用词并不统一，在SQL语法上，也不尽相同。实践中对产品的SQL语法，要参照其技术文档。在查找资料时，通常面临的情形是：资料量多、覆盖面广、阐述不透彻，在大量资料面前难以找到自己期望的内容。应对这种局面的有效办法是：以不变应万变。认识好关系模型的本质，理解好面向对象的含义。如果有了这个前提，查找资料时就不至于被动，能够基于概念迅速找到它的表示方法，然后进行组合使用，形成解决问题的方案。

10.1.4 对象模型与关系模型的本质差异

对数据库设计，也可采用面向对象建模方法。面向对象的设计方法与ER建模方法相比，存在一些差异。在ER建模方法中，各类事物，即强实体，彼此之间具有平级对等性。以大学教务管理来说，学院、学生、老师、课程、教管人员这些实体都是平级对等的，独立存在，没有高低之分。它们之间的联系再另外单独考虑。**而在面向对象的建模中，情形就不一样了，实体之间的联系都转化成了从属关系，都名词化了**。例如，学院有学生，于是在学院类Department中，就有个学生成员变量students。同样，学院开设有课程，有老师。于是在学院类Department中，还有课程成员变量courses和老师成员变量teachers。学生要选课，于是在学生类Student中，有一个选课成员变量enroll_courses。教管人员负责排课，即对学生进行分班，再给每个班安排一位老师。于是在教管人员类Assistant中有一个排课成员变量dispatch_courses。老师负责开课和录入成绩。于是在老师类Teacher中有一个开课成员变量teach_courses。基于面向对象的设计方法，得到的大学教务管理数据库模型如图10-7所示。

从这个例子可知，面向对象的建模使得数据模型，在关系模型的基础上，又变成了层次模型。从含指针来看，可以说是变成了网状模型。面向对象中，主键概念和外键概念都被淡化，远不如在关系模型中那么突出和重要，变成了可选项。面向对象中，只有指针概念，没有外键概念。尽管两者的含义相同，但还是有差异。关系模型中的外键是逻辑指针，由表中的字段构成，独立于DBMS。而面向对象中的引用指针，其数据类型是REF。每种DBMS产品对REF都有自己的实现。因此，数据缺乏独立性，依附于DBMS。对于REF类型的对象，不能直接读取其值，只能调用其成员函数。而在关系模型中，可以直接读取某行数据的外键值。

注意：如果要考虑数据能在不同DBMS之间进行移植，那么就要明确设置对象标识字段，即主键。当不明确设置时，DBMS就会自动为对象创建一个标识字段，自动为对象分配标识值。由DBMS分配的对象标识值，不具有可移植性。对于指针，也是如此，要明确指定字段作为指针。这样，指向某个对象的指针值就会是所指定的字段值，能够直接读取。

关系模型与面向对象模型有各自的特征和特性，以及各自适用的应用场景。在关系模型中，一个表中存储一个类的数据，表中的一行数据表示该类的一个实例（对象），一个类的所有实例都存放在一个表中。而在面向对象模型中，表是一个对象，其数据类型为集合，集合中的元素也是对象，也有其数据类型。例如，在图10-7的模型中，学院表Departments中的一个元素是Department类型的一个对象。一个Department对象表示一个学院，其中又含有四个表：Students、Teachers、Courses、assistants。一所大学有多个学院，因此Departments中有多个Department对象。每个Department对象都含有一个

Students 表、一个 Teachers 表、一个 Courses 表、一个 assistants 表。因此，在一个数据库中就出现了多个 Students 表、多个 Teachers 表、多个 Courses 表、多个 assistants 表。而在关系模型中，一所大学的数据库中只有一个 Students 表、一个 Teachers 表、一个 Courses 表、一个 assistants 表。这就是两个模型的表象差异。

```
CREATE TYPE Department (
    学院属性，
    students TABLE OF Student,
    courses TABLE OF Course,
    teachers TABLE OF Teacher,
    assistants TABLE OF Assistant,
    dean REF(Teacher) WITH OPTIONS SCOPE Departments.teachers);
CREATE TABLE Departments OF Department;
CREATE TYPE Course ( 课程属性 );
CREATE TYPE Student (
    学生属性，
    enroll_courses TABLE OF Enroll_course );
CREATE TYPE Teacher (
    老师属性，
    teach_courses TABLE OF Teach_course );
CREATE TYPE Assistant (
    教管人员属性，
    dispatch_courses TABLE OF Dispatch_course );
CREATE TYPE Enroll_course (
    course REF(Course) WITH OPTIONS SCOPE Departments.courses,
    Semester CHAR(7),
    course_class CHAR(2),
    score SMALLINT );
CREATE TYPE Teach_course (
    course  REF(Course) WITH OPTIONS SCOPE Departments.courses,
    semester CHAR(7),
    classes  SET OF (CHAR(2)) );
CREATE TYPE Dispatch_course (
    course REF(Course) WITH OPTIONS SCOPE Departments.Courses,
    Semester CHAR(7),
    classes SET OF (teacher_class) );
CREATE TYPE TYPE teacher_class (
    classNo CHAR(2)),
    teacher REF(Teacher) WITH OPTIONS SCOPE Departments.Teachers );
```

图 10-7 针对大学教务管理采用面向对象建模方法得出的数据模型

就上述例子而言，在面向对象模型中，对一个大学的数据，是基于学院来组织，一个学院的数据，包括其学生、老师、课程、教管人员等，都聚集在一个学院对象中。而在关系模型中，对于一个大学的数据，是基于数据类别来组织。例如，所有学生数据聚集在学生表中。

不同的组织方式，对于数据操作，在性能上会有不同特性。例如，当一个学生因转专业，从会计学院转到金融学院时，在面向对象模型中，就要在数据库中，将记录该学生的对象从会计学院对象中挪到金融学院对象中，其中涉及一个删除操作和一个添加操作。挪动该学生对象时，附属于该对象的选课表 enroll_courses 也会一起跟随挪动。而在关系模型中，则只要针对学生表中记录该学生的那行数据，将其所属学院字段的值改为金融学院即可，不需要挪动数据，也不需要将学生的选课记录进行挪动。

对于全局性更新，上述两种组织方式，在性能上也会有不同的表现。例如，人工智能是一门面向全校学生选修的课程，选修了该课程的学生于是分布在各个学院中。当负责该课程的老师为学生录入成绩时，就要分别到每个学院对象中去查询一遍，挑出来，然后合到一起构成选修学生名单表，呈现给老师。老师录入成绩后，保存时，又要将其分别写入各个学院对象中。由于数据的分散性，如果是单机处理，此时性能肯定不好。不过要注意的是，各个学院的数据彼此独立，可并行处理。如果采用并行处理方式，性能会大大提高。在关系模型中，选课记录都在选课表中，因此，数据没有那么分散，性能会好一些。

再看上述两种组织方式在执行查询时的性能表现。当按照层次结构，查询个体或者局部数据时，面向对象模型会有不错的性能表现。例如，查询金融学院 2019 级的某个学生及其成绩单时，一下就把查询范围限制到了金融学院这个对象中，再进一步限制到 2019 级中，而且这个学生的选课记录也是该学生对象的组成部分，自然在磁盘上和该学生的基本信息存放在一起。于是查询性能会非常好。而在关系模型中，则先要到学生表中去找该学生的记录，再到选课表中去找该学生的选课记录，比较起来，性能就会要差得多。对于全局范围的查询，例如，找出全校少数民族学生，那么就要分别到每个学院对象中去查询一遍，挑出来，然后合到一起构成输出结果。如果是单机处理，此时性能就不会好。在关系模型中，则只要从学生表中去查找，性能会好一些。在上述面向对象的模型中，学院是一个大粒度对象，又彼此独立，可分布到不同的机器上，实现并行处理，以此提升性能。这就是集群处理模式的由来。

从上述性能表现分析可知，两种模型各有长短，在不同的应用场景下表现不同。在选择模型的时候，要基于用户对数据的访问特性来决定如何对数据进行建模。例如，在大学教务管理中，从用户类别来看，学生类的用户最多，远远多于教师类用户和教管类用户。从访问数据库的频率来看，也是学生类用户最为频繁，他们经常要选课、查课、查自己的成绩。而且要访问的内容，基本上都属于其所在学院。因此，采用上述的面向对象模型，从性能角度来看，在总体上要好于关系模型。

面向对象模型在建模上具有灵活性。例如，在大学教务管理中，可以把面向全校学生选修的课程单独构建一个表来存储，称其为公共课表。而把只面向本院学生选修的课程，称作学院课，挂放在学院名下，作为学院对象的一个成员变量，如上述图 10-7 所示。这样，学生选课时，就只需要访问两处的数据，一个是公共课表，另一个是本院的课程表。如果把所有课程都下放到学院，那么学生选课时，就要去访问每个学院的课程表，性能会明显差一些。再者，在大学教务管理中，学生选课是最为频繁的业务操作之一。因此，将课程建模为全校公共课和学院专业课，比例合理，有利于优化系统性能。

不过将课程分表存储，给课程数据的维护带来了困难，容易引发数据的不一致。例如，当把一门课程由学院课改为公共课时，按照常规思维，认为只是修改课程的一个属性而已。但实际不然，而是要把它从一个地方挪动到另外一个地方。也就是说，数据的语义和数据的存储彼此关联，并不独立。将课程分表存储，尽管带来了此问题，但有时还是坚持要这么做。其理由是把数据库的性能放在第一位，认为数据的正确性和一致性维护，完全可由应用程序来承担。具体来说，当用户使用应用程序提供的交互界面，把一门课程由学院课改为公共课时，在界面上就是修改课程的一个属性。当单击"保存"按钮时，应用程序执行的操作则是将该课程从其所属学院的课程表中删除，然后在公共课程表中添加一行，以此保障数据的正确与一致。将数据的正确性和一致性维护交由应用程序来负责，有其道理，因为用户并不直接访问数据库，而是使用应用程序来访问数据库。数据库专注于高性能处理，把语义数据与物理数据的转换工作交由应用程序来承担，以此保证数据库中存储的数据正确一致。用户通过应用程序看到的是语义数据，也就是业务逻辑数据。语义数据具有通俗、易懂、直观的特点，正是用户所需。

从上述分析可知，当要强调数据库的性能时，就会要偏离关系模型。上述例子就偏离了关系模型。接下来的例子则偏离得更远。在大学教务管理中，学生查阅自己的成绩单是最为常见的操作。因此，将选课记录直接作为学生对象的成员变量，有利于实现快速查找。这种建模方式就如图10-7所示。为了在学生查阅自己的成绩单时，进一步避免选课记录与课程表做连接运算，甚至可以在选课记录中带上课程名称和学分这两个字段。这样做，尽管带来了数据冗余，但避免了连接运算，获得了性能上的收益。避免了连接运算，也就避免了去全局遍历所有学院对象的课程表，性能自然会明显提升。学生查阅自己的成绩单是最频繁的业务操作，因此，提升其处理性能自然会最为有效。这种以数据冗余为代价来换取性能提升，在这种应用场景下是完全可取的。

从上述案例分析可得到如下两个结论：关系模型将数据的正确性和一致性放在第一位，在有些应用场景下，可能会牺牲性能；面向对象建模具有灵活性，可从不同的视角来组织数据，例如，从优化性能角度来组织数据。在强调数据库性能的时候，会牺牲其数据的正确性和一致性。数据的正确性和一致性是数据管理的基本要求，当在数据库这一层不能得到保障时，就只能在应用程序这一层进行把关。具体来说，为了追求数据库的处理性能，一个类别的数据不是用一个表来存储，可能被拆分成了多个表。用户所需的数据该从哪个表或者哪些表中提取？以及用户提交的数据该在数据库中如何存储？这些问题交由应用程序来处理。当一个类别的数据用多个表来存储并且这些表位于不同的机器上时，就演化出了分布式数据库。

10.2　分布式数据库技术

10.2.1　分布式数据库的含义

分布式数据库想要做的事情就是把多个数据库以邦联形式统一成一个数据库，形成一个对外服务窗口，为用户提供数据管理服务，保持数据模型的不变性。例如，每个大学都有自己的教务管理数据库，现在要建立一个高校教务管理数据库，其数据涵盖所有的大学。那么这个高校教务管理数据库就是一个分布式数据库，它把所有大学的教务管理数据库统一起来，形成一个数据库。假定每个大学的教务管理数据库都是关系型数据库，都采用了关系模型，那么在用户看来，高校教务管理数据库也是一个关系型数据库，而且是一个很大的数据库。其中的数据模型没有变化，还是只有一个学生表，其中包含了所有大学的学生数据。

分布式数据库的架构如图 10-8 所示。它由一个分布式数据库管理系统（Distributed DBMS，DDBMS），以及其旗下的多个数据库服务器构成，它们通过网络连接起来。DDBMS 的对外接口和 DBMS 完全相同，因此当用户访问 DDBMS 时，并不知道它是一个 DDBMS 还是一个 DBMS。从内部来看，DDBMS 是一个中介，它自己并不管理业务数据。业务数据由它旗下的 DBMS 管理，这些数据库称作实体数据库。当 DDBMS 受理了一个来自用户的数据操作任务（即 SQL 请求）时，先解析该任务，检查它涉及的数据分布在哪些实体数据库中，然后将该任务分解成多个子任务，分别交由对应的实体数据库去执行。对于实体数据库而言，DDBMS 就是它的一个用户。当 DDBMS 给实体数据库派发子任务时，其实就是给它发送一个数据操作请求（即 SQL 请求）。当 DDBMS 收到所有响应结果后，再将其汇总，然后把汇总结果作为响应结果返回给用户。

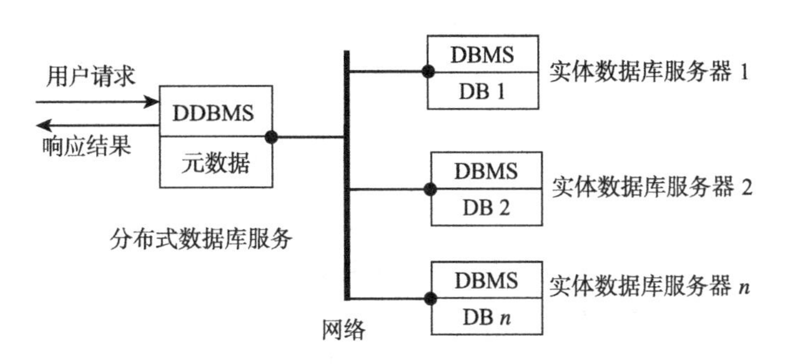

图 10-8　分布式数据库

建立分布式数据库可带来如下三个好处。第一个好处是为用户屏蔽了数据的物理存储概念，实现了数据操作的简单性。用户只管依照关系模型专注于业务，不用关心数据来自哪个服务器以及数据该存放在哪里。第二个好处是能提升处理性能。当一个数据库因其数据量变大而不能满足性能需求时，便可对其进行拆分，分解成多个数据库，通过多台计算机并行处理来增大吞吐量和缩短响应时间。第三个好处是能提升系统的可靠性和可用性。其途径是复制，即把数据复制到多台服务器上，形成多个副本。当有服务器因维修、升级或者故障而不可用时，其他运行正常的服务器可顶替其工作，保持服务不间断。

上述三个好处的另外一种说法叫作网络透明、分段透明、复制透明。这都是针对用户而言的。有了 DDBMS，对于数据的物理存储问题，用户既不用关心，也不用知晓。

用户只需依照关系模型专注于业务处理，对语义数据的操作使用SQL表示即可。数据到底该存放在哪台服务器上，全由DDBMS负责。网络透明就是指数据的物理存储结构不用用户关心，也不用知晓。分段透明是指用户见到的表，其实是被切分成了多个子表，分散存储在不同的实体服务器上。分段有水平分段和垂直分段两种形式。水平分段就是将一个表水平切分成多个子表，每个子表只存一部分行。所有子表做并运算，才得到全表。例如上述高校教务管理数据库中的学生表，就是由每所大学的学生子表组合而成。垂直分段则是将一个表垂直切分成多个子表，每个子表只存一部分字段。所有子表做自然连接运算，才得到全表。举例来说，学生的学费缴纳数据存储在财务数据库中，而学习成绩数据存储在教务管理数据库中，要得到学生的完整信息，就要使用财务数据库中的学生表与教务管理数据库中的学生表做自然连接运算。复制透明是指复制对用户不可见。为了提高吞吐量，提升可靠性和可用性，常常将数据复制到多个实体数据库中，形成多个副本。当对一个数据更新时，就要对所有副本都更新。当读取一个数据时，只需从一个副本处读取。有了DDBMS，用户不用关心复制。在用户看来，DDBMS中的数据只有一份，能在任何时候对其进行操作，时刻可用，而且响应及时。

对用户实现网络透明、分段透明、复制透明，这就是DDBMS要做的事情，也是其功能所在。在DDBMS中，并不存储业务数据，而是只存元数据（meta data）。元数据就是实现网络透明、分段透明、复制透明所需的数据。例如，每个实体数据库服务器的IP地址、端口号、数据库名字以及登录这些实体数据库的账号（用户名和密码），这些元数据用来连接和登录实体数据库。还有每个实体数据库中存储的表以及表中数据涵盖的范围，这些元数据被用来实现分段透明，为分解用户请求任务提供支撑，也为汇总实体数据库的响应结果提供支持。例如，如果是水平分段，汇总时就要做并运算；如果是垂直分段，就要做自然连接运算。当有复制时，元数据记录了数据有几个副本，分别存储在哪些实体数据库中。这些元数据为复制透明提供支持，以便对用户的请求进行解析，生成多个子任务，分别派发给相应的实体数据库去执行。

分布式数据库的一个显著特点是它为一个邦联式系统。邦联式的含义就是每个个体具有独立自治性，个体之间又具有可对接性，能协同工作。个体的独立自治性是指功能的内部实现，也就是说具体如何做一个事情，可以自己做决定，以便充分调动个体的能动性。内部做得好，在同类中就具有竞争力。可对接性是指与外部的交互，也就是说访问外部服务要遵循标准，自己对外提供服务也要遵循标准。在数据库访问中已经建立了标准，一个是表示数据操作的SQL语言，另一个是有关访问过程的ODBC/JDBC。现有的DBMS都遵循了这个标准。因此，在构建一个分布式数据库时，对实体数据库成员不会有任何额外的特殊要求。任何一个数据库服务器都可以自然地成为分布式数据库中的一个成员。因此搭建一个分布式数据库很简单，只需安装一个DDBMS软件，然后提供网络透明、分段透明、复制透明的配置信息。在外部看来，DDBMS也是一个DBMS，它也可以成为另一DDBMS中的一个成员。因此，邦联式系统具有很好的可扩展性。

分布式数据库发挥了群体效应，与单个实体数据库相比，具有完全不同的特质。在用户看来，分布式数据库有着巨大的存储空间，极高的可靠性和可用性，以及快速的响应。这些特质都是人们所期望的。这些特质对于单个实体数据库来说，是不可能具有的。群体效应有着广泛的运用。例如，公交公司就是利用群体效应来提供不间断公交服务。对于公交公司的一个汽车司机来说，他可能因生病或者意外事故而不能正常上班。对于公交公司的一辆公交车，它也可能因故障或者事故而不能正常投运。因此，对于个体，它无法保证服务不间断。但是对于一个公司，就能实现服务从不间断。当一个汽车司机不能正常上班时，公司就会安排另外一个在休假的员工来顶替，当一辆公交车不能正常投运时，公司就会调度另一辆备用车来顶替。

这种可协作性只有群体才具有，而且群体规模越大，容错能力就越强。举例来说，假定共有 10 条公交车线路，每天提供 24 小时不间断服务。另外，一个司机一天工作 8 小时，一周工作 5 天。以一周时间来算，公司要聘用 40 个汽车司机，每天安排 30 个上班，另有 10 个休假。从 10 个休假员工中找出一位去顶替故障司机，是完全不会有问题的。假设只有 1 条线路，那么就只要聘请 4 个汽车司机，每天安排 3 个上班，1 个休假。当一个司机出现故障时，休假的那个司机也可能恰巧不能出班顶替。这样就不能实现不间断服务。

对于分布式数据库，要能发挥群体效应，其前提是下情上达和上情下达。DDBMS 要及时掌握各实体数据库的运行状态。一旦发现有实体数据库因故障而不能履职时，就要将其分担的工作交由其他实体数据库来承担，以实现对外提供不间断服务。当故障消除后，还要进行故障恢复。DDBMS 通常采用心跳法（heartbeat）来监测各实体数据库的运行状态，即每隔一定时间就对实体数据库询问一次，看其是否正常。这种方法也常被称作看家狗（watchdog）方法。一旦发现有故障出现，DDBMS 就要对元数据进行调整，将故障机隔离开来，以实现容错。当故障机恢复之后，就通知 DDBMS。DDBMS 一旦收到恢复通知，就启动故障恢复程序，让故障机将自己的数据恢复到与系统一致的状态。

10.2.2 分布式数据库中的事务处理和故障恢复

在分布式数据库中，用户将一个事务请求提交给 DDBMS 去执行。DDBMS 对用户提交的事务进行解析，并依据元数据，将其分解成多个子事务，然后分别将它们提交给对应的实体数据库去执行。实体数据库把子事务的执行结果返回给 DDBMS。当每个子事务都被成功处理之后，DDBMS 再通知每个子事务的承担者，让它们提交所负责的子事务。当 DDBMS 从实体数据库收到一个成功提交的反馈结果后，便把汇总结果返回给用户，告之事务提交成功。上述过程包括两个阶段，第一个阶段为执行阶段，第二个阶段为提交阶段。如果在第一个阶段出现某个子事务执行不成功，那么 DDBMS 收到这一响应后，就立即通知每个子事务的承担者，让它们都放弃所承担的子事务。与此同时，也通知用户，告之事务提交不成功。分布式数据库中的事务提交被称为**两阶段事务提交协议**，以此在分布式系统中实现事务的四个属性。

在讨论分布式数据库的故障恢复之前，先介绍自动提交模式与非自动提交模式。在SQL和ODBC标准中，当用户使用ODBC/ JDBC与数据库服务器建立一个连接后，可调用连接接口提供的setAutoCommit（false）函数，将提交方式设为非自动提交模式。在非自动提交模式下，当用户提交一个事务请求时，数据库服务器返回执行结果，但并没有提交该事务。当用户收到一个成功执行的返回结果后，要再给数据库服务器发送一个Commit指令，数据库服务器才提交该事务。当然，用户也可以给数据库服务器发送一个Rollback指令，叫数据库服务器放弃该事务。DBMS的默认模式为自动提交模式。在自动提交模式下，当用户提交一个事务请求时，数据库服务器执行完请求，就把执行结果返回给用户。如果是成功执行，那么就提交该事务；否则就放弃该事务。用户不用再给数据库服务器发送Commit指令或者Rollback指令。

在非自动提交模式下，当DBMS正在执行一个事务T_i时，该事务所处状态被称作活跃状态。当DBMS成功执行完一个事务后，再向日志中添加一行<T_i READY>记录，标识该事务已成功执行完毕。紧接着将日志缓冲区的日志刷新到日志磁盘。刷新之后才可给请求者发送响应结果。此时事务所处状态被称作半提交状态。对一个处于活跃状态的事务T_i，当遇到事务故障时，DBMS会在日志中添加一行<T_i ABORT>，标识该事务处于被放弃状态。对于一个处于半提交状态的事务，当DBMS从用户那里收到一个Commit指令时，就再向日志中添加一行<T_i COMMIT>记录，标识该事务被提交，此时事务的状态称为提交状态。如果DBMS从用户那里收到的是Rollback指令，那么就向日志中添加一行<T_i ABORT>记录，标识该事务在被放弃状态，并执行回滚，撤销事务T_i对数据库所做的更改。

在分布式数据库中，DDBMS与实体数据库建立的连接要设置成非自动提交模式。当一个子事务被成功处理之后，它就处于半提交状态。当DDBMS得知所有子事务都在半提交状态后，就给它们的承担者都发送Commit指令，通知提交事务。当DDBMS得知某个子事务执行不成功时，就给所有子事务的承担者都发送Rollback指令，通知放弃事务。

每个实体数据库，随时都有可能出现故障。在故障发生时刻，对于一个事务，它可能处于活跃状态，也可能处于放弃状态，或者半提交状态，或者提交状态。四类故障中，只有事务故障能当即检测出来，当即处理。事务只有处于活跃状态时，才有可能发生事务故障。假定子事务T_i在执行过程中发生故障，其承担者便给DDBMS发送执行不成功的响应结果。DDBMS收到执行不成功的响应结果后，就给所有子事务的承担者都发送Rollback指令，通知放弃执行所承担的子事务。实体数据库一旦接到Rollback指令，便放弃执行子事务，向日志中添加<T_i Abort>记录，然后使用T_i的日志，执行回滚操作，取消T_i对数据库已做的更改。DDBMS也给用户发送响应结果，通知事务执行不成功。于是，事务故障便得到了处理。用户收到响应结果后，根据反馈回的执行不成功原因，要么修改事务请求内容，然后再次提出事务请求，要么直接放弃。

当发生系统崩溃故障时，整个机器突然失效。DDBMS会因等待超时，或者通过心跳检测，感知出某个实体数据库发生了故障。此时，对于 DDBMS，它可能处于如下两种可能状态。第一种状态是：DDBMS 已经给故障机器下发了一个子事务 T_i，但还没有收到其执行结果。这种情况下，事务处于第一阶段，DDBMS 没有收到故障机器的执行结果。于是 DDBMS 可以保守地假定故障机器执行不成功，给所有子事务的承担者都发送 Rollback 指令，放弃该事务，并将不成功的结果返回给用户。事务就此处理完毕。这样处理没有问题，原因是还没有进入提交阶段，DDBMS 有权做出决定。第二种状态是：DDBMS 给故障机器下发了一个子事务 T_i，并已收到其执行结果。在这种情况下，DDBMS 依旧按照两阶段提交协议处理。把要发给故障机器的指令，输出到故障恢复日志中，以备故障机器日后恢复之用。

在分布式数据库系统中，如果没有给实体数据库配置复制，那么当某个实体数据库成员发生系统崩溃故障之后，其服务就中断了。随后，DDBMS 收到的用户请求，如果与故障机器无关，那么 DDBMS 照常可以处理。当用户请求与故障机器有关时，DDBMS 就直接给用户发送不能执行的响应结果，并给出原因为机器故障。用户要等待故障恢复之后才能再次请求。

故障机器在故障解除后，重新启动并接入系统。例如，如果是停电，那么等到再来电时，故障便被解除；如果是器件故障，那么更换器件后故障便被解除；如果是软件故障，那么升级之后故障便被解除。DDBMS 重新与恢复后的实体数据库建立起连接，并检查故障恢复日志中是否存在有与其相关的 Commit 或 Rollback 指令。如果有，就将其抽取出来，发送给故障机器处理，使之恢复到系统一致状态。

恢复后的实体成员机器在重启 DBMS 后，会首先检查自己日志磁盘中的日志，并使用其日志进行故障恢复，其过程已在 6.3 节中介绍。只是在非自动提交模式下，在事务 T_i 的日志中会多一个 <T_i READY> 记录。如果发现某个事务 T_i 的日志有 <T_i READY> 记录，但其后既没有 <T_i COMMIT> 记录，也没有 <T_i ABORT> 记录时，便要等待 DDBMS 的恢复指令，并将其补充到日志中，然后就可决定对其是执行 REDO 还是 UNDO。

在分布式数据库系统中，如果给实体数据库配置了复制，那么当它发生系统崩溃故障之后，其服务就不会间断。设实体数据库 D_i 有两个副本 $D_{i,1}$ 和 $D_{i,2}$。当 DDBMS 要将某个子事务 T_i 交由实体数据库 D_i 执行时，就应将 T_i 既发送给 $D_{i,1}$，也发送给 $D_{i,2}$，让它俩都执行。给 $D_{i,1}$ 发送时，先检查 $D_{i,1}$ 的状态。如果 $D_{i,1}$ 是正常状态，就把 T_i 发送给 $D_{i,1}$ 去执行。如果 $D_{i,1}$ 是故障状态，DDBMS 就把 <$D_{i,1}$，T_i> 记录存到故障恢复日志中，以备后用。当 $D_{i,1}$ 的故障被解除，并重新接入系统后，DDBMS 从故障恢复日志中抽取出原本要发送给 $D_{i,1}$ 执行的子事务，发送给 $D_{i,1}$ 去执行，以使 $D_{i,1}$ 将其数据库恢复到与系统一致的状态。在 $D_{i,1}$ 的故障期间，其服务并未间断，因为有 $D_{i,2}$ 在提供服务。对 $D_{i,2}$ 的处理也是如此。

注意：上述过程中，对存到故障恢复日志中的 <$D_{i,1}$，T_i> 记录，也有可能随后即被 DDBMS 删除。原因是子事务 T_i 有可能被 DDBMS 放弃。如果 T_i 被放弃，那么就要从故障恢复日志中删除 <$D_{i,1}$，T_i> 记录。

思考题 10-1：对于企业的业务应用程序，在连接数据库时，要严格管理，通常不允许设置成非自动提交模式。请从安全角度和处理性能角度来分析其原因。非自动提交模式通常只有在 DDBMS 与 DBMS 建立连接时才使用。

10.2.3 三种并行处理系统之间的联系和差异

就数据库来说，有的应用场景下数据量非常大，例如 Google 的搜索数据库，腾讯的 QQ 数据库，其数据量都达到了 P 级。在计算机界，度量数据量的单位有 Bytes、KB、MB、GB、TB、PB、EB 等。1 KB=10^3 B，1 MB=10^3 KB，1 GB=10^3 MB，1 TB=10^3 GB，1 PB=10^3 TB，1 EB=10^3 PB。有的应用场景下计算量非常大，例如高维度偏微分方程组的求解、超大矩阵的相乘等科学计算。超大规模的数据处理以及超大规模的科学计算，都需要高性能计算。并行处理是实现高性能的有效途径。现有的并行处理有三种表现形式：超算系统、集群系统、分布式系统。这三种系统都是使用很多的计算单元和存储单元来进行并行处理，以实现高性能。但它们各有偏重，有差异。

对于超算系统，追求的目标是把计算单元和存储单元做得尽量紧凑，彼此挨得越近越好。这样能使单元之间的连接线路变短、变细。其背后的动机是：科学计算中各个单元之间要频繁地交换数据。数据从一个单元传到另外一个单元，就相当于把一个物品从一个地方运输到另一个地方。传输时延跟路长成正比。在科学计算中，传输时延是一个影响性能的关键因素。对传输时延，在日常生活中也常能感受到。例如，在家里洗澡时，打开热水龙头，马上就会有热水流出。而在宾馆洗澡时，通常要打开热水龙头好几分钟，甚至上十分钟才会有热水流出。要有热水从龙头流出，其前提条件是热水源至龙头这段水管中的冷水先从龙头流出。流尽冷水的时间跟冷水的体积成正比。冷水的体积又跟管长成正比，跟管径也成正比。因此，要想尽快得到热水来洗澡，最好就把热水器放在洗澡间，另外管子也不要弄得太粗。同样的道理，电信号从一个单元传到另一单元的时间跟线路的电容成正比。而电容跟长度成正比，跟线路截面积成正比。因此要把线路做得越细越好、越短越好。正因为如此，超算系统中的一块面板上就密布了成百上千的 CPU 单元和内存条。

使用超算系统做科学计算，各单元之间要不断地传输数据。当传输变得非常频繁，传输次数又很多时，累计传输时间就会很长，成为制约系统性能的关键因素。因此对于超算系统，追求的是做小做细。只有这样，才能满足高性能要求。由此可知，超级计算机主要是用来做科学计算，满足超大规模科学计算对计算性能的需求。当把很多计算单元和存储单元做到一块面板上的时候，在解决计算性能问题的同时，也引来了散热难的问题。台式机上只有一个计算单元，都需要专门为其安装一个电风扇来散热。对于密布了成百上千计算单元的超算面板，散热是一个巨大的难题。正因为如此，超算系统非常昂贵。

与超大规模科学计算相比，在超大规模数据处理中，通常没有那么频繁的数据交换。其原因是：数据处理中的数据融合程度远没有那么深，关联面也远没有那么广。因此，通常并不用超算系统来做超大规模数据处理，而是使用集群系统。集群系统由很多通用计算机组成，使用通用局域网将其联成一体，然后使用软件把它们整合成一个很大的计算机系统。例如，DDBMS 就是一个整合软件。从外部来看，集群系统就是一个计算机。与普通计算机不同的地方是：它有超大的算力，超大的存储空间，能给用户提供从不间断的服务，对用户的请求能提供快速的响应，具有超大的吞吐量。集群系统的这些特质，正是人们所期望的。这些特质的取得是通过群体效应来实现。与超算系统相比，集群系统具有性价比高、运维简单容易、成本低、伸缩性强、可扩展性好等优点。集群系统的使用非常广泛，几乎所有大公司的数据中心都部署有自己的集群系统。

集群与分布式系统不同的地方是：集群系统中的计算机放在同一栋大楼中，都是一个品牌的计算机，有着相同的硬件和操作系统，运行着相同的软件。这样做，其好处是：成员之间在交换数据时，直接进行内存拷贝即可，不需要做翻译。而分布式系统中的成员之间交换数据时，要做翻译。因此，相对于分布式系统，集群系统中的数据交换效率非常高。

分布式系统通常是指邦联式系统。其成员在硬件、软件、安放地点、归属单位等方面没有任何限制，只需各自在访问外部服务和对外提供服务上都遵循标准，按照既定协议进行交互即可。成员之间通过公共互联网连接起来。相对于集群系统而言，分布式系统中成员之间的数据交换只是偶尔发生。因此，它是一种松散型的系统。与集群系统不同的一个地方是：成员之间交换数据时，双方都要做翻译。对于发送方，要先把本地数据按照标准翻译成通用数据，然后才传给对方。对于接收方，则要把通用数据再翻译成本地数据。翻译是一项既费时间又费计算资源的工作。不过数据交换只是偶尔发生，其影响可以忽略不计。分布式系统的交互标准主要是 Web。成员之间使用 HTTP 协议通信，对要交换的数据先将其转换成文本，然后按照 XML 格式规范进行封装，再采用 UTF-8 标准进行编码。XML 的子规范有 HTML、JSON 等。

分布式系统中的成员之间交换数据不能像集群系统那样，采用内存拷贝方式。其原因是：不同的机型、不同的操作系统，对于数据在内存中的表示，方式不相同。例如，在 X86 机型上的 Windows 32 位操作系统，对于一个整数是用 4 字节来存储，而在 Windows 64 位操作系统中，一个整数是用 8 字节来存储。

与集群系统及分布式系统相比，超算系统还有一个明显的差异，那就是 I/O 子系统的共享，其中主要是指磁盘存储的共享。在集群系统及分布式系统中，其成员都是独立的计算机，通常都有自己的计算单元、内存单元、磁盘存储单元。而超算系统还是一个计算机，并行化主要是指计算单元和内存单元，而 I/O 子系统则为共享单元。

对于分布式数据库，实际上通常都是指集群数据库，例如 MySQL Cluster。真正意义上的分布式数据库并不多见。大数据处理使用的几乎都是集群系统。集群软件中最知名的产品是 Hadoop、Spark。对于数据库，在关系型数据库的基础上，出现了 NoSQL。知名的 NoSQL 产品有 HBase、Redis、MongDB 等。其中 HBase 就是建立在 Hadoop 之上的一个 NoSQL 产品。

10.2.4　分布式数据库的演进

分布式数据库通过 DDBMS 这一软件将多个实体数据库整合到一起。DDBMS 就如一面墙。从外面来看这堵墙，它依然是一个数据库。不过这个数据库与个体数据库具有完全不同的特质：它有强大的处理性能、超大的存储空间，能给用户提供从不间断的服务，对用户的请求能提供快速的响应，具有超大的吞吐量。从里面来看这堵墙，有成员分布、数据分段、数据复制。在处理上，DDBMS 对用户提交的操作请求，要基于元数据将其分解成多个子任务，然后分派给相应的实体数据库去执行。DDBMS 对实体数据库返回的结果要进行汇总，然后把汇总结果作为响应结果返回给用户。

互联网，尤其是移动互联网，其兴起和普及，使得各行各业都在发生深刻变革。数据管理也不例外。一方面，业务在不断扩展，用户在不断增多，数据量在快速增长。另一方面，用户和企业对信息服务质量的要求越来越高。从用户角度来看，信息系统必须做到服务不间断、交互流畅、功能完备。从企业来看，信息系统必须做到低成本搭建、低成本运维，而且能保证服务质量。这就要求数据管理系统具有良好的可扩展性，能够自动监测负载、自动监测服务质量指标、自动作出调整，在满足服务质量要求的前提下，尽量降低成本。所有这些目标的实现，几乎都要利用并行处理和群体效应。

前面介绍的分布式数据库技术展示了实现并行处理和利用群体效应的基本模型。在该模型中，有一个管理者（即 DDBMS），还有多个成员（即多个实体数据库）。管理者与成员之间是一对多关系。管理者发挥着中介作用。对外，它是服务窗口；对内，它指挥和调度着旗下的成员，使其形成一个整体。这种指挥和调度的角色在 10.2.2 节中有所展示。

分布式处理中的两个最为关键的工作就是拆分和复制。拆分就是将一个大的事情拆分成多个小的事情，然后分散给多个成员，从而实现并行处理。复制就是对一个事情建立多个副本，然后分散给多个成员来处理，从而实现容错和提升吞吐量。管理者掌握着所有成员的信息，被称作元数据，以此来将用户请求的任务分解成多个子任务，然后分别交给相应的成员去执行，这个过程被称作 MAP。管理者也负责对子任务承担者返回的响应结果进行汇总，把汇总结果作为对用户请求的响应结果返回给用户，这个过程也称作 REDUCE。因此，在分布式环境下，处理用户请求的过程被称作 MAP/REDUCE 过程。

管理者拥有的元数据记录了所有成员的信息，其中既有语义数据，也有状态数据。语义数据包括成员能提供的服务，以及服务涵盖的范围。例如，在上述高校分布式数据库中，对于一个成员，其语义数据包括连接与登录数据以及业务数据，即包含有哪些表，每个表中数据所涵盖的范围。状态数据则是指服务当前是否正常可用，以及诸如响应时间、吞吐量之类的服务质量等内容。

对于集群系统，要求具备自适应调整能力。具体来说，就是能够根据数据量变化、用户量的变化以及负载的变化，自动进行拆分和复制或者缩合。其目标是：在保证服务质量的同时，尽量降低运行成本。例如，对于一个数据库，当其数据量增加到磁盘空间的 80% 时，就将其自动拆分成两个数据库，以此保证服务质量。反过来，如果有两个数据库，其数据量都减小到了磁盘空间的 30% 以下，就要将其合并成一个数据库，以便关闭一台计算机，减少电能消耗。自适应调整的另一个方面是系统优化，即基于对业务特性和用户访问特性的感知，在成员间调整业务和数据的分布，以此实现负载平衡，达到整体性能最优。

对于集群系统，增强其平稳性也十分重要。规模越大，平稳性通常就越好。增强平稳性的另一有效方法是提供多种服务。对于一个企业，都有一个从小变大的过程，其业务也有一个从单一到多样的变化过程。单一的业务通常都有起有伏。对于一个大企业，如果业务单一，那么在业务的低落时期，资源浪费就会很大，难以承受。因此，随着企业变大，通常都会朝多业务方向发展，以此抵御风险，增大企业弹性，增强企业平稳性。这一点在日常生活中也能感受到，比如在大海中，只要有风浪或者天气恶劣，小船就只能龟缩在港湾中歇息。而大船则不受天气的影响，每天都在大海中航行。同样的道理，大的集群系统也是通过提供多种业务的服务来达到其平稳性。对于一个大集群系统，随着其业务量增大，业务种类增多，其内部的分工与协作就显得尤为重要。正因为如此，集群系统变得越来越复杂，不仅要有自适应调整能力、系统优化能力，还要有多业务承载能力、分工与协作能力。规模增大，会由量变转化为质变，分布式计算就进化成了云计算。

因此，对于信息技术，要从历史的角度来看待，才能理清其脉络，抓住其本质。从单机系统到分布式系统，再到现在的云计算和大数据，其演进都是紧紧围绕规模和群体效应来展开，以此实现高性能、高可靠、低成本。从为用户提供服务这一角度来看，则是化复杂为简单，以功能齐全、交互流畅、价廉物美来吸引用户，扩大用户群体。云计算和大数据已成为当今社会的主流。各大 IT 公司都提供有云服务，其服务内容包括云存储、云计算、云应用。这样演进具有横向性，通过扩大规模，利用群体效应和集约效应，来实现高效、可靠、平稳、低成本。现在的集群系统规模已经变得很大，在很多互联网企业，它们的集群系统通常都由几万台计算机，甚至几十万台计算机组成，积累的业务数据达到了 P 级甚至 E 级。

10.3 NoSQL 数据库

10.3.1 数据的存储组织

在大规模分布式数据库中，数据的组织十分关键，对系统性能有很大影响。例如，像阿里和京东这样的电商系统，其用户数达到几个亿，交易数据在不断产生。如果按照关系模型来组织数据，那么交易数据就会存储在一个交易记录表中。在分布式数据库中，交易数据的存储组织可以采用如下方式：把交易记录存储到一个成员结点上，当这个成员结点上的数据量达到上限时，DDBMS 就新增一个成员结点来存储新增的交易记录。这种组织方式是按照交易数据产生的先后顺序，将其分布在不同的成员结点上。

这种组织方式没有适配数据访问特性，会导致系统性能非常低下。电商系统的一个显著访问特性是：对于买家和卖家，都只关心自己的交易记录，而且要经常访问自己的交易记录。采用上述数据存储组织方式，会导致每个用户的交易记录被稀散地分布在电商分布式数据库中的各成员结点上。不论是买家还是卖家，当要查询自己的交易记录时，DDBMS 都要给所有成员结点发送子查询任务。每个成员结点都要基于用户标识号去检索交易记录，然后将查询结果返回给 DDBMS。DDBMS 只有在收到所有成员结点的响应结果并做汇总之后，才能给用户做出响应。这种查询因为涉及所有成员结点，性能便会非常低下。而这种查询又是最为频繁的一种查询，因此系统整体性能也会很差。

如果将交易数据的组织方式改成按用户来布局，情形就会完全不同。按用户来组织交易数据，就是事先把所有用户均匀分散到分布式系统的各成员结点上，然后每当产生一笔交易记录，就将其存储到买家的名下，再复制一份存储到卖家的名下。这样组织交易数据，就使得每个用户的交易记录都聚集存储在一个成员结点上。当用户要查询自己的交易记录时，DDBMS 就只需要访问一个成员结点。整个查询结果由一个成员来提供，而不是叫所有成员都来参与。于是，性能便会显著提升。

按用户来组织交易数据带来的另一个好处是负载均衡。事先把所有用户均匀分散到分布式系统的各成员结点上。于是，添加交易记录的负载也就均匀分布到各成员结点上，查询交易记录的负载也均匀分布到各成员结点上。当一个成员结点上的数据量达到上限时，就按用户将其拆分成两份，将其中的一份转移到一个新成员结点上。按此方式进行拆分，依然保持了一个用户的交易记录聚合存储在一个成员结点上。拆分后，DDBMS 维护的元数据中，对用户标识号与成员结点的映射关系要做相应修改，以反映拆分后的情形。

从以上分析可知，对于大数据系统，数据的组织十分关键，它对系统性能和负载均衡都有直接的影响。NoSQL 数据库管理系统就是在此背景下出现的。NoSQL 是 Not Only SQL 的缩写。NoSQL 有时也被说成是非关系型数据库。这种说法不完全正确，有些片面。NoSQL 不仅仅是关系型数据库，这才是其真实含义。当数据量巨大时，数据组织的重要性就凸显出来了。为了系统性能和负载均衡，有时会冲破关系数据模型。在上面的例子中，为了系统性能，对交易记录进行了复制，在买家和卖家名下各存一份。这明显带来了数据冗余，违背了关系型数据库的原则。这种做法可取的理由是：交易数据有一个特性，那就是很少发生修改情形。即使修改，也只有两处要改动。因此，几乎不会引发数据不一致。

10.3.2　NoSQL 数据库的特性

在 NoSQL 中，将一个表看作是键 – 值对（即 <KEY - VALUE>）的集合。KEY 的数据类型通常为字符串或者整型。对于表中一行数据，其 VALUE 的值是某种数据类型的一个实例（即对象）。在 NoSQL 中，对于一个表中的任意两行数据，其 VALUE 的数据类型可以相同，也可以不相同。而在关系模型中，要求一个表中的所有行，其 VALUE

的数据类型相同。从 10.1 节可知，表其实是一个集合类型的对象。因此，在 NoSQL 中，对于表中的一行数据，它的 VALUE 可以是一个表。VALUE 如果是一个表，它也是一个键 – 值对的集合。

NoSQL 中的键 – 值对数据模型与关系模型其实是统一的。在关系模型中，一个表的字段可分成主键字段和非主键字段两个部分，其中的主键字段部分对应于 NoSQL 中的 KEY，非主键字段部分对应于 NoSQL 中的 VALUE。从这一点来看，NoSQL 是 SQL。不过 NoSQL 比 SQL 更加灵活。在 NoSQL 中，当限定一个表中的每行数据，其 VALUE 值的数据类型都相同时，它就与关系模型完全一样了。于是，可以说关系模型是 NoSQL 模型的一个特例。这就是 NoSQL 取名为 Not Only SQL 的原因。

NoSQL 为数据的合理组织提供了很好的支持。以上述电商数据库为例，其中有一个用户表 User，其 KEY 为用户标识号，VALUE 为交易记录。VALUE 的数据类型为集合。于是，对于用户表 User 中的一行数据，其 VALUE 的值为一个交易记录表。这样就使得一个用户的交易记录聚集在用户表的一行中。在集群环境下，在数据库的初期，用户数很少，交易记录也很少，用户表只需一个成员结点来存储就足够了。这个成员结点用 A 表示。在分布式数据库的管理者 DDBMS 中，其元数据中有一行记录 <A, User, KEY 的取值范围 >。随着时间的推移，用户数越来越多，每个用户的交易记录也越来越多。当 A 中的数据量达到上限时，就会在系统中新增一个成员结点 B，对 A 中的 User 表进行水平分段，将其一半的数据行迁移到成员结点 B 上。与此同时，管理者 DDBMS 的元数据中会增加一行记录 <B, User, KEY 的取值范围 >，原有的记录 <A, User, KEY 的取值范围 > 中的第三个字段的值也要做相应的修改。这个过程可递归下去。

从上述例子可知，NoSQL 有很好的可扩展性，能很好地实现负载均衡，还能取得很好的查询性能。对于系统中的任一成员结点，当其数据量达到上限时，就会一分为二。也就是将其承载的用户一分为二。于是，所有用户被均匀地分散在系统的成员结点上，很好地实现了负载均衡。当某个用户要查询其交易记录时，管理者 DDBMS 先从其元数据记录中检查该用户的标识号落在哪一个成员结点上，然后将该查询任务派发给这个成员结点。由于一个用户的交易记录聚集在 User 表的一行中，因此查询性能会非常好。

NoSQL 对关系模型中非主键字段部分放宽了限制，有其利，自然也有其弊。就查询功能而言，NoSQL 远远不如 SQL 强大。在关系模型中，一个类型对应一个表，一个类型的所有实例都放在一个表中，表具有全局性。另外，表与表之间没有从属关系，具有对等性。因此，SQL 中查询功能非常强大，查询条件可灵活多样，例如范围查询、模糊查询、连接查询等。而在 NoSQL 中，通常只能基于 KEY 进行等值查询。尤为显著不同的是：在 SQL 中，一个表中的行具有相同的数据类型，而在 NoSQL 中，一个表中的行，其 VALUE 值的数据类型可以不相同。因此，在 SQL 中，表具有数组特性，从中提取某一列时，并不需要逐行逐字段扫描，可按固定步长跳取。而在 NoSQL 中，表不具有数组特性，行以链表方式存储。当要基于 VALUE 中的内容进行查找时，就要逐行逐字段进行全表扫描，性能非常低下。正因为如此，很多 NoSQL 产品通常都不提供基于

VALUE 内容进行查找的功能。当需要基于 VALUE 内容进行查找时，就要针对查找内容创建索引，以此提升查找性能。不过要明白，NoSQL 是面向大数据的。因此，索引的维护并不容易，创建索引时要谨慎行事。有的 NoSQL 产品干脆不提供创建索引的功能。

10.3.3 典型的 NoSQL 数据库产品

NoSQL 产品很多，例如 HBase、MongoDB、Redis 等。它们在对 VALUE 的宽松程度不一样。HBase 针对有些应用，就一个表而言，用户对各个列的访问频度不一样，在存储上采取了按列存储的组织方式。例如邮件数据库，其特征是用户都只访问自己的邮件，经常要打开邮件列表，看是否有新邮件。在看邮件列表时，通常是根据邮件的发信人和邮件的标题，来决定是否打开一个邮件的详细内容。有些邮件还带有附件，不过大部分邮件通常都没有附件。用户对附件的处理，也是只有在感兴趣时才去访问它，下载到本地。从邮件的这些特性可知：用户对邮件的基本情况（发信人、标题、收件时间、已访问标记）访问非常频繁，对邮件详细内容的访问频度远不如基本情况。另外，只有小部分邮件有附件，而且对附件的访问频率很低。针对这种特性，在邮件数据库中构建一个用户表，以用户邮箱名作为 KEY，VALUE 为邮件表。邮件表也是一个 KEY-VALUE 对的集合。邮件表中的 VALUE 包括三个列族：基本情况列族、详细内容列族、附件列族。在 HBase 内部，邮件表的每个列族都单独构成一个表，于是就有三个表：<KEY－基本情况>表、<KEY－详细内容>表、<KEY－附件表>表。

HBase 的这种将列进行分族存储的数据组织方式，不仅带来了良好的访问性能，而且使得存储空间得到了有效利用。每个用户的邮件基本情况聚集在一起，位于一个成员结点上。当用户要访问其邮件基本情况时，分布式数据库的管理者 DDBMS 只需通知一个成员结点来处理，而不是叫所有成员都来参与，因此处理性能会非常好。当用户要访问一个邮件的详细内容或者要访问一个邮件的附件时，情形也是如此。在 HBase 内部，每个列族都单独成为一个表，因此，当一个邮件没有附件时，就不会出现存储空间的浪费。

其实，HBase 的这种基于列族分表存储的方式，在关系模型中也支持。在关系模型中，就是对一个表进行垂直分段。不同的地方是：向 HBase 表中添加一行数据时，对于一个列族，其中应含多少列，每列的列名和列值都可在添加时指定。也就是说，对于 HBase 表中一个列族中的列，并不像关系模型那样，要在模式中事先定义。即对于 HBase 中的表，在其模式定义中，只需定义列族，无须定义列族中的列。另外，HBase 对一行数据中的列值还扩充了多版本支持功能，以满足有些应用的需求。

MongoDB 是一个用来存储文档的 NoSQL 数据库管理系统。在剖析 MongoDB 特性之前，先来看文件系统的特性。通过对照，有助于对 MongoDB 有更好的认识。一个文件系统可看作一个存储文件的数据库。从数据库的观点来看，文件系统是以层次结构来组织文件，有文件夹和文件两个概念。在文件系统中，文件夹和文件都有数据类型和实例两层概念。从数据类型来看，文件夹有名称、创建时间、创建者、可读写性标志、隐藏标志这些属性。而文件的属性有名称、后缀名、内容、大小、创建时间、最近修改时间、最近读时间、创建者、可读/写/执行性标志等。文件夹和文件的数据类型由文件系统定义，具有确定性。从数据类型的实例角度来看，文件夹是一个集合对象，其中的元素的数据类型，要么为文件夹，要么为文件。用户通过文件系统对外提供的接口来访问文件系统。在访问文件系统时，有一个当前路径的概念。对当前路径，为用户提供了设置、上浮、下潜三种操作。在当前路径下，为用户提供了添加文件/文件夹、删除文件/文件夹、替换文件、修改文件夹、查找文件/文件夹、统计等操作。

在一个 MongoDB 服务器中，可创建一个或者多个数据库，在一个数据库中可创建一个或者多个集合（collection)，在一个集合中可添加文档对象。MongoDB 的这个结构与关系型数据库完全一样。MongoDB 中的集合等同于关系型数据库中的表。在关系型数据库中，一个表中的元素都有相同的数据类型。而在 MongoDB 中，集合中的元素是 KEY - VALUE 对，也叫文档对象。其特征是 VALUE 没有固定的数据类型。具体来说，在构建一个文档对象时，它到底要有哪些属性以及每个属性的名称、数据类型、取值，这些都由用户自己确定，MongoDB 不作任何限制。这就是 MongoDB 与关系型数据库的本质性差异，也是与文件系统的本质性差异。这种特性为用户提供了很大的自由空间。什么叫文档？怎么定义文档？在这些事情上全由用户来决定。就其他方面而言，比如索引和查询，尽管在形式上 MongoDB 与 SQL 不一样，但本质上几乎没什么差异。

图 10-9 是一个访问 MongoDB 数据库的例子。第一个语句将当前数据库设为 db_doc。第二个语句是在 db_doc 数据库中创建一个集合 book。第三个语句是在集合 book 中添加一个文档对象。添加的这个文档对象有 title、description、by、url、tags、likes 六个属性，其中 tags 属性的数据类型为集合，likes 的数据类型为整数，其他属性的数据类型为字符串。MongoDB 使用了 JSON 类似的标记符，例如，对象用 {…} 标识，集合用 [···] 标识。对象中的属性与属性值之间用冒号隔开，属性之间用逗号隔开，字符串放在单引号中。在这个例子中，KEY 被设置成了由数据库系统自动生成。添加成功时，给用户返回这个文档的 KEY 值。第四个语句是从 book 集合中查找属性 by 的取值为 'w3cschool' 的元素，即文档对象。对于 book 集合中的元素，如果它没有属性 by，那么这个元素自然不会出现在查询的输出结果中。第五个语句是从 book 集合中删除属性 title 的取值为 'MongoDB 教程 ' 的元素。

```
① use db_doc;
② db_doc.createcollection(book);
③ db_doc.book.insert( { title: 'MongoDB 教程 ',
       description: 'MongoDB 是一个 Nosql 数据库 ',
       by: 'w3cschool',
       url: 'http://www.w3cschool.cn',
       tags: ['mongodb', 'database', 'NoSQL'],
       likes: 100 });
④ db_doc.book.find({'by' : 'w3cschool'});
⑤ db_doc.book.remove({'title' : 'MongoDB 教程 '};
```

图 10-9　访问 MongoDB 的例子

在NoSQL中，对于KEY-VALUE对，在许多情况下，用户将VALUE存入数据库，由数据库为其生成一个KEY，并返回给用户。随后用户就以这个KEY来对存入内容进行访问。例如，向MongoDB数据库中存入文档，在很多应用中都不提供KEY，而是由数据库来为用户生成一个KEY。在QQ中，给好友或者群发送文件时，就是将文件存入QQ文件数据库中，由系统生成一个KEY。文件的接受者使用这个KEY到QQ文件数据库中去下载文件。由系统生成的KEY通常都带有物理存储位置信息。随后用户用KEY来查询时，便能直接定位、迅速获取数据、实现高效查找。不过，由系统来生成KEY也有其弊端，那就是数据库无法判定数据是否有冗余。也就是说，当用户要添加一个数据时，这个数据是否已经存在于数据库中，DBMS无法做出判断。因此，对于某类数据，当业务要求其实例不允许出现重复时，就不要由系统来为其生成KEY，而应基于业务来设置KEY，以此作为标识。

在NoSQL中，对于数据类型，很多产品也做了限制。例如，HBase就只使用字符串一种数据类型。JSON作为XML的一个特例，在云服务和Web服务访问中被广泛采纳，作为数据交换的格式规范。于是，有些文档数据库干脆叫JSON数据库，用于JSON文本文档的存储。只提供字符串一种数据类型，其好处是避免了各种机型和操作系统在整数之类的数据表示上存在的差异，使得异构机器之间交换数据时，无须做翻译。对于文本数据，只要在字符编码上使用同一标准，各种机型与操作系统对其表示都会相同。UTF-8是广泛使用的字符编码国际标准。因此，很多NoSQL数据库，如HBase和MongoDB，都是使用UTF-8编码标准，只提供字符串一种数据类型，以此免除数据转换，提升数据处理性能，增大数据库服务器的吞吐量。

Redis的特点是除了提供集合（set）、哈希（hash）这些常规的多值数据类型之外，还提供了链表（list）和有序集合（sorted set）这两种数据类型。这两种数据类型在有些应用场景下非常有用。例如，火车票预订系统中，每趟火车都有时刻表。时刻表中的行是有先后顺序的。因此最好不要用集合来存储时刻表，因为集合中的元素是无顺序的。如果用集合来存储，那么每次查询都要进行排序操作，导致系统性能低下。如果用有序集合来存储，那么就可省去排序操作，性能会显著提升。对于一个用户，经常要订票，也常发生退票的情形。在查询订票记录时，要求按照订票时间排序。另外，一个用户的订票记录通常只保存一年。对于具有这种特性的数据，采用链表来存储比采用集合来存储会具有更好的性能。链表存储的特点是，对元素的存储位置没有要求。就这点而言，和集合存储无差异。和集合不同的是，链表中的元素有逻辑顺序，因此，不需要做排序操作。于是，对于具有上述特性的数据，用链表来存储其性能要远好于用集合来存储。

从上述对HBase、MongoDB、Redis这三种NoSQL数据库的特性分析可知：在大数据环境下，数据的组织对系统性能有很大的影响。因此，数据的组织非常重要。数据的组织一定要基于应用特性，尤其是用户访问特性来通盘考虑。在数据的组织中，应先对访问类型，依据其访问频度进行排序，然后优先考虑频度高的访问类型。对于频度高的访问类型，尽量将其数据聚集在一起存储，减少在全系统中进行大范围搜索的情形。

NoSQL 产品很多，各有其特性。产品的选择要结合应用场景和特性。

10.4 大数据处理技术

10.4.1 数据处理方式的变革

很多企业，尤其是互联网企业，其数据中心存储的业务数据量非常大，达到 P 级，常常称为大数据。大数据散布在集群的各个成员结点上，由分布式数据库进行管理。这些数据一方面支持企业的日常业务运转，另一方面也支持数据分析和挖掘，例如用户画像的绘制、用户异常行为发现等，甚至还应用于机器学习和人工智能。数据分析和挖掘能为企业更好地开展业务以及拓展业务提供支撑。

大数据中既蕴含有大量的有用数据，也包含了海量的无用数据，甚至垃圾数据，具有价值总量很大，但价值密度又很低的特点。这一特性意味着在数据分析中，输出的数据量与输入的数据量相比，比值很小。数据分析软件就如一个工厂。对于工厂，存在一个选址问题。公司把工厂建在离原材料产地近的地方，还是建在离公司所在地近的地方？经典的做法是把工厂建在公司所在地附近。在生产规模不大的时候，这种方案很好，能为生产带来方便，不会遇到什么问题。但是当想要进行大规模高效生产时，就会受到原材料运输的制约，难以达成目标。其原因是通过交通网来将原材料从产地运往工厂，流量受到了限制。因此，聪明的做法是改变策略，把工厂建在原材料产地的附近，这样就可大规模供应原材料，实现高效生产。工厂生产出来的产品在运输上不会受交通网的制约，因为产品的量与原材料的量相比，比值很小。

数据分析也是如此。经典的做法是：将数据分析软件单独部署在专用机器上，通过网络把数据从数据库中取来进行分析。在大数据环境下，这种经典方式已经不再可行，满足不了大数据处理的需求。其原因是：要长距离实现数据的大流量运输很难。解决该问题的办法是：把数据分析软件部署到数据库机器上，进行就近处理。这样，数据分析就由集中式模式变成了分布式模式。这种变革导致了原有编程模式和架构在大数据环境下不再可行，必须为大数据处理提供新的数据处理模式，构建大数据处理架构。在这种背景下，MAP/REDUCE 模式应运而生，Hadoop 和 Spark 等大数据处理平台也应运而生。

Hadoop 是一个集群软件，其中包含有两个分布式管理软件：分布式文件系统 HDFS，以及分布式资源管理系统 YARN。HDFS 是 Hadoop Distributed File System 的缩写，而 YARN 是 Yet Another Resource Negotiator 的缩写。HDFS 与 YARN 可彼此相互独立。Hadoop 的使用非常广泛。

软件行业的一个显著特点是用词不统一，同一含义的内容在不同场景下、不同产品中的表示可能完全不同。因此，学习中不能只停留在对字面的解读上，而应该对照基本原理和基本结构，弄清楚其形貌及其本质特征。HDFS 与 YARN 都是分布式管理软件，其中都包含有管理者角色和成员角色。在分布式文件系统 HDFS 中，管理者角色软件叫作 NameNode，成员角色软件叫作 DataNode。与此相对应，在分布式数据库系统中，管理者角色软件叫作 DDBMS，成员角色软件叫作 DBMS。在分布式资源管理系统 YARN 中，管理者角色软件叫作 ResourceManager，成员角色软件叫作 NodeManager。

从用户的视角来看，数据可存放在文件中，也可存放在数据库中。在文件中，数据表现为连续的字节流。而在数据库中，数据表现为二维表。DBMS 建立在文件系统之上，它的一个重要功能就是实现文件与二维表的相互转化。从外部来看，HDFS 与单台机器上的文件系统毫无差异。从里面来看，HDFS 有成员分布、有数据分块、有数据复制。HDFS 是一个典型的分布式管理软件，其中的 NameNode 维护有系统的元数据。用户访问文件的过程是一个典型的 MAP/REDUCE 过程。

YARN 是一个分布式资源管理软件，也可叫作分布式进程管理器，为分布式应用程序在集群上运行提供支撑。集群中的每台机器上都运行 YARN 的 NodeManager 软件，负责本地机器上的进程管理，其中包括创建进程、给进程分配 CPU 资源、内存资源、磁盘空间，以及运行程序、释放进程等内容。YARN 的 ResourceManager 软件充当管理者的角色。在用户看来，ResourceManager 与 NodeManager 没有差异，就如 DDBMS 与 DBMS 没有差异一样。在用户看来，ResourceManager 就如台式机上的资源管理器程序。当用户要在集群上运行一个分布式应用程序的时候，便将其提交给 ResourceManager 去运行。用户提交的分布式应用程序同样也有管理者角色和成员角色两个部分，通常被称作 Application Master 和 Application Worker。ResourceManager 会先安排某个 NodeManager 来运行 Application Master。Application Master 运行后，会调用资源请求接口，申请资源来运行 Application Worker。

基于 Hadoop，现已开发出了许多分布式应用程序，例如分布式数据分析软件 Hive 和分布式 NoSQL 数据库产品 HBase。Hive 对 HDFS 进行了包装，为其加上了一层外衣，把文件变成了数据库。Hive 对外提供数据库查询和分析接口。从用户角度来看，Hive 是一个数据库。不过要注意的是：要把文件变成数据库是有前提条件的，那就是文件中存储的内容是结构化数据。Hive 只是给存储结构化数据的文件加上了一层外衣，使其对外具有数据库的形貌。Hive 不是一个严格意义上的数据库管理系统，它不具有数据完整性控制功能，也不具有事务管理与故障恢复功能。Hive 只是一个分布式数据分析工具软件而已，为用户提供数据库视图、数据分析接口。对被分析的数据，Hive 并不提供添加和修改功能。其理由是：被分析的数据是由专门的业务系统产生并维护，Hive 不能对其插手，以免影响业务系统的正常运行。

HBase 是一个 NoSQL 分布式数据库系统。HBase 的特性已在前面有所介绍。从数据库角度来看，HBase 与 Hive 的差异在于：Hive 不管数据的存储，只管数据的读取和处理，而 HBase 却要管理数据的存储。因此，可以说 Hive 完全是建立在 HDFS 之上，而不能说 HBase 完全是建立在 HDFS 之上。准确的说法是 HBase 利用了 HDFS 的某些功能。

需要注意的地方是：Hive 不是以外部用户的角色来访问 HDFS，而是以内部人员的角色来访问 HDFS。Hive 和 HDFS 是一家人，运行在同一集群上。也就是说，Hive 的管理者能访问 HDFS 管理者 NameNode 中的元数据，知晓数据在集群内的分布，可以让 Hive 的成员去访问 HDFS 的成员，甚至可以让它们进行一一对应，运行在同一机器上，以实现数据的就近处理。HBase 和 HDFS 的情形也是如此。

Hadoop 除了 HDFS 和 YARN 两个分布式管理软件之外，还有一个被称作 MAP / REDUCE 的分布式数据处理框架。对于 MAP / REDUCE，它包含有两个层面的含义。从分布式系统的内部来看，MAP 的过程就是分布式处理的管理者将用户请求的任务分解成多个子任务，然后将其派发给相应成员去并行执行。REDUCE 的过程就是对多个子任务的执行结果进行汇总，得出响应结果，返回给用户。从外部用户的视角来看，分布式处理对用户透明，数据处理的模式依旧不变，还是以面向对象模式来处理。当调用一个对象的接口函数时，为其指定输入对象，然后得到一个输出对象。输出对象又可以作为另一函数调用的输入对象。就这点而言，它和 SQL 一样。SQL 查询中，接在 FROM 后面的为输入表，查询的输出结果也是一个表。数据处理的特性是只对输入对象进行读取，不会对其进行更新。

10.4.2 大数据处理中的数据抽象

Spark 是另一个流行的分布式数据处理平台，对 Hadoop 的 MAP/REDUCE 分布式处理框架进行了改进，尤其是在性能上进行了优化。Spark 既可独立运行，也可运行在 Hadoop 上，用 YARN 来管理集群资源，并在集群上调度分布式应用程序的执行。Spark 将数据抽象为一种叫作 RDD 的数据类型，RDD 是 Resilient Distributed Datasets 的缩写，中文名叫弹性分布式数据集（RDD）。Spark 也为 RDD 定义了属性以及丰富的数据处理函数以供用户调用，从而使得数据处理变得简单容易。分布式处理的内部实现则对外部用户完全透明。下面以一个实例来展示这一特点。已知一个英文文档，存储在 hdfs:/data/document.txt 这个路径中。数据处理任务为：求出这个文档中出现了哪些英文单词，以及每一个单词在该文档中出现的次数。在 Spark 平台上，完成该数据处理任务，用户要写的处理代码为：sc.textFile("hdfs:/ data/ document.txt").flatMap (_.split(" ")). map((_,1)). reduceByKey(_ + _).collect()。

该代码通过五步操作便完成了上述处理任务。第一个操作是 sc.textFile("hdfs:/ data/ document.txt")，其中 sc 是 Spark Context 对象，即 Spark 平台对象。用户可直接使用 sc 对象。调用 sc 的接口函数 textFile，为其指定一个文件作为输入参数，返回一个 RDD 类型的对象，在此给它取名为 lines。lines 是一个列表对象，文件中的每行数据都成了 lines 中的一个元素。第二个操作为 lines.flatMap(_.split(" "))，其中的 '_' 是一个特义符，表示 lines 对象中的任一元素。_.split(" ") 的含义是：给定 lines 中的一个元素，即一行文本数据，对其从头到尾进行扫描，每遇到一个空格就进行切分，于是得到了该行文本数据中的英文单词序列。再将该单词序列构造成一个列表，其中的元素便为英文单词。于是，lines 中的每个元素都变成了一个列表，即 lines 由一级列表变成了两级嵌套列表。flatMap 的含义是把两级嵌套列表拍平成一级列表，其中的元素为单词。总的来说，第二个操作返回一个 RDD 类型的对象，在此给它取名为 words。words 是一个列表对象，包含了文档中依次出现的所有单词，每个单词为 words 中的一个元素。

第三项操作是 words.map((_,1))。它对 words 列表中的每个元素进行变换，由一个项构成变换成由两个项构成，即增加一个项，在这里增加的项为一个整数，值为 1。这个操作也是返回一个 RDD 类型的对象，在此给它取名为 words_2。第四个操作为 words_2.reduceByKey (_+_)。在这里，words_2 中的每个元素有两个项，第一个项称为 KEY，剩下的第二个项称为 VALUE。reduceByKey(_ + _) 的含义是：words_2 中的任意两个元素，只要它们的 KEY 相同，就把它们合并成一个元素，该元素的 KEY 就为它俩的 KEY，VALUE 则为它们的 VALUE 之和。这个过程会递归下去，直至列表中不存在有两个 KEY 值相同的元素。这个操作也是返回一个 RDD 类型的对象，在此给它取名为 reult_words。reult_ words 也是一个列表对象，包含了文档中出现的所有单词，以及每个单词在文档中出现的次数。这就是所要的结果。第五个操作是 reult_words.collect()，将 reult_words 中的内容作为响应结果，返回给用户。

上述代码中根本就没有分布式处理的概念，因此说分布式数据处理对用户完全透明。在 Spark 内部，当收到用户提交的上述处理任务时，Spark 先要到 HDFS 那里查询 hdfs:/data/ document.txt 文件由哪几个部分组成，以及每个部分位于哪个成员结点上。然后根据系统中可用资源情况，以及 document.txt 文件的存储分布情况，制定并行处理方案。方案内容包括：为 Application Master 分配机器；决定创建几个 Application Workers；为每个 Worker 分配机器；为每个 Worker 分配处理任务。给 Worker 分配机器的原则是就近处理数据。假定 document.txt 文件在 HDFS 内部，由 H1:/d1.txt、H2:/d2.txt、H3:/ d3.txt 三个文件组成。这三个文件分别存储在集群中的成员机器 H1、H2、H3 的根目录下。那么最好为该处理任务创建三个 Workers，分别运行在 H1、H2、H3 这三台成员机器上，分别处理 d1.txt、d2.txt、d3.txt 这三个文件。

就上述处理任务而言，对于前三步操作，所有 Workers 并行处理，各自处理自己的数据，不存在协作问题。第四步工作就不同了，需要所有 Workers 来协作完成。其原因是一个单词在 d1.txt、d2.txt、d3.txt 这三个文件中都可能出现。一种办法是让所有 Workers 将第三步操作的结果发送给 Master，由 Master 进行汇总，并执行第四步操作。第五步操作也由 Master 执行，将第四步的结果作为响应结果，返回给用户。这种方案简单直接，但存在一个问题，即三个 Workers 都把其数据发送给 Master，导致 Master 要接收的数据量巨大，Master 可能容纳不下来。第二种方案是让三个 Workers 分别处理首字母为 a 到 h 的单词，j 到 r 的单词，s 到 z 的单词。即每个 Worker 分别将 KEY 的首字母为 a 到 h 的元素发送给 Worker1 去处理，为 j 到 r 的元素发送给 Worker2 去处理，为 s 到 z 的元素发送给 Worker3 去处理。这个 Workers 之间彼此交换数据的过程叫数据的混洗（shuffle）。混洗之后，每个 Worker 再执行第四步操作。在第五步操作中，所有 Workers 将第四步操作的结果发送给 Master，由 Master 进行汇总，再将汇总结果作为响应结果，返回给用户。

为了减少数据混洗时要传输的数据量，每个 Worker 也可对自己第三步操作的输出结果，先执行第四步操作，然后再执行数据混洗。混洗之后，每个 Worker 再执行一次第四步操作。第四步操作是一项全局性的操作，不过具有局部兼容性。也就是说，由每个 Worker 针对自己负责的那部分数据先执行一次，不会影响全局结果的正确性。这种全局性的操作先在局部执行一遍，叫作数据的合并。合并操作有助于减少混洗时的数据传输量。

从上述案例可知，用户编写数据处理代码，是从概念角度来表示数据处理的逻辑过程。用户要把控好的地方是数据结构及其变换。在上述例子中，用户要知道 sc.textFile 函数把文件变成了列表对象，把文件中的行变成了列表对象中的元素。在执行第二个操作时，用户清楚，一行中的单词是用空格隔开的，split 操作把一个元素切分成了一个列表对象，而 flatMap 操作则把一个两级嵌套列表对象拍平成了一个一级列表对象。在执行第三个操作时，用户清楚，输入对象中的元素为单词，每个元素只含一个项，通过 Map 函数将每个元素由一个项变成两个项。在第四个操作中，用户知道输入对象中的元素是一个键 – 值对，reduceByKey 函数能对键相同的元素进行合并处理，合并中对元素的值做相加处理。

将概念和逻辑方案转变成实施方案，即物理方案，则是平台的责任。平台首先要了解输入数据的规模及其存储分布，然后基于系统中的可用资源情况，实时制定实施方案。实施方案内容包括：为 Application Master 分配机器；决定创建几个 Application Workers ；为每个 Worker 分配机器；为每个 Worker 分配输入数据，分配处理任务；为 Master 与 Workers 之间的协作，以及 Workers 之间的协作确立协议。

用户用脚本语言来表示概念和逻辑方案，使得 Spark 能够对任务进行分析，进而实施通盘优化以及实时优化。这也是 Spark 和 Hadoop 变得流行的一个重要原因。经典的做法是事先使用开发工具，将用户的代码编译成二进制可执行文件，然后将其安装到目标机器上去运行。因此，也就无法实施运行时的优化。现在的做法等于是把编译器搬到了用户程序要运行的目标机器上，将编译链接工作推迟到运行时才执行。因此，平台能够基于要处理的数据规模及其存储分布特性，以及系统中的可用资源情况，实时制定实施方案，进行通盘优化以及实时优化。

思考题 10-2：*浏览器接收的是文本文件（HTML、CSS、JavaScript），然后对其解释执行。这就相当于把 HTML、CSS、JavaScript 语言的编译器搬到了浏览器中。这是单机情形下，实时将概念和逻辑方案转化为物理实施方案。这与 Spark 中将概念和逻辑方案转化为物理实施方案有差异吗？*

10.5 数据仓库和数据集市

一个企业有很多部门，甚至还有多个层级。例如，一个银行有总部和分行。总部有客户部、业务部、人力资源部、技术支撑部、法律事务部等部门，在全世界各地有很多分行。总的来说，银行是从事金融业务的企业，其下又有很多分支，既存在分工，又存在协作。一个企业的信息化系统通常都是以自底向上的方式构建起来的。通常情况下，每个部门都基于自己的业务特性和需求建有自己的信息系统，处理自己的业务。

数据库可分为两种类型：联机事务处理型（OLTP）和联机分析处理型（OLAP）。OLTP是On Line Transaction Processing的缩写，而OLAP是On Line Analysis Processing的缩写。平时所说的数据库系统通常都是指OLTP型数据库系统。其特点是覆盖企业的日常业务及日常工作，其可靠性放在第一位。可靠性包括数据的正确性、完整性、持久性，系统的可用性和安全性。例如银行业务系统中，用户的交易数据就容不得一丝的差错，一丝的丢失。银行的交易数据库系统必须时刻可用。OLTP型数据库系统的用户很多，包括企业的所有员工、企业的所有客户。正因为如此，数据正确性问题、数据完整性问题、数据安全问题、数据处理性能问题、数据操作简单问题便成了数据库管理技术要解决的五大核心问题。这五大问题的解决方案便构成了数据库的核心技术。

企业的日常业务数据中蕴含有很多有用信息。这些信息对企业经营和决策有指导和支撑作用。不过蕴含的很多有用信息不是凭人的直观就能发现，而是要通过数据分析才能揭示出来。经典的一个例子是：超市购物中，买小孩尿不湿布片的客户，通常也会买啤酒。对于这样一个信息，凭人的直观很难发现，但通过对超市的客户购物记录进行统计分析，却能揭示出来。这样一个信息对超市的营销很有意义。在超市的货物摆放位置上可做一些调整，例如，在小孩尿不湿布片的旁边摆放一些啤酒，就会有助于促销。这样一个调整，不仅可方便顾客顺手找到自己要购的商品，还会给顾客带来良好的购物体验。

为了对日常业务数据进行深度分析，从中揭示和挖掘尽量多的有用信息，数据仓库(Data Warehouse)应运而生。企业搭建数据仓库，就是要站在企业全局的高度，对其旗下各个部门和各个分支机构的业务数据进行收集、清洗、整理、汇总，将其存储到数据仓库中，为数据分析和数据挖掘提供支撑。数据分析和挖掘又为企业经营和决策提供支持。数据仓库与数据库相比，目标不同、用户不同，其特性也不相同。对于仓库，其本身有大而全、共享、专一这三个特性，可发挥其规模效应和集约化效应。专一是指数据仓库的目标专一，专门用于做数据分析和数据挖掘，而不是为了日常业务处理。因此，它是独立的，与业务数据库是分离的。数据仓库的用户是数据分析师，而不是普通员工和客户。大而全是指数据仓库中的数据是由下而上汇聚而来，对源头的数据站在企业全局的高度进行了扩维处理和规格化处理，使其形成一个相互联系的庞大体系。大而全的另一个方面是它收集的数据既包含了当前业务数据，也包含了历史数据。

数据仓库是站在企业全局的高度来构建的，也是全局共享的，为企业各个部门、各个分支机构的数据分析与数据挖掘提供源数据。相对于整个企业而言，每个部门、每个分支机构都是局部。从经营决策来看，局部的特点是更加专、更加细、更加深。因此，对于部门一级的数据分析与数据挖掘，通常要对全局数据做复杂的查询、统计、变换，而且要反复迭代。这种数据处理很耗时间，给数据仓库的负载压力很大。正因为如此，又提出了数据集市（Data Mart）的概念。数据集市是部门一级的数据仓库，是部门一级对企业数据仓库中的数据进行数据分析与数据挖掘的过程中经常要用到的数据，以及分析中的一些中间结果，再单独存储起来，方便和简化部门一级的数据分析。因此数据集市与数据仓库相比，规模小，面向更具体的业务，其中数据的专业性更强。

10.6 总结和展望

数据模型经历了从层次模型到网状模型再到关系模型的演变过程。这些模型并不是相互对立的，而是兼收并蓄，相互促进。在演进的过程中把问题揭示得更加清晰，从而推动了数据管理水平的提升，使得数据管理的手段和方法更加丰富多样。关系型数据库将数据的正确性放在首要位置。针对系统故障，它以事务处理和故障恢复策略来确保数据完整和持久。在系统无故障运行时，则采用关系模型来确保数据无冗余，更新无异常，数据正确和一致。从数据的正确性角度来看，关系模型包含两个方面的内容：数据的组织、数据完整性约束。在数据的组织上，它要求将数据严格按类分表存储。一个表只存一个类的数据，同类数据都存放在一个表中。在数据完整性上，执行实体完整性约束、引用完整性约束、域约束、业务规则约束。这些内容构成了关系型数据库的基石，也是人们相信它可靠的根本原因。正因为如此，关系型数据库被广泛使用。

互联网为各行各业都带来了深远的变革。企业的数据量急剧增大，用户数急剧增多，业务在不断扩充和拓展。在此背景下，数据管理出现了新情况，数据库系统的性能问题、可扩展问题、服务质量问题、成本问题日显突出。解决这些问题的有效途径是并行处理，利用群体效应。于是数据库管理系统的架构由单机系统演进成了分布式系统。这种演进具有兼容性。从用户的角度来看，分布式数据库和单机数据库在功能上没有任何差异。对于任何一个实体数据库，将其纳为分布式数据库中的一个成员，不需要对其做任何改动。分布式系统由一个管理者和多个成员构成。管理者是系统对外提供服务的窗口。分布式处理中的两个最为关键的工作就是拆分和复制。拆分就是将一个大的事情拆分成多个小的事情，然后分散给多个成员，从而实现并行处理。复制就是对一个事情建立多个副本，然后分散给多个成员来处理，从而实现容错和提升吞吐量。管理者掌握着所有成员的信息，被称作元数据，以此来将用户请求的任务分解成多个子任务，然后分别交给相应的成员去执行，这个过程被称作 MAP。管理者也负责对子任务承担者返回的响应结果进行汇总，把汇总结果作为对用户请求的响应结果返回给用户，这个过程也称作 REDUCE。因此，在分布式系统内部，处理用户请求的过程被称作 MAP/ REDUCE 过程。

对于数据库技术的演进，要从历史的角度来看待，才能理清其脉络，抓住其本质。从单机系统到分布式系统再到现在的云计算和大数据，其演进都是紧紧围绕规模和群体效应来展开，以此实现高性能、高可靠、低成本。从为用户提供服务这一角度来看，则是化复杂为简单，以功能齐全、交互流畅、价廉物美来吸引用户，扩大用户群体。云计算和大数据已成为当今社会的主流。各大IT公司都提供有云服务，其服务内容包括云存储、云计算、云应用。这种演进具有横向性，通过扩大规模，利用群体效应和集约效应来实现高效、可靠、平稳、低成本。现在的集群系统规模已经变得很大，在很多互联网企业，它们的集群系统通常都由几万台计算机，甚至几十万台计算机组成，积累的业务数据达到了P级甚至E级。

在互联网已普及的今天，横向扩展的空间已越来越小。于是，演进也开始转向，由横向扩展改为纵深扩展，寄希望于信息的发掘和利用之上。在此背景下，人工智能成为当今的主旋律。说白了，人工智能就是要对数据进行深度发掘，从中得出更多有用的信息，来更好地服务于生产与生活，使得生产更加高效、成本更为低下，使得生活更加丰富多彩、生存空间更为宽广。宏观发展的方向在改变，微观发展的方向也是如此。在芯片处理速度的提升上，摩尔定律已趋近极限，在做小和做细的制作工艺上已没有多少空间可供发掘。于是，量子计算成了新方向。人工智能和量子计算已成为当前IT领域科技攻关的两大前沿阵地，都寄希望于在基础理论上取得新的突破。

习题

1. 对层次模型、网状模型、关系模型、面向对象模型、关系–对象模型以及NoSQL中的键–值对模型，说明它们在数据的存储组织以及数据的引用上各有什么特点。
2. 对于分布式数据库，管理者DDBMS所在机器也可能出现故障，也会出现不可用的情形，因此也要通过复制建立多个副本，来提升其可用性。这就意味着在多个DDBMS副本之上还需要建立一个管理者来管理它们。在Hadoop集群管理软件中，这样的一个管理者软件叫作ZooKeeper。DDBMS中的元数据常要更新。请描述出在正常情形下和发生故障的情形下，多个DDBMS副本之间达成数据一致性的实现过程。
3. 查阅资料，看主流的NoSQL数据库产品有哪些。有人说Redis是一个内存数据库，有很好的查询性能。在有索引和无索引两种情形下，对于内存中的表，给出其存储结构以及基于键来查找值的过程。对于内存数据库，有建立索引的必要吗？索引有树索引和散列索引两种。对于内存数据库，应该建立哪种索引？说明理由。
4. 查阅资料，了解国内外主流的数据仓库和数据集市产品有哪些。分析总结数据仓库与数据库的共性和差异。

参考文献

[1] 王珊，萨师煊 . 数据库系统概论 [M]. 5 版 . 北京：高等教育出版社，2014.

[2] Paul DuBois. MySQL 技术内幕（第 5 版）[M]. 张雪平，何莉莉，陶虹，译 . 北京：人民邮电出版社，2011.

[3] 姜承尧 . MySQL 技术内幕 : InnoDB 引擎 [M]. 5 版 . 北京：机械工业出版社，2013.

[4] 何明，何茜颖 . Oracle SQL 培训教程——从实践中学习 Oracle SQL 及 Web 快速应用开发 [M]. 2 版 . 北京：清华大学出版社，2010.

[5] Alan Beaulieu. SQL 学习指南 [M]. 2 版 . 北京：人民邮电出版社，2010.

[6] Ben Forta. MySQL 必知必会 [M]. 刘晓霞，钟鸣，译 . 北京：人民邮电出版社，2009.

[7] 张洪举 . 锋利的 SQL [M]. 北京：人民邮电出版社，2010.

[8] 夏辉，白萍，李晋，等 . MySQL 数据库基础与实践 [M]. 北京：机械工业出版社，2017.

[9] 田绪红 . 数据库技术及应用教程 [M]. 北京：人民邮电出版社，2010.

[10] 贾铁军 . 数据库原理及应用——SQL Server 2016 [M]. 北京：机械工业出版社，2017.

[11] 苗雪兰，刘瑞新 . 数据库系统原理及应用教程 [M]. 4 版 . 北京：机械工业出版社，2007.

[12] 李辉 . 数据库系统原理及 MySQL 应用教程 [M]. 2 版 . 北京：机械工业出版社，2017.

[13] 何玉洁，李宝安 . 数据库系统教程 [M]. 北京：人民邮电出版社，2010.

[14] 黄德才 . 数据库原理及其应用教程 [M]. 北京：科学出版社，2011.

[15] 施伯乐，丁宝康，汪卫 . 数据库系统教程 [M]. 3 版 . 北京：高等教育出版社，2008.

[16] 张基温，文明瑶，丁群，等 . 数据库技术与应用教程 [M]. 成都：电子科技大学出版社，2013.

[17] Abraham Silberschatz, Henry F Korth, S Sudarshan. 数据库系统概念 [M]. 杨冬青，马秀莉，唐世渭，译 . 北京：机械工业出版社，2006.

[18] Tomas M Connolly, Carolyn E Begg. 数据库系统 [M]. 宁洪，贾丽丽，张元昭，译 . 北京：机械工业出版社，2016.

[19] 弗罗斯特，等 . 数据库设计与开发 [M]. 邱海艳，李翔鹰，等译 . 北京：清华大学出版社，2007.

[20] Hector Garcia-Molina, Jeffrey D Ullman, Jennifer Widom. 数据库系统实现 [M]. 岳丽华，杨冬青，吴愈青，包小源，译 . 北京：机械工业出版社，2010.

[21] Christian Bolton. SQL Server 2008 内核剖析与故障排除 [M]. 郑思遥，译 . 北京：清华大学出版社，2011.

[22] Baron Schwartz，等 . 高性能 MySQL（第 2 版）[M]. 王小东，等译 . 北京：电子工业出版社，2010.

[23] 黄健宏 . Redis 设计与实现 [M]. 北京：机械工业出版社，2014.

[24] 安俊秀 . 云计算与大数据技术应用 [M]. 北京：机械工业出版社，2017.

[25] 杨俊，雷森 . Hadoop 大数据技术基础及应用 [M]. 北京：机械工业出版社，2017.

[26] 周苏 . 大数据技术与应用 [M]. 北京：机械工业出版社，2017.

[27] 赵国生 . 大数据基础与应用 [M]. 北京：机械工业出版社，2017.

[28] 陈明 . 大数据基础与应用 [M]. 北京：北京师范大学出版社，2016.

[29] 周苏，王文 . 大数据导论 [M]. 北京：清华大学出版社，2016.

[30] Armbrust M, Xin R S, Lian C, et al. Spark SQL: Relational Data Processing in Spark[C]. In Proc. of the 2015 ACM SIGMOD International Conference on Management of Data, 2015, 1383-1394.

[31] Thusoo A, et al. Hive–a petabyte scale data warehouse using Hadoop[C]. In ICDE, 2010.

[32] M. Zaharia, M. Chowdhury, T Das, et al. Resilient distributed datasets: A fault-tolerant abstraction for in-memory cluster computing[C]. In Proc. 9th USENIX Conf. Networked Systems Design and Implementation, 2012, 121-130.

[33] Abouzied A, Pawlikowski K B, Huang J. HadoopDB in action: building real world applications[C]. In Proc. of the 2010 ACM SIGMOD International Conference on Management of data, 2010, 1111-1114.

[34] Sakr S, Liu A，Fayoumi A G, et al. The family of mapreduce and large-scale data processing systems[J]. ACM Computing Surveys, 2013, 46(1): 1-44.

[35] Rodríguez J C, Chauhan A, Gates A, et al. Apache Hive: From MapReduce to Enterprise- grade Big Data Warehousing[C]. In Proc. of the 2019 International Conference on Management of Data, 2019, 1773-1786.

[36] 达梦数据库 [DB/OL]. http://www.dameng.com/.

[37] 金仓数据库 [DB/OL]. https://www.kingbase.com.cn/.

[38] GBase 数据库 [DB/OL]. http://www.gbase.cn/.

[39] OceanBase 金融级分布式关系数据库 [DB/OL]. https://oceanbase.alipay.com/.